中国山丘区小流域水文特征研究

翟晓燕　匡尚富　郭良　叶磊　著

中国水利水电出版社
www.waterpub.com.cn
·北京·

内 容 提 要

从支撑我国山洪灾害防治技术需求出发，本书提出了全国大范围小流域精细划分和属性分析技术，构建了全国全尺度流域水系拓扑关系和编码体系，分析了小流域属性的空间分布格局和致灾特性，辨识了小流域致灾暴雨特点，揭示了暴雨山洪产汇流特性及其主要影响因素；创建了中国小流域数据集，构建了中国小流域数据库，丰富了山丘区水文信息库，为山洪灾害防御、小流域暴雨洪水规律分析、山洪预报预警和风险分析模型研发等提供了重要基础数据支撑。

本书可供防洪减灾、水文水资源、水利水电工程、铁路、交通、通信等专业领域的规划、设计、科研和管理人员参考使用。

图书在版编目（CIP）数据

中国山丘区小流域水文特征研究 / 翟晓燕等著. --
北京：中国水利水电出版社，2021.1
ISBN 978-7-5170-9375-6

Ⅰ.①中… Ⅱ.①翟… Ⅲ.①山地－小流域－水文特征－研究－中国 Ⅳ.①P344.2

中国版本图书馆CIP数据核字(2021)第044956号

审图号：GS（2020）4429号

书　　名	**中国山丘区小流域水文特征研究** ZHONGGUO SHANQIUQU XIAOLIUYU SHUIWEN TEZHENG YANJIU
作　　者	翟晓燕　匡尚富　郭良　叶磊　著
出版发行	中国水利水电出版社 （北京市海淀区玉渊潭南路1号D座　100038） 网址：www.waterpub.com.cn E-mail：sales@waterpub.com.cn 电话：(010) 68367658（营销中心）
经　　售	北京科水图书销售中心（零售） 电话：(010) 88383994、63202643、68545874 全国各地新华书店和相关出版物销售网点
排　　版	中国水利水电出版社微机排版中心
印　　刷	北京博图彩色印刷有限公司
规　　格	184mm×260mm　16开本　27印张　657千字　1插页
版　　次	2021年1月第1版　2021年1月第1次印刷
印　　数	0001—1500册
定　　价	**198.00元**

序

　　我国是一个水问题十分突出的发展中国家，洪涝灾害始终是中华民族的心腹之患。据不完全统计，中华人民共和国成立以来，我国因洪涝灾害死亡 27 万余人，其中 70％是由山洪灾害造成的。多年以来，我国突发性、局地性强降雨引发的山洪灾害频繁发生，群死群伤事件时有发生。例如，2010 年 8 月 7 日，甘肃省甘南藏族自治州舟曲县城东北部山区突降特大暴雨，引发白龙江左岸的三眼峪、罗家峪发生特大山洪泥石流灾害，泥石流长约 5km，平均厚度 5m，总体积 750 万 m^3，造成 1508 人遇难、257 人失踪。山洪灾害已成为威胁人民群众生命财产安全的突出隐患，我国防洪减灾体系建设任重道远。为了扭转我国山洪灾害防治的严峻形势，2010—2016 年，我国政府投资 281 亿元首次初步建成了全国山洪灾害防御体系，坚持以防为主、防治结合，以非工程措施为主，非工程措施与工程措施相结合，努力实现从注重灾后救助向注重灾前预防转变，2011—2018 年山洪死亡人数由 2000—2010 年的 1079 人减少至 351 人，有效减少了人员伤亡，提高了基层山洪灾害防御能力，成效显著。山丘区政府和群众赞誉其为"生命安全的保护伞""费省效宏、惠泽民生的德政工程"。

　　由于我国特殊的季风气候、地形地貌条件，导致流域径流形成与转化机理复杂，暴雨山洪产汇流非线性问题突出，且山洪灾害多发生于资料较为匮乏的广大农村地区。目前，各地暴雨山洪预报预警的精准度和时效性还不够高，存在预警不及时和预警过度的现象。研究山洪发生的特点和规律，辨识影响山丘区中小流域产汇流非线性特质的关键因子，提高山洪预报预警精度与预见期，是我国山洪灾害防御建设须要面对的重要课题。中国水利水电科学研究院在系统总结项目成果的基础上，形成了《中国山丘区小流域水文特征研究》一书。不仅对我国山洪灾害防御有重要的学术意义和实用价值，而且对于水土保持、中小河流治理以及环境保护等领域有重要的借鉴意义，可供从事山洪灾害防治、水利与地理资源方面的科技人员应用与参考。特此为序。

中国科学院院士

2021 年 3 月 28 日

前言

　　我国是位于亚欧大陆东部的多山国家，山脉纵横、丘陵起伏，山丘区面积为 674.61 万 km²，约占国土面积的 70%。受特殊自然地理环境、极端灾害性天气以及经济社会活动等多种因素共同影响，山洪灾害在我国山丘区分布广泛，且呈频发、多发态势，危害严重，是我国防洪减灾体系的突出薄弱环节。据统计，2000—2010 年，因山洪年均死亡 1079 人，约占洪涝死亡人口的 65%～92%。山丘区水文气象及下垫面条件复杂，小流域产汇流非线性特质显著，山洪过程陡涨陡落，加之普遍缺乏实测水文资料，制约了山洪预报预警的精准度和时效性。因此，明晰山丘区小流域水文特征，增强小流域暴雨、产汇流物理机制认知，可为解决缺资料小流域暴雨洪水分析计算和合理确定山洪灾害预警指标等提供基础数据和理论技术依据，有助于我国山洪灾害防御和应急管理，也是实现山丘区人与自然和谐相处、经济社会高质量发展的基本保障。

　　2010 年以来，我国持续开展大规模山洪灾害防治项目建设，实施山洪灾害调查评价、非工程措施建设和重点山洪沟防洪治理等，范围覆盖 29 个省（自治区、直辖市）和新疆生产建设兵团的 305 个地市、2076 个县，涉及 700 多万 km² 国土面积。为确保全国山洪灾害防治项目建设顺利实施，按照水利部统一部署，中国水利水电科学研究院承担全国项目建设技术支撑任务，成立了全国山洪灾害防治项目组。组织开展了首次全国山洪灾害调查评价，构建了中国山洪灾害数据库，研发了中国山洪分布式流域水文模型，采用大数据和云计算理念建设了国家山洪灾害监测预报预警平台，初步建立了我国山洪灾害防御理论技术体系。中国水利水电科学研究院专家学者对这些成果进行了系统总结和深入分析，并撰写我国山洪灾害防治系列丛书，《中国山丘区小流域水文特征研究》是其中之一。本书系统分析了我国山丘区小流域暴雨洪水规律和主要影响因子，有助于揭示我国暴雨山洪的成因、特点及分布规律，提升山洪灾害防御水平。

　　本书以小流域产汇流特性为核心，提出了小流域划分及其水文特征分析技术。首次系统构建了大范围小流域精细划分、属性分析、拓扑关系和编码技术体系，创建了中国小流域数据集，主要包括 53 万个小流域（平均面积 16km²）的 19 个矢量图层、75 项主要属性、水文特性、流域水系编码、拓扑关系和分布式单位线等，覆盖国土面积 868.67 万 km²；基于大规模高精度地形地貌信息，系统分析了小流域水文几何特征和下垫面空间异质性特征，归纳了小流域主要属性的分布规律；揭示了我国致灾暴雨特点和小流域设计暴雨时空分布特征，提出了小流域设计暴雨改进方法；探讨了小流域非线性产汇流特性，辨识量化了下垫面关键影响因子；提出了小流域数据库表结构与标识符标准，构建了中国小流域数据库。这些成果可为我国不同自然地理格局下小流域参数区域化和缺资料地区山洪预报预警提供依据，也可为水资源管理、水土保持、农业规划、环境保护等领域提供基础数据支撑。

全书共分为 8 章。第 1 章主要从地形地貌、地质构造、河川水系、土地利用/覆被与土壤类型、水文气象、人口分布与社会经济等六个方面介绍我国自然地理与社会经济概况。第 2 章建立了全国全尺度流域水系划分及属性分析技术，基于高精度国家基础地理信息数据构建了中国小流域数据集，提出了小流域汇流非均质性参数。第 3 章构建了中国山洪预报预警分区，从全国、流域片和山洪预报预警分区尺度阐述了小流域属性的空间分布格局和致灾特性。第 4 章分析了小流域致灾暴雨特点，展望了小流域设计暴雨改进方法。第 5 章分析了小流域产流主导因素和关键参数，提出了小流域地貌水文响应单元的划分标准和相应的产流机制。第 6 章提出了小流域非线性分布式汇流单位线法，基于中国小流域数据集开展了单位线综合分析。第 7 章分析了沟道形态特征关键参数，阐述了缺资料地区沟道洪水演进参数的确定方法。第 8 章提出了小流域数据库表结构及标识符标准。本书的详尽数据可查询网址 http：//10.1.134.19：8080/nfd/。

匡尚富负责全书的整体结构设计，郭良、翟晓燕负责主要撰写和统稿工作，孙东亚负责审阅和校核工作。第 1 章由郭良、张一驰、叶磊撰写；第 2 章由郭良、孙东亚、刘昌军、翟晓燕、刘荣华撰写；第 3 章由郭良、翟晓燕撰写；第 4 章由郭良、翟晓燕、叶磊撰写；第 5 章由刘昌军、马强、翟晓燕、叶磊撰写；第 6 章由郭良、翟晓燕撰写；第 7 章由郭良、翟晓燕撰写；第 8 章由刘荣华、翟晓燕撰写。张顺福、张淼、李照会、王东生等提供了部分研究资料。本书得到了科技部国家重点研发计划项目（2019YFC15106）、水利部全国山洪灾害防治项目、国家自然科学基金项目（41807171）的资助，得到了大连理工大学、中国科学院地理科学与资源研究所等单位专家的大力支持，谨向他们表示诚挚的谢忱。同时，特别感谢中国科学院院士夏军先生拨冗为本书作序。感谢中国水利水电出版社的编辑为本书的出版付出的辛勤劳动。

山丘区小流域水文特性极为复杂，涉及水文、气象、地质、环境等多学科和专业领域，加之受作者理论水平和经验限制，书中谬误和不足之处在所难免，诚恳期待业界广大读者批评指正。

作者

2019 年 3 月

目录

第 1 章

中国自然地理与社会经济概况

我国是位于亚欧大陆东部的多山国家，山脉纵横，丘陵起伏，水文气象条件复杂。山丘区（地面坡度≥2°）面积为 675 万 km²，约占国土面积的 70%，山丘区形态差异悬殊，类型多种多样，空间变化显著。本章主要从地形地貌、地质构造、河川水系、土地利用/覆被与土壤类型、水文气象、人口分布与社会经济等六个方面介绍我国自然地理与社会经济概况，并阐述本书的研究框架。

1.1 地形地貌

1.1.1 基本特征

我国地势西高东低，自西向东逐级下降，形成一个层层降低的阶梯状斜面。从青藏高原向东到东部沿海平原，可以分为三大阶梯（图 1.1）。第一阶梯为青藏高原，平均海拔在 4000m 以上，高原周围耸立着一系列高大山脉，南侧是平均海拔在 6000m 以上的喜马拉雅山，北侧是昆仑山、阿尔金山和祁连山，东侧为岷山、邛崃山和横断山等，地势以巨大落差降低与第二阶梯相连。第二阶梯北起大兴安岭、太行山，经巫山至雪峰山以西，大致为海拔 1000～2000m 的广阔高原和盆地，主要包括塔里木盆地、准噶尔盆地、四川盆地、内蒙古高原、鄂尔多斯高原、黄土高原和云贵高原等，其间分布一些高大山地，如阴山、六盘山、吕梁山、秦岭、大巴山等。在第二阶梯边缘的大兴安岭至雪峰山一线以东，是第三阶梯，多为海拔在 500m 以下的平原和丘陵。本阶梯内自北向南分布着东北平原、华北平原以及长江中下游平原，海拔多在 200m 以下，人口、城镇密集，工业基础雄厚，是我国重要的农业基地和交通便捷的经济区。此外，海岸线以东的中国近海大陆架，一般海水深度不到 200m，可以看作是我国地势的第四阶梯。

我国山地众多，山脉纵横，山盆相间，起伏大。山地、高原和丘陵的面积总和约占我国土地总面积的 65%。我国地质构造分为 5 种体系，分别为巨型纬向构造体系、经向构造体系、走向北东到北北东的华夏构造体系、走向北西到北西西的西域式构造体

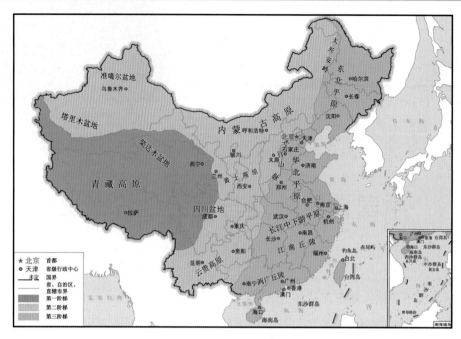

图 1.1　中国地势的三大阶梯

系、扭动构造体系。山脉排列和走向与地质构造体系密切相关。主要有东西走向的山脉：从北向南主要有天山—阴山—燕山、昆仑山—秦岭—大别山、南岭等；南北走向的山脉：主要有贺兰山、六盘山、横断山等；北东走向的山脉：主要有大兴安岭、太行山等；北西走向的山脉：主要有阿尔泰山、祁连山等；弧形山地：主要有喜马拉雅山、台湾山地等。

1.1.2　地形地貌区划

李炳元等提出了基本地貌类型和地貌成因类型两大系列的地貌分类方案。前者依据地貌形态特征和起伏高差分为 7 大类，然后根据 5 级海拔高度划分为 28 个基本地貌类型（表 1.1）；后者主要参考 1 : 100 万地貌图例系统分类，分为 16 种地貌成因类型。

表 1.1　　　　　　　　　　　中国陆地基本地貌类型

地形类型	低海拔 （<1000m）	中海拔 （1000～2000m）	高中海拔 （2000～4000m）	高海拔 （4000～6000m）	极高海拔 （>6000m）
平原	低海拔平原	中海拔平原	高中海拔平原	高海拔平原	—
台地	低海拔台地	中海拔台地	高中海拔台地	高海拔台地	—
丘陵（<200m）	低海拔丘陵	中海拔丘陵	高中海拔丘陵	高海拔丘陵	—
小起伏山地（200～500m）	小起伏低山	小起伏中山	小起伏高中山	小起伏高山	—
中起伏山地（500～1000m）	中起伏低山	中起伏中山	中起伏高中山	中起伏高山	中起伏极高山
大起伏山地（1000～2500m）	—	大起伏中山	大起伏高中山	大起伏高山	大起伏极高山
极大起伏山地（>2500m）	—	—	极大起伏高中山	极大起伏高山	极大起伏极高山

　　我国地势三大阶梯格局以及不同走向的巨大山系等大（巨）地貌特征，不同程度地引起了地貌的复杂变化，地貌区域差异明显。根据这些地貌组合在东西、南北向的宏观差异，将地貌分为6个地貌大区（表1.2，图1.2）。

表 1.2　　　　　　　　　　　　　　　中 国 地 貌 分 区 表

地貌大区	地 貌 区	代码	地貌大区	地 貌 区	代码
Ⅰ 东部低山平原	A. 完达山三江平原	ⅠA	Ⅳ 西北高中山盆地	A. 新甘蒙丘陵平原	ⅣA
	B. 长白山中低山地	ⅠB		B. 阿尔泰亚高山	ⅣB
	C. 鲁东低山丘陵	ⅠC		C. 准噶尔盆地	ⅣC
	D. 小兴安岭中低山	ⅠD		D. 天山高山盆地	ⅣD
	E. 松辽平原	ⅠE		E. 塔里木盆地	ⅣE
	F. 燕山—辽西中低山地	ⅠF	Ⅴ 西南亚高山中山	A. 秦岭大巴亚高山	ⅤA
	G. 华北华东平原	ⅠG		B. 鄂黔滇中山	ⅤB
	H. 宁镇平原丘陵	ⅠH		C. 四川盆地	ⅤC
Ⅱ 东南低中山	A. 浙闽低中山	ⅡA		D. 川西南、滇中亚高山盆地	ⅤD
	B. 淮阳低山	ⅡB		E. 滇西南亚高山	ⅤE
	C. 长江中游低山平原	ⅡC	Ⅵ 青藏高原	A. 阿尔金山祁连山高山	ⅥA
	D. 华南低山平原	ⅡD		B. 柴达木—黄湟亚高盆地	ⅥB
	E. 台湾平原山地	ⅡE		C. 昆仑山极高山高山	ⅥC
Ⅲ 中北中山高原	A. 大兴安岭低山中山	ⅢA		D. 横断山高山峡谷	ⅥD
	B. 山西中山盆地	ⅢB		E. 江河上游高山谷地	ⅥE
	C. 内蒙古高平原	ⅢC		F. 江河源丘状山原	ⅥF
	D. 鄂尔多斯高原与河套平原	ⅢD		G. 羌塘高原湖盆	ⅥG
	E. 黄土高原	ⅢE		H. 喜马拉雅山高山极高山	ⅥH
				I. 喀喇昆仑山极高山	ⅥI

　　根据各大区内部基本地貌类型、外营力及区域性地表组成物质的差异所形成地貌类型及其组合差异，可进一步划分为38个地貌区。

　　在各类地形地貌区中，山丘区面积比例很大，主要典型区有：喀斯特地区、横断山区、果洛那曲高原山地、红壤丘陵区、黄土高原、小兴安岭及长白山地区。其中，喀斯特地区以中海拔、中起伏山地为主，集中分布于东南丘陵向西部高山高原的过渡地段；横断山区以中起伏、大起伏和极大起伏山地为主，按地貌二级分类主要为川西南、滇中亚高山盆地（ⅤD）、滇西南亚高山（ⅤE）、横断山高山峡谷（ⅥD）、江河上游高山谷地（ⅥE）和喜马拉雅山高山极高山（ⅥH）；果洛那曲高原山地地貌类型多样，按地貌二级分类主要为江河上游高山谷地（ⅥE）和江河源丘状山原（ⅥF）；红壤丘陵区内低、中海拔的小、中、大起伏山和低海拔的丘陵面积较大，主要包括浙闽低中山（ⅡA）、长江中游低山平原（ⅡC）及华南低山平原（ⅡD）；黄土高原地区中海拔和高中海拔的丘陵面积比较大，其中主要地貌为黄土梁峁；小兴安岭和长白山地区主要是低海拔的小起伏、中起伏山地和丘陵，按地貌二级分类主要包括长白山中低山地（ⅠB）和小兴安岭中低山（ⅠD）。

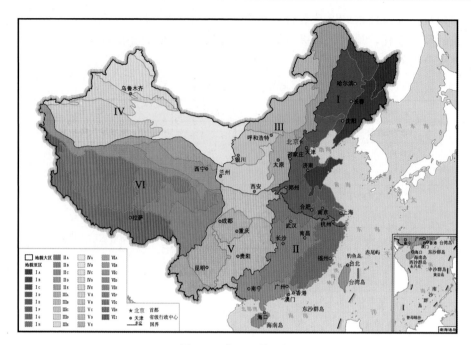

图 1.2　中国地貌区划

1.2　地质构造

中国大陆位于亚欧板块的东南部，东邻俯冲的太平洋板块及其俯冲带，南接印度板块及与亚欧板块的碰撞造山带，恰好处于亚欧板块、印度板块和太平洋板块三大板块交汇的特殊区域，构成了中国独特的地球动力学背景，制约了中国大陆中新生代以来的板块运动和板内构造作用，并控制中国大陆南北有别、东西差异显著的地质结构和构造面貌。

地壳运动引起的构造运动是影响水系发育的重要因素。对成层岩层而言，构造的褶皱、断裂和岩层产状是影响水系发育的因子；对块状岩体而言，构造的隆起、凹陷、断裂及其产状是影响水系发育的因子。

（1）成层岩层的褶皱与产状。褶皱分向斜与背斜两种形式。在正常状态下背斜形成山脊，向斜形成山谷，即褶皱与地形完全一致，也是从形态上定义的最小流域。褶皱的强度决定了地形高度与坡度，褶皱的走向决定了坡向。此时，地形的坡向、坡度与岩层的倾向、倾角是一致的。岩层产状与地形完全一致的流域水系称为标准流域水系。

（2）成层岩层的断裂系统。经过漫长地质历史的地表，受地应力场作用，形成多期断裂系统，使褶皱岩层与产状复杂化。断层自身产状的倾向、倾角增加了这种复杂性，其最终结果是使流域中的地层与地形不一致，造成背斜谷、向斜山、单斜山、断层谷等。地层与地形不一致的流域水系，被称为非标准流域水系。

（3）块状岩体的隆起与凹陷。块状岩体由于岩浆岩的侵入，造成隆起或凹陷，常常形成圆形、椭圆形外向水系或向心水系。如果周界有断裂或断层穿过岩体，须明晰不同时期的断裂系统，才能查明地下分水岭的关系。

崩塌、滑坡和泥石流（简称"崩滑流"）具有突发性强、分布范围广和一定隐蔽性的特点，其发育条件主要取决于 4 个方面：工程地质条件（地形地貌、新构造运动强度和方式、岩土体工程地质类型和地质构造条件等）、水文气象条件（降雨强度和降雨量、水流速度和水流量等）、植被发育程度和人类活动影响程度等。其中，地质构造因素起主导控制作用，在构造活动强烈、断层发育的区域灾害点分布明显密集，山高陡坡、岩性破碎的地区亦容易引起灾害。首先，产生突发性崩滑流的条件是具备明显的地形地貌差异，形成岩土体失稳运动的重力差异。地壳的隆升作用是引起地形地貌差异的根本原因，正是构造隆升作用导致山区、高原的加速隆升以及平原、盆地的加速沉降，这样两者地形高差变大，并造成更大的重力势差。山区与高原的河流坡降加大，致使河谷深切力度加大，并导致河谷与岸坡间重力势差增大。较高的重力势差为崩滑流灾害创造了基本运动条件；其次，地壳的构造运动过程必然伴随着岩体的变形与构造结构面的不断发育，而自重应力导致的卸荷松弛以及表层的物理化学风化等外动力作用进一步加速了结构面的软柔岩体的破碎，这是地壳构造运动为崩滑流灾害创造的物质条件；构造运动强度控制了崩滑流灾害的强度和频度；构造运动方式决定了崩滑流灾害的发育机制与破坏运动方式；地质构造条件控制了崩滑流灾害的分布规律。此外，断裂裂隙的发育又会促进河谷切深，导致边坡卸荷问题更加突出。山区、高原的加速隆升促进气候变幅进一步加大，导致风化作用进一步加强。所有这些因素的耦合作用，导致地表岩土体内发育大量的结构面，造成岩土体强烈变形、破碎、力学性能大大降低或发展成为松散体，最终在地震或大气降水诱发下产生突发性的崩滑流灾害。

1.3 河川水系

我国径流资源丰富，多年平均径流总量约 27210 亿 m³，占世界径流总量的 6%，占亚洲径流总量的 20%。主要特点为河流众多、地区分布不均匀、水系类型丰富、国际河流遍布边境地区、水力资源丰富、经济价值高等。

我国由西向东逐级下降的阶梯状地形，对河流的发育产生了深远影响，三个地形阶梯倾斜面及其斜坡地带，是主要的暴雨中心地带，也是河流的主要发源地带。

第一阶梯青藏高原东南边缘是我国主要河流的发源地，即第一级河源带。如长江、黄河、澜沧江、怒江和雅鲁藏布江等都是源远流长的巨大江河，不仅是我国也是世界著名的河流。相应的流域有长江、黄河上游流域，云南、西藏、新疆国际河诸河流域以及一部分内流河流域。

第二阶梯东缘，即大兴安岭—冀晋山地—豫西山地—云贵高原连线地区是第二级河源带，主要有黑龙江、辽河、海河和西江等。除黑龙江外，无论是长度、流域面积或水量都不及第一河源带的河流。第二阶梯内分布的一级流域包括长江、黄河、珠江流域的大部分，海滦河流域的一部分以及云南、西藏、新疆国际河诸河流域位于云南省的部分。

第三阶梯，即长白山地—山东丘陵—东南沿海山地是第三级河源带，主要有图们江、鸭绿江、沂河、沭河、钱塘江、瓯江、闽江、九龙江、韩江、东江和北江等。这些河流的长度和流域面积虽较上述两类小，但因其面临海洋，降水量多，径流量丰富。主要的流域包括黑龙江流域、辽河流域、海滦河流域、淮河流域、长江流域、东南沿海诸河流域。

1.4　土地利用/覆被与土壤类型

1.4.1　土地利用类型及其分布

中国科学院和农业部基于 30m TM 遥感数据建立了中国土地资源分类系统，将土地利用与土地覆被分为 6 个一级类和 25 个二级类。其中，一级类包括耕地、林地、草地、水域、城乡建设用地、未利用地（表 1.3）。

表 1.3　　　　　　　　　　　　　中国土地资源分类系统

一级类型		二　级　类　型
编号	名称	编号＋名称
1	耕地	11 水田，12 旱地
2	林地	21 有林地，22 灌木林，23 疏林地，24 其他林地
3	草地	31 高覆盖度草地，32 中覆盖度草地，33 低覆盖度草地
4	水域	41 河渠，42 湖泊，43 水库坑塘，44 永久性冰川雪地，45 滩涂，46 滩地
5	城乡建设用地	51 城镇用地，52 农村居民点，53 其他建设用地
6	未利用地	61 沙地，62 戈壁，63 盐碱地，64 沼泽地，65 裸土地，66 裸岩，67 其他未利用地

我国 2012 年空间分辨率为 1km 的土地利用类型分布见图 1.3，以未利用地（28.2%）、林地（24.0%）、耕地（22.2%）和草地（21.4%）为主，水域和城乡建设用地占地面积最小，分别为 2.5% 和 1.7%。林地主要分布在东北地区，其中水田集中分布在秦岭、淮河以南，旱地集中分布在秦岭、淮河以北。草地主要分布在西南部、中部和内蒙古地区，牧草主要分布在西藏、新疆、内蒙古、青海、甘肃等省（自治区）。

以地面坡度大于等于 2° 的区域为山洪灾害防治的山丘区范围，主要土地利用类型为林地，其次为未利用地、草地和耕地，占山丘区面积比重分别为 30.3%、27.5%、22.7% 和 16.8%（表 1.4）。林地和草地主要集中在山丘区，占各类型总面积比重分别为 97.8% 和 82.4%，城乡建设用地在山丘区很少，面积占比仅为 36.3%。

表 1.4　　　　　　　　　　山丘区各土地利用类型面积及占比

土地利用类型	面积/万 km²	占山丘区比重/%	占各类型总面积比重/%
耕地	121.18	16.8	58.6
林地	218.75	30.3	97.8
草地	164.15	22.7	82.4

续表

土地利用类型	面积/万 km²	占山丘区比重/%	占各类型总面积比重/%
水域	13.94	1.9	60.1
城乡建设用地	5.91	0.8	36.3
未利用地	199.12	27.5	75.7

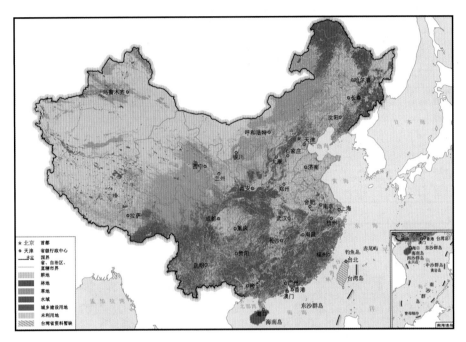

图 1.3　中国土地利用类型（2012 年）

1.4.2　植被类型及其分布

我国植被基本类型分为森林、草原、荒漠以及它们之间的过渡类型（森林草原或荒漠草原等）。图 1.4 为中国植被类型及 NDVI 值。植被类型数据采用 2001 年出版的《1∶1000000 中国植被图集》，空间分辨率为 1km。其中，植被类型包括针叶林、针阔叶混交林、阔叶林、灌丛、荒漠、草原、草丛、草甸、沼泽、高山植被和栽培植被等。归一化植被指数（Normalized Difference Vegetation Index，NDVI）为反映植被生长状况及植被覆盖度的指示因子，与植被覆盖度、净初级生产力及叶面积指数等具有较好的关系。NDVI 取值范围为 −1~1，负值表示地面覆盖为云、水、雪等，对可见光高反射；零值表示分布有岩石或裸土等；正值表示有植被覆盖，且随覆盖度的增加而增加。

我国植被类型以栽培植被、草原、荒漠为主（表 1.5），所占面积分别为 209.88 万 km²、139.88 万 km²、119.77 万 km²。山丘区主要分布的植被类型为栽培植被、草原、灌丛等，所占面积分别为 122.70 万 km²、98.98 万 km² 和 88.02 万 km²。山丘区不同植被类型面积和全国区域不同植被类型面积相比较，针叶林、草丛、针阔叶混交林、灌丛、高山植被等基本都分布在山丘区，面积占比均达到 95% 以上。

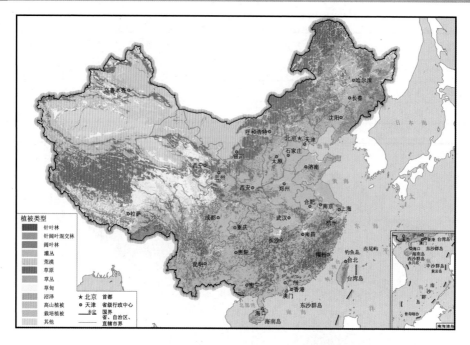

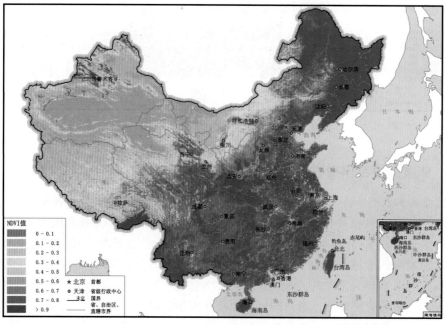

图 1.4 中国植被类型及 NDVI 值

表 1.5   山丘区不同植被类型面积及占比

植被类型	全国区域/万 km²	山丘区/万 km²	山丘区不同植被类型占全国区域比重/%
针叶林	80.46	79.43	99
针阔叶混交林	2.21	2.15	97

植被类型	全国区域/万 km²	山丘区/万 km²	山丘区不同植被类型占全国区域比重/%
阔叶林	68.83	63.23	92
灌丛	90.60	88.02	97
荒漠	119.77	43.91	37
草原	139.88	98.98	71
草丛	30.36	30.05	99
草甸	101.88	77.92	76
沼泽	6.35	4.03	63
高山植被	32.60	31.36	96
栽培植被	209.88	122.70	58
其他	63.61	20.43	32

1.4.3　土壤类型及其分布

我国土壤类型可分为三大群系：东部湿润半湿润区的森林土壤群系，西北干旱、半干旱的草原荒漠土壤群系，青藏高寒地区的高山土壤群系。按照"土壤发生分类"，土壤类型共分为 12 个土纲、61 个土类和 227 个亚类。

我国土壤类型以高山土、初育土、铁铝土、淋溶土等为主，且在山丘区分布较广（见图 1.5 和表 1.6）。高山土主要分布在青藏高原、天山和阿尔泰山等高山地带，土层浅薄、粗骨性强、有机质腐殖化程度低、层次分异不明显。初育土主要分布在西北内陆干旱半干

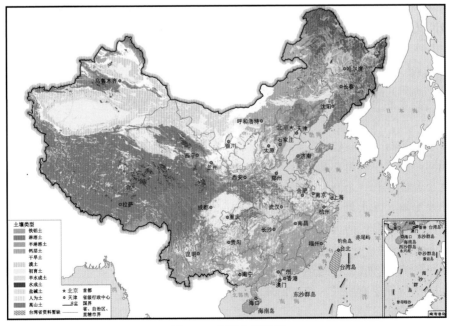

图 1.5　中国土壤类型

旱地区、黄土高原水土流失严重地区、四川盆地及云贵高原等地区，分布范围广、成土环境多样、土层浅薄、土壤有机质含量低、土质疏松，易发生水土流失或风沙危害。铁铝土多分布在南部等低纬度温润热带及亚热带地区，南北方向由南海诸岛至长江以南，东西方向由台湾澎湖列岛至云贵高原和横断山脉，土壤质地黏重均一、层次分异不明显，土壤有机质含量低。淋溶土多分布在低山丘陵、低平原河谷阶地、山间盆地、山前台地等地区，分布范围广、水热条件变化大、土壤肥力差异大。

表 1.6　　　　　　　　　　　山丘区不同土壤类型面积及占比

土壤类型	全国区域/万 km²	山丘区/万 km²	山丘区不同土壤类型占全国区域比重/%
半淋溶土	45.33	36.08	79.6
半水成土	94.25	32.35	34.3
初育土	168.48	151.17	89.7
钙层土	60.17	44.23	73.5
干旱土	30.88	23.77	77.0
高山土	201.63	192.28	95.4
淋溶土	108.46	100.55	92.7
漠土	61.15	40.75	66.6
人为土	52.73	34.53	65.5
水成土	14.94	10.45	69.9
铁铝土	113.90	111.76	98.1
盐碱土	17.42	7.80	44.8

1.5　水文气象

1.5.1　气候

我国气候主要表现为气候类型复杂多变、大陆性季风气候显著，同时还表现出雨热同期的特征。

按湿润度进行分类，包括潮湿、湿润、半湿润、半干燥和干燥等类型。按气温进行分类，包括南热带、中热带、北热带、南亚热带、中亚热带、北亚热带、暖温带、温带、寒温带等九个温度带和一个高原气候区域。各热量带内，由于海陆位置、大气环流和地形等因素的不同影响，降水量不等，干湿程度不一，从而形成多种多样的气候类型。

我国位于世界最大的大陆——亚欧大陆的东部，同时又濒临世界最大的大洋——太平洋。东亚海陆分布所产生的热力差异，强烈地破坏了对流层低层行星风带的分布，建立了强盛的季风环流，海陆分布的热力差异是季风形成的主要原因。自东南沿海至西北内陆，气候的大陆性特征逐渐增强，依次出现湿润、半湿润、半干旱、干旱气候区，西北地区特别干旱，植被稀疏。

夏季是我国绝大部分地区的高温季节，此时又盛行季风。夏季风从海洋带来了丰富的水汽，绝大部分地区在夏季降雨最多，约占全年降水总量的 60%～80%。

1.5.2 气温

温度分布的形势是东半部自南向北降低，西半部因地形影响力大于纬度，青藏高原大部分地区温度较低，非季风地区西北内陆干旱大盆地的温度大致与东部华北平原接近。根据生态地理区划，将全国划分为 14 个温度带，南沙群岛区的赤道热带未做分析。如图 1.6 所示，14 个温度带包括寒温带（Ⅰ）、中温带（Ⅱ）、暖温带（Ⅲ）、北亚热带（Ⅳ）、中亚热带（Ⅴ）、南亚热带（Ⅵ）、边缘热带（Ⅶ）、中热带（Ⅷ）、赤道热带（Ⅸ）、高原热带北缘山地（HⅠ）、高原亚热带山地（HⅡ）、高原温带（HⅢ）、高原亚寒带（HⅣ）、高原寒带（HⅤ）。冬冷夏热的大陆性季风气候特点难以用年平均气温值来反映，采用平均 1 月和 7 月的气温值分别代表冬季和夏季的温度特征。

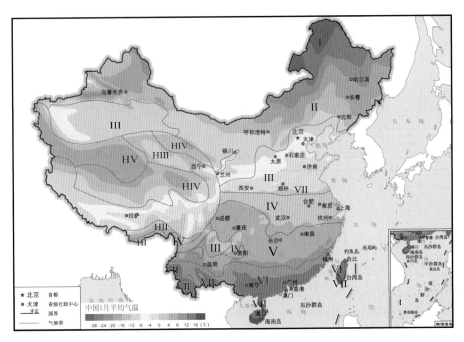

图 1.6 中国 1 月平均气温

1 月是冬季环流最强盛的时期，各地气温降至最低值，1951—2000 年 1 月平均气温见图 1.6，各气温分界线大致与纬度平行，自南向北迅速递减。1 月平均气温最低值和最高值相差 60℃，0℃气温分界线通过淮河、秦岭一线，向西经过西藏高原东坡折向西南，终止于江孜附近。山丘区 1 月平均气温的最高值和最低值相差 56℃，寒温带的温度最低（−33～−25℃），其中大部分地区的温度集中在 −27～−31℃。中亚热带山丘区分布较密集，各个地区温度差别大，最高值和最低值相差 33℃，但是大部分地区主要为 5℃左右。

7 月进入夏季风盛行时期，大部分地区气温达到最高值，平均气温高于 16℃（图 1.7），大小兴安岭、青藏高原等地因海拔高而低于 16℃。除青藏高原外，各地极端最高气温都在 35℃以上。山丘区 7 月平均气温的最高值和最低值相差 40℃，大部分地区的气温集中分布范围为 4～28℃。低温区主要集中在高原亚寒带（－4～20℃）和高原寒带（－8～27℃）。寒温带山丘区气温较集中（12～20℃），暖温带气温范围跨度大（－6～24℃）。全国山丘区范围内夏季气温相差不大，大部分地区处在较炎热状态。

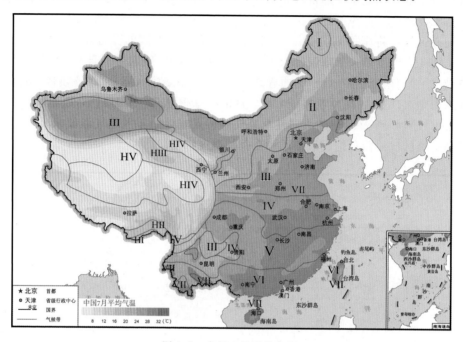

图 1.7　中国 7 月平均气温

1.5.3　降水

降水水汽主要来源于太平洋和印度洋，夏季风的来向决定着降水量的分布形式。虽然北冰洋输入的水汽量不多，但对非季风地区新疆北部等有重要意义。中国年降水量见图 1.8，其大体趋势是从东南沿海到西北内陆递减，且越向内陆减少越迅速。各地区差别很大，南方多于北方，山区多于平原，山地中暖湿空气的迎风坡多于背风坡。800mm 等降水量线在秦岭—淮河—青藏高原东南边缘一线；400mm 等降水量线在大兴安岭—张家口—兰州—拉萨—喜马拉雅山东南端一线。以 400mm 等降水量为界，以东为东南季风和西南季风控制的湿润地区；以西为中亚干旱区和高原寒漠区，较为干旱。

我国多年平均年降水量为 629mm，空间分布极不均衡。绝大部分地区的降水量主要集中在夏季风盛行的时期，随着夏季风由南向北再由北向南的循序进退，主要降水带的位置也有相应的季节变化。由于我国山地面积广大，地势起伏特别显著，地形对降水分布影响很大。山丘区降水主要分布在淮河、秦岭以南，集中在北亚热带、中亚热带、南亚热带、边缘热带以及中热带地区。东南与华南沿海丘陵都在 1600～2000mm 以上，台湾省山地迎风坡更多，达 3000mm 以上，背风坡台湾海峡两岸沿海平原却在 1000mm 左右。中温带山丘区降水量从东部至西部逐渐减少。寒温带山丘区降水量差别不大，范围为

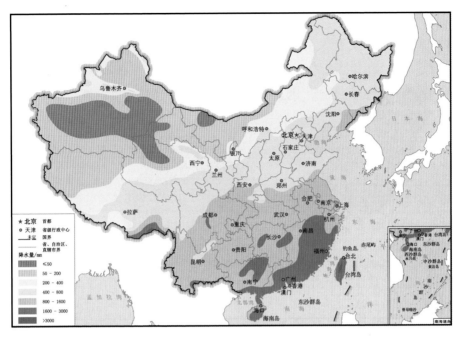

图 1.8　中国年降水量

393～610mm。高原温带和高原亚寒带不同山丘区的降水量变化较大，高原温带靠近喜马拉雅山脉的降水量最大值达 2858mm，横断山脉地区降水量为 1000mm 左右，而昆仑山脉地区降水量多低于 200mm，甚至不足 50mm。高原亚寒带山丘区的降水量为 34～936mm，从东部到西部降水量下降明显。南亚热带山丘区降水量较多，最小值为798mm，台湾省中央山地南北纵列，东、北、南三面迎接来自大洋的热带海洋气团和赤道海洋气团，并受台风影响，年降水量大都在 2000mm 以上，台湾省北端基隆南侧火烧寮的年平均降水量多达 6000mm 以上，最多的年份可达 8000mm 以上，是我国降水量最多的地方。

1.5.4　蒸散发

蒸散发既是地表能量平衡的分量，又是水量平衡的分量。全球陆地大约 60％的降水都会以蒸散发的形式返回到大气中，同时，蒸散发过程也将消耗大约 60％的地表净辐射能量。中国陆面蒸散发见图 1.9，呈现明显的空间分异特征。东南、西南等地区蒸散发值较大，东北地区的大兴安岭、小兴安岭林区比周边区域大，西北的青藏高原地区普遍偏小，其边缘局部区域比较大，新疆也只有局部区域较大。这种空间差异性较好地反映了区域气候变化和土地利用/覆盖等因素的综合影响。

山丘区陆面蒸散发主要集中在中亚热带及其以南地区，中亚热带占地面积最广，该区域降水充沛，植被多为常绿阔叶林，陆面蒸散发值最大达 1733mm，仅有少部分地区低于600mm。蒸散发的最大值主要在中热带、边缘热带和南亚热带，最大值均在 1800mm 左右，特别是台湾省地区。高原亚寒带地区的蒸散发值变化明显，东部地区的蒸散发值达

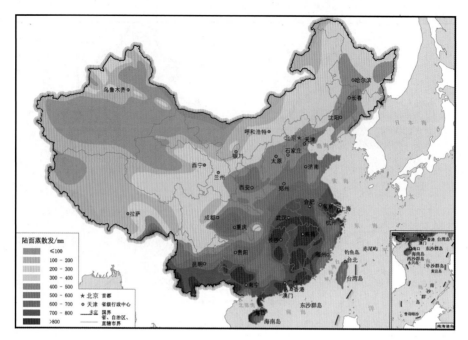

图 1.9 中国陆面蒸散发

400mm 以上，向西逐渐减小，大部分地区仅有 100mm 左右。中温带蒸散发的最大值主要集中在大兴安岭、小兴安岭及长白山地区。寒温带虽然气温较低，但是由于其属于湿润地区，多数植被为落叶针叶林，其蒸散发值超过 100mm。

1.5.5 径流

年径流深的分布趋势基本上和降水量的分布趋势一致，也是自南向北递减，近海多于内陆，山地大于平原，特别是山地的迎风坡，年径流量远远大于临近的平原或盆地。径流深为 50mm 的等值线自东北的海拉尔起，经哈尔滨、张家口、延安、兰州至西藏南部，与 400mm 降水等值线近似。这条线以东，气候湿润、地表径流丰富；以西气候干旱，地表径流较少。

与降水量的分布类似，年径流量也存在明显的地带性分布规律，主要分为五个径流带（图 1.10）。自东南至西北依次为丰水带、多水带、过渡带、少水带、缺水带。

（1）丰水带。年径流深大于 900mm，大致相当于亚热带和热带常绿林带，年降水量一般超过 1600mm，径流系数大于 0.6。浙闽丘陵和台湾山地是我国径流最丰富的地区。

（2）多水带。年径流深介于 200～900mm，相当于常绿阔叶和落叶阔叶混交林带，降水量一般为 800～1600mm，径流系数为 0.4～0.6。

（3）过渡带。年径流深介于 50～200mm，相当于落叶阔叶林和森林草原地带，年降水量一般为 400～800mm，径流系数为 0.2～0.4。

（4）少水带。年径流深介于 10～50mm，相当于半荒漠和草原地带，年降水量一般为 200～400mm，径流系数为 0.1～0.2。

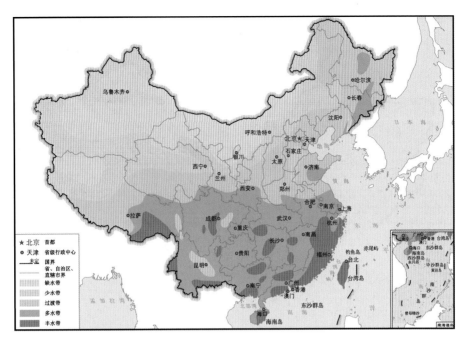

图 1.10　中国径流带分布

（5）缺水带。年径流深在 10mm 以下，相当于荒漠地带，年降水量小于 200mm，径流系数均小于 0.1。

1.6　人口分布与社会经济

1.6.1　人口分布特点

我国人口分布受自然条件和多种社会经济因素的影响，见图 1.11。各地区人口分布极不平衡，人口分布明显趋向于沿海和较为低平的地区。

对于山丘区，人口密度为 0～10 人/km² 的地区占山丘区总面积的 72.7%；人口密度在 500 人/km² 及以上的地区面积占比约 4%，人口分布较集中的地区仅为长江流域的上游区间、嘉陵江以及岷江的交界处，其余人口密度较高的地区零星分布在山东半岛以及东南沿海的山地丘陵区。从流域尺度来看，人口密度最大的仍为淮河流域，高达 404 人/km²，其次为东南沿海诸河流域，人口密度为 292 人/km²，该流域山丘区面积占比达 95%，山丘区人口密度减少了 14.7%。内流区以及云南、西藏、新疆国际河流诸河流域，山丘区人口密度仅为 5 人/km² 和 24 人/km²，人口分布仍较稀少。

1.6.2　社会经济概况

采用国内生产总值（GDP）和人均国内生产总值（人均 GDP）来反映社会经济状况。由图 1.12 可知，2010 年我国人均 GDP 较低的地区主要集中在西藏、甘肃以及西南地区，面积占比为 21.5%，人均 GDP 为 1 万～2 万元；其中最低值分布在云贵高原地区（约

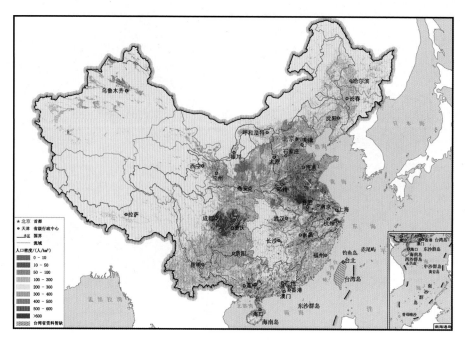

图 1.11　中国人口密度（2010 年）

1.5 万元），其大部分地区自然条件恶劣、缺乏生产和生活条件，且多为石灰类山区，水土流失严重，生产力低下。内陆地区人均 GDP 为 2 万～3 万元，主要位于黑龙江流域、淮河流域、黄河流域、长江流域以及大部分内流区，面积占比为 54.4%。

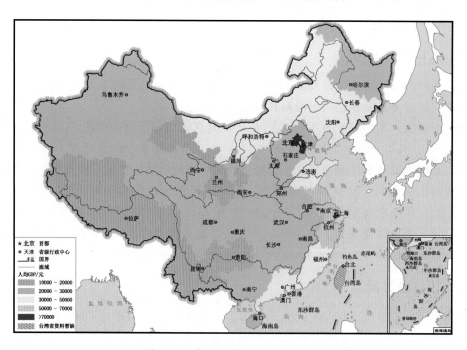

图 1.12　中国人均 GDP（2010 年）

1.7 研究框架

山丘区地形陡峭，下垫面条件复杂，水文气象条件空间分布异质性强，小流域暴雨山洪产汇流非线性特性显著，洪水过程陡涨陡落，汇流时间多在6h以内，加之普遍缺乏实测水文资料，应重点关注洪峰流量和峰现时间两个要素。该研究以小流域产汇流特性为核心，开展小流域划分及其水文特征分析，研究框架见图1.13。基于高精度国家基础地理信息数据，提出全国全尺度流域水系划分及属性分析技术，形成中国小流域数据集。小流域主要属性包括气候特征、暴雨特征、几何特征和产汇流特征等。其中，几何特征反映了小流域产汇流过程的动力特性，提出的非均质性参数（如小流域不均匀系数、加权平均坡度、平均汇流路径长度等）反映了小流域内部汇流的空间异质性；暴雨特征反映了小流域产汇流过程的输入条件；产汇流特征反映了小流域产汇流过程的下垫面关键因子。研究为不同自然地理格局下参数区域化提供依据，为缺资料山丘区小流域暴雨洪水分析计算和山洪精细化预报预警提供了数据基础。

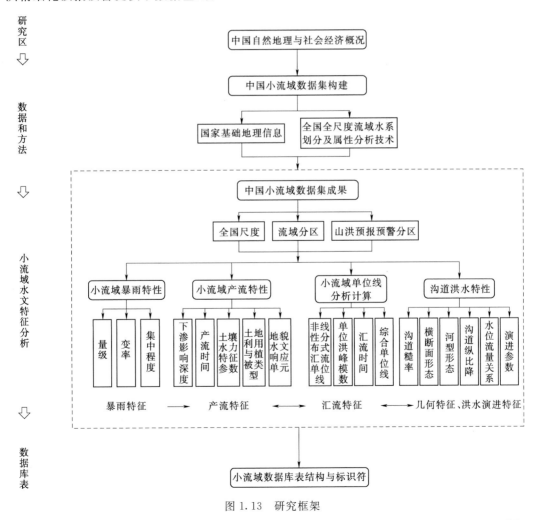

图 1.13　研究框架

主要研究工作如下：

第 1 章：中国自然地理与社会经济概况。阐述了我国地形地貌、地质构造、河川水系、土地利用/覆被与土壤类型、水文气象、人口分布与社会经济分布概况。

第 2 章：中国小流域数据集构建。建立全国全尺度流域水系划分及属性分析技术，应用高精度国家基础地理信息数据构建中国小流域数据集，通过分析小流域内部汇流异质性，提出小流域汇流非均质性参数。

第 3 章：中国小流域数据集成果。构建中国山洪预报预警分区，从全国、流域片和山洪预报预警分区尺度分别阐述小流域属性的空间分布格局和致灾特性，包括小流域的几何特征参数、汇流特征参数和土壤水力特征参数等。

第 4 章：小流域暴雨特性。分析了小流域致灾暴雨特点，采用量级、变率和集中程度等特性描述暴雨的时空分布特征，展望了小流域设计暴雨的改进方法。

第 5 章：小流域产流特性。基于 Richard's 方程等分析确定了小流域产流主导因素和关键参数，提出了小流域地貌水文响应单元的划分标准和相应的产流机制。

第 6 章：小流域单位线分析计算。应用高精度地形地貌数据提出了小流域非线性分布式汇流单位线法，提取了 53 万个小流域不同雨强、不同历时的单位线组，分析了小流域汇流参数的空间分布特征，并基于中国小流域数据集开展单位线综合分析。

第 7 章：沟道洪水特性。分析了沟道形态特征关键参数，阐述了缺资料地区沟道洪水演进参数的确定方法。

第 8 章：小流域数据库表结构及标识符。提出了小流域数据库表结构与标识符标准，介绍了基本信息类和关联信息类主要数据库表结构。

第 2 章

中国小流域数据集构建

小流域通常指集水面积较小的山丘区流域。不同国家对小流域的定义并不相同。在美国,小流域是指面积小于 $1000km^2$ 的流域;在欧洲及日本,小流域指面积为 $50\sim100km^2$ 的流域;中国水土保持和小流域治理的工作人员和研究人员定义小流域为面积为 $3\sim50km^2$ 的流域。小流域地形陡峭、形状特殊,洪水过程陡涨陡落,汇流时间多在 6h 以内。山丘区地形地貌等下垫面条件复杂,小流域的几何特征、水文气象特征等空间分布异质性强,暴雨山洪产汇流非线性特性显著。小流域特征分析是研究缺资料地区暴雨山洪形成转化机理的重要基础性工作,目前仍缺乏系统性的研究分析。为明晰山丘区小流域暴雨洪水规律,准确掌握气象和下垫面关键影响因子,中国水利水电科学研究院开展了全国全尺度流域水系划分和属性分析研究,应用高精度国家基础地理信息数据,以 $0.5km^2$ 为集水面积阈值,采用统一标准按照 $10\sim50km^2$ 集水面积首次系统地划分了 53 万个小流域,构建了 17 级河流、10 级流域的分级分层编码体系和拓扑关系,形成中国小流域数据集,为我国山洪灾害防治提供了必要的基础数据储备,是山丘区小流域山洪预报预警的重要基础。

2.1 国家基础地理信息

小流域划分和属性特征分析的数据源,主要包括国家基础地理信息 1:5 万数字高程模型 (Digital Elevation Model,DEM)、数字线划图 (Digital Line Graphic,DLG) 数据,2.5m 分辨率国产数字正射影像数据 (Digital Orthophoto Map,DOM) 等。平面坐标系采用国家大地坐标系 CGCS2000,投影方式采用 6 度分带的高斯-克吕格投影,高程基准采用 1985 国家高程基准。

2.1.1 数字高程模型

数字地形模型是地形表面形态属性信息的数字表达,是带有空间位置特征和地形属性特征的数字描述。数字地形模型中地形属性为高程时称为数字高程模型 (DEM)。DEM

通常用地表规则网格单元构成的高程矩阵表示，图 2.1（b）所示为采用规则网格进行流域表面数字高程重建图。此外，广义的 DEM 还包括等高线、三角网等所有表达地面高程的数字表示。现在已有许多商业软件能用于数字高程模型表面建模，也能实现不同 DEM 数据型之间的相互转换，如美国环境系统研究所公司（简称 ESRI 公司）开发的 ArcGIS 软件，具有强大的地图制作、空间数据管理、空间分析、空间信息整合、发布与共享功能。采用 ArcGIS 中地形分析功能将等高线及高程控制点加载至 ArcGIS 平台，然后将其转换生成 TIN 不规则三角形高程网，最后用转换功能模块生成栅格型 DEM，完成 DEM 的表面建模。

 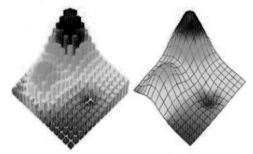

（a）某山丘区小流域地物地貌示意图　　　　　　（b）流域表面数字高程重建图

图 2.1　数字高程模型规则格网概化图

　　DEM 分辨率是指 DEM 最小的单元格的长度，是 DEM 刻画地形精确程度的一个重要指标，同时也是决定其使用范围的一个主要影响因素。分辨率数值越小，分辨率就越高，刻画的地形程度就越精确，同时数据量也呈几何级数增长。因此，制作和选取 DEM 时，应依据需要在精确度和数据量之间做出平衡选择。目前我国已经完成由 1∶5 万地形图制作 DEM 的数据库建设。

　　为选择适宜的 DEM 分辨率进行全国小流域划分及属性提取，利用无人机获取典型流域 0.2m 栅格的高精度 DEM 数据，制作典型流域的 5m、10m、25m、50m、100m 栅格大小的 DEM 数据。利用不同分辨率的 DEM 数据，采用分布式水文模型，模拟分析典型流域多个场次的洪水过程，计算结果显示：5m、10m、25m、50m、100m DEM 精度下山洪模拟精度分别为 73%、80%、80%、67%、60%。分析其主要原因如下。

　　（1）DEM 分辨率在 10m 以下时，对小流域（10～50km²）划分影响不大；DEM 分辨率在 10～50m 时，对小流域划分及基础属性参数有一定影响，但影响不大；DEM 分辨率超过 50m 时，对小流域划分影响较大。

　　（2）用分辨率很高的 DEM 数据分析小流域及其属性数据时，其与小流域产汇流参数数据匹配性不高，并未显著提高洪水模拟精度，有时还会造成模拟精度降低；分辨率较低的 DEM 数据会造成小流域划分属性数据偏差较大，显著降低山洪模拟精度。

　　综上，采用高精度 DEM 数据，数据获取成本较大，且其他资料精度和尺度匹配性较低，山洪模拟精度不会显著提高。采用 25m 分辨率的 DEM 数据进行分析计算时，数据获取成本较低且广泛应用，与小流域下垫面条件、土壤质地数据和遥感影像数据等数据尺度较为一致，能够满足山丘区小流域划分和山洪模拟的需要。因此，中国小流域划分采用由国家基础地理信息中心提供的精度为 1∶5 万（栅格：25m×25m）DEM 数据，用于基本地形地貌参数的提取以及水系和流域的生成。

2.1.2　数字正射影像数据

数字正射影像数据（DOM）是利用 DEM 对经过扫描处理的数字化航空相片或遥感数字影像（单色或彩色），经逐像元进行辐射改正、微分纠正和镶嵌，并按规定图幅裁剪生成的正射影像数据，带有公里格网、图廓（内、外）整饰和注记的平面图。

DOM 是具有地图几何精度和影像特征的图像，精度高、信息丰富、直观真实、制作周期短。可作为背景控制信息，评价其他数据的精度、现势性和完整性，也可从中提取自然资源和社会经济发展信息，为国土资源管理、城乡规划、基地设施和工程建设提供科学的技术依据，也是实现数字国土规划、建设智能城市的基础数据。此外，还可从 DOM 数据中提取和派生新的信息，实现地图的修测更新等。

DOM 数据采用 4 颗优于 2.5m 分辨率卫星数据资源，以全色为 2.1m、多光谱为 5.8m 的资源三号卫星（ZY-3）为主要数据源，以全色优于 2.5m，多光谱优于 10m 的资源一号 02C 卫星（02C）、高分一号卫星（GF-1）和实践九号卫星（SJ-9）为补充数据源。数据时相为 2012 年 12 月（含）以后，相邻各景影像重叠度在 10% 以上，入射角小于 4°，云、雪（不包括终年积雪）覆盖量小于 5%，实现了全国陆地范围的全覆盖。采用 WGS-84 国家大地坐标系，控制点来源于高精度的正射国产卫星影像资料，1∶5 万 DLG 作为精度参考，并采用彩色数字图像无缝镶嵌技术进行图像拼接。

2.1.3　数字线划图

数字线划图（DLG）是以点、线、面形式或地图特定图形符号形式，表达地形要素的地理信息矢量数据集。点要素在矢量数据中表示为一组坐标及相应的属性值；线要素表示为一串坐标组及相应的属性值；面要素表示为首尾点重合的一串坐标组及相应的属性值。DLG 是一种更为方便的放大、漫游、查询、检查、量测、叠加地图，数据量小，便于分层，能快速地生成专题地图，也称作矢量专题信息。DLG 能满足地理信息系统进行各种空间分析要求，被视为带有"智能"的数据，可随机地进行数据选取和显示，与其他几种产品叠加，便于分析、决策。DLG 的技术特征为地图地理内容、分幅、投影、精度、坐标系统与同比例尺地形图一致。图形输出为矢量格式，任意缩放均不变形。采用国家基础地理信息中心提供的 1∶5 万 DLG 数据用于水系和流域的生成。

2.1.4　水利工程图

人类活动直接作用于流域下垫面，反馈于流域下垫面产汇流特性，对小流域划分也有十分显著的影响。水资源开发利用过程中大量水利工程的修建，流域内水库、堤防、闸坝、沟、渠等的前期开发、后期治理等均改变了流域现势性，甚至可能导致局部地区河道流向改变，开展小流域划分有必要考虑水利工程的影响。水利工程图是水利工程建筑物的直观展示，水利数字化的建设推动了水利工程图逐渐趋于矢量化，全国水利工程矢量数据能够较为精细地反映水利工程的空间拓扑关系，应用十分广泛。引入水利工程图，一方面为小流域划分补充数据源，另一方面满足小流域划分过程中对局部地区的现势性修正需求。

2.2 小流域划分标准

对于地面坡度大于等于 2° 的山丘区和其他地区，按照 1：5 万 DEM 和 DLG 数据、《中国河流代码》（SL 249—2012）规定的河流流域范围外扩 2km 的 DEM 裁切数据，结合水文监测站点和水利工程数据，以及高分辨率 DOM 数据、土地利用和植被类型、土壤质地类型数据和行政区划，按 10～50km² 面积合理划分小流域单元；对于坡度小于 2° 的地区，在 1：5 万 DEM 上可识别出河流及其流向的区域，也进行了小流域划分；对于无人区、荒漠等地区，其划分面积可放宽至 100km² 左右。小流域出口节点以河流交汇点为基本控制节点；考虑水库、水电站、水闸、水文站、村镇、地形地貌变化特征点等因素，在水文站控制断面、山区河流的出山口、靠近主要村镇的河道断面、水库入库断面及坝址处增设小流域划分的节点；对水库水面面积超过 0.5km²、湖泊水面面积超过 1km² 的水面划分为单独流域；对内陆河（湖）、沙漠、沿海等特殊区域，也划分了控制节点。小流域的边界应与地形的自然分水线保持一致；对于水库、湖泊、大江大河、沿海等特殊区域，流域边界有所不同。在此基础上，对提取的河网所对应的流域进行必要的合并或增加节点，形成小流域。最终划分的小流域应覆盖整个山丘区流域，相邻两个小流域间应无缝隙、无重叠的拼接，小流域面积之和应等于该区域总面积。全国小流域划分范围见图 2.2。

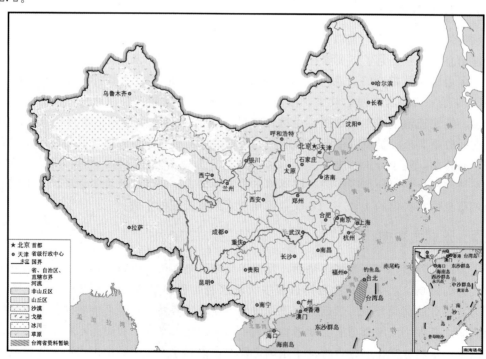

图 2.2 全国小流域划分范围

在小流域划分的基础上，逐级合并至《中国河流代码》（SL 249—2012）中最低级别河流的流域，即流域面积大于 500km² 或长度大于 30km 的河流，以及大型、重要中型水库和水闸所在的河流，并提取相应的属性信息。

2.3 河流分级方法

河网是流域中大大小小河流交汇形成的树枝状或网状结构，天然河网一般属于二分叉树结构，平原河网多呈网状结构。自然状态下任何河网都是由大小不等、各种各样的河道连接而成的，一个较大的河道往往也是由若干较小的河道汇流而成，流域水系这种天然的层次结构有助于建立河网水系拓扑结构以及对水系构成做进一步的分析。流域的层次结构可通过对河网水系中的各个支流按照其汇入特性进行分级实现。

1. 常用 5 种河道分级方法

目前常用的河道分级方法包括格雷夫利厄斯（Gravelius）法、霍顿（Horton）法、斯特拉勒（Strahler）法、施里夫（Shreve）法、沙伊达格（Scheidagger）法等。

Gravelius 分级法由格雷夫利厄斯于 1914 年提出，以水系中最大的主流为 1 级河流，汇入主流的支流为 2 级河流，汇入支流的小支流为 3 级河流，以此类推，将水系中所有的干流、支流命名完毕。该法认为水系中河道越小，级数就越大，难以区分水系中的主流和支流，且在大小不同的两个流域内，同一级的河道可能相差较大，现在已不再采用该法。

Horton 分级法由霍顿于 1945 年提出，将最小的不分叉的河流称为 1 级河流，只接纳 1 级河流汇入的河流称为 2 级河流；只接纳 1 级、2 级两级河流汇入的河流称为 3 级河流，其余类推，直至将水系中所有的河流命名完毕。该法克服了 Gravelius 分级法的主要缺点，但仍存在不足，如认为 2 级以上的河道均可以一直延伸到河源，但实际上它们的最上游都只具有 1 级河道的特征。

Strahler 分级法由斯特拉勒于 1953 年从水系形态与水文要素综合分析中提出，便于寻求水系地貌规律，因此，Strahler 分级法是目前最广泛使用的一种河道分级方法，也是本书采用的河流分级方法，进一步用于分析河流霍顿地貌特征参数。该法认为从河源出发的河流为 1 级河流，同级的两条河流交汇形成的河流的级比原来增加 1 级，不同级的两条河流交汇形成的河流的级等于两者中较高者，见图 2.3（a）。该法与 Hroton 分级法存在一定关系，每条 w 级的 Horton 河道将由 w 条 1～w 级的 Strahler 河道首尾相连接而成，每条 Strahler 河道仅仅是一条 Horton 河道的一部分，表明 Strahler 分级法不会像 Horton 分级法一样将 2 级以上河道都一直延伸到河源，因而能够将通过全流域水量和泥沙量的河道定为水系中最高级别河道。Strahler 分级法的主要不足是不能反映流域内河道级数越高，通过的水量和泥沙量也越大的事实。

Shreve 分级法由施里夫于 1966 年提出，将水系中最小的、不分叉的河流定义为 1 级河流，两条河流交汇形成的河流的级为这两条河流级的代数和。

Scheidagger 分级法由沙伊达格于 1967 年提出，分级原则与 Shreve 分级法相同，差别是该法将水系中最小的、不分叉的河流定义为 2 级河流，这样水系中所有河流的级均以偶数标记。相比于 Shreve 分级法，Scheidagger 分级法更便于进行数值处理。

2. CNFF 河流分级方法

考虑小流域水文特征分析的实际需要以及建立分布式水文模型所需基础数据的复杂性，参考 Strahler 分级方案，提出中国山洪水文模型（CNFF）河流分级方法，用于全国小流域及河网编码，同时保留了 Strahler 河流分级属性，见图 2.3（b）。该方法以 $0.5km^2$ 为集水面积阈值，以所有的外部河流（没有其他河流加入的河流）为 1 级河道；两个同级别（设其级别为 k）的河流汇合，形成的新河流的级别为 $k+1$；级别为 k 的河道汇入级别较高的河流，级别较高的河流增加 1 级。

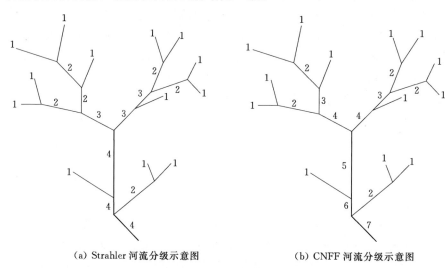

（a）Strahler 河流分级示意图　　　　　　（b）CNFF 河流分级示意图

图 2.3　河流分级示意图

该分级方案既与 Strahler 分级法类似，又存在显著不同：Strahler 分级法中不同级的两条河流（k 级和 $k+1$ 级）交汇形成的河流的级（$k+1$ 级）等于两者中较高者，而 CNFF 河流分级方法中交汇形成的河流的级（$k+2$ 级）比交汇前较高级别河流（$k+1$ 级）增加一级。Strahler 分级法将通过全流域水量的河流作为水系中最高级的河流，但其不足主要是不能反映流域内河流级越高，通过的水量也越大的事实。CNFF 河流分级法恰好能弥补这一缺点，也更方便进行数值化处理。

2.4　河流流域编码及拓扑关系

《中国河流代码》（SL 249—2012）规定了全国流域面积大于 $500km^2$ 或长度大于 30km 的河流，以及大型、重要中型水库和水闸所在河流的代码，采用 Strahler 河流分级方法，在上述流域范围内提取了 8 级河流。为满足山丘区中小河流防汛需求，进一步对 $500km^2$ 以下的流域提取河流，以 $0.5km^2$ 为集水面积阈值，在全国范围内共提取了 17 级河流（含《中国河流代码》中的河流）。其中，1 级、2 级、3 级河流的平均流域面积为 $1.17km^2$、$5.35km^2$ 和 $24.87km^2$，同时结合沿河村落分布，确定 $10\sim50km^2$ 集水面积为小流域单元，对划分的小流域、河段等进行统一编码，建立全国统一完整的水系、流域拓扑关系。

目前，《中国河流代码》（SL 249—2012）中的河流编码方法只有 8 位，一些主干河流的河段过多或支流级别过多，导致干流 1 位编码不足，须动态添加编码位来编码，增加了编码的难度；且对编码字符不区分大小写，对于全国小流域划分来说，会出现某级的河段过多的情况，这时编码字符将无法唯一标识这些河段，因此，目前的编码位数不足以描述全国 53 万个小流域、河流等的信息。按照 CNFF 河流分级方法，参照《水利工程代码编制规范》（SL 213—2012）和《中国河流代码》（SL 249—2012），进行河流流域编码，编码共 16 位，显著扩充了编码流域、河流的数量，达到百万级容量，足以容纳 53 万个小流域、河流的汇流关系等信息，形成了全国全尺度流域水系统一的编码体系和自动编码技术，具有较好的实用性和先进性，能满足全国小流域、河流信息的编制、存储、检索等需求。

2.4.1 编码定义

1. 《中国河流代码》（SL 249—2012）编码定义

《中国河流代码》（SL 249—2012）规定了流域面积大于 $500 \mathrm{km}^2$ 的河流，以及大型、重要中型水库和水闸所在河流的代码。其中，对于流域面积难以确定的区域，以河流长度 30km 为标准。河流代码采用拉丁字母（I、O、Z 舍弃）和数字的混合编码，共 8 位，分别表示河流所在流域、水系、编号及类别。

河流代码格式：ABTFFSSY，其中：

A——1 位字母表示工程类别，取值 A；

BT——2 位字母表示水系分区码，执行 SL 213—2012；

FFSS——4 位数字或字母表示任意一条河流的编号，F、S 的取值范围是 $0 \sim 9$、$A \sim Y$，字段含义按表 2.1 的规定执行。当代码位数不够或对于不易分辨上下游关系的河网地区，取消对 FFSS 的限制。取消限制条件的顺序为：取消 SS 中第二个 S 为 0 的限制；仍不满足时，取消对 FF 中 $00 \sim 09$ 作为干流或干流不同河段代码的限制；

Y——1 位数字表示河流类别，取值按表 2.2 的规定执行。

表 2.1   河流代码 FFSS 字段规定

字段	字 段 描 述
FF	2 位数字或字母表示一级支流的编号，F 的取值范围为 $0 \sim 9$、$A \sim Y$，其中 $00 \sim 09$ 作为干流或干流不同河段的代码
SS	2 位数字或字母分别表示二级支流、二级以下支流的编号，S 的取值范围为 $0 \sim 9$、$A \sim Y$；当是二级支流时，第二个 S 为 0

表 2.2   河流代码 Y 字段规定

码值	说 明	码值	说 明
0	独流入海河流	4	渠道
1	国际河流	6	汇入上一级河流或流入下游河段
2	内陆河流	9	其他
3	运河		

河流编码按从上游到下游、先干流后支流、先左岸后右岸的次序，根据汇流关系编码。当水系分区正好为一个独立的水系时，将所有水流汇入的河流处理为干流，汇入干流的河流为一级支流，以此类推；当水系分区为内流区或存在多个独立的流域时，将独流入海和汇入内流区的河流处理为一级支流。

一个水系仅有一条干流，干流可划分为不同河段，取 FF 的 00～09 作为干流或干流不同河段的代码，由上游至下游顺序依次编码；对三级、四级或更低级别的支流，按先高级后低级的顺序编码，此时 SS 不能反映干支流的关系。此外，单独入海或汇入内流区的河流均作为水系一级支流编码。

2. 小流域编码原则

全国小流域划分涉及海量的小流域、河流，参考有关水利信息化的行业规范，依据《中国河流代码》（SL 249—2012），并借鉴水利普查等工作的有益经验，制定如下小流域编码原则。

（1）统一原则：小流域编码在全国河流代码的基础上扩展，形成编码体系。

（2）唯一原则：在全国范围内，确保每一个山丘区小流域编码的唯一性。

（3）稳定原则：编码体系以各要素相对稳定的属性或特征为基础，保证在较长时间内不发生重大变更。

（4）兼容原则：编码必须和现在的系统兼容，确保系统改动最小。

（5）扩展原则：以后小流域调整或增加级别时，可以对编码方案进行拓展。

（6）拓扑正确性原则：编码构成能体现各级流域及山丘区小流域的逻辑联系，并且准确反映地表水汇流关系。

（7）分级递推原则：按各级流域包含或并列的拓扑关系分级编制、逐级递推。

（8）自上而下原则：同级流域，按照水流方向，自上而下，自左岸至右岸，依次编码。

3. 河流流域编码定义

按照 CNFF 河流分级方法，参照《水利工程代码编制规范》（SL 213—2012）和《中国河流代码》（SL 249—2012），进行河流流域编码。河流、流域编码共 16 位，每位取值为大写字母（A～Z）、小写字母（a～z）或数字（0～9），容量达到百万量级，能满足全国小流域、河流信息的编制、存储、检索等需求。流域和河段采用同一编码，小流域编码结构见图 2.4，小流域编码位规定见表 2.3。流域面积不超过 500km^2 的河流，其编码采用汇入小流域出口节点的河段编码。

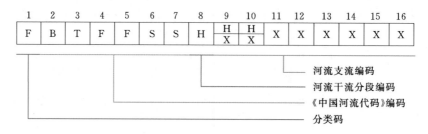

图 2.4　小流域编码结构图

表 2.3　　　　　　　　　　　　　　　　　小流域编码位规定

编码位	编码位的含义	编码位的取值
F	该位为分类码，区分流域、河道、节点	W：流域、A：河道、Q：节点
BTFFSS	一级流域、二级流域、一级支流、二级支流编码	同《中国河流代码》（SL 249—2012）
H（1～3位）	该段表示干流编码，默认为1位。当干流河段过多，自动向后增加码位，最多3位	数字（1～9），大写字母（A～Z），小写字母（a～z）
XXXXXXXX（8～6位）	该段表示干流以下支流编码，无支流时用0填充。下级干流以此原则逐级编码	大写字母（A～Z），小写字母（a～z）

对于不同流域面积下的分层流域，各图层代码由大写字母、数字和下划线组成（表2.4），编写格式为 CNFF _ BRD _ X，其中，CNFF 代表中国山洪水文模型，BRD 代表流域河流数据集，X 代表流域层级，取 1～10。

表 2.4　　　　　　　　　　　　　　　　　分层流域图层代码

分层流域图层代码	流域面积	分层流域图层代码	流域面积
CNFF _ BRD _ 1	七大流域片	CNFF _ BRD _ 6	$500km^2 < A \leqslant 1000km^2$
CNFF _ BRD _ 2	63个二级水系流域	CNFF _ BRD _ 7	$200km^2 < A \leqslant 500km^2$
CNFF _ BRD _ 3	$A > 10000km^2$	CNFF _ BRD _ 8	$100km^2 < A \leqslant 200km^2$
CNFF _ BRD _ 4	$3000km^2 < A \leqslant 10000km^2$	CNFF _ BRD _ 9	$50km^2 < A \leqslant 100km^2$
CNFF _ BRD _ 5	$1000km^2 < A \leqslant 3000km^2$	CNFF _ BRD _ 10	$10km^2 < A \leqslant 50km^2$

2.4.2　编码方法

（1）小流域编码以《中国河流代码》（SL 249—2012）中已编码河流为基础，从该河流出口向上游寻找流域面积最大的河流为干流，按小流域出口节点分段，自上而下进行编码；汇入此干流的支流也自上而下进行编码，再以此支流作为下级支流的干流，依此原则逐级编码。

（2）《中国河流代码》（SL 249—2012）中没有编码的独立水系（独流入海河流、内陆河流等），先依据《中国河流代码》（SL 249—2012）编码规则编制前7位代码，再按小流域编码规则编制后9位代码。

（3）《中国河流代码》（SL 249—2012）中编码河流与1∶5万 DLG 中河流名称、位置、流向不一致时，作相应修改，或按上级河流重新编码。

（4）分级嵌套流域编码同其中最下游小流域编码。

图 2.5 所示流域是三级流域 M 的支流，流域、河段、节点三级编码示例见表 2.5。

2.4.3　拓扑关系

小流域、河段、节点的空间拓扑关系是以自然地表汇水关系为依据，以二叉树结构为基本原则，通过各自矢量图层属性表中汇入和流出该小流域的流域编码、河段编码和节点编码字段，自动建立上下游拓扑关系，保证河流水系的连通性和方向性，建立全国统一完整的流域水系编码体系和拓扑关系。

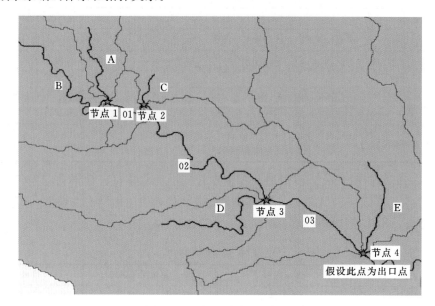

图 2.5　三级流域编码示例图

表 2.5　　　　　　　　　　　　　　三级流域编码示例表

上级流域编码	WBTFFSSM00000000	
小流域编码 （河段编码除第一位为 A，后面 15 位和小流域编码一致）	编号	小流域编码
	A	WBTFFSSMA0000000
	B	WBTFFSSMB0000000
	C	WBTFFSSMC0000000
	D	WBTFFSSMD0000000
	E	WBTFFSSME0000000
	01	WBTFFSS1M0000000
	02	WBTFFSS2M0000000
	03	WBTFFSS3M0000000
节点编码 （节点编码取节点上游集水面积较大的 小流域编码，第一位为 Q，后面 15 位 和小流域编码一致）	编号	节点编码
	节点 1	QBTFFSSMA0000000
	节点 2	QBTFFSS1M0000000
	节点 3	QBTFFSS2M0000000
	节点 4	QBTFFSS3M0000000

2.5　小流域划分方法

　　基于 ArcGIS 采用 D8 流向算法，集成应用空间匹配、并行计算、河网拆分拼接与拓扑重建、智能修正、特殊区域河网提取等技术，进行小流域划分及属性提取。主要技术流程见图 2.6。

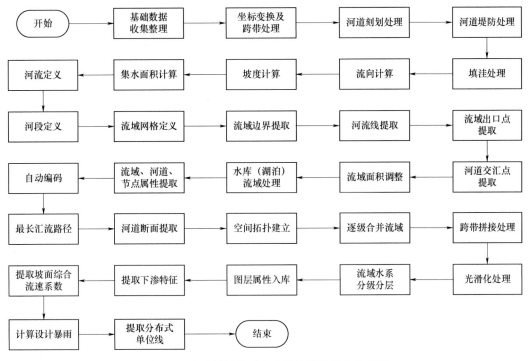

图 2.6 小流域划分及基础属性提取技术流程图

2.5.1 数据预处理

流域内合理的地形表达是小流域划分的关键，在进行小流域划分之前，一般都要进行地形的预处理，使所用的基础数据更加符合分析的需要。数据预处理主要包括原始数据转换、特殊地形 DEM 修正及填注等处理。

数据转换既有数据格式转换，也有数据坐标系投影与变换，小流域划分所涉及图层的坐标为国家大地坐标系 CGCS2000，统一数据格式和坐标系便于图层显示。洼地是影响地表水流过程的重要因素，在自然条件下，水流从高处向低处流动，遇到洼地首先将其填满，然后再从该洼地的某一最低出口流出。洼地是局部的最低点，无法确定该点的水流方向。常用的处理方法是采用无洼地处理技术，将存在的洼地填平，减少洼地对水流方向的影响。对因水利工程、交通道路建设等，造成 DEM 不能真实反映实际地形和河道走向的情况，参考相关水利图册，采用加载堤防数据或刻画河道等方法，修正小流域边界和水流走向，而在提取坡度、河段比降信息时要依据原始 DEM 分析，保证成果正确性。

2.5.2 水系和流域的生成

利用 DEM 生成水系和流域是通过数字高程流域水系模型来实现的，主要步骤见图 2.7。

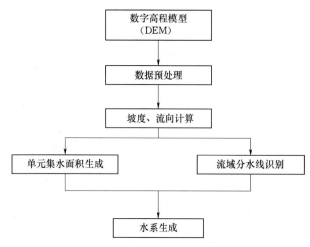

图 2.7　生成水系和流域的流程框图

2.5.2.1　水系生成

1. 地形坡度

坡度是地表单元陡缓的程度，通常把坡面的垂直高度和水平距离的比叫作坡度（或坡度比），即两点的高程差与其水平距离的百分比，是局部地表高度变化的比率指标，可量化表达地表面在该点的倾斜程度。通过计算每个栅格单元的坡度，为水流流向确定提供支持，形成坡度图。

2. 水流流向

水流的流向通过计算中心栅格与邻域栅格的最大距离权落差来确定。为了模拟地表径流在流域表面的流动，需要确定水流在每个栅格单元内的流动方向。水流方向一旦确定，向某一单元格注入水流的单元格位置及数量也将确定，从而能够界定集水区界限和水系网络。

一般采用 D8 方法。对于空间内某一单元格而言，水流方向即为水体从该单元格流出的方向。D8 方法认为每个单元格均有 8 个相邻的单元格，取最大坡度方向作为网格中水流实际发生的流向。距离权落差是指中心栅格与邻域栅格的高程差除以两栅格间的距离，栅格间的距离与方向有关，如果邻域栅格对中心栅格的方向值为 2、8、32、128，则栅格间的距离为 $\sqrt{2}$，否则距离为 1。如果各相邻栅格之间的坡降相等，那么继续向 8 个相邻栅格之外扩展，直到找到最大坡降为止。

3. 集水面积

集水面积是指水流汇入本栅格的所有栅格的面积和。集水面积阈值是支撑一条河道永久性存在所需要的最小集水面积，只有集水面积达到某一阈值，才能形成河网，因此在提取河网前要先确定一个集水面积阈值。基于 1∶5 万 DEM 数据进行小流域划分时，所采用的集水面积阈值为 0.5km^2，即 800 个栅格单元。确定集水面积的方法是首先初始化集水面积矩阵为 0，然后依次扫描水流流向矩阵，从第一个栅格出发，沿水流方向追踪直至达到 DEM 边界。位于追踪路线上的每个栅格，其相应的集水面积增加一个栅格单位。当整个流向矩阵扫描完毕，集水面积矩阵中的数值再乘以每个栅格占有的面积，就是最终的集水面积矩阵。根据水流方向矩阵搜索水流路径，采用递归算法，从流域出口栅格开始递归搜索，计算每一栅格单元的上游集水面积，即得到汇流栅格图，见图 2.8。

4. 河流定义及分段

在汇流网中，每一个栅格的汇流累积量代表着能够注入该栅格的所有栅格单元的数量，当栅格的汇流累积量大于等于 800 个栅格（即 0.5km^2）时，认为该栅格位于水道之上，汇流累积量小于 800 个栅格时，认为该栅格位于坡面之上。将各水道按有效水流方向连接产生流域河网，划分出河流网络系统，并提取生成栅格河网。生成栅格河网时，给定

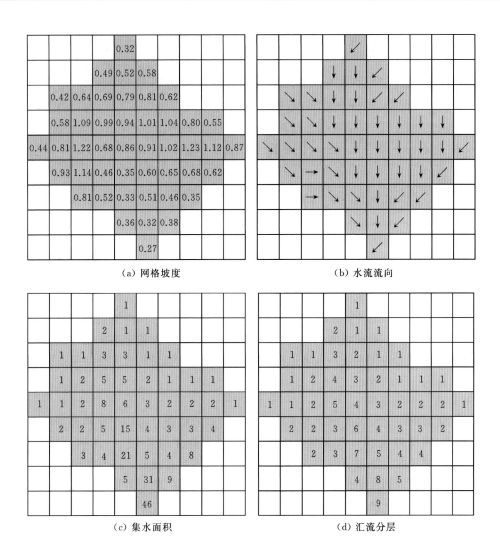

（a）网格坡度   （b）水流流向

（c）集水面积   （d）汇流分层

图 2.8 流向提取及计算过程

的集水面积阈值越小，生成的河网密度越大，反之生成河网的密度越小。

5. 河道烧制处理

利用 DEM 提取河道水系时，如果河道弯曲度太大，或遇到筑堤和水库、塘堰坝等情况，常常导致提取的河段与标准河网有偏差。图 2.9 和图 2.10 中，黄色线为提取河段，绿色线为 1∶5 万 DLG 标准河网。

为了防止该问题的产生，常用两种方法对 DEM 进行烧制处理（图 2.9、图 2.10）：一是烧制时将 U 形河道外扩一个栅格，以使 U 形河道中间留出间隙；二是采用断刻技术分离相邻的两个烧制栅格单元，保证提取出来的河道和 1∶5 万 DLG 标准河网走向相同。

在生成水系之后，对河流内的网格单元处理时，从最上游或河道交汇点开始，顺水流方向连接，并在交汇处或流域出口断开，从而得到一系列以几何线条形式表示的线。

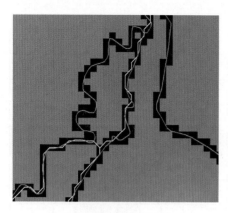 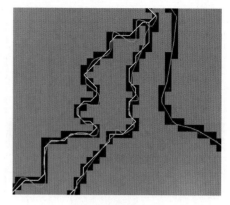

图 2.9　预处理弯道效果图　　　　　　图 2.10　烧制处理弯道效果图

2.5.2.2　流域生成

1. 流域边界生成

根据上述栅格流向的定义，遍历搜索流域内每一个栅格单元，可以确定流域内每一个栅格的流向。流域内水流流向出口的所有栅格统称为排水网络，由流域的排水网络图可以确定整个流域的界限，即流域的边界。流域界限的生成必须先确定整个流域的出口，从流域的出口沿河道向上游搜索每一条河道的集水区范围，搜索到的所有栅格所占区域的边界即为流域的界限（分水线）。

2. 出口点、节点提取

提取流域河网中表征各级河流与上级河流交汇点的集合。每一个河网径流节点均包括空间特征（空间位置坐标）与属性特征（该点的河流水文特征）。在一个特定的研究区（如一个流域）内，体现河网径流节点在其中的群体组合效应。即利用节点群在空间上的分布，反映不同级别沟壑或水系在地面的空间分布规律，从而为更深层次的沟壑图谱的研究提供基本的依据。河道交汇点是河流自然产生的汇流点，即为两条或两条以上河流交汇生成，是水文系统中重要的监测点。

2.5.3　关键技术

我国地域辽阔，气候、地形地质及土地利用等下垫面条件十分复杂，小流域下垫面空间异质性较大，全国大范围精细化小流域划分及属性分析的技术难度较大、复杂性较高，涉及流域 DEM 拼图、水系拓扑关系构建、堤防筑墙、投影变换、异常值处理、特殊区域处理等多个环节。下面以如下几个问题的处理为例，简要介绍小流域划分的技术难点和解决方法。

（1）特殊地形 DEM 修正及填洼处理。因现势性变化，如水利工程、交通道路建设等，使 DEM 不能真实反映实际地形和河流走向，在小流域划分时需参考相关水利图册，采用加载堤防或刻画河道等方法，修正小流域边界和水流走向，在提取坡度、河段比降时要依据原始 DEM 分析，以保证成果的正确性。

（2）特殊河道、堤防、水库的刻画处理算法。针对河流走向不清、筑堤和水库、塘堰坝等情况，利用 DLG 数据中河流、水库等图层数据对 DEM 进行了刻画处理，研发了刻画算法，保障了小流域划分的合理性。

（3）特殊区域处理技术。针对水库、湖泊、内陆河（湖）、沙漠边缘河流、沿海河流等特殊区域水系结构不满足二叉树河网编码的问题，需结合 DOM、DLG 图层和相关水利图册等确定水流流向，将特殊区域水系结构转化为二叉树结构，构建统一的河流分级、小流域编码体系。对于水库、湖泊，将其压盖的流域合并处理，将其压盖的河道从入口到出口生成一条虚拟河道线，重新构建流域、河道、节点间的拓扑关系；对于内陆河（湖）、沙漠边缘河流、沿海河流等，提取其边缘线作为小流域的虚拟主河道，其他需提取的河流以支流方式汇入主河道，然后进行拼接处理；对长江中下游河道及边境河流，以其主河道作为小流域的虚拟主河道，示例见图 2.11～图 2.14。

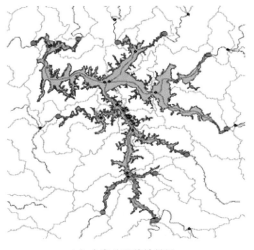

（a）水库处理前效果图

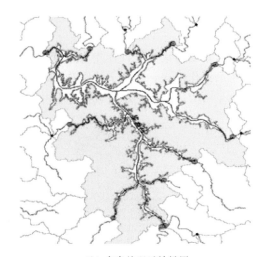

（b）水库处理后效果图

图 2.11 水库处理效果图

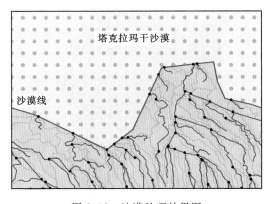

图 2.12 沙漠处理效果图

图 2.13 入海河流处理效果图

（4）流域拆分与合并。拆分技术可以对添加关注点的地方进行二次拆分而不影响其他成果，拆分后数据的空间拓扑关系会自动进行修正。合并技术也可以在不影响其他成果前

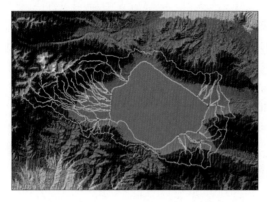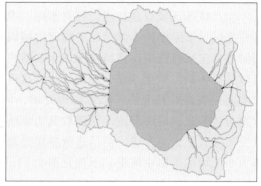

图 2.14　内陆湖处理效果图

提下对指定的流域进行合并，并自动修正空间拓扑关系。通过以上技术，大大简化了数据修正的操作流程，提高了操作效率，保证了成果数据的质量，为后期提出的数据修正需求提供了有力的支撑。小流域拆分合并见图 2.15。

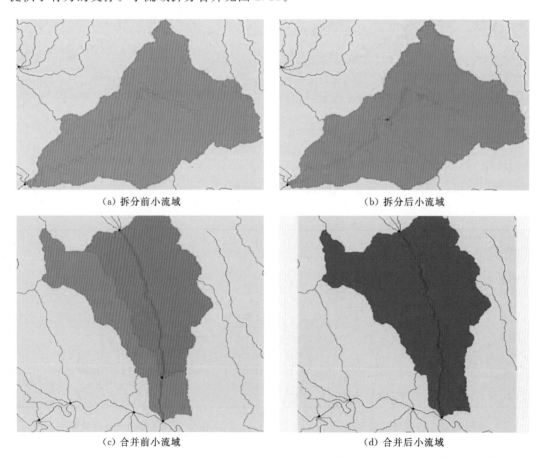

（a）拆分前小流域　　　　　　　　　　　（b）拆分后小流域

（c）合并前小流域　　　　　　　　　　　（d）合并后小流域

图 2.15　小流域拆分合并示意图

（5）流域内溪沟提取。在小流域划分基础上提取面积大于 $0.5km^2$ 的溪沟及其属性信息，并与小流域主河道衔接，示例见图 2.16 和图 2.17。

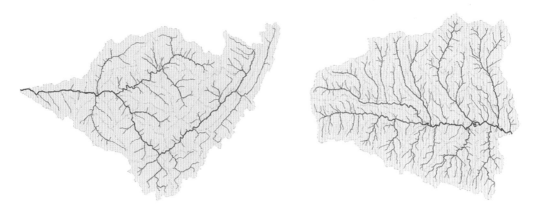

图 2.16　龙河流域上游溪沟　　　　　图 2.17　伊河流域上游溪沟

（6）分级嵌套流域。按照节点层次进行节点以上流域合并，合并过程中依据节点位置，对节点上游的河道和流域进行合并，合并的结果是以层次节点为出口点的嵌套流域（流域面积小于 $500km^2$），即分级嵌套流域，见图 2.18。

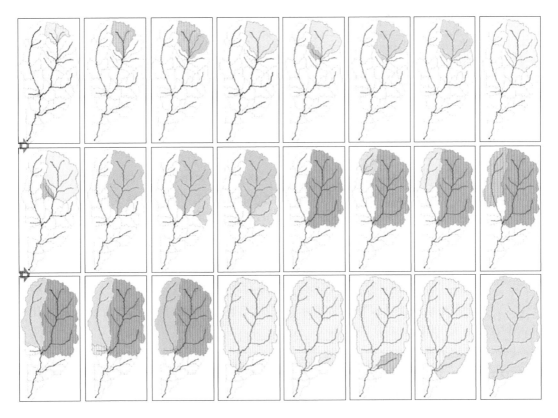

图 2.18　小流域分级嵌套示意图

以小流域为单元，提取不同流域面积下流域矢量图层（流域面、流域界、河网、节点）及其属性信息，建立溪沟—中小河流—大江大河等 10 级流域的层次结构，包括七大流域片、63 个二级水系流域、大于 10000km² 流域、3000~10000km² 流域、1000~3000km² 流域、500~1000km² 流域、200~500km² 流域、100~200km² 流域、50~100km² 流域、10~50km² 流域。

依照上述划分步骤，在全国范围内均进行了小流域划分，有关划分成果将在第 3 章具体介绍，同时附录 1 统计了小流域划分成果信息，可供查阅。

2.6　小流域集水面积阈值分析

2.6.1　流域集水面积阈值与河源密度关系

参照《中国河流代码》（SL 249—2012），选取山丘区流域面积在 1 万 km² 以下的 3030 条河流（100~9745km²）为研究对象，涉及流域面积共 489 万 km²，平均流域面积为 1616km²，其中，流域面积在 100~2500km² 的河流数为 2482 个，占总数的 82%；流域平均坡度为 0.06°~61.46°，其中平均坡度大于 5°的流域共 2877 个，占总数的 95%；河长为 32.6~1225.1km。所选研究对象大多为山丘区中小河流，具有较好的代表性，其空间分布见图 2.21。

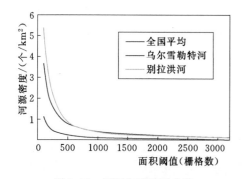

图 2.19　河源密度关系曲线

基于 DEM 和 DOM 数据，利用 D8 算法提取河网，运用非线性拟合法统计分析流域集水面积阈值与河源密度的关系。河源集水面积阈值按照 DEM 栅格（25m × 25m）数为 100、200、400、600、800、1000、1200、1400、1600、1800、2000、2200、2400、2600、2800、3000、3200 和 6400（即 0.0625~4km²），分别提取各流域各阈值下的河源数，得到集水面积阈值与河源密度的函数关系，其中，集水面积不小于集水面积阈值的网格标记为河道。3030 条河流的流域集水面积阈值与河源密度均呈幂函数 $y = kx^a$ 关系，且 2765 条河流拟合的确定性系数均在 0.97 以上（图 2.19）。3030 个河流的平均集水面积阈值与河源密度的函数关系为

$$y = 352.76x^{-0.974}, \quad R^2 = 0.9997 \tag{2.1}$$

式中：x 为集水面积阈值，以栅格数表示；y 为河源密度，以河源数与流域面积之比表示，个/km²；R^2 为确定系数。

96% 的河流幂指数 a 分布于区间 $[-1.1, -0.9]$ 内，因此可近似视其为反比例函数 $y = kx^{-1}$。k 值表征河源密度的大小，具有区域分布特征，k 值越大，河源密度越大、河网越密集，河网发育程度越高。3030 个河流 k 值分布区间为 $[2.39, 878.39]$，平均值为 352.76，k 值总体呈现由北向南、由西向东逐渐增大的趋势。图 2.19 为 k 值平均和 k 值最大河流（别拉洪河）、k 值最小河流（乌尔雪勒特河）的河源密度关系曲线。k 值频

数分布和空间分布见图 2.20 和图 2.21，全国及 132 个山洪预报预警一级分区内统计河流的 k 值分布见图 2.22。

k 值小于 300 的河流数为 780 个，占比 26%，主要分布在我国北部地区，受气候因素的影响，干燥少雨限制了河网的发育；k 值为 300～400 的河流数为 1606 个，占比 53%，主要分布在长江以南的丘陵及小起伏山区，降水丰沛、水泽密布；k 值大于 400 的流域数为 644 个，占比 21%，主要分布在唐古拉山区、三江平原、云贵高原中部及东部、秦巴山区及横断山区东部等。起伏大的山区 k

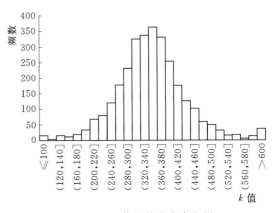

图 2.20　k 值频数分布直方图

值较大，地貌破碎，长期经雪、雨水充分侵蚀切割，河网发育极好。三江平原气候冷湿，土壤黏重，兼备突发性洪峰，形成了大面积河流沼泽区，因此 k 值亦较大。气候干燥地势低平的荒漠及平原区 k 值较小，土壤质地较硬，山体较为完整的山区，地表较难切割为河床，k 值也较小。接近长江、黄河主河道的低平区域易形成冲积扇，河网较为稀疏，表现为 k 值出现局部极小值；地势起伏较大且土质脆弱的区域被充分冲刷侵蚀，河网密集，k 值出现局部极大值。

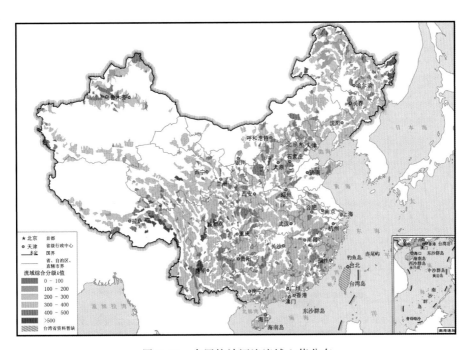

图 2.21　全国统计河流流域 k 值分布

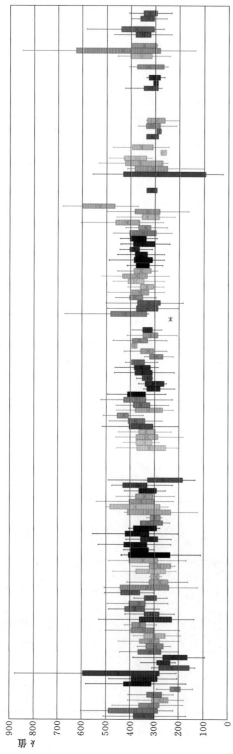

图 2.22　全国及 132 个山洪预报预警一级分区 k 值分布

注：分区 45～49、73、96、97、99、100、107、112～116、120、122、129 和 132 内无统计河流，故未统计。

2.6.2　流域汇流形式分界点分析

流域汇流形式分为坡面汇流、沟道汇流和河道汇流，此处将沟道汇流和河道汇流统一称为河道汇流。不同汇流形式可依据地形地貌等特征区分，也可根据流域集水面积阈值与河源密度关系曲线确定，表现为关系曲线上河源密度由迅速下降至缓慢减少的变点。此变点可认为是坡面上河网链消失的阈值分界点，作为流域坡面及河道汇流的分界点。采用均值变点法确定 $y=kx^{-1}$ 曲线的变点，该变点对应的集水面积阈值作为最佳集水面积阈值提取河网，并与基于 2.5m 分辨率 DOM 数据手工提取的河网进行对比，判定该阈值点进行汇流分区的准确性。

均值变点法采用方差统计量快速确定非线性数据序列（河源密度）的突变点，首先计算所有河源密度序列的方差 S，然后将河源密度序列任意分为两段，计算两段序列的方差之和 $S_i(i=1,2,\cdots,17)$，以 $S-S_i$ 的最大值对应的点为河源密度序列的变点（图 2.23）。3030 个河流统计结果显示，约 37.39% 的河流集水面积阈值为 600（0.375km²），约 60.30% 的河流集水面积阈值为 800（0.5km²），约 2.31% 的河流集水面积阈值大于 800（>0.5km²）。因此，基于 25m 分辨率的 DEM 数据提取河网时，我国大多数中小流域坡面与河道的分界阈值为 800（集水面积阈值为 0.5km²）。以集水面积小于 800 的栅格点作为小流域坡面部分，汇流形式为坡面汇流；以集水面积大于等于 800 的栅格点作为小流域河道部分，汇流形式为河道汇流。

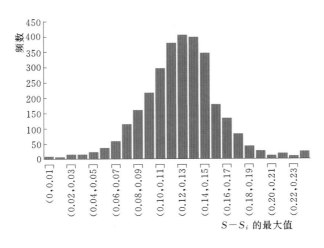

图 2.23　3030 条河流河源密度序列变点的方差分布

以河网发育程度不一的三个流域为例（图 2.24），简要介绍集水面积阈值的确定，分别为贡曲流域（$k=606$）、辰清河流域（$k=359$）和藤条江流域（$k=9.26$）。贡曲流域（32.28°～32.58°N，93.35°～93.86°E）分布于唐古拉山脉，集水面积为 939.82km²，相对高差为 1374m，地势西北高、东南低；辰清河流域（48.76°～49.51°N，126.69°～127.43°E）分布于小兴安岭，集水面积为 1264.12km²，相对高差为 670m，地势北部边缘高，其余区域地形较为平坦；藤条江流域（22.44°～23.26°N，102.10°～103.42°E）集水面积为 1068.46km², 相对高差为 2822m, 地势起伏较大。

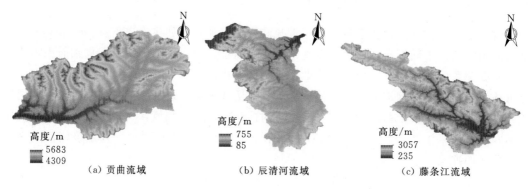

（a）贡曲流域　　　　　　（b）辰清河流域　　　　　　（c）藤条江流域

图 2.24　研究区 DEM 图

如图 2.25 所示, 贡曲流域的最佳集水面积阈值为 800 ($S-S_i=0.592$）, 提取的河网密度为 1.545km/km², 参照 DOM 手工提取的河网密度为 1.595km/km², 河网密度相对误差为 -3.13%; 辰清河流域的最佳集水面积阈值为 1000 ($S-S_i=0.479$）, 提取的河网密度为 1.476km/km², 参照 DOM 手工提取的河网密度为 1.525km/km², 河网密度相对误差为 -3.21%; 藤条江流域的最佳集水面积阈值为 1400 ($S-S_i=0.000366$）, 提取的河网密度为 1.363km/km², 参照 DOM 手工提取的河网密度为 1.420km/km², 河网密度相对误差为 -4.01%。

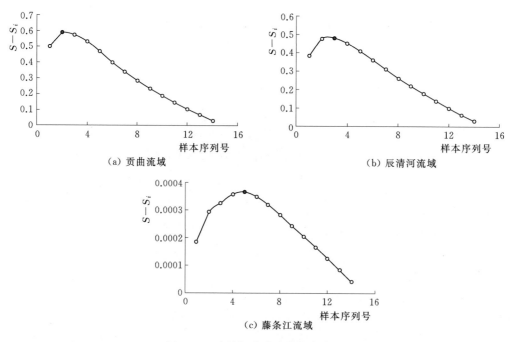

（a）贡曲流域　　　　　　　　　　　　（b）辰清河流域

（c）藤条江流域

图 2.25　流域汇流形式分界点确定

以贡曲流域为例, 河源密度随着集水面积阈值的增大而逐渐减小, 河网逐渐稀疏, 可以标记为河源的栅格逐渐减少, 减小的趋势由快到慢。贡曲流域不同集水面积阈值下提取的河网分布见图 2.26，基于 DOM 及最佳集水面积阈值提取的河网分布见图 2.27。

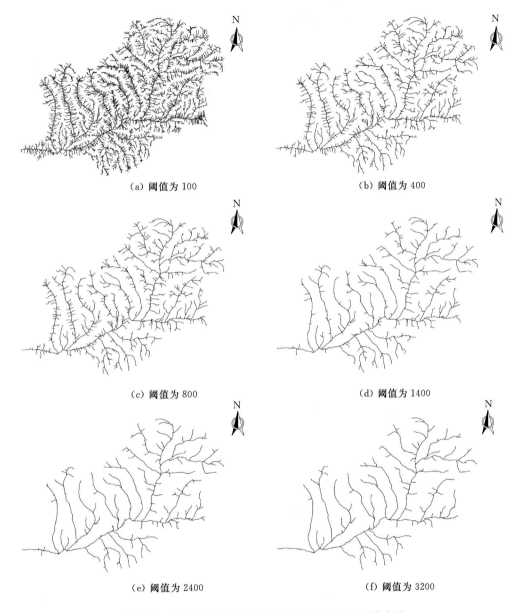

（a）阈值为 100

（b）阈值为 400

（c）阈值为 800

（d）阈值为 1400

（e）阈值为 2400

（f）阈值为 3200

图 2.26　贡曲流域不同集水面积阈值下提取河网分布图

2.6.3　霍顿地貌特征参数分析

按照霍顿河流地貌定律，计算 3030 个流域 $0.5km^2$ 集水面积阈值下的 1 级、2 级河流和 2 级、3 级河流的河数比、河长比、面积比、比降比等河流霍顿地貌特征参数。各参数计算公式为

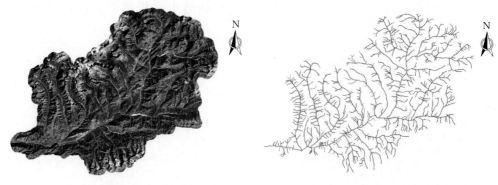

（a）DOM 影像图　　　　　　　　　　（b）手工绘制河网与最佳集水面积阈值提取河网

图 2.27　贡曲流域 DOM 影像及河网分布图

注：蓝线为基于 DOM 手工提取的河网，红线为基于最佳集水面积阈值提取的河网。

$$R_b = \frac{N_{i-1}}{N_i} \tag{2.2}$$

$$R_L = \frac{L_i}{L_{i-1}} \tag{2.3}$$

$$R_F = \frac{F_i}{F_{i-1}} \tag{2.4}$$

$$R_J = \frac{J_i}{J_{i-1}} \tag{2.5}$$

式中：R_b 为河数比，也称分叉比；R_L 为河长比；R_F 为面积比；R_J 为比降比；N_{i-1} 和 N_i 分别为第 $i-1$ 级和第 i 级河流的河流数；L_{i-1} 和 L_i 分别为第 $i-1$ 级和第 i 级河流的平均河长，km；F_{i-1} 和 F_i 分别为第 $i-1$ 级和第 i 级河流的平均流域面积，km^2；J_{i-1} 和 J_i 分别为第 $i-1$ 级和第 i 级河流的平均比降。

3030 个流域霍顿河流地貌特征参数统计结果见图 2.28。1 级、2 级河流河数比的最小值、平均值和最大值分别为 3.29、4.54 和 6.80，90％的河数比分布范围为 3～5；2 级、3 级河流河数比的最小值、平均值和最大值分别为 2.00、4.53 和 15.00，82％的河数比分布范围为 3～5。1 级、2 级、3 级河流的平均河长分别为 0.97km、2.24km 和 5.40km，1 级、2 级河长比的最小值、平均值和最大值分别为 1.11、2.33 和 4.21，99％的河长比分布范围为 1.5～3.5；2 级、3 级河长比的最小值、平均值和最大值分别为 0.20、2.45 和 27.91，90％的河长比分布范围为 1.5～3.5。1 级、2 级、3 级河流的平均面积分别为 1.17km^2 和 5.35km^2 和 24.87km^2，1 级、2 级河流面积比的最小值、平均值和最大值分别为 2.70、4.55 和 7.60，99.5％的面积比分布范围为 3～6；2 级、3 级河流面积比的最小值、平均值和最大值分别为 2.02、4.67 和 21.96，93％的面积比分布范围为 3～6。1 级、2 级、3 级河流的平均比降分别为 0.09、0.05 和 0.02。此外，所有统计河流的各级河流数、平均河长、平均面积和平均比降随河流级别呈几何级数变化，半对数关系显著，相关系数达到 0.99 以上。上述特征参数频数分布均呈正态分布，统计结果符合自然水系随机分布规律，河流河网较为密集，且河流多处于壮年期。

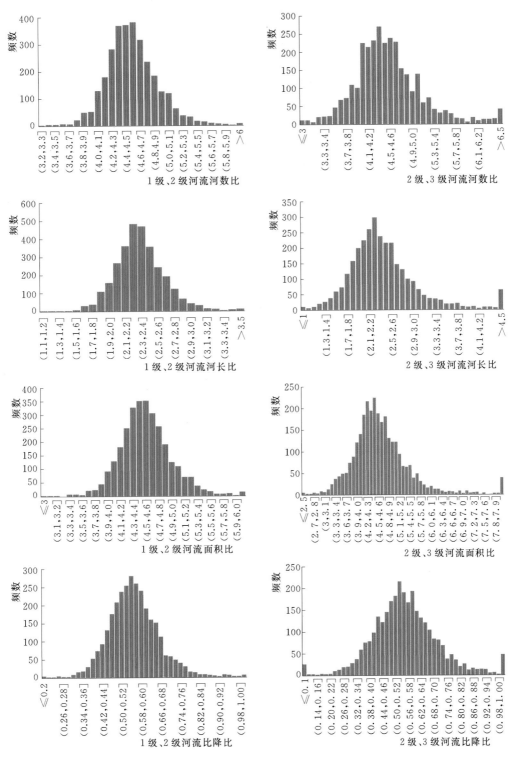

图 2.28　霍顿河流地貌特征参数统计直方图

2.7　小流域土地利用与植被类型

基于国家基础地理信息中心提供的优于（含）2.5m 和 30m 分辨率的卫星影像数据，结合基础地理信息数据和专题参考资料等，通过多源信息辅助判读与解译、自动处理与人机交互解译、外业调查与核查相结合的方法，提取土地利用和植被类型数据信息和元文件，形成 2.5m 和 25m 土地利用和植被类型栅格数据，提取小流域下垫面土地利用与植被类型分类，用于小流域产汇流特性分析，辨识量化小流域产汇流关键因子，为流域分布式水文模型构建提供数据基础。现势性达到 2013 年，分类精度达到 90%。数据覆盖全国 31 个省（自治区、直辖市），包括 677 幅 1:25 万标准分幅，图幅面积为 1121.11 万 km²，数据量为 101GB。

30m 分辨率的卫星影像数据辨识度较差，2.5m 分辨率卫星影像数据光谱信息丰富，具有更加丰富的空间信息和地物几何结构以及更加明显的纹理信息，更利于判别地物的范围、形状、属性等信息。表 2.6 为基于 30m 卫星影像的土地利用和植被类型信息。该分辨率下土地利用和植被类型共分为 9 类。

表 2.6　　　　　　　　基于 30m 卫星影像的土地利用和植被类型信息

序号	类型编码	类型名称	序号	类型编码	类型名称
1	USLU01	耕地	6	USLU063	冰川及永久积雪
2	USLU031	有林地	7	USLU07	房屋建筑（区）
3	USLU032	灌木林地	8	USLU10	其他土地
4	USLU04	草地	9	USLU106	沼泽地
5	USLU06	水域及水利设施用地			

表 2.7 为基于 2.5m 卫星影像的土地利用和植被类型信息。该分辨率下影像数据划分范围涵盖耕地、园地、林地、草地、交通运输用地、水域及水利设施用地、房屋建筑（区）、构筑物、人工堆掘地、其他土地等 10 个一级类、22 个二级类和 25 个三级类信息，划分类型范围较为精细。

表 2.7　　　　　　　　基于 2.5m 卫星影像的土地利用和植被类型信息

序号	一级类		二级类		三级类		坡面综合流速系数 /(m/s)	备注
	编码	名称	编码	名称	编码	名称		
1	USLU01	耕地	USLU011	水田			6.5	划分至二级类
			USLU012	旱地	USLU0121	坡耕旱地	1.4	划分至三级类，坡度≥2°
					USLU0122	其他旱地	1.4	划分至三级类，坡度<2°
2	USLU02	园地					0.45	划分至一级类
3	USLU03	林地	USLU031	有林地			0.45	划分至二级类
			USLU032	灌木林地			0.2	划分至二级类
			USLU033	其他林地			0.35	划分至二级类

序号	一级类		二级类		三级类		坡面综合流速系数 /(m/s)	备 注
	编码	名称	编码	名称	编码	名称		
4	USLU04	草地	USLU041	天然草地	USLU0411	高覆盖草地	0.3	划分至三级类
					USLU0412	中覆盖草地	0.55	划分至三级类
					USLU0413	低覆盖草地	0.65	划分至三级类
			USLU042	人工草地			0.3	划分至二级类
5	USLU05	交通运输用地					6.5	划分至一级类
6	USLU06	水域及水利设施用地	USLU061	水面			6.5	划分至二级类
			USLU062	水利设施用地			6.5	划分至二级类
			USLU063	冰川及永久积雪			6.5	划分至二级类
7	USLU07	房屋建筑（区）					6.5	划分至一级类
8	USLU08	构筑物	USLU081	硬化地表			6.5	划分至二级类
			USLU082	其他构筑物			6.5	划分至二级类
9	USLU09	人工堆掘地					6	划分至一级类
10	USLU10	其他土地	USLU101	盐碱地			6	划分至二级类
			USLU102	沙地			6	划分至二级类
			USLU103	裸土			6	划分至二级类
			USLU104	岩石			6.5	划分至二级类
			USLU105	砾石			6.5	划分至二级类
			USLU106	沼泽地			0.65	划分至二级类

将小流域边界图层与土地利用与植被类型矢量数据叠加，统计小流域内各种土地利用与植被类型的面积及其占比，得到小流域的主要土地利用与植被类型。坡面综合流速系数 K 主要反映土地利用特征对流速摩阻的影响，美国农业部自然资源保护局国家工程手册提供了不同土地利用类型下 K 的经验取值，见表2.7。将土地利用与植被类型矢量数据栅格化，并叠加小流域边界图层，根据表2.7确定小流域内各栅格的坡面综合流速系数 K，以坡面综合流速系数相同的栅格占小流域栅格总数的比例为权重，求得整个小流域的坡面综合流速系数，用于小流域坡面流速分析计算，进一步提出了基于DEM网格、考虑雨强影响汇流非线性特征的分布式单位线方法。在全国范围内共提取了53万个小流域不同雨强、不同时段（10~60min）的分布式单位线组。小流域单位线的分析详见第6章。

2.8 小流域土壤类型与土壤质地类型

土壤质地是根据土壤的颗粒组成划分的土壤类型。土壤质地一般分为砂土、壤土和黏土三类，其类别和特点主要是继承了成土母质的类型和特点，同时受耕作、施肥、排灌、平整土地等人为因素的影响，是土壤的一种十分稳定的自然属性。

基于公开发布的全国第二次土壤普查数据，按照《中国土壤分类与代码》（GB/T

17296—2009）进行分类和代码赋值，制作土壤类型矢量数据集，提取小流域土壤类型分类，主要包括淋溶土、半淋溶土、钙层土、干旱土、漠土、初育土、半水成土、水成土、盐碱土、人为土、高山土、铁铝土等多种类型。比例尺 1∶50 万～1∶100 万，个别困难地区比例尺为 1∶150 万；土壤类型图最小上图图斑面积为 2mm×2mm。

基于全国 1∶50 万土壤类型数据、1∶100 万土壤剖面数据、各省级和县级行政区划界线数据等基础数据，以及《中国土种志》（或分省土种志、分县土壤志）、高分影像数据和 1∶400 万地貌特征图等辅助数据，获取土壤中矿物质颗粒的砂粒、粉粒和黏粒的组合比例（示例见表 2.8），采用国际制土壤质地分类标准（ISSS）和《土的工程分类标准》（GB/T 50145—2007）进行土壤质地类型划分，同时根据水文特性，增加岩石、块石、碎砾石、水域和城镇及硬化地面 5 种类型。提取小流域土壤质地分类，共分为 17 类，包括岩石、块石、碎砾石、砂土或壤砂土、砂壤土、壤土、粉壤土、砂黏壤土、黏壤土、粉黏壤土、砂黏土、壤黏土、粉黏土、黏土、重黏土、水域、城镇及硬化地面。土壤质地类型、编码及图例见表 2.9，更为详细的划分标准可参阅《土的工程分类标准》。国际制土壤质地分类三角图见图 2.29。

表 2.8　　　　　红黄土质淋溶褐土（河南省卢氏县范里乡）土壤质地类型表

土壤类型	代表剖面号	地点	深度/cm	各粒径颗粒含量/(g/kg)			质地
				砂粒 (2～0.02mm)	粉粒 (0.02～0.002mm)	黏粒 (<0.002mm)	
红黄土质 淋溶褐土	卢 4-105	河南省卢氏 县范里乡	0～18	372	394	234	黏壤土
			18～54	302	416	282	壤质黏土
			54～86	266	432	302	壤质黏土
			86～120	274	417	309	壤质黏土

表 2.9　　　　　　　　　　　土壤质地类型、编码及图例

序号	编码	土壤质地类型	图　例	颜色符号
1	ST01	岩石		R240；G240；B240
2	ST02	块石		R191；G191；B191
3	ST03	碎砾石		R152；G230；B0
4	ST04	砂土或壤砂土		R255；G255；B180
5	ST05	砂壤土		R255；G255；B80
6	ST06	壤土		R240；G240；B100
7	ST07	粉壤土		R179；G198；B252
8	ST08	砂黏壤土		R245；G122；B122
9	ST09	黏壤土		R230；G152；B0
10	ST10	粉黏壤土		R255；G235；B175
11	ST11	砂黏土		R56；G168；B0
12	ST12	壤黏土		R168；G178；B0
13	ST13	粉黏土		R0；G76；B115
14	ST14	黏土		R0；G197；B255
15	ST15	重黏土		R137；G68；B68
16	ST16	水域		R0；G0；B255
17	ST17	城镇及硬化地面		R255；G0；B0

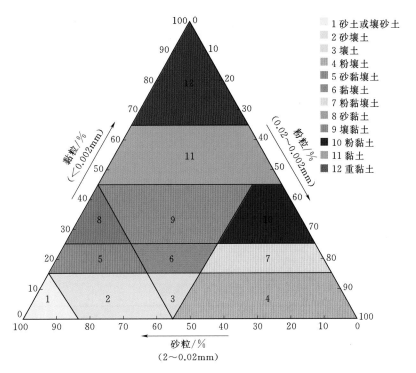

图 2.29 国际制土壤质地分类三角图

将小流域边界图层分别与土壤类型、土壤质地类型矢量数据叠加，统计小流域内各种土壤类型、土壤质地类型的面积及其占比，得到小流域的主要土壤类型和主要土壤质地类型。将土壤质地类型矢量数据栅格化，根据各土壤质地类型的稳定下渗率确定全国土壤稳定下渗率分布，叠加小流域边界，以稳定下渗率相同的栅格占小流域栅格总数的比例为权重，求得整个小流域的稳定下渗率。综合土壤类型与质地类型数据集和国际土壤质地分类信息，将小流域边界与土壤水力特征参数栅格数据（250m×250m）叠加，以土壤水力特征参数相同的栅格占小流域栅格总数的比例为权重，得到小流域土壤水力特征参数，进一步按照面积加权法分别确定小流域表层土（0~5cm）、浅层土（5~15cm）、中层土（15~30cm）和深层土（30~60cm）的土壤水力特征参数，包括饱和含水量 θ_s、有效含水量 θ_a、凋萎含水量 θ_w 和饱和水力传导度 K_s，其中有效含水量为田间持水量与凋萎含水量之差。小流域土壤类型、土壤质地类型及土壤水力特征参数等信息，可用于小流域产流特性分析，确定小流域产流主导因素和关键参数，为流域分布式水文模型构建提供数据基础。具体分析结果详见第 5 章。

2.9 小流域主要属性

全国小流域划分及属性提取成果形成了包括 53 万个小流域的 19 个矢量图层、75 项主要属性、水文特征、拓扑关系和分布式单位线的中国小流域数据集。小流域主要属性包括气候特征、暴雨特征、几何特征和产汇流特征。小流域矢量图层和主要属性见表 2.10

和表 2.11。

表 2.10　　　　　　　　　　　　　　　　　小流域矢量图层名称

序号	图 层 名 称	序号	图 层 名 称
1	小流域面	11	小流域Ⅰ最长汇流路径
2	小流域界	12	居民地
3	小流域河段	13	堤防
4	小流域溪沟	14	水库
5	小流域最长汇流路径	15	点状水系附属设施
6	小流域出口节点	16	线状水系附属设施
7	小流域河段出口断面	17	监测站点
8	小流域Ⅰ流域面	18	各级流域面
9	小流域Ⅰ流域线	19	各级河流线
10	小流域Ⅰ河段		

表 2.11　　　　　　　　　　　　　　　　　　小 流 域 主 要 属 性

类别	属 性	类别	属 性	类别	属 性
气候特征	多年平均汛期降水量	几何特征	出流节点	几何特征	出口高程
	多年平均降水量		流域级别		出口集水面积
	多年平均径流深		类型		最大高程
	多年平均潜在蒸散发		面积		相对高差
	多年平均陆面蒸散发		周长		拓扑关系
	径流系数		平均宽度		河段级别
	干旱指数		形状系数		河段入流节点
暴雨特征	设计暴雨		不均匀系数		河段出流节点
	模比系数		平均坡度		河段所在流域
	变差系数		加权平均坡度		河段入口高程
	折减系数		平均汇流路径长度		河段出口高程
产流特征	土壤类型		最长汇流路径长度		河段长度
	土壤质地类型		单位面积最长汇流路径长度		河段比降
	土壤饱和含水量		最长汇流路径弯曲率		河段弯曲率
	土壤有效含水量		最长汇流路径比降		河段平均宽度
	土壤凋萎含水量		最长汇流路径比降 1085		溪沟总长度
	饱和水力传导度		平均坡长		溪沟平均比降
	稳定下渗率		最大坡长		河网密度
汇流特征	土地利用类型		主导坡向		河网频度
	坡面综合流速系数		形心坐标		发育系数
	单位洪峰模数		形心高程		水系不均匀系数
	汇流时间		出口坐标		湖沼率

本节主要介绍小流域的几何特征属性参数，可分为小流域基本属性参数和非均质性参数。

2.9.1　基本属性参数

小流域基本属性为反映小流域形状、面积、坡度、高程、汇流路径等常用属性。关于小流域常规属性的定义，在此不再赘述，此处主要针对词义内涵有变化或新提出的小流域属性参数作简要说明。

（1）单位面积最长汇流路径长度。小流域单位面积最长汇流路径长度为小流域最长汇流路径长度与小流域面积的比值。小流域的比值越小，洪水过程越陡峭、水流汇集越快；分级嵌套流域的比值越大，洪水过程越陡峭、水流汇集越快。

（2）最长汇流路径弯曲率。小流域最长汇流路径弯曲率为小流域最长汇流路径的长度与其起点和终点之间的直线长度的比值。

（3）河段比降。河段比降为小流域主河道的平均比降。传统方法多由河道纵断面图按照面积相等法求得，小流域河段比降采用最小二乘法由河段各点的高程和河长确定，可均化局部地形起伏变化的影响。

（4）溪沟长度及比降。以 $0.5km^2$ 为集水面积阈值提取小流域溪沟，其总长度即为小流域溪沟总长度，其平均比降即为溪沟平均比降，反映了小流域内溪沟的发育程度和地形变化。同一小流域内，其溪沟总长度最长，最长汇流路径长度次之，河段长度最短，全国小流域的平均值分别为 17.77km、9.36km 和 5.09km；小流域溪沟平均比降最大，最长汇流路径比降次之，河段比降最小，全国小流域的平均值分别为 79‰、34‰ 和 22‰。

小流域单位面积溪沟总长度为小流域溪沟总长度与小流域面积的比值，比值大，小流域溪沟多且密集，反之亦然，该指标反映了小流域地形的破碎程度。天山山脉、祁连山脉、昆仑山脉等地区河谷阶地发育，为溪沟发育提供了良好的地形条件，小流域单位面积溪沟总长度较大，但受气候因素影响，干燥少雨限制了河网的发育；横断山脉等地貌复杂、地形多变的高山高原区，地形破碎、地势陡峭，山高、谷深、坡陡，小流域单位面积溪沟总长度较小；平原地区小流域面积较大，单位面积溪沟总长度偏小。

2.9.2　非均质性参数

系统分析了小流域内部汇流的空间异质性特征，提出了小流域不均匀系数、加权平均坡度等小流域非均质性参数。同时，针对小流域坡面部分，提取了坡面的平均坡长、最大坡长和主导坡向等参数，为明晰小流域水土流失的发生、发展全过程和保障水土保持措施的实施提供坚实的数据支撑。

2.9.2.1　小流域汇流路径分布

采用 D8 算法确定各网格的水流流向，从分水岭出发到流域出口点，沿水流方向确定各网格的集水面积矩阵，并根据流域集水面积阈值划分流域坡面与河道。各网格水流汇集至小流域出口的路径长度即为各网格的汇流路径长度。分析小流域内部各网格高程、汇流路径长度以及集水面积间的关系，统计小流域内水流沿网格的汇流路径分布，得到小流域内部高程-汇流路径长度-集水面积分布散点图，相当于小流域纵剖面。以伊河和岷江的 3 个小流域为例，展示其内部汇流分布的异质性，小流域 DEM 分布见图 2.30，典型小流域基本概况见表 2.12。

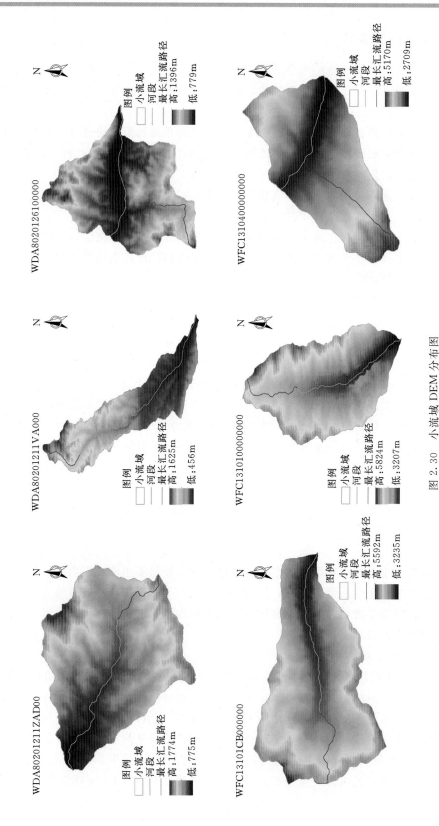

图 2.30 小流域 DEM 分布图

表 2.12　　　　　　　　　　　　　　典型小流域基本概况

水系	小流域编码	面积 /km²	平均坡度 /(°)	河段比降 /‰	最长汇流路径长度/km	最长汇流路径比降/‰	相对高差 /m	形状系数	不均匀系数
伊河	WDA80201211ZAD00	18.18	36.42	42.80	8.10	58.8	1018	0.28	1.22
	WDA80201211VA000	32.43	28.92	39.93	19.01	34.0	1165	0.17	0.97
	WDA8020126100000	21.82	28.80	6.80	9.73	24.0	628	0.23	1.12
岷江	WFC13101CB000000	39.97	35.21	79.70	12.56	97.7	2439	0.25	1.25
	WFC1310100000000	38.20	42.80	90.90	13.62	111.5	2706	0.21	1.11
	WFC1310400000000	20.23	39.93	54.00	8.50	253.5	2500	0.28	1.09

统计各小流域内部各网格的集水面积（用汇流累积量表示）占比，见图 2.31，可以看出：

（1）伊河小流域汇流累积量小于 800 的网格点占比在 97% 以上，其中，集水面积为 1 的网格点占比约为 35%，集水面积小于 5 的网格点占比约为 73%，集水面积小于 30 的网格点占比约为 89%。

（2）岷江小流域集水面积小于 800 的网格点占比在 95% 以上，其中，集水面积为 1 的网格点占比约为 13%，集水面积小于 5 的网格点占比约为 46%，集水面积小于 30 的网格点占比约为 85%。

（3）小流域集水面积（汇流累积量）分布具有一定的区域特征，伊河小流域和岷江小流域的内部汇流特性差异较大，伊河小流域地势较为平坦，坡面网格的汇流网络较不发达、汇流路径较短，水流汇集量较小；岷江小流域地形较为陡峭，坡面网格点的汇流网络较为发达、汇流路径较长，水流汇集量较大。

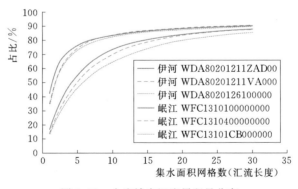

图 2.31　小流域内汇流累积量分布

进一步统计小流域内部高程-汇流路径长度-集水面积散点的分布，图 2.32 中散点颜色代表了不同集水面积下的网格分布，以伊河小流域（a）为例，集水面积为 1 的网格（即小流域内各微流域的分水岭）数占比为 43%，集水面积不超过 13 的网格数占比为 85%，集水面积大于 800 的网格（即小流域河道）数占比为 3%；以岷江小流域（d）为例，集水面积为 1 的网格数占比为 14%，集水面积不超过 30 的网格数占比为 85%，集水面积大于 800 的网格点数占比为 2%。伊河小流域（a）上游溪沟发育，伊河小流域（b）溪沟分布较为均匀，岷江（f）小流域中下游溪沟较为发育。

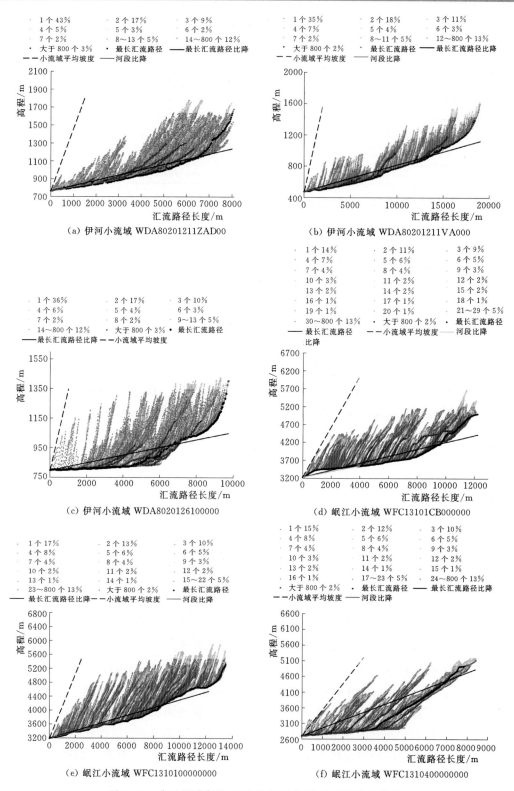

图 2.32　典型流域高程-汇流路径长度-集水面积散点分布

由分布图可以看出：

（1）小流域高程-汇流路径长度-集水面积分布图表征了小流域内部的流路分布特征，整体呈"羽毛"状分布，且具有明显的分层规律，小流域坡面与河道坡度分布具有明显的差异性。

（2）坡面部分网格的高程-汇流路径长度分布整体接近小流域平均坡度，小流域内网格的集水面积不同，其对小流域出口的流量贡献也不一样，网格的集水面积越小，流经该点的水滴越少，该点的坡度等下垫面特征对小流域出口流量的影响就越小，反之亦然。因此，分析水流在坡面的运动时，需要进一步考虑小流域内各点流路沿程地势变化对坡面汇流的影响。

（3）小流域高程-汇流路径长度-集水面积分布图的下包线基本与最长汇流路径的分布重合，河段各点也是下包线的一部分，最长汇流路径上的网格点即为小流域内的高程低洼点，图2.32中的（b）、（e）小流域，以最长汇流路径作为表征小流域汇流特性的概化指标具有一定的代表性。对于（a）、（c）、（d）小流域而言，主要是由于区间小流域单元河段与最长汇流路径不一致，导致最长汇流路径与下包线存在部分不重合，该图能清晰地反映小流域内部的微地形变化。

（4）小流域内溪沟往往不止一条，溪沟各网格的高程-汇流路径长度分布介于平均坡度与最长汇流路径比降之间，溪沟数量越少，其分布越接近最长汇流路径比降，反之，越接近小流域平均坡度。因此，最长汇流路径无法完整表征小流域的汇流特性，需要进一步分析溪沟的汇流特性。

2.9.2.2 小流域不均匀系数

小流域平均汇流路径长度 $\overline{L}$ 为小流域内水滴由各网格点汇流至小流域出口的汇流路径的平均值，平均汇流路径越长，表明小流域水文连通路径较长，洪水调蓄作用较大，集水效率较低。以小流域网格平均汇流路径长度与最长汇流路径长度一半的比值，反映小流域内水流流路分布的非均质性，即小流域不均匀系数，计算公式如下：

$$C = \frac{2\overline{L}}{L} \tag{2.6}$$

式中：$\overline{L}$ 为小流域平均汇流路径长度，km；L 为小流域最长汇流路径长度，km；C 为小流域不均匀系数。

以最长汇流路径长度的一半划分小流域上、下游：①C 趋于1时，小流域内各点汇流路径长度的频数分布趋于均匀分布，小流域平均汇流路径长度等于小流域最长汇流路径长度的一半，小流域内汇流路径的质心与形心重合，流域形状呈上下游对称。②C 值越大（$C>1$），小流域内各点汇流路径长度的频数分布越集中，流路分布越不均匀，小流域平均汇流路径长度大于最长汇流路径长度的一半，流路质心偏上游，流域形状偏于上游胖、下游瘦，水流汇集路径较长，洪水集中偏慢。③C 值越小（$C<1$），小流域内各点流路分布亦不均匀，平均汇流路径长度小于最长汇流路径长度的一半，小流域内各点流路质心偏下游，流域形状偏于上游瘦、下游胖，水流汇集路径较短，较容易形成山洪。④形状系数为小流域宽度与最长汇流路径长度之比，反映了小流域的形状特征，其中小流域最长汇流路径在一定程度上反映了小流域流路的弯曲性，但无法完整表征溪沟的汇流特性。小

流域不均匀系数既反映了小流域的形状特征，又反映了小流域内部汇流分布的异质性特征。小流域长度与宽度相同时（形状系数为 1），不均匀系数完全反映了小流域内部流路的非均质性。两个小流域面积和形状系数均接近时，小流域不均匀系数差异较大，主要受小流域内部地形地貌等下垫面分布的影响。

2.9.2.3　小流域加权平均坡度

由上节分析可知，需要进一步结合小流域内各点的流路分布分析小流域坡面的汇流特性，以充分反映小流域内下垫面分布对出口水流的影响。定义小流域内集水面积小于 0.5km^2 的集水区域为坡面，以坡面各网格上游集水面积占所有网格集水面积之和的比例为权重，基于各网格坡度计算小流域的加权平均坡度。加权平均坡度考虑了小流域坡面各点对出口断面水流的贡献，反映了小流域内坡度分布的非均质性。计算公式如下：

$$S' = \frac{\left(\sum\limits_{j=1}^{n} S_j^2 i_j\right)^{0.5}}{\left(\sum\limits_{j=1}^{n} i_j\right)^{0.5}} \tag{2.7}$$

式中：S' 为小流域加权平均坡度；S_j 为小流域坡面网格点 j 的坡度；i_j 为网格点 j 的集水面积，以汇流累积量表示，$i_j < 800$（即 0.5km^2）；n 为小流域坡面网格数。

加权平均坡度（S'）通过小流域内坡面各点集水面积（流路）的空间分布量化小流域内地形分布对水流汇集的影响，即小流域各点流路沿程坡度对出口断面水流的贡献，反映了坡度分布的非均质性。小流域平均坡度（S）反映了小流域地形的平均起伏状态对水流汇集的影响。小流域上游地形起伏对出口水流汇集的影响较小（即权重较小），下游地形起伏对出口水流汇集的影响较大（即权重较大）。以加权平均坡度与平均坡度之差进一步反映小流域坡度的非均质分布特性。当 $S'-S < 0$ 时，小流域坡面上游坡降陡、下游坡降缓，小流域侧剖面呈"凹"型分布，该种坡面的侵蚀强度较大，易于形成山洪滑坡地质灾害；当 $S'-S > 0$ 时，小流域坡面上游坡降缓、下游坡降陡，小流域侧剖面呈"凸"型分布，该种坡面有利于排水，但水流冲刷作用也较强，容易造成水土流失问题；当 $S'-S$ 趋于 0 时，小流域坡面地形分布较为均匀。

2.9.2.4　平均坡长

小流域平均坡长为小流域坡面部分所有网格的平均坡长，反映了小流域山坡的地形地貌特征，主要影响小流域坡面汇流过程和水土流失过程。计算公式为

$$L_h = \frac{\sum\limits_{i=1}^{n} L_{hi}}{2N_r} \tag{2.8}$$

其中

$$L_{hi} = 25c\sqrt{1+S_i^2}$$

式中：L_h 为小流域平均坡长，m；N_r 为河网网格总数；L_{hi} 为小流域坡面部分第 i 个网格的坡长，m；对于水平或垂直汇流方向的网格，$c=1$，对于斜向汇流的网格，$c=\sqrt{2}$；n 为小流域坡面网格数。

2.9.2.5　最大坡长

基于小流域汇流累积量图和流向图，确定小流域坡面的汇流层数，进而确定小流域最

大坡长。汇流层数的确定原则如下：对于小流域内汇流累积量为 1 和 2 的网格而言，其汇流层数等同汇流累积量；从小流域内汇流累积量不小于 3 的网格开始，按照 D8 算法轮循，各网格的汇流层数为其入流网格中的最大层数加 1，见图 2.8。

以小流域坡面部分层数最大的网格为小流域最大坡长的终点，结合小流域流向图，逐级向上溯源，直到层数为 1 的网格，以该网格作为小流域最大坡长的起点。小流域最大坡长为该条路径上所有网格的坡长之和，综合反映了小流域山坡的地形地貌特征和形态分布。

$$L_{hm} = \sum_{i=1}^{N_{hm}} 25c\sqrt{1+S_i^2} \tag{2.9}$$

式中：L_{hm} 为小流域最大坡长，m；S_i 为最大坡长汇流路径上第 i 个网格的坡度；对于水平或垂直汇流方向的网格，$c=1$，对于斜向汇流的网格，$c=\sqrt{2}$；N_{hm} 为最大坡长汇流路径上的网格总数。

2.9.2.6　主导坡向

采用 D8 算法确定坡面各网格单元的水流流向，即坡向。小流域有 8 个坡向，分别为北坡、东北坡、东坡、东南坡、南坡、西南坡、西坡和西北坡。山坡坡向分布不同，相应的光、热、水等气候生态因子差异较大，自然带分布不一，显著影响小流域降雨、蒸散发、融雪、产汇流等水文过程。

计算小流域内各坡向的面积占比，将小流域坡向分布分为单一型、对称型和均匀型，分别记为 Ⅰ 型、Ⅱ 型和 Ⅲ 型。小流域主导坡向的命名方式为：主导坡向＋坡向分布类型，具体划分标准如下。

（1）统计小流域内相邻 3 个坡向的面积占比之和（M_{3i}，$i=1$，2，…，8），若有相邻 3 个坡向的面积占比之和不小于 50%，则该小流域坡向分布为单一型（Ⅰ 型），并根据 3 个坡向中面积占比最大的坡向，确定小流域的主导坡向，共包括东坡单一型（EⅠ）、西坡单一型（WⅠ）、南坡单一型（SⅠ）、北坡单一型（NⅠ）4 种。

（2）统计小流域内相邻 3 个坡向的面积占比之和（M_{3i}，$i=1$，2，…，8），以及对称方向的相邻 3 个坡向的面积占比之和（M_{3si}，$i=1$，2，…，8），若两者之差不超过 8%，则该小流域坡向分布为对称型（Ⅱ 型），并根据 3 个坡向中面积占比最大的坡向，确定小流域的主导坡向，共包括东西坡对称型（EWⅡ）、南北坡对称型（SNⅡ）两种。

（3）若小流域内有 2 个、4 个或 8 个坡向分布，则统计小流域内各坡向的面积占比。对于有 8 个坡向的小流域，若各坡向面积占比均不小于 10%，则该小流域坡向分布为均匀型（Ⅲ 型）；对于有 4 个坡向的小流域，若各坡向面积占比均不小于 20%，则该小流域坡向分布为均匀型（Ⅲ 型）；对于仅有 2 个坡向（不对称方向）的小流域，若 2 个坡向面积占比均不小于 40%，则该小流域坡向分布为均匀型（Ⅲ 型）。

2.9.2.7　标准化小流域形状概化

已有研究假设小流域内部分布均匀，将小流域概化为矩形、倒三角形、扇形、椭圆形和菱形等二维均质平面形状，相应的参数包括小流域面积 A 和最长汇流路径长度 L，上述方法忽略了小流域下垫面分布异质性对汇流过程的影响。

为进一步考虑小流域内部汇流的空间异质性特征，将小流域形状概化为对称四边形，

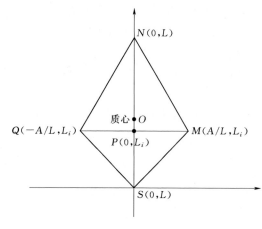

图 2.33　小流域概化形状示意图

其对角线互相垂直，见图 2.33。四边形面积为小流域面积 A，长轴为最长汇流路径长度 L，短轴为 $2A/L$，形状系数为 $2A/L^2$，长轴、短轴交点 P 至小流域出口断面距离为 L_i。相比于已有的概化形状，对称四边形的参数增加了 L_i，其位置受流域下垫面分布的空间异质性影响。以流域流路、地形坡度和糙率等因素分布为权重，可确定非均质流域质心 O 和交点 P 的位置。

基于二维均质分布的菱形概化流域，以流域内各网格点至出口断面的汇流路径（直线）长度为权重，分析小流域及概化流域平均汇流路径间的差异，修正概化流域的质心和交点位置，反映了小流域内部流路分布的非均质性，见图 2.34 和图 2.35。

$$\alpha = \frac{\overline{L}}{L_1} - 1 \tag{2.10}$$

式中：$\overline{L}$ 为小流域平均汇流路径长度，km；L_1 为概化流域内各点至出口断面的平均直线距离，km；α 为考虑汇流路径分布的修正参数。

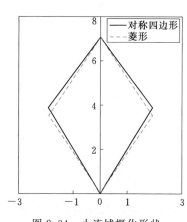

图 2.34　小流域概化形状

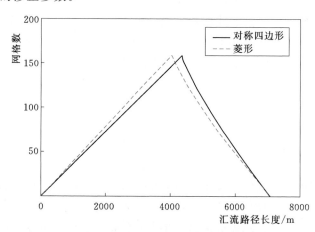

图 2.35　小流域汇流路径长度-面积（网格数）关系

按照小流域汇流分层，进一步以概化流域内网格点坡度和糙率分布为权重，确定标准化小流域的概化形状和相应的汇流路径长度-面积分布曲线。

2.9.2.8　雪域、水域

基于国家基础地理信息中心提供的 1∶5 万 DLG 数据，结合遥感影像图，提取了水库、湖泊、沼泽等水域范围，见表 2.13。雪线为常年积雪带的下界，即年降雪量与年消融量相等的平衡线，亦称固态降水的零平衡线。雪线是一种气候标志线，其分布高度主要决定于气温、降水量、坡度和坡向等条件。基于我国高纬度和高山地区的雪线分布提取主要雪域范围，见表 2.14。

表 2.13　　　　　　　　　　　　　主 要 水 域 范 围 统 计

水 域 类 别	个 数	水面面积/km²
大（1）型水库	132	9843
大（2）型水库	625	7875
中型水库	3935	8416
小（1）型水库	17947	4727
小（2）型水库	75339	2931
湖泊	2865	81964
沼泽	18	709
合计	100861	116465

表 2.14　　　　　　　　　　　　主要地区雪线高程和雪域面积

地 区	平均雪线高程/m	雪域面积/km²
喜马拉雅山脉	6000	3382
昆仑山脉	5500	2565
祁连山脉	4600～5000	1401
天山山脉	3900～4100	2582
阿尔泰山脉	2600～2900	4851
乔戈里峰	5200	8675
横断山脉	4900	16850
贺兰山脉	3034	100
合计	—	40406

第 3 章

中国小流域数据集成果

中国小流域数据集成果丰富，能够满足不同水利方向的需求，如水文预报、洪水预警以及灾害评价等方向，尤其是为缺资料地区洪水预报预警提供了海量的基础成果数据，具有极其重大的意义，数据成果也可扩展用于水土保持、环境保护、水资源、农业、电力、铁路等多个行业。本章按照全国尺度、流域片、山洪预报预警分区对中国小流域数据集进行介绍和分析，涉及 53 万个小流域（平均面积 16km²）和 378 万条溪沟河流，覆盖国土面积 868.67 万 km²。在全国尺度，主要介绍小流域的主要属性分布，以及小流域面积和坡度在各行政区内的分布；在流域分区尺度，主要介绍小流域面积和坡度、水系特征参数等分布；在山洪预报预警分区尺度，主要介绍我国水文区划进展，山洪预报预警分区构建以及各山洪预报预警分区小流域数据成果。

3.1 全国成果

3.1.1 全国小流域数据成果

全国小流域划分及基础属性提取得到流域水系成果，主要包括七大流域片、63 个水系、333 条主要干流、13006 条主要河流、37017 条小河流、167009 条沟道、357 万条 0.5km² 以上溪沟、53 万个小流域的基础属性信息，总面积为 868.67 万 km²。小流域划分成果见表 3.1，河流统计见表 3.2。

表 3.1   小流域按流域面积分组统计

流域面积 /km²	个数	总面积 /km²	面积占比 /%	流域面积 /km²	个数	总面积 /km²	面积占比 /%
$A<10$	124145	473591	5.5	$30\leqslant A<40$	27792	946813	10.9
$10\leqslant A<20$	266192	3796291	43.7	$40\leqslant A<50$	10501	465270	5.4
$20\leqslant A<30$	100858	2436435	28.0	$A\geqslant50$	6370	568283	6.5

表 3.2		河 流 统 计	
流域面积/km²	河流条数	流域面积/km²	河流条数
A>0.5（溪沟）	3570000	200<A≤500	8010
10<A≤30	136088	500<A≤1000	2437
30<A≤50	30921	1000<A≤3000	1896
50<A≤100	24816	3000<A≤10000	663
100<A≤200	12201	A>10000	333

　　图 3.1 为全国小流域主要属性频数分布图，表 3.3～表 3.6 为小流域主要属性的分组统计信息。

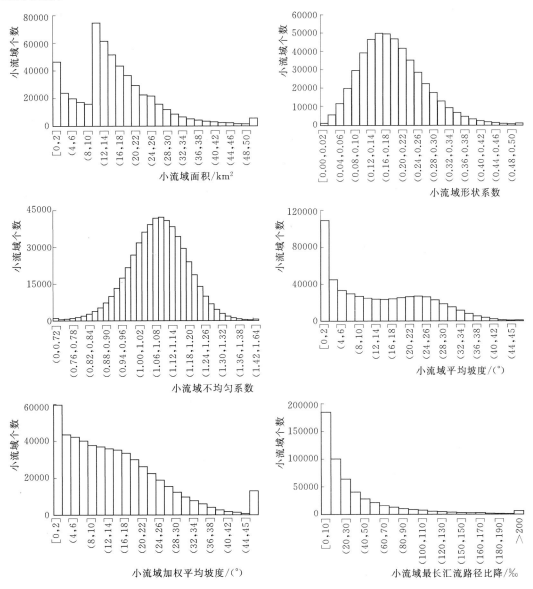

图 3.1（一）　全国小流域主要属性频数分布图

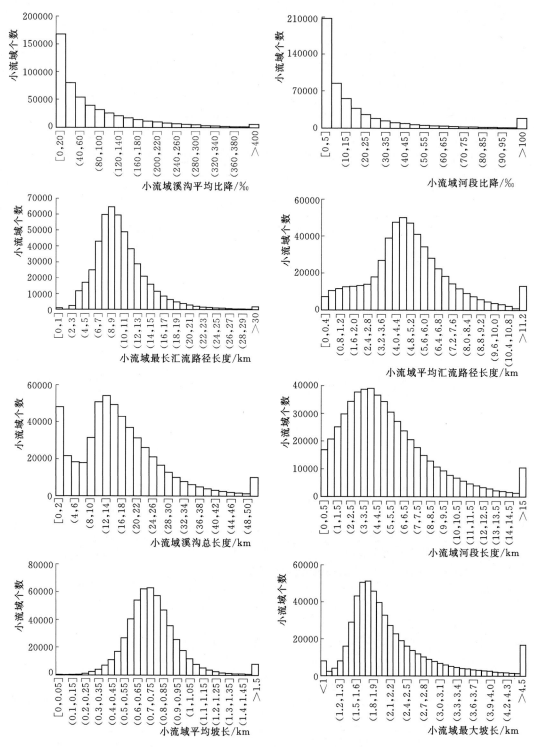

图 3.1（二）　全国小流域主要属性频数分布

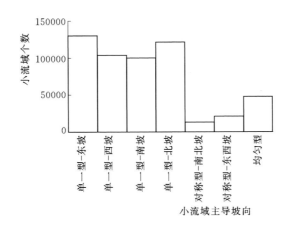

图 3.1（三）　全国小流域主要属性频数分布

　　全国小流域的主要几何特征统计见附表 2.3。小流域面积表征了流域汇水、排水能力的强弱，同时也与冲蚀沟水力冲刷条件相关。全国小流域面积的平均值和中位数分别为16.21km² 和 14.30km²，面积分布的上限和下限分别为 45.07km² 和 2.00km²，上五分位数和下五分位数分别为 22.77km² 和 7.90km²。小流域面积分布集中度较高，91% 的小流域面积小于 30km²，其面积之和约占全国小流域总面积的 80%，全国小流域面积大小基本一致。

　　小流域形状系数越小，小流域形状越狭长，流域汇流历时越长，洪水过程一般较平缓。随着形状系数的增大，小流域个数先增加后减少，全国小流域形状系数的变幅为0.004～0.978，平均值为 0.189，98.5% 的小流域形状系数不超过 0.4，我国多数小流域形状偏狭长，小流域汇流时间较长，洪水过程较为平缓，但仍有 8000 余个小流域形状系数较大，水流汇集较快，洪水过程陡涨陡落。

　　小流域不均匀系数既反映了小流域的形状特征，又反映了小流域内部汇流分布的异质性特征。随着不均匀系数的增大，小流域个数先增加后减少，以 1 为界（大于 1 为正偏，小于 1 为负偏），正偏均值为 1.12，负偏均值为 0.93。我国小流域不均匀系数的变幅为 0.48～1.64，平均值为 1.08，78.7% 的小流域不均匀系数大于 1.0，大部分山丘区小流域流路分布质心偏向于上游，流域形状偏于上游胖、下游瘦，水流汇集路径较长。

表 3.3　　　　　　　　　　　　小流域形状系数及不均匀系数分组统计

属　　性		个数	总面积/km²	面积占比/%
形状系数	0～0.2	327803	5428427	62.5
	0.2～0.4	199854	3124660	36.0
	0.4～0.6	8018	130122	1.5
	0.6～0.8	174	3313	0.0
	＞0.8	9	160	0.0

续表

属　性		个数	总面积/km²	面积占比/%
不均匀系数	0~0.8	4653	113955	1.3
	0.8~0.9	21185	321312	3.7
	0.9~1.0	89304	1412778	16.3
	1.0~1.1	191292	3086587	35.5
	1.1~1.2	167226	2733061	31.5
	1.2~1.3	54211	887757	10.2
	1.3~1.4	7102	118395	1.4
	>1.4	885	12839	0.1

　　小流域平均坡度是衡量流域整体倾斜程度的指标，对洪水汇流速度及泥沙冲蚀能力具有决定性影响。随着平均坡度的增加，小流域数量逐渐减少，小流域平均坡度的平均值和中位数分别为 14.04° 和 11.86°，上限和下限分别为 47.47° 和 0.00°，上五分位数和下五分位数分别为 24.70° 和 1.72°。以坡度小于 2° 的小流域为平原区，大于等于 2° 为山丘区。绝大多数小流域位于山丘区（面积和数量占比分别为 78.7% 和 79.5%），少数位于平原区（面积和数量占比分别为 21.3% 和 20.5%）。其中，坡度处于 6°~15° 的小流域面积和数量占比分别为 21.8% 和 22.0%；坡度处于 15°~25° 的小流域面积和数量占比分别为 22.9% 和 23.7%；坡度大于 45° 的小流域极少，面积和数量占比均不超过 0.1%，其余坡度级别的小流域分布较为均匀。

表 3.4　　　　　　　　　　　　　小流域坡度分组统计

坡度/(°)	平　均　坡　度			加 权 平 均 坡 度		
	个数	总面积/km²	面积占比/%	个数	总面积/km²	面积占比/%
0~2	110053	1850263	21.3	59536	1284538	14.8
2~6	79581	1320748	15.2	85767	1614600	18.6
6~15	117713	1890782	21.8	167627	2657032	30.6
15~25	126807	1986863	22.9	139669	2134725	24.6
25~45	100840	1626582	18.7	70320	972942	11.2
>45	864	11445	0.1	12939	22845	0.3

　　随着加权平均坡度的增加，小流域数量逐渐减少，小流域加权坡度的平均值和中位数分别为 18.78° 和 12.41°，上限和下限分别为 43.23° 和 0.00°，上五分位数和下五分位数分别为 22.78° 和 4.00°。全国小流域加权平均坡度 S' 及平均坡度 S 均集中分布在 6°~25° 范围内，两者在各坡度分组内的小流域占比均有差别。

　　为方便分析比较，同时采用小流域坡角正切值表示小流域坡度值。全国小流 $S'-S$ 的频数分布见图 3.2，随着坡度差值的增大，小流域数目先增加后减少，$S'>1.1S$ 的小流域面积和数量占比分别为25.6％和28.8％，小流域侧剖面多呈"凸"型分布，坡面有利于排水，但水流冲刷作用也较强，容易造成水土流失问题；$S'<0.9S$的小流域面积和数量占比分别为46.7％和46.4％，小流域坡面上游地势陡、下游地势缓，小流域坡面侧剖面多呈"凹"型分布，坡面的侵蚀强度较大，易于形成山洪滑坡地质灾害；$0.9S≤S'≤1.1S$的小流域数面积和数量占比分别为27.7％和24.8％，小流域坡面地形分布较为均匀。

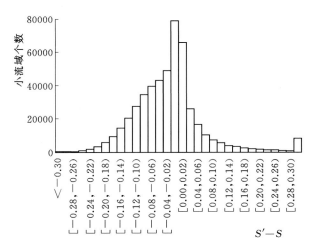

图3.2　小流域加权平均坡度与平均坡度之差频数分布

小流域最长汇流路径长度及其比降在一定程度上表征了小流域的汇流特性。最长汇流路径长度越长，小流域对洪水的调蓄作用越大，洪水过程坦化现象越明显；最长汇流路径比降越陡，洪水汇集速度越快。随着最长汇流路径长度的增加，小流域个数呈先增加后减少的趋势，最长汇流路径长度的平均值和中位数分别为9.36km和8.92km，上限和下限分别为21.51km和0.03km，上五分位数和下五分位数分别为12.27km和6.10km，77.7％的小流域最长汇流路径长度集中分布范围为5～15km。随着最长汇流路径比降的增大，小流域个数呈减少的趋势，其变幅为0.1‰～693‰，平均值和中位数分别为34‰和18‰，上五分位数和下五分位数分别为52‰和5‰，70.1％的小流域最长汇流路径比降小于30‰。

表3.5　　　　　　　　小流域最长汇流路径长度及其比降分组统计

属　　性		个数	总面积/km²	面积占比/％
最长汇流路径长度/km	0～5	77142	163482	1.9
	5～7.5	98986	1048815	12.1
	7.5～10	156881	2419496	27.9
	10～12.5	102501	2038967	23.5
	12.5～15	50475	1234192	14.2
	＞15	49873	1781731	20.5

续表

属　　性		个数	总面积/km²	面积占比/%
最长汇流路径 比降/‰	0～5	127861	2309623	26.6
	5～10	68007	1129287	13.0
	10～16	65130	1080183	12.4
	16～30	97345	1569458	18.1
	30～60	89272	1392175	16.0
	60～100	47474	715885	8.2
	100～300	39559	487799	5.6
	＞300	1210	2273	0.0

　　随着小流域河段长度和溪沟总长度的增加，小流域个数均呈先增加后减少的趋势，小流域河段长度、溪沟总长度的平均值分别为 5.09km 和 17.77km，河段长度的上五分位数和下五分位数分别为 7.36km 和 2.21km，溪沟总长度的上五分位数和下五分位数分别为 24.30km 和 9.19km。全国小流域最长汇流路径长度、河段长度和溪沟总长度之间具有较好的线性相关性，相关系数达到 0.60～0.81，以溪沟总长度最长，最长汇流路径长度次之，河段长度最短。

表 3.6　　　　　　　　　　小流域河段比降和溪沟平均比降分组统计

属　　性		个数	总面积/km²	面积占比/%
河段比降 /‰	0～5	223959	3565213	41.0
	5～10	82741	1345544	15.5
	10～16	63605	1046688	12.0
	16～30	72112	1172282	13.5
	30～60	51237	853286	9.8
	60～100	23194	393811	4.5
	100～300	18673	305857	3.5
	＞300	337	4003	0.0
溪沟平均比降 /‰	0～5	94745	1311795	15.1
	5～10	35897	563975	6.5
	10～16	37472	614678	7.1
	16～30	66752	1139944	13.1
	30～60	88907	1508496	17.4
	60～100	71421	1179967	13.6
	100～300	122050	2060018	23.7
	＞300	18614	307809	3.5

随着小流域河段比降和溪沟平均比降的增加，小流域个数均呈减少的趋势。小流域河段比降和溪沟平均比降的平均值分别为22‰和79‰，河段比降的上五分位数和下五分位数分别为30‰和2‰，溪沟平均比降的上五分位数和下五分位数分别为133‰和10‰。82%的小流域河段比降小于30‰，59.2%的小流域溪沟平均比降小于60‰。

小流域坡面特征分析可为明晰小流域水土流失的发生、发展全过程和保障水土保持措施的实施提供数据支撑。随着小流域平均坡长和最大坡长的增加，小流域个数均呈先增加后减少的趋势，全国小流域平均坡长和最大坡长的平均值分别为0.77km和2.19km，平均坡长的上五分位数和下五分位数分别为0.88km和0.59km，最大坡长的上五分位数和下五分位数分别为2.60km和1.59km。我国小流域以单一型坡向为主，占全国小流域总数的84.70%，且以东、南、西、北为主导坡向的小流域数分布较为均匀；均匀型坡向的小流域数量次之，对称型坡向的小流域数量最少，占比分别为8.98%和6.31%，其中，东西坡对称的小流域略多于南北坡对称的小流域。

3.1.2　行政区小流域数据成果

3.1.2.1　小流域面积分布

我国是一个多山的国家，山丘区面积约占全国陆地面积的2/3。根据全国小流域划分成果，绝大部分省（自治区、直辖市）的山丘区面积比重大于平原区（见表3.8），小流域面积集中分布在10～30km²，平均小流域面积不足20km²。新疆维吾尔自治区行政区划面积最大（164万km²），山脉与盆地相间排列，盆地与高山呈环抱之势，地形地势变化较大，山丘区面积为84.9万km²，占比达52%，全区共划分小流域面积118万km²。天津市行政区划面积最小（1.2万km²），地势以平原和洼地为主，北部有低山丘陵，海拔由北向南逐渐下降，其中山丘区面积为0.9万km²，全市共划分小流域面积1.1万km²。

不同省（自治区、直辖市）地势地貌存在明显差异，其中东西差异更为明显。对于地处喀斯特典型山丘区的贵州省，地形以中海拔、中起伏山地为主，由图3.3可看出，高达87%的小流域面积处于10～30km²；对于平原区比例更大的省份，例如江苏省，平原区面积为9.4万km²，占省域面积的93.5%，65%的小流域面积在50km²以上，小流域平均面积高达34km²。省内山丘区面积比例越高，小流域平均面积越小，这是由于山丘区地形起伏较大，山脊线即为小流域分水岭，相比于同面积的平原区可划分出更多的小流域。图3.3为各省（自治区、直辖市）小流域面积分布情况。

3.1.2.2　小流域坡度分布

小流域坡度与所在地区山丘区比重相关。对于大部分的省（自治区、直辖市），山丘区比重高于平原区，45%的小流域坡度集中在6°～45°，且山丘区比重越大，小流域平均坡度越大；对于山丘区比重高达近100%的贵州省，省内66%的小流域坡度在6°～25°，33%的小流域坡度在25°～45°。相反，对于平原区比例大于山丘区的少数省份，如天津市和江苏省，坡度分布在0°～2°的小流域比例均高达92%。图3.4为各省（自治区、直辖市）小流域坡度分布情况。

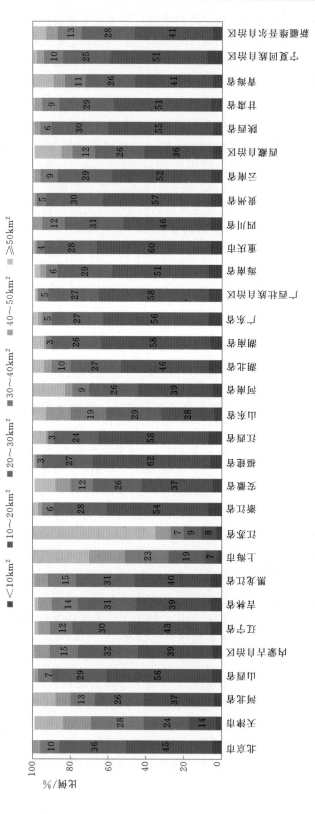

图 3.3　各省（自治区、直辖市）小流域面积分布对比

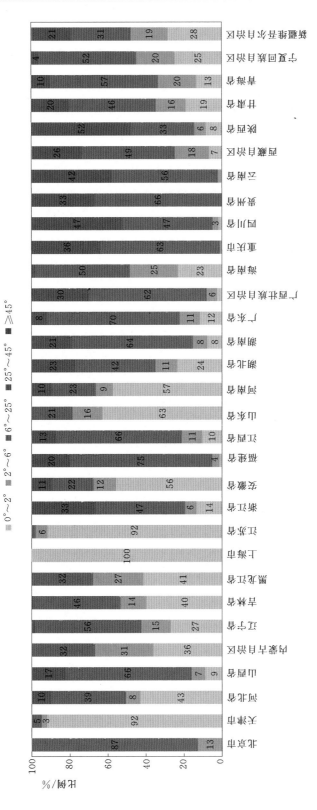

图 3.4 各省（自治区、直辖市）小流域坡度分布对比

3.2 流域分区成果

3.2.1 概述

中国七大水系分别是长江水系、黄河水系、珠江水系、淮河水系、辽河水系、海河水系和松花江水系。

基于《中国河流代码》（SL 249—2012），将全国划分为七大流域片（图 3.5），进一步划分为 63 个二级水系。采用基于 DEM 栅格的 D8 流向算法，在全国范围内提取 60 个

AAA 黑龙江水系	ADC 渭河水系	AHC 东江水系
AAB 松花江水系	ADD 山东半岛及沿海诸河水系	AHD 珠江三角洲水系
AAC 乌苏里江水系	AEA 淮河干流水系	AHE 韩江水系
AAD 绥芬河水系	AEB 沂沭泗水系	AHF 粤、桂、琼沿海诸河水系
AAE 图们江水系	AEC 里下河水系	AJA 元江—红河水系
AAF 额尔古纳河水系	AFA 长江干流水系	AJB 澜沧江—湄公河流域
ABA 辽河干流水系	AFB 雅砻江水系	AJC 怒江—伊洛瓦底江流域
ABB 大凌河及辽西沿海诸河水系	AFC 岷江水系	AJD 雅鲁藏布江—布拉马普特拉河流域
ABC 辽东半岛诸河水系	AFD 嘉陵江水系	AJE 狮泉河—印度河流域
ABD 鸭绿江水系	AFE 乌江水系	AJF 伊犁、额敏河水系
ACA 滦河水系	AFF 洞庭湖水系	AJG 额尔齐斯河水系
ACB 潮白、北运、蓟运河水系	AFG 汉江水系	AKA 乌裕尔河内流区
ACC 永定河水系	AFH 鄱阳湖水系	AKE 霍林河内流区
ACD 大清河水系	AFJ 太湖水系	AKF 内蒙古内流区
ACE 子牙河水系	AGA 钱塘江水系	AKG 鄂尔多斯内流区
ACF 漳卫南运河水系	AGB 瓯江水系	AKH 河西走廊—阿拉善内流区
ACG 徒骇、马颊河水系	AGC 闽江水系	AKJ 柴达木内流区
ACH 黑龙港及运东地区诸河水系	AGD 浙东、闽东及台湾沿海诸河水系	AKK 准噶尔内流区
ADA 黄河干流水系	AHA 西江水系	AKL 塔里木内流区
ADB 汾河水系	AHB 北江水系	AKM 西藏内流区

图 3.5　中国七大流域片

二级流域，其中，呼伦贝尔、白城、扶余3个内流区水系没有独立编码。各流域片内水系分布和山洪预报预警分区分布见表3.7和表3.8，其中，长江流域片和松辽流域片内的二

表 3.7　　　　　　　　　　　　　　　七大流域片与二级水系对应表

流域片	二级水系编码	二级水系名称	流域片	二级水系编码	二级水系名称
	AAA	黑龙江水系	淮河流域片	ADD	山东半岛及沿海诸河水系
	AAB	松花江水系		AEA	淮河干流水系
	AAC	乌苏里江水系		AEB	沂沭泗水系
	AAD	绥芬河水系		AEC	里下河水系
	AAE	图们江水系		AFA	长江干流水系（源头—丽江纳西族自治县）
	AAF	额尔古纳河水系		AFA	长江干流水系（丽江纳西族自治县—绥江县）
松辽流域片	ABA	辽河干流水系		AFA	长江干流水系（绥江县—宜昌市）
	ABB	大凌河及辽西沿海诸河水系		AFA	长江干流水系（宜昌市—湖口县）
	ABC	辽东半岛诸河水系		AFA	长江干流水系（湖口县—东海）
	ABD	鸭绿江水系	长江流域片	AFB	雅砻江水系
	AKA	乌裕尔河内流区		AFC	岷江水系
	AKE	霍林河内流区		AFD	嘉陵江水系
	AKF	内蒙古内流区		AFE	乌江水系
	ACA	滦河水系		AFF	洞庭湖水系
	ACB	潮白、北运、蓟运河水系		AFG	汉江水系
	ACC	永定河水系		AFH	鄱阳湖水系
海河流域片	ACD	大清河水系		AFJ	太湖水系
	ACE	子牙河水系		AJB	澜沧江—湄公河流域
	ACF	漳卫南运河水系		AJC	怒江—伊洛瓦底江流域
	ACG	徒骇、马颊河水系		AJD	雅鲁藏布江—布拉马普特拉河流域
	ACH	黑龙港及运东地区诸河水系		AJE	狮泉河—印度河流域
	ADA	黄河干流水系（源头—刘家峡水库）		AKM	西藏内流区
	ADA	黄河干流水系（刘家峡水库—磴口县）	东南沿海流域片	AGA	钱塘江水系
	ADA	黄河干流水系（磴口县—托克托县）		AGB	瓯江水系
	ADA	黄河干流水系（托克托县—潼关）		AGC	闽江水系
	ADA	黄河干流水系（潼关—花园口）		AGD	浙东、闽东及台湾沿海诸河
	ADA	黄河干流水系（花园口—渤海）		AHA	西江水系
黄河流域片	ADB	汾河水系		AHB	北江水系
	ADC	渭河水系		AHC	东江水系
	AJF	伊犁、额敏河水系	珠江流域片	AHD	珠江三角洲水系
	AJG	额尔齐斯河水系		AHE	韩江水系
	AKG	鄂尔多斯内流区		AHF	粤、桂、琼沿海诸河水系
	AKH	河西走廊—阿拉善河内流区		AJA	元江—红河水系
	AKJ	柴达木内流区			
	AKK	准噶尔内流区			
	AKL	塔里木内流区			

级水系数量最多，分别为 14 个和 13 个，东南沿海流域片和淮河流域片内的二级水系数量最少，均为 4 个。黄河流域片和长江流域片内的山洪预报预警一级分区数量最多，分别为 44 个和 36 个，面积占比均为 34%，相应的二级分区数分别为 1266 个和 2118 个；海河流域片和东南沿海流域片内的山洪预报预警一级分区数量最少，分别为 9 个和 5 个，面积占比分别为 3% 和 2%，相应的二级分区数均为 176 个。

表 3.8　　　　　　　　　七大流域片与山洪预报预警分区对应表

流域片	山洪预报预警一级分区		山洪预报预警二级分区	
	个数	面积/万 km^2	个数	面积/万 km^2
松辽流域片	18	155.89	878	143.03
海河流域片	9	31.92	176	32.10
黄河流域片	44	322.86	1266	249.41
淮河流域片	10	33.49	175	32.94
长江流域片	36	320.92	2118	319.88
东南沿海流域片	5	20.46	176	19.84
珠江流域片	10	65.80	491	64.77
合计	132	951.34	5280	861.97

七大流域片平原区与山丘区面积比例的统计结果见图 3.6。除淮河流域外，其余六大流域片内均是山丘区比例高于平原区，这种差异在东南沿海流域和珠江流域更为显著。流域片内山丘区和平原区面积比例的不均导致小流域特性不同。《中国河流代码》（SL 249—2012）把七大流域片划分为 63 个水系，并为每个水系指定了水系编码和名称，以下从小流域面积、坡度、水系特征参数等方面对七大流域片的 60 个水系进行分析，具体统计结果详见附录 1。

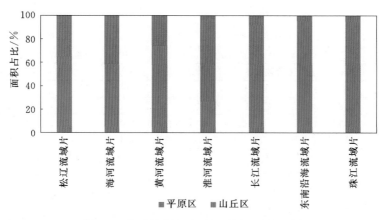

图 3.6　各流域片山丘区和平原区面积比例

3.2.2　小流域面积和坡度分布

各流域片小流域数量从高到低依次为长江流域片、黄河流域片、松辽流域片、珠江流域片、海河流域片、淮河流域片及东南沿海流域片（表3.9），详细统计见附表1.1。除平原区比重偏高的淮河流域境内小流域平均面积达到22km²，其余流域片内小流域平均面积均不到20km²。

表3.9　　　　　　　　　　　　　各流域片小流域面积统计

流域片名称	流域片面积/万km²	山丘区面积/万km²	平原区面积/万km²	小流域数	平均面积/km²	小流域总面积/万km²
松辽流域片	154.49	91.76	49.80	85646	17	141.55
海河流域片	31.40	18.63	13.31	17876	18	31.94
黄河流域片	321.26	190.49	66.25	159160	16	256.75
淮河流域片	33.03	8.90	24.67	15277	22	33.57
长江流域片	312.07	292.02	26.47	196637	16	318.49
东南沿海流域片	20.56	19.74	0.98	14761	14	20.72
珠江流域片	65.96	62.10	3.55	46501	14	65.65
合计	938.77	683.64	185.03	535858	—	868.67

注　流域片面积在 Albers 等面积投影下进行几何计算求得，小流域总面积在 CGCS2000 投影坐标系（6度分带）下进行几何计算求得。

大部分流域片的小流域面积集中分布在10～30km²，详细统计见附表1.1。里下河水系、黑龙港及运东地区诸河水系地势较为平坦，划分小流域面积偏大，其中，里下河水系平原区面积占比为99%，共划分了581个小流域，88%的小流域面积在50km²以上，6%的小流域面积为40～50km²，小流域平均面积为56km²；黑龙港及运东地区诸河水系全流域均为平原区，划分的小流域数量均较少（409个），68%的小流域面积在50km²以上，10%的小流域面积为40～50km²，小流域平均面积为55km²。此外，塔里木内流区流域面积最大，其中山丘区面积为52万km²，面积占比为44%，共划分小流域面积72.5万km²，内流区划分小流域单元数量最多，达到44642个。绥芬河水系流域面积最小，其中山丘区面积占比将近100%，共划分了642个小流域单元，小流域总面积为1万km²。

大部分流域片的地形既有山地，也有平原，小流域坡度集中分布在2°～25°，且以6°～25°为主，详细统计见附表1.2。对于以平原为主，甚至境内全是平原的流域（大多为沿海地区），90%以上的小流域坡度小于2°，例如徒骇河、马颊河水系、黑龙港及运东地区诸河，小流域坡度全部小于2°，里下河水系99%以上的小流域坡度小于2°；对于以山丘区为主的流域，小流域坡度普遍高于平原区，例如，绥芬河水系、图们江水系中90%以上的小流域坡度为6°～25°。

1. 松辽流域片

流域片内松花江水系的小流域总面积最大（49.40万km²），绥芬河水系小流域总面积最小（1.03万km²），各水系小流域平均面积为13km²（辽东半岛诸河水系）～20km²（额尔古纳河水系）。除内流区外，黑龙江水系、乌苏里江水系、绥芬河水系、额尔古纳河水系等水系内小流域平均坡度均在25°以下，坡度较缓。其中，绥芬河水系92%的小流域平均坡度为6°～25°，乌苏里江水系半数以上小流域平均坡度在2°以下，其余小流域各坡度等级分布较为均匀；其余水系小流域平均坡度集中在6°～25°，少数小流域平均坡度为 25°～45°，其中以鸭绿江水系小流域居多（占比达 7.7%）。乌苏里江水系、绥芬河水系、大凌河及辽西沿海诸河水系、辽东半岛诸河水系小流域形心高程均在 1000m 以下，其中乌苏里江水系、辽东半岛诸河水系 70% 以上的小流域形心高程不超过 200m，绥芬河水系 95% 的小流域形心高程集中在 200～1000m。所有水系 97% 以上的小流域形状系数小于 0.4，小流域外形接近长条形，汇流时间较长，洪水过程较平稳。

2. 海河流域片

流域片内徒骇、马颊河水系和黑龙港及运东地区诸河水系位于平原区，小流域平均面积均大于 20km²，平均坡度在 2° 以下，形心高程均不超过 200m。除这两个平原区水系外，滦河水系的小流域总面积最大（5.52 万 km²），潮白、北运、蓟运河水系小流域总面积最小（3.34 万 km²），各水系小流域平均面积为 15km²（永定河水系、滦河水系）～19km²（大清河水系）；所有水系小流域平均坡度均不超过 45°，其中，滦河水系、永定河水系、漳卫南运河水系和潮白、北运、蓟运河水系小流域平均坡度集中分布在 6°～25°，大清河水系、子牙河水系小流域平均坡度集中分布在 2° 以下；所有水系小流域形心高程均不超过 3500m，永定河水系 68% 的小流域形心高程在 1000～3500m，地形整体偏陡，其余水系小流域形心高程分布较为均匀。滦河水系和漳卫南运河水系小流域形状系数为 0～0.6，其余水系小流域形状系数为 0～0.8，小流域形状系数越大，汇流时间越短；所有水系中 93% 以上的小流域形状系数小于 0.4，小流域外形接近长条形，汇流时间较长，洪水过程较平稳。

3. 黄河流域片

除内流区外，流域片内黄河干流水系源头至刘家峡水库的小流域总面积最大（22.10 万 km²），花园口至渤海小流域总面积最小（2.26 万 km²），各水系小流域平均面积为 14～17km²。黄河干流水系由源头至渤海小流域地势逐渐降低、坡度逐渐变缓。黄河干流水系源头至刘家峡水库、汾河水系和渭河水系 60% 以上的小流域平均坡度集中分布在 6°～25°，1%～4% 的小流域平均坡度超过 45°，地形较为陡峭；其余水系小流域平均坡度不超过 45°，其中黄河干流水系托克托县至潼关、潼关至花园口小流域平均坡度集中分布在 6°～45°，花园口至渤海地形较为平坦，62% 的小流域平均坡度不超过 2°。黄河干流水系源头至刘家峡水库小流域形心高程均大于 1000m，且集中分布在 1000～5000m，地势较高；黄河干流水系刘家峡水库至碛口县、碛口县至托克托县，以及汾河水系和渭河水系小流域形心高程分布在 1000～3500m，地形整体偏高；潼关至花园口小流域形心高程集中分布在 200～1000m；花园口至渤海 84% 的小流域形心高程不超过 200m，地势较为平坦。所有水系 97% 以上小流域形状系数小于 0.4，小流域外形接近长条形，汇流时间较长，洪水过程较平稳，且半数以上小流域形状系数不超过 0.2；此外，黄河干流水系碛口县至托克托县 0.17% 的小流域形状系数大于 0.6，小流域汇流时间较短。

4. 淮河流域片

流域片内里下河水系位于平原区，小流域平均面积大于 20km²，99% 的小流域平均坡度在 2° 以下，形心高程均不超过 200m。除此之外，流域片内淮河干流水系的小流域总面积最大（16.31 万 km²），山东半岛及沿海诸河水系小流域总面积最小（6.75 万 km²），各水系小流域平均面积为 16km²（山东半岛及沿海诸河水系）～24km²（沂沭泗水系）；所有水系小流域平均坡度均不超过 45°，半数以上小流域坡度较缓，不超过 2°；水系内小流域地势较低，小流域形心高程均不超过 1000m，约 90% 的小流域不超过 200m。所有水系 96% 以上小流域形状系数小于 0.4，小流域外形接近长条形，汇流时间较长，洪水过程较平稳。

5. 长江流域片

除内流区外，流域片内雅鲁藏布江—布拉马普特拉河水系的小流域总面积最大（37.21 万 km²），太湖水系小流域总面积最小（2.29 万 km²），各水系小流域平均面积为 14~22km²。长江干流水系由源头至东海地势逐渐降低、坡度逐渐变缓。长江干流水系源头至丽江纳西族自治县、丽江纳西族自治县至绥江县、绥江县至宜昌市 30% 以上的小流域平均坡度大于 25°，干流水系以下区间小流域平均坡度集中分布在 0°~6°；太湖水系地势较为平坦，71% 的小流域位于平原区；其余水系小流域平均坡度集中分布在 6°~45°。长江干流水系由源头至东海大部分小流域的形心高程由 3500~5000m 逐渐降低至 200m 以下；雅砻江水系和岷江水系小流域形心高程均匀分布在 1000~5000m；嘉陵江水系和乌江水系小流域形心高程均匀分布在 2000~3500m；洞庭湖水系和汉江水系小流域形心高程均匀分布在 200~1000m；鄱阳湖水系小流域形心高程均匀分布在 0~1000m；太湖水系地势较为平坦，94% 的小流域形心高程不超过 200m。所有水系 97% 以上小流域形状系数小于 0.4，小流域外形接近长条形，汇流时间较长，洪水过程较平稳，且半数以上小流域形状系数不超过 0.2；其中，长江干流水系宜昌市—湖口县、湖口县—东海分别有 3.37% 和 2.25% 的小流域形状系数为 0.4~0.8，小流域汇流时间较短。

6. 东南沿海流域片

流域片内闽江水系的小流域总面积最大（11.67 万 km²），瓯江水系小流域总面积最小（1.86 万 km²），各水系小流域平均面积为 13~14km²。所有水系小流域平均坡度均不超过 45°，且集中分布在 6°~45°，其中，瓯江水系 63% 的小流域平均坡度分布在 25°~45°，地势较为陡峭；浙东、闽东及台湾沿海诸河水系小流域形心高程不超过 1000m，且集中分布在 200m 以内，地势较为平坦，其余水系小流域形心高程不超过 3500m，且集中分布在 200~1000m。所有水系 97% 以上小流域形状系数小于 0.4，小流域外形接近长条形，汇流时间较长，洪水过程较平稳；部分小流域形状系数为 0.4~0.8，小流域汇流时间较短。

7. 珠江流域片

流域片内西江水系的小流域总面积最大（34.21 万 km²），东江水系小流域总面积最小（2.84 万 km²），各水系小流域平均面积为 13~15km²。所有水系小流域平均坡度均不超过 45°，其中，元江—红河水系小流域平均坡度均匀分布在 6°~25° 和 25°~45°，其余水系小流域平均坡度均集中分布在 6°~25°。东江水系、珠江三角洲水系小流域形心高程不超过 1000m，且珠江三角洲水系 89% 的小流域形心高程不超过 200m，地势较为平坦；其余水系小流域形心高程不超过 3500m，其中，元江—红河水系 81% 的小流域形心高程为 1000~3500m，地形较为陡峭，粤、桂、琼沿海诸河水系 84% 的小流域形心高程不超过 200m，地势较为平坦，其余水系小流域地形分布较为均匀。西江水系、珠江三角洲水系和粤、桂、琼沿海诸河水系小流域形状系数分布在 0~0.8，其余水系小流域形状系数分布在 0~0.6，所有水系中 98% 以上小流域形状系数小于 0.4，小流域外形接近长条形，汇流时间较长，洪水过程较平稳。

3.2.3　小流域水系特征参数分布

水系特征参数包括河网密度、河网频度、河网发育系数、水系不均匀系数和湖沼率等，各流域片的水系特征参数统计见附表1.3。对于流域面积为 $100km^2$ 以上的流域提取上述水系特征参数。按照《水利水电工程技术术语》（SL 26—2012）规定，干流为水系内汇集全流域径流的河流，直接汇入到干流的支流为一级支流，汇入一级支流的河流为二级流，各流域内共提取了1～10级支流。

河网密度指流域干支流总长度与流域面积的比值，在相似的自然环境下，河网密度越大，流域河流越多且密集，水系越发达，水系径流量越大。各水系河网密度为 $0.164\sim 0.425km/km^2$，68% 的水系河网密度为 $0.3\sim 0.4km/km^2$。对于山丘区，钱塘江水系的河网密度最大，流域面积和河段总长分别为 5.11 万 km^2 和 2.18 万 km，雅鲁藏布江—布拉马普特拉河的河网密度最小，流域面积和河段总长分别为 37.21 万 km^2 和 10.16 万 km。

河网频度指流域内河流条数与流域面积的比值，反映流域河网的密集程度。各水系河网频度为（$6.1\times 10^{-3}\sim 3.17\times 10^{-2}$）条 $/km^2$，85% 的水系河网频度为（$2\times 10^{-2}\sim 3\times 10^{-2}$）条 $/km^2$。对于山丘区，辽东半岛诸河的河网频度最大，河流条数为 779 万条，柴达木内流区水系的河网频度最小，河流条数为 5217 万条。

河网发育系数为各级支流总长与干流长度的比值，发育系数越大，河网对径流的调节越有利。各水系发育系数为 2.02～150.72，45% 的水系发育系数为 0～15。对于山丘区，松花江的水系发育程度最高，各级支流和干流长度分别为 1.53 万 km 和 1014km；碧流河的水系发育程度最低，各级支流和干流长度分别为 749km 和 370km。

水系不均匀系数为左岸支流总长度与右岸支流总长度的比值，不均匀系数越大，水系越不对称，两岸汇入干流的水量越不平衡。各水系不均匀系数为 0～127.42，51% 的水系不均匀系数为 0～1。对于山丘区，共 3 条水系的不均匀系数为 0.96～1.02，即水系左右岸河长基本一致，分别为：潮白、北运、蓟运河水系，河西走廊—阿拉善河内流区的疏勒河，塔里木内流区的开都河；柴达木内流区的东台吉乃尔河、岷江和西藏内流区的扎嘎藏布仅有右岸水系，不均匀系数为 0；长江干流（绥江县—宜昌市）和河西走廊—阿拉善河内流区的黑河以左岸水系偏多，不均匀系数达到 120 以上。

湖沼率指水面总面积与流域总面积的比值。水面面积包含水库、湖泊、沼泽、湿地等水面面积，反映了流域径流调蓄能力的大小。水系湖沼率为 $0.04\%\sim 11.69\%$，其中，67% 的水系湖沼率在 1% 以下。由于太湖等水系区域地势较缓，易于形成湖泊，导致小流域内水面面积比例偏高；对于地势陡峭的区域，不易形成湖泊、沼泽以及塘，导致小流域内水面面积比例偏低。对于山丘区，西江的湖沼率最高，达到 7.88%，黄河干流水系（托克托县—潼关）和渭河水系的湖沼率最低，仅 0.04%。

3.3　山洪预报预警分区成果

山洪灾害是山丘区的主要自然灾害之一，其发生、发展及灾害程度与流域地形、地貌、水文气象等自然地理格局具有紧密的联系。我国地域辽阔，具有不同的地理地带，地形复杂，气候多样，各地区的水文情况差异较大。根据自然地理环境及其组分的空间分异规律，我国已形成了一系列的自然地理分区成果，主要包括综合自然区划和部门自然区划，前者将自然环境作为一个整体，后者主要针对自然地理环境中的各组分，形成了气候区划、地貌区划、水文区划、农业区划等区划成果。本节从山洪灾害的形成机理出发，按照自然流域水系拓扑结构，参考已有的气候、地形、地貌、水文等区划，综合归纳全国小流域的基础属性特征，构建了中国山洪预报预警分区，将全国划分为 132 个一级分区和5280 个二级分区，为不同自然地理格局下参数区域化提供依据，为实现不同时间（分钟、小时和日）、空间（全国、一级分区、二级分区、小流域和网格）尺度缺资料地区洪水预报预警提供了框架基础。

3.3.1 水文区划进展

山洪预报预警分区的重要参考依据是《中国水文区划》，本小节主要介绍水文区划的相关研究进展。水文区划是自然区划的一个组成部分，并为综合自然区划和其他部门自然区划、水利化区划和农业区划等提供区域水文依据。水文区划是按照水文现象的相似性和差异性，将我国领土划分为若干个区域。每个区内有比较一致的水文条件，各区间存在显著的水文差异。然后按照所划分出的区域，探讨每个区内各种水文现象的形成、分布和变化规律，分析水文要素之间的内在联系，探索制约这些规律的因素。因此，水文区划着重于认识水文现象的客观规律。

1954 年，中国科学院中华地理志编辑部罗开富教授等编制了中国第一个水文区划草案。由于当时水文测站稀少，观测资料短缺，水文区划只能以流域、水流形态、冰情及含沙量为基础，将全国划分为 3 级 9 区。第一级分区标准是内外流域的分水线，将全国划分为外流区与内流区。第二级和第三级分区根据各地的具体情况，分别采用不同的分区标准。在外流区内第二级分区标准是以河流在冷季结冰与否，分为冰冻区与不冻区；在冰冻区内第三级分区标准是含沙量的大小，在不冻区内以相对流量为第三级分区标准；在内流区内第二级分区标准是水流的形态，分为西藏和蒙新两区，前者根据潜水的形态划分第三级分区；后者根据河流的有无划分第三级分区。由于受资料条件的限制，第一次分区成果较为粗略，但无疑是一个良好的开端。

自 1956 年开始，中国科学院自然区划工作委员会再次开展了规模更大的全国水文区划研究，编写了《中国水文区划草案》（1956 年）和《中国水文区划（初稿）》（1959年）。以河流的水文特性和水利条件为指标，将全国划分为三级区域，基本反映了全国水文区域的面貌。第一级称水文区，以水量（径流深）为指标，共划分 13 个水文区；第二级称水文地带，以河水的季节变化为指标，共划分 46 个水文地带；第三级称水文省，以水利条件为指标，共划分 89 个水文省。为了配合综合自然区划，在上述三级系统之上，又根据径流的补给情况，试划了 0 级区域，将全国划分为三个更大的区域：即雨水补给区、雨水融水补给区、融水雨水补给区。这次区划较上次前进了一大步，基本反映了全国水文区域的面貌。1987 年，该所又进行第三次中国水文区划工作，采用了电子计算技术，所得成果比以前两次均有提高。

至 20 世纪 90 年代初，全国水文测站数量几乎增加了一倍，且大部分测站都积累了 20～30 年的观测资料，并做了系统的整理和刊布。为更新水文区划，中国科学院成立了中国水文区划课题组，先后到东北、华北、内蒙古自治区和西北等地区进行实地调查，广泛收集各种资料，并在全国范围内挑选了 650 个水文测站，统计了 7 万个站的实测资料，编制了 25 幅全国水文要素图，绘制了 400 条相对流量过程线，作为划分水文区域的基础。1995 年，熊怡和张家桢等编写了《中国水文区划》，其中第一级分区以径流量为主要指标将全国分为 11 个水文地区，第二级以径流的年内分配和径流动态为指标，细化为 55 个水文区。

1. 第一级区划成果

一级区命名由 3 部分组成，即地理位置、温度带和径流带。全国共划分为 11 个水文地区，见图 3.7。

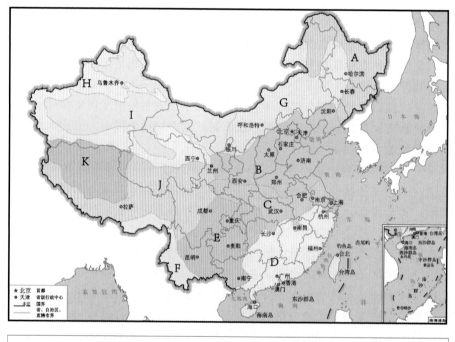

A东北寒温带、中温带多水、平水地区　　　G内蒙古中温带少水地区
B华北暖温带平水、少水地区　　　　　　　H西北山地中温带、亚寒带、寒带平水、少水地区
C秦巴、大别山北亚热带多水地区　　　　　I西北盆地温带、暖温带干涸地区
D东南亚热带、热带丰水地区　　　　　　　J青藏高原东部和西南部温带平水地区
E西南亚热带、热带多水地区　　　　　　　K羌塘高原亚寒带、寒带少水地区
F滇西、藏东南亚热带、热带丰水地区

图 3.7　第一级水文区划

从中国水文区划图上可以看出水文地区的分布具有一定规律。

（1）温带地区径流量呈现由东到西的递减现象，东北为多水及平水地区，往西到内蒙古为少水地区，再向西到西北盆地地区为干涸地区。西山山地地区由北、西和南三面包围着西北盆地地区，径流量较盆地多，为少水及平水地区。这反映了距海里程和地形对降水的影响。

（2）位于北亚热带的秦巴、大别山地区，具有南北过渡地带的性质，该区以北多为平水、少水和干涸地区，仅东北部分地区为多水地区；该区以南多为多水或丰水地区。

（3）位于亚热带、热带的 3 个地区，径流量分布呈现从东西两个方向向中间递减的现象。以西南多水地区为中心，其东为东南丰水地区，其西为滇西、藏东南丰水地区。该分布与水汽输送系统有关，东南地区主要接受太平洋东南季风的湿热水汽，滇西、藏东南地区接受印度洋西南季风的湿热水汽，降水丰富。西南地区接受两种系统的水汽，但距海较远，降水量较少。

2. 第二级区划成果

根据径流的年内分配及径流动态，将一级水文区细分为 55 个二级区，见图 3.8，我国各水文区主要河流径流年内分配特征值见附表 2.6。

二级区的命名，根据不同的情况，采用不同的方法。

（1）当水文区位于某一著名的河流流域内，水文区以该河名命名。如长江河源水文区、黄河上游水文区、雅鲁藏布江中游水文区等。

（2）当水文区跨几个河流流域，可采用联合名称。如三江上游水文区（金沙江、澜沧江和怒江）、印度河上游与雅鲁藏布江上游水文区等。

（3）源于西北山地的河流，绝大多数都是单独流入盆地，缺乏统一的大水系，因而难以用河名命名。一般采用山地名称，如阿尔泰山水文区、天山水文区等。

（4）如某一盆地（平原或高原）可自成一个水文区，以该盆地（平原或高原）命名。如四川盆地水文区、三江平原水文区、帕米尔高原水文区等。

（5）如水文区位于某省的某一部分，以该省名和方位命名，如滇西南水文区；当水文区跨越两省或数省时，采用联合命名，如川东黔北水文区，浙、闽、粤沿海水文区等。

3.3.2 山洪预报预警分区构建

1. 分区原则

山洪预报预警分区应遵循的原则如下。

（1）完整性原则。分区的目的是明晰各分区的自然地理条件和水文特征，在进行分区时应从流域的角度出发，以全国流域水系拓扑结构为基础，保证流域水系及其自然汇水关系的完整性与合理性。

（2）主要因素与综合因素相结合原则。山洪灾害致灾因子涉及降雨、地形、地质地貌、植被覆盖、水系发育、水利设施防洪能力等多种降雨和下垫面因素，以及水患意识、人口分布及经济发达程度等人为因素。我国自然地理环境复杂、社会经济程度不一，应选取对小流域产汇流影响较大的主要因素用于分区（如地形地貌、水文特性等）。此外，可以地形分布、水文站网及大型水利工程布设等作为客观反映人为因素（人口分布及经济发达程度）、下垫面因素（流域监测预警水平和防洪能力）的综合影响因素。

（3）相似性与分异性相结合原则。山洪灾害及其孕灾环境的空间格局呈现明显的地域性特征。地域间的自然地理环境存在分异性，地域内其总体的气候、水文、下垫面等条件趋于一致。山洪预报预警分区正是根据上述因素的空间异质性和相似性进行整合和分区。

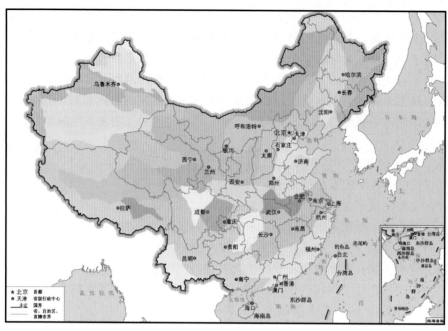

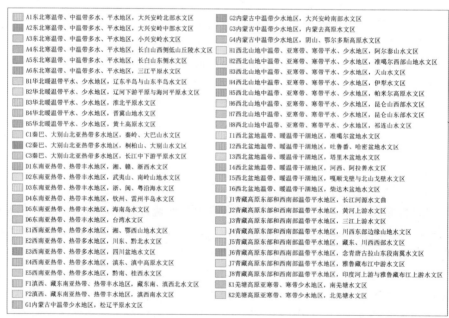

A1东北寒温带、中温带多水、平水地区，大兴安岭北部水文区	G2内蒙古中温带少水地区，大兴安岭南部水文区
A2东北寒温带、中温带多水、平水地区，大兴安岭中部水文区	G3内蒙古中温带少水地区，内蒙去高原水文区
A3东北寒温带、中温带少水地区，小兴安岭水文区	G4内蒙古中温带少水地区，阴山、鄂尔多斯高原水文区
A4东北寒温带、中温带多水、平水地区，长白山西侧低山丘陵水文区	H1西北山地中温带、亚寒带、寒带平水、少水地区，阿尔泰山水文区
A5东北寒温带、中温带多水、平水地区，长白山东侧水文区	H2西北山地中温带、亚寒带、寒带平水、少水地区，准噶尔西部山地水文区
A6东北寒温带、中温带多水、平水地区，三江平原水文区	H3西北山地中温带、亚寒带、寒带平水、少水地区，天山水文区
B1华北暖温带平水、少水地区，辽东半岛与山东半岛水文区	H4西北山地中温带、亚寒带、寒带平水、少水地区，伊犁水文区
B2华北暖温带平水、少水地区，辽河下游平原与海河平原水文区	H5西北山地中温带、亚寒带、寒带平水、少水地区，帕米尔高原水文区
B3华北暖温带平水、少水地区，淮北平原水文区	H6西北山地中温带、亚寒带、寒带平水、少水地区，昆仑山西部水文区
B4华北暖温带平水、少水地区，晋冀山地水文区	H7西北山地中温带、亚寒带、寒带平水、少水地区，昆仑山东部水文区
B5华北暖温带平水、少水地区，黄土高原水文区	H8西北山地中温带、亚寒带、寒带平水、少水地区，祁连山水文区
C1秦巴、大别山北亚热带多水地区，秦岭、大巴山水文区	I1西北盆地带、暖温带干润地区，准噶尔盆地水文区
C2秦巴、大别山北亚热带多水地区，桐柏山、大别山水文区	I2西北盆地温带、暖温带干润地区，吐鲁番、哈密盆地水文区
C3秦巴、大别山北亚热带多水地区，长江中下游平原水文区	I3西北盆地温带、暖温带干润地区，塔里木盆地水文区
D1东南亚热带、热带丰水地区，湘、赣、浙西水文区	I4西北盆地温带、暖温带干润地区，河西、阿拉善水文区
D2东南亚热带、热带丰水地区，武夷山、南岭山地水文区	I5西北盆地温带、暖温带干润地区，嘎顺戈壁与北山戈壁水文区
D3东南亚热带、热带丰水地区，浙、闽、粤沿海水文区	I6西北盆地温带、暖温带干润地区，柴达木盆地水文区
D4东南亚热带、热带丰水地区，钦州、雷州半岛水文区	J1青藏高原东部和西南部温带平水地区，长江河源水文曲
D5东南亚热带、热带丰水地区，海南岛水文区	J2青藏高原东部和西南部温带平水地区，黄河上游水文区
D6东南亚热带、热带丰水地区，台湾水文区	J3青藏高原东部和西南部温带平水地区，汉江上游水文区
E1西南亚热带、热带多水地区，湘、鄂西山地水文区	J4青藏高原东部和西南部温带平水地区，川西东部边缘山地水文区
E2西南亚热带、热带多水地区，川东、黔北水文区	J5青藏高原东部和西南部温带平水地区，藏东、川西西部水文区
E3西南亚热带、热带多水地区，四川盆地水文区	J6青藏高原东部和西南部温带平水地区，念青唐古拉山东段南翼水文区
E4西南亚热带、热带多水地区，滇东、滇西中高原水文区	J7青藏高原东部和西南部温带平水地区，雅鲁藏布江中游水文区
E5西南亚热带、热带多水地区，黔南、桂西水文区	J8青藏高原东部和西南部温带平水地区，印度河上游与雅鲁藏布江上游水文区
F1滇西、藏东南亚热带热带、热带丰水地区，藏东南、滇西北水文区	K1羌塘高原亚寒带、寒带少水地区，南羌塘水文区
F2滇西、藏东南亚热带、热带丰水地区，滇西南水文区	K2羌塘高原亚寒带、寒带少水地区，北羌塘水文区
G1内蒙古中温带少水地区，松辽平原水文区	

图 3.8　第二级水文区划

（4）便于分级管理原则。分区成果应能实现国家、省、市、县等多级管理和应用，实现山洪预报预警信息同步共享，因此，应尽量考虑行政区划的完整性。以全国分区框架为基础，可进一步结合各省、市、县的自然地理环境和人类活动等具体特性细化分区，形成各地区的山洪预报预警分区，实现一个框架、多级应用。

总体而言，基于中国小流域数据集，以 63 个二级水系为主要依据，综合考虑地形（三大阶梯）、地貌（38 个地貌亚区）和水文分区（55 个二级分区），参考省界和自然地理区划、水文站点、大型水利工程分布等，兼顾省级行政区划边界，能够在全国范围内快速实现洪水模拟计算，便于分布式流域模型的快速并行计算。

2. 分区方法

山洪预报预警一级分区综合反映水文、地形地貌区划类型及其组合的区域分异规律，分区的构建以小流域为基本计算单元，应保证各流域分区的完整性、大尺度汇流与小流域汇流拓扑关系的一致性，按照七大流域片及 63 个二级水系的自然汇流关系，以水文分区、地貌分区和地形分布边界为区界，以大型水利工程布设为主要控制点，对全国 53 万个小流域基本单元进行整合和分区。二级分区以客观反映流域监测和防洪能力的水文站网及大型水利工程布设为主要控制点，并尽量考虑水文分区的一致性，对一级分区进行细化。

我国幅员辽阔，构建全国尺度的预报预警分区工作难度较大，对于一些地形地貌复杂的地区，其分区方法简要介绍如下。对于海河平原等平原地区，考虑内部地形差异，以山丘区和平原区分界边缘附近的水文站点为界，划分山洪预报预警一级分区；对于沙漠、戈壁、沙地等地区，参考高精度遥感影像和地形图，单独划分为一级分区；对于长江干流葛洲坝以下地区，其左右岸地形差异较大，且分布有大量中小河流，分别对左右岸划分一级分区。对于入海的中小河流，将相邻的各独立河流划分至同一二级分区内；国界河流按照其主干河道划分二级分区，直接流出国境线的独立河流，按照邻近原则划分至同一二级分区内；内流区河流以内流湖为出口划分二级分区。

3. 分区编码

为了便于山洪预报预警分区的识别与管理，对山洪预报预警分区进行统一编码。山洪预报预警分区编码应确保编码的科学性、唯一性、完整性和可扩展性。根据分区所在的水系、行政区域及二级水文分区进行编制；分区与其编码一一对应，保证分区编码信息存储的一致性、唯一性；编码既反映分区所在的水系、行政区域、二级水文分区位置及类别等要素属性，又反映各个要素之间的拓扑关系，具有完整性，编码结构留有扩展余地，可以延伸和扩展。

分区编码采用 23 位字母（I、O、Z 舍弃）和数字的混合编码，共 8 位，分别表示分区所在的水系、行政区域、二级水文分区位置。编码格式为：AABBCCDD，各编码位的定义见表 3.10。

表 3.10　　　　　　　　　　　　　山洪预报预警分区编码位规定

编码位	位数	含义	说　明
AA	1～2	水系分区码	取值 2 位大写字母，执行《中国河流代码》（SL 249—2012）
BB	3～4	省级行政区划码	取值 2 位数字，执行《2011 年统计用区划代码和城乡划分代码》
CC	5～6	水文二级分区码	取值 1 位大写字母（一级分区码 A～K）+1 位数字（1～9），同《中国水文区划》。预报预警分区跨越多个水文二级分区时，CC 取值为面积占比最大的水文二级分区码

编码位	位数	含义	说　明
DD	7~8	山洪预报预警二级分区码	取值2位数字（0~9）或1位字母（A~Y，I、O、Z舍弃）＋1位数字（0~9）。若2位数字不足以描述同一预报预警一级分区内的二级分区，继续采用字母数字组合的编码形式
E	9	模型类型代码	模型扩展位，表示构建水文模型的类型，取值1位数字（0~9）或大写字母（A~Y，I、O、Z舍弃）
F	10	模型参数代码	模型扩展位，表示所构建水文模型的参数，取值1位数字（0~9）或大写字母（A~Y，I、O、Z舍弃）

4. 分区拓扑关系

分区拓扑关系是以自然地表汇水关系为依据，自动建立上下游拓扑关系，保证河流水系的连通性。具体空间拓扑关系建立方法为：通过分区属性表中（INMDCLCD、OUTMDCLCD）字段建立分区上下游汇水关系，其中 INMDCLCD 表示汇入该分区的分区编码，OUTMDCLCD 表示流出的下接分区编码。

5. 分区划分

全国共划分为 132 个山洪预报预警一级分区和 5280 个二级分区（平均面积1632km²），涉及 53 万个小流域（平均面积 16km²）和 378 万条溪沟河流，覆盖国土面积868.67 万 km²。中国山洪预报预警分区见图3.9。

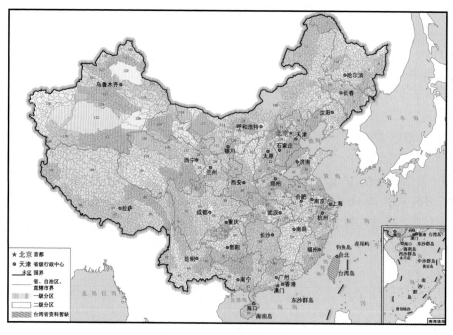

图3.9　中国山洪预报预警分区

表3.11 为山洪预报预警一级分区的名称和其所对应二级分区数、小流域数等信息，具体的小流域统计特征数据可根据其分区序号查找附录 2，132 个山洪预报预警一级分区的主要基本属性统计见附表2.1。

表 3.11 山洪预报预警分区统计

分区序号	一级分区编码	一级分区名称	一级分区面积 /km²	二级分区数	小流域数	小流域平均面积 /km²
1	AA23A100	黑龙江Ⅰ	62990	41	3767	16.1
2	AA23A300	黑龙江Ⅱ	63428	33	3646	15.8
3	AB22A500	松花江Ⅱ	42967	35	2836	15.2
4	AB22A400	松花江Ⅲ	33002	24	2118	15.6
5	AB15A200	嫩江	214745	134	12067	17.8
6	AB23A700	松花江Ⅰ	165686	108	10830	15.3
7	AB23A500	牡丹江	37310	26	2323	16.1
8	AC23A600	乌苏里江水系	62545	43	3954	15.0
9	AD23A500	绥芬河水系	10738	8	642	16.0
10	AE22A500	图们江水系	24652	18	1567	14.6
11	AF15A200	额尔古纳河水系	163166	90	7764	19.6
12	BA15G200	辽河干流水系	220867	108	13082	16.9
13	BB21B400	大凌河水系	36534	29	2390	15.3
14	BC21B100	辽东半岛诸河	24591	27	1841	13.4
15	BD22A500	鸭绿江水系	35608	30	2216	14.7
16	CA13B400	滦河水系	55071	40	3661	15.1
17	CB13B400	潮白河Ⅰ	15400	9	1044	14.7
18	CB11B400	潮白河Ⅱ	22747	10	1223	18.6
19	CC14B400	永定河水系	45389	30	3059	14.9
20	CD13B400	大清河水系	22942	24	1510	15.2
21	CE14B400	子牙河水系	32466	31	2249	14.5
22	CF14B400	漳河	19430	15	1389	14.0
23	CF41B200	卫河	8744	9	595	14.7
24	CG13B200	海河平原	97009	6	3142	30.8
25	DA63J200	黄河干流Ⅰ	132315	83	7573	17.5
26	DA63J900	黄河干流Ⅱ	24711	18	1576	15.7
27	DA62J200	洮河	25616	18	1662	15.4
28	DA63H800	湟水	32887	21	2063	16.0
29	DA62B500	黄河干流Ⅲ	60240	38	4472	13.5
30	DA64G400	黄河干流Ⅳ	40456	28	2495	16.2
31	DA15G400	黄河干流Ⅴ	50597	34	3131	16.2
32	DA61B500	黄河干流Ⅵ	129632	83	8947	14.5
33	DB14B400	汾河水系	45630	22	3038	15.0
34	DC62B500	渭河水系	134900	100	8817	15.3

分区序号	一级分区编码	一级分区名称	一级分区面积/km²	二级分区数	小流域数	小流域平均面积/km²
35	DA41B400	黄河干流Ⅶ	15335	17	1006	15.2
36	DA41B600	伊洛河	18887	11	1378	13.7
37	DA14B400	沁河	13833	8	940	14.7
38	DA41B200	黄河干流Ⅷ	10203	3	528	19.0
39	DA37B200	黄河干流Ⅸ	13425	5	834	16.0
40	DD37B100	山东半岛	67015	64	4085	16.5
41	EA41B300	淮河干流Ⅰ	40889	34	2465	16.6
42	EA34C200	淮河干流Ⅱ	15309	9	907	16.9
43	EA41B400	颍河	36121	24	2002	18.1
44	EA34B300	淮河干流Ⅲ	74325	10	2225	33.5
45	EB37B300	沂沭泗水系Ⅰ	38340	3	1678	22.9
46	EB37B100	沂沭泗水系Ⅱ	17592	21	1074	16.4
47	EB32B300	沂沭泗水系Ⅲ	12060	4	241	50.1
48	EC32C400	里下河水系Ⅰ	6297	2	106	59.5
49	EC32C300	里下河水系Ⅱ	26964	4	487	55.5
50	FA63J100	长江干流Ⅰ	141465	86	8230	17.3
51	FA51J500	长江干流Ⅱ	117687	92	7393	16.0
52	FB51J500	雅砻江水系	128143	82	7911	16.3
53	FA53E400	长江干流Ⅲ	86695	70	5898	14.7
54	FC51J400	岷江水系	135180	97	8294	16.3
55	FA51E300	长江干流Ⅳ	26676	24	1911	13.9
56	FA51E600	沱江	27825	20	1943	14.3
57	FA52E200	赤水河	18878	15	1290	14.6
58	FE52E200	乌江水系	87113	67	6077	14.3
59	FD51C100	嘉陵江水系	159003	121	10639	15.0
60	FA50E200	长江干流Ⅴ	51005	39	3665	13.9
61	FA42E100	清水	17297	10	1050	16.5
62	FA42C500	长江干流Ⅵ	31432	21	1853	17.0
63	FA42C400	长江干流Ⅶ	9176	12	582	15.8
64	FF43D100	洞庭湖水系	260845	196	17988	14.5
65	FG61C100	汉江Ⅰ	94581	64	6386	14.8
66	FG41C100	唐白河	23991	21	1701	14.1
67	FG42C100	汉江Ⅱ	32599	32	2241	14.6
68	FA42C200	长江干流Ⅷ	33836	46	2426	14.0

续表

分区序号	一级分区编码	一级分区名称	一级分区面积/km²	二级分区数	小流域数	小流域平均面积/km²
69	FA42C300	长江干流Ⅸ	12752	14	825	15.5
70	FH36D200	鄱阳湖	162118	134	11375	14.3
71	FA34C200	长江干流Ⅹ	41884	30	2703	15.5
72	FA34C300	长江干流Ⅺ	42720	23	2872	14.9
73	FJ33D100	太湖	20858	12	954	22.1
74	FA32C300	长江干流Ⅻ	14097	5	333	42.5
75	GA34D100	钱塘江Ⅰ	10412	4	622	16.7
76	GA33D200	钱塘江Ⅱ	41104	37	2993	14.2
77	GB33D200	瓯江水系	37549	44	2859	13.8
78	GC35D200	闽江Ⅰ	52447	42	3771	13.9
79	GC35D300	闽江Ⅱ	63095	49	4603	14.0
80	HA53E400	西江Ⅰ	49452	36	3376	14.7
81	HA52E500	西江Ⅱ	55730	48	3862	14.4
82	HA45E600	西江Ⅲ	93053	71	6594	14.1
83	HA45E500	郁江	79611	60	5741	13.8
84	HA45D200	西江Ⅳ	64367	51	4818	13.4
85	HB44D200	北江	47117	34	3362	14.0
86	HE44D300	珠江三角洲	99599	68	7239	13.8
87	HF44D400	粤桂沿海	56010	44	4010	14.1
88	HF46D500	海南岛	33981	27	2348	14.5
89	JA53E400	元江—红河水系	79076	52	5151	14.9
90	JB63J300	澜沧江Ⅰ	77320	65	4965	15.9
91	JB53F200	澜沧江Ⅱ	89367	78	6088	14.5
92	JC54J300	怒江Ⅰ	110132	82	6883	16.1
93	JC53F200	怒江Ⅱ	54498	42	3449	14.3
94	JD54J700	雅鲁藏布江Ⅰ	291854	204	18069	15.9
95	JD54J600	雅鲁藏布江Ⅱ	84751	59	5120	16.5
96	KM54J900	西藏内流区Ⅰ	2962	2	146	20.3
97	KM54J700	西藏内流区Ⅱ	10084	4	582	17.4
98	KM54K200	西藏内流区Ⅲ	640039	200	31650	20.3
99	JE54J800	狮泉河—印度河Ⅰ	62364	45	3868	15.4
100	JE65K200	狮泉河—印度河Ⅱ	7955	4	423	15.2
101	JF65H400	伊犁河	59007	36	3719	15.7
102	JF65H200	额敏河	21389	9	1363	15.3

续表

分区序号	一级分区编码	一级分区名称	一级分区面积/km²	二级分区数	小流域数	小流域平均面积/km²
103	JG65H100	额尔齐斯河	52126	30	3079	16.5
104	KA23G100	乌裕尔河内流区	27781	13	1568	17.8
105	KE22G200	霍林河内流区	33235	18	1839	18.1
106	KF15G300	内蒙古内流区	299025	93	11196	16.3
107	KG15G400	鄂尔多斯内流区Ⅰ	32928	2	804	16.2
108	KG15G500	鄂尔多斯内流区Ⅱ	14633	2	514	17.1
109	KH62HA00	河西走廊Ⅰ	87612	50	6038	14.7
110	KH62H800	河西走廊Ⅱ	96282	41	6454	15.1
111	KH62H900	河西走廊Ⅲ	23349	18	1494	15.7
112	KH15I400	河西走廊Ⅳ	64374	12	1749	15.2
113	KH15G400	河西走廊Ⅴ	8803	—	—	—
114	KH15I800	河西走廊Ⅵ	65113	36	3972	15.6
115	KH15I700	河西走廊Ⅶ	77028	2	887	14.1
116	KH15I500	河西走廊Ⅷ	57117	5	1368	13.1
117	KJ63H800	青海湖内流区	29668	17	1444	20.5
118	KJ63I700	柴达木内流区Ⅰ	94117	38	6389	14.8
119	KJ63H700	柴达木内流区Ⅱ	125612	57	7321	17.3
120	KJ63I600	柴达木内流区Ⅲ	67462	3	550	36.5
121	KK65I700	准噶尔内流区Ⅰ	64760	35	4094	15.7
122	KK65I100	准噶尔内流区Ⅱ	89953	—	—	—
123	KK65H300	准噶尔内流区Ⅲ	82883	49	5070	16.4
124	KK65I800	准噶尔内流区Ⅳ	81124	46	4062	20.2
125	KK65I200	准噶尔内流区Ⅴ	135173	64	5710	19.8
126	KK65I300	准噶尔内流区Ⅵ	90593	13	2892	17.5
127	KL65H300	塔里木Ⅰ	146568	41	8021	16.5
128	KL65H500	塔里木Ⅱ	205177	75	13226	15.6
129	KL65I700	塔里木Ⅲ	48502	10	2519	19.3
130	KL65H600	塔里木Ⅳ	95418	30	5946	16.2
131	KL65H900	塔里木Ⅴ	165802	58	10471	15.9
132	KL65I300	塔里木Ⅵ	297436	—	322	18.4

注　一级分区面积在 Albers 等面积投影下进行几何计算求得；沙漠分区根据时令河流进行小流域划分和属性提取。

3.3.3　山洪预报预警分区小流域数据成果

从流域降雨、产汇流等主要水循环过程出发，归纳了山洪预报预警一级分区的主要水文气象特征和下垫面特征，山洪预报预警分区的水文特征包括几何特征、汇流特征和土壤水力特征等。将全国小流域边界图层与山洪预报预警分区叠加，统计各分区内小流域的几何特征参数、汇流特征参数和土壤水力特征参数，得到全国及各分区内上述属性参数的分布。全国132个山洪预报预警一级分区小流域基本属性的平均值和离差系数统计见附表2.2，各山洪预报预警分区小流域水文特征统计见附表2.3。总体而言，山洪预报预警分区的构建以全国流域水系拓扑结构为基础，以小流域为基本单元，具有统一的汇水关系，目前暂未考虑土壤、植被沿河条带分布、沿山地垂直分带等影响。各分区内有比较一致的水文气象（降水、径流、蒸发等）和下垫面条件（地形、土壤、植被分布等），分区间存在一定的差异性，反映了山洪灾害孕灾环境及水文现象的相似性和差异性。

在全国范围内选取9个预报预警分区作为典型分区，展示其分区内小流域基本属性的频数分布，典型分区的分区序号为5（AB15A200，嫩江）、20（CD13B400，大清河水系）、36（DA41B600，伊洛河）、41（EA41B300，淮河干流Ⅰ）、58（FE52E200，乌江水系）、75（GA34D100，钱塘江Ⅰ）、86（HE44D300，珠江三角洲）、94（JD54J700，雅鲁藏布江Ⅰ）和101（JF65H400，伊犁河）。典型分区内小流域总面积为1.04万～29.18万km²，涉及的小流域个数为622～18069个，分区的平均高程为118～4461m，相对高差为901～7812m，河网密度为0.28～0.66km/km²，河网频度为（2.50×10⁻²～2.93×10⁻²）条/km²，河网发育系数为0.98～51.75，水系不均匀系数为0.59～9.70，多年平均径流系数为0.24～0.59。典型分区在三大阶梯和不同气候类型区内均有分布，地形地貌差异较大，河网发育程度不一，反映了我国自然地理空间特征的复杂性及差异性，具有一定的代表性。

3.3.3.1　小流域面积

全国各山洪预报预警分区内小流域数为106～31650个。其中，里下河水系Ⅰ的小流域数量最少，西藏内流区Ⅲ的小流域数量最多。各分区小流域总面积为0.29万～64.00万km²，小流域平均面积为13.12～59.53km²。其中，90%的分区小流域平均面积为10～20km²，小流域面积分布的上五分位数和下五分位数分别为18.65～79.63km²和4.70～46.98km²，对于沂沭泗水系Ⅲ、里下河水系Ⅰ和里下河水系Ⅱ等以平原地形为主的分区，其划分的小流域面积偏大，小流域平均面积大于50km²。对于以山丘区为主的分区（山丘区面积占比在50%以上），其小流域数为146～31650个，小流域数量最少的分区为西藏内流区Ⅰ，小流域平均面积的变化范围为0.18～45.24km²。对于各分区内部，小流域平均面积的离差系数为0.35～0.85，各分区内小流域面积大小基本一致，小流域划分成果适用于各分区水文、地貌分析。对于典型预报预警分区（图3.10），其小流域平均面积为13.71～17.81km²，小流域面积分布集中度较高，集中分布在10～30km²，与全国小流域面积分布趋势基本一致。附表2.4给出了132个分区的小流域面积不同等级的分布情况。

3.3.3.2　小流域不均匀系数

各分区小流域不均匀系数的变化范围为1.04～1.11，分区内部小流域不均匀系数的离差系数为0.07～0.13，各预报预警分区小流域流路分布较为不均匀，流路质心偏上游，水流汇流路径较长。

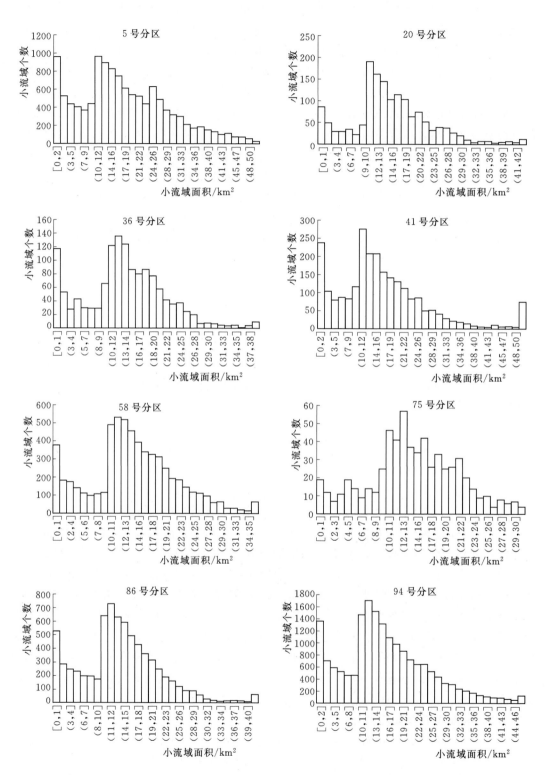

图 3.10（一） 典型山洪预报预警分区小流域面积频数分布

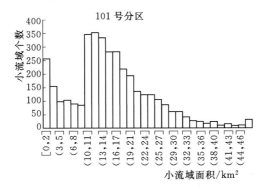

图 3.10（二） 典型山洪预报预警分区小流域面积频数分布

统计全国及各分区小流域不均匀系数的分布，以进一步反映小流域流路的非均质分布特性，见图 3.11。最长汇流路径本身在一定程度上反映了小流域形状和内部流路分布的非均质性。若小流域内部流路分布均匀，小流域流路质心为最长汇流路径长度的一半。对于所有预报预警分区内小流域面积，26.66%的小流域流路趋于均匀分布，小流域流路质心与小流域形心基本重合，小流域形状上下游对称（即 $0.95 \leqslant C \leqslant 1.05$）；10.66%的小流域流路分布不均匀，流路质心偏下游，小流域形状偏于上游瘦、下游胖，水流汇集路径较短（即 $C < 0.95$）；62.68%的小流域流路分布不均匀，小流域流路质心偏上游，流域形状偏于上游胖、下游瘦，水流汇集路径较长（即 $C > 1.05$）。

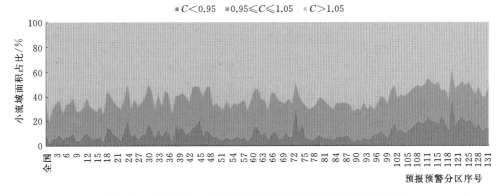

图 3.11 全国及各山洪预报预警分区小流域不均匀系数分布

对于山丘区各预报预警分区，小流域流路均匀分布的小流域面积占比为 17.21%（黑龙江Ⅰ）～38.23%（里下河水系Ⅰ），小流域流路质心偏下游的小流域面积占比为 2.41%（黑龙江Ⅰ）～41.35%（柴达木内流区Ⅲ），小流域流路质心偏上游的小流域面积占比为 38.47%（柴达木内流区Ⅲ）～80.38%（黑龙江Ⅰ）。其中，河西走廊Ⅳ、青海湖内流区、柴达木内流区Ⅲ、准噶尔内流区Ⅳ、准噶尔内流区Ⅵ等西北地区约 20%以上的小流域流路质心偏下游，水流汇集路径较短。我国多数分区的小流域流路质心偏上游，水流汇集路径较长，尤其是黑龙江Ⅰ分区小流域的不均匀系数为 0.73～1.40，80.38%的小流域流路质心偏上游，多数小流域水流汇流路径较长。平原地区 50%以上的小流域洪水集中较慢，约 30%的小流域流路分布较为均匀。典型山洪预报预警分区小流域不均匀系数频数分布见图 3.12，所有分区中小流域不均匀系数均值为 1.06～1.10，正偏均值为 0.89～0.99，负偏均值为 1.13～1.15。各分区中 68.87%～81.44% 的小流域流路分布不均匀，其中，5.60%～17.15% 的小流域流路质心偏下游，小流域形状偏于上游瘦、下游胖，水流汇集路径较短。

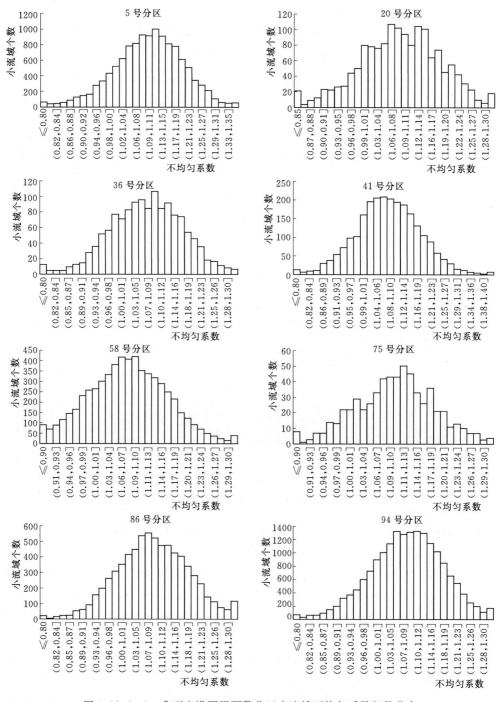

图 3.12（一）　典型山洪预报预警分区小流域不均匀系数频数分布

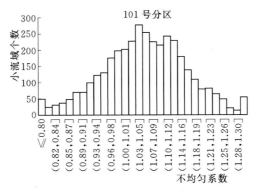

图 3.12（二） 典型山洪预报预警分区小流域不均匀系数频数分布

部分小流域不均匀系数与形状系数对比见表 3.12。小流域形状系数接近时，其不均匀系数仍差异较大，这是由于小流域不均匀系数不仅反映了小流域的外部形状差异，还反映了小流域内部流路分布的弯曲程度，体现了小流域内部汇流分布的异质性特征。

表 3.12 部分小流域不均匀系数与形状系数对比

小流域编码	不均匀系数	形状系数	小流域形状	流路分布
WJC14402N0000000 A：34.03km² L：15.43km $\overline{L}$：8.33km	1.08	0.14	河网 流域	
WDA80201211VA000 A：32.43km² L：19.02km $\overline{L}$：9.43km	0.97	0.17	河网 流域	
WFC1310100000000 A：38.20km² L：13.61km $\overline{L}$：7.55km	1.11	0.21	河网 流域	

续表

小流域编码	不均匀系数	形状系数	小流域形状	流 路 分 布
WJC14401CA000000 A：36.76km² L：12.64km $\overline{L}$：7.58km	1.20	0.23		
WJC1440800000000 A：27.58km² L：11.61km $\overline{L}$：6.85km	1.18	0.23		
WFC13101CB000000 A：39.97km² L：12.56km $\overline{L}$：7.85km	1.25	0.25		
WFC1310400000000 A：20.23km² L：8.50km $\overline{L}$：4.63km	1.09	0.28		
WDA80201211ZAD00 A：18.18km² L：8.10km $\overline{L}$：4.92km	1.22	0.28		

续表

小流域编码	不均匀系数	形状系数	小流域形状	流 路 分 布
WDA8023100000000 A：11.41km² L：5.60km $\overline{L}$：3.16km	0.92	0.36		

注　A 为小流域面积；L 为小流域最长汇流路径长度；$\overline{L}$ 为小流域平均汇流路径长度。

3.3.3.3　小流域平均坡度与加权平均坡度

小流域坡度集中反映了分区内的地形状况，对小流域水流汇集及水土流失等具有较大影响，附表 2.5 给出了 132 个分区的小流域平均坡度不同等级的分布情况。各分区小流域平均坡度为 0.06°～34.69°，为方便后续分析比较，同时采用小流域坡角正切值表示，即为 0.001～0.692。其中，小流域平均坡度为 6°～25°的分区占比为 72%，小流域平均坡度为 2°～6°的分区占比为 15%，在各分区内部小流域平均坡度的离差系数为 0.26～4.54。对于小流域加权平均坡度，其变化范围为 0.63°～35.53°（即 0.01～0.71），其中小流域加权平均坡度为 6°～25°的分区占比为 87%，小流域加权平均坡度为 25°～45°的分区占比为 10%，在各分区内部小流域加权平均坡度的离差系数为 0.85～7.93。部分分区内部小流域平均坡度和加权平均坡度具有一定的变异性，如横断山区、云贵高原等地貌复杂、地形多变的高山高原区。

统计小流域加权平均坡度与平均坡度之差（$S'-S$）的分布，以进一步反映小流域坡度的非均质分布特性，见图 3.13。对于所有预报预警分区内小流域面积，27.7% 的小流域坡面地形分布较为均匀（即 $0.9S \leqslant S' \leqslant 1.1S$）；46.7% 的小流域坡面上游坡降陡、下游坡降缓，小流域坡面侧剖面呈"凹"型分布（即 $S' < 0.9S$），该种坡面的侵蚀强度较大，易于形成山洪滑坡地质灾害；25.6% 的小流域坡面上游坡降缓、下游坡降陡，小流域坡面侧剖面呈"凸"型分布（即 $S' > 1.1S$），该种坡面有利于排水，但水流冲刷作用也较强，容易造成水土流失问题。

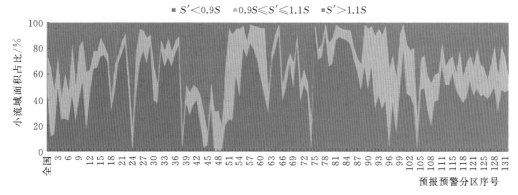

图 3.13　全国及各山洪预报预警分区小流域加权平均坡度与平均坡度之差分布

　　对于山丘区各预报预警分区，小流域坡面地形分布较为均匀的小流域面积占比为
1.27％（钱塘江Ⅰ）～70.65％（长江干流Ⅱ）；小流域坡面侧剖面呈"凹"型分布的小流
域面积占比为 0.00％（沂沭泗水系Ⅲ）～96.66％（钱塘江Ⅰ）；小流域坡面侧剖面呈
"凸"型分布的小流域面积占比为 0.86％（闽江Ⅰ）～85.80％（黄河干流Ⅷ）。其中，钱
塘江Ⅰ中小流域坡面侧剖面呈"凹"型分布的占比最大，达到 96.66％；汉江Ⅰ、闽江
Ⅰ、西江Ⅱ、西江Ⅲ、西江Ⅳ、郁江等分区小流域坡面侧剖面呈"凹"型分布的占比均在
85％以上，主要集中在我国中部和南部地区，易于形成山洪滑坡地质灾害；长江干流Ⅱ中
地形较为均匀分布的小流域面积占比最大，达到 70.65％；雅砻江水系、怒江Ⅰ、雅鲁藏
布江Ⅰ、雅鲁藏布江Ⅱ、西藏内流区Ⅰ等分区小流域地形分布较为均匀，小流域面积占比
均在 55％以上，主要集中在西南部和东北部地区；海河平原、黄河干流Ⅷ、淮河干流Ⅲ、
长江干流Ⅻ、乌裕尔河内流区等分区小流域坡面侧剖面呈"凸"型分布的占比最大，均在
70％以上，主要集中在东部和东北部地区。

　　典型预报预警分区小流域平均坡度和加权平均坡度的频数分布见图 3.14 和图 3.15。
其中，5 号分区 35％的小流域坡面地形分布较为均匀，39％的小流域坡面侧剖面呈"凸"
型分布；41 号分区分别有约 36％和 49％的小流域坡面侧剖面呈"凹"型和"凸"型分
布；75 号、58 号和 36 号分区分别有约 97％、79％和 76％的小流域坡面侧剖面呈"凹"
型分布，20 号、86 号分区小流域坡面侧剖面分布与之类似；94 号分区 57％的小流域坡面
地形分布较为均匀，33％的小流域坡面侧剖面呈"凹"型分布；101 号分区 38％的小流域
坡面地形分布较为均匀，45％的小流域坡面侧剖面呈"凹"型分布。

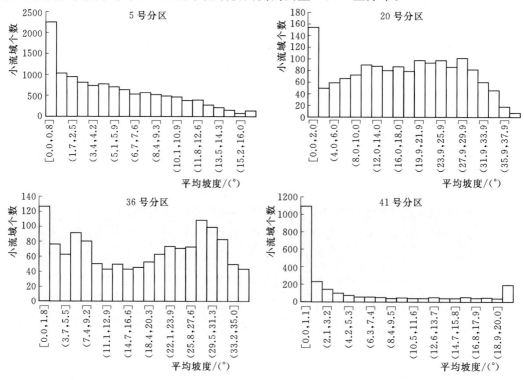

图 3.14（一）　典型山洪预报预警分区小流域平均坡度频数分布

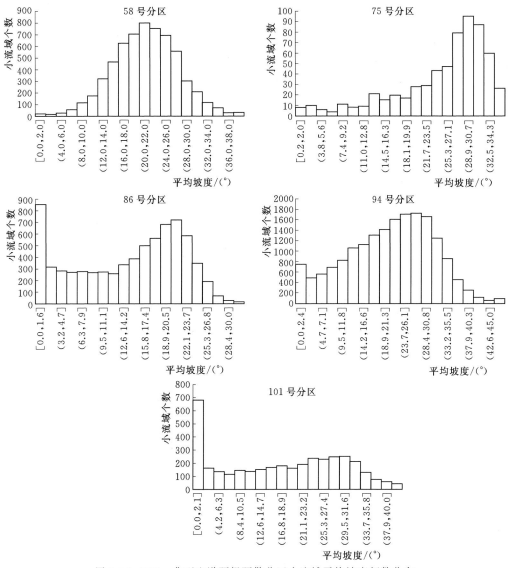

图 3.14（二） 典型山洪预报预警分区小流域平均坡度频数分布

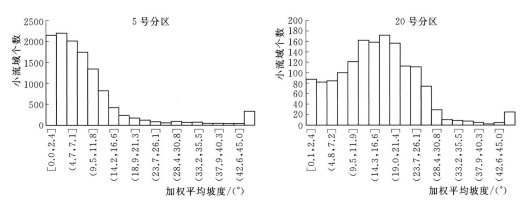

图 3.15（一） 典型山洪预报预警分区小流域加权平均坡度频数分布

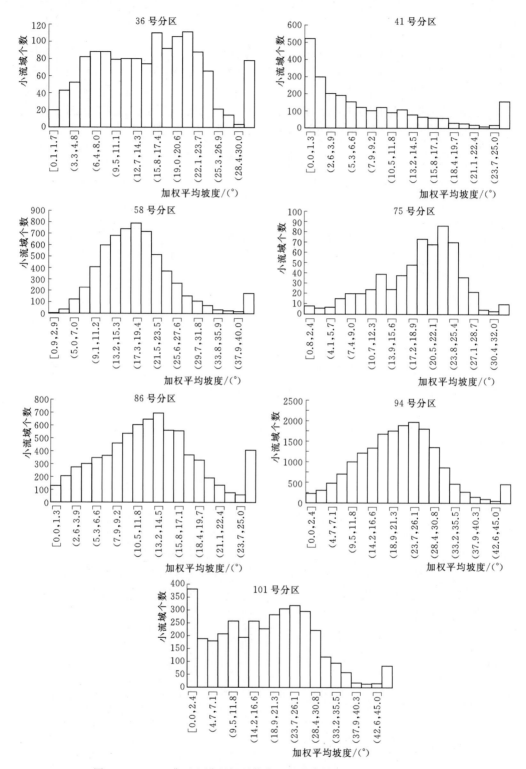

图 3.15 （二）　典型山洪预报预警分区小流域加权平均坡度频数分布

3.3.3.4 汇流路径长度及比降

各预报预警分区小流域平均汇流路径长度、最长汇流路径长度、最长汇流路径比降和单位面积最长汇流路径长度的变化范围分别为 4.25～9.48km、7.76～17.75km、0.17‰～130.09‰和0.52～1.74km/km²；小流域各属性参数在各分区内部的离差系数分别为 0.32～0.66、0.29～0.79、0.43～3.98 和 0.96～5.45。在横断山区、云贵高原、黄土高原以及太行山沿线等地貌复杂、地形多变的高山高原区，小流域单位面积最长汇流路径长度较小，分区内小流域水流汇集偏快，形成的洪水过程线较为陡峭。对于各预报预警分区而言，小流域上述属性在部分分区内具有一定的差异性，大多集中在平原、沿海及西北内陆地区。典型山洪预报预警分区小流域最长汇流路径长度及其比降的频数分布见图 3.16 和图 3.17，均呈先增加后减少的分布趋势，与全国小流域划分成果较为一致。

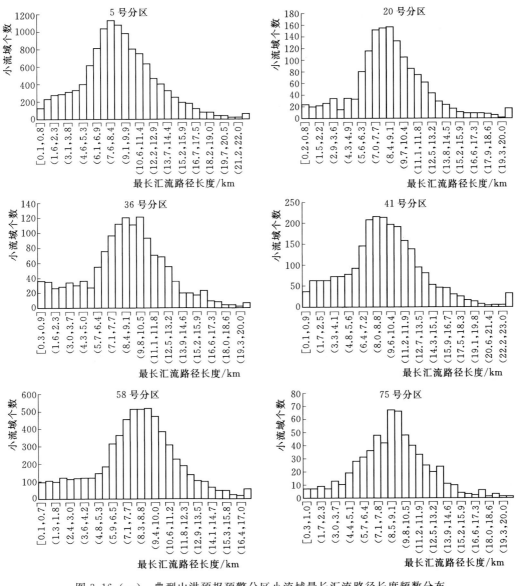

图 3.16（一） 典型山洪预报预警分区小流域最长汇流路径长度频数分布

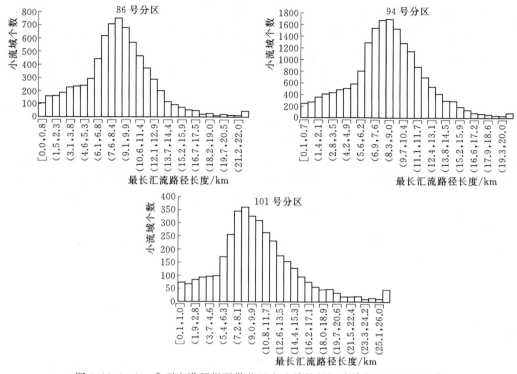

图 3.16（二）　典型山洪预报预警分区小流域最长汇流路径长度频数分布

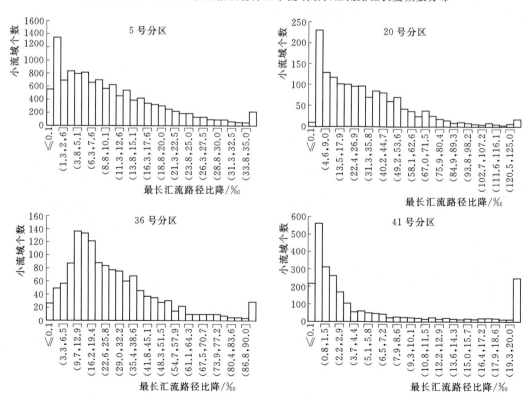

图 3.17（一）　典型山洪预报预警分区小流域最长汇流路径比降频数分布

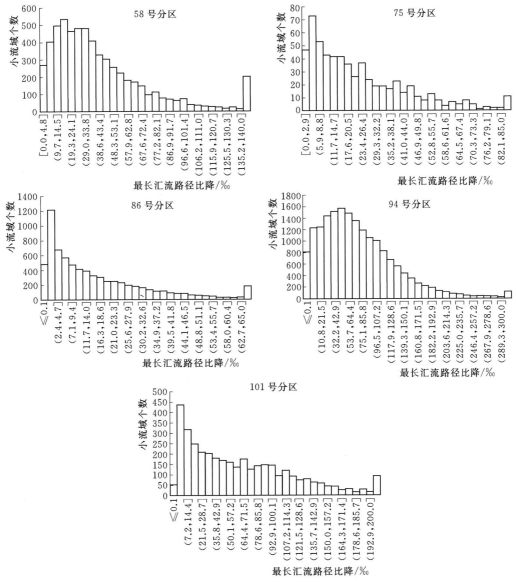

图 3.17（二） 典型山洪预报预警分区小流域最长汇流路径比降频数分布

小流域溪沟总长度、河段长度的变化范围分别为 14.13～56.06km，4.22～9.40km，小流域溪沟平均比降、河段比降的变化范围分别为 1.15‰～230.15‰、0.28‰～86.43‰。小流域各属性参数在各分区内部的离差系数分别为 0.42～3.41、0.53～1.40、0.42～20.88、0.57～4.11。对于各预报预警分区，溪沟总长度及河段长度在部分分区内具有一定的差异性，大多集中在海河平原及西北内陆地区（尤其是内流区），分区内水系发育程度不一；各分区内小流域溪沟平均比降、河段比降受地形地质和河网/河段流量、来沙量、河床地质、河床形态等多种因素影响，在各分区内的分布较为离散。此外，各分区以溪沟平均比降最大，最长汇流路径比降次之，河段比降最小；以溪沟总长度最长，最长汇流路径长度次之，河段长度最短。

3.3.3.5　坡长及主导坡向

山丘区小流域平均坡长、最大坡长的变化范围分别为 574~963m、1645~3235m，在各分区内部的离差系数分别为 0.24~1.51、0.16~0.70，各分区内小流域坡长分布基本一致。横断山区、云贵高原、黄土高原等高山高原区，地形破碎、地势陡峭，山高、谷深、坡陡，小流域平均坡长较长；祁连山脉、天山山脉和昆仑山山脉等沿线，小流域较狭长，平均坡长较短，但最大坡长较长。

对于所有预报预警分区内小流域（表 3.13），小流域为单一型坡向、对称型坡向和均匀型坡向的数量占比分别为 84.71%、6.31% 和 8.98%。对于山丘区各预报预警分区，单一型坡向的小流域占比为 51.00%（沱江）~99.03%（鄂尔多斯内流区Ⅱ），对称型坡向的小流域占比为 0.56%（河西走廊Ⅶ）~20.43%（沁河），均匀型坡向的小流域占比为 0（西藏内流区Ⅰ、狮泉河—印度河Ⅱ、鄂尔多斯内流区Ⅱ、柴达木内流区Ⅲ、塔里木Ⅵ）~42.46%（沱江）。在各预报预警分区间，单一型主导坡向的小流域占比呈由东南向西北逐渐增加的趋势；对称型主导坡向的占比呈由西北向东南逐渐增加的趋势，其中以南北坡对称、东西坡对称为主的小流域均集中分布在我国中南部地区；均匀型主导坡向的小流域占比与对称型主导坡向类似。

典型山洪预报预警分区小流域主导坡向的频数分布见图 3.18，与全国预报预警分区小流域主导坡向的分布趋势基本一致，例如 101 号和 94 号分区位于我国西北部地区，小流域主导坡向以单一型坡向为主，且东坡（EⅠ）、西坡（WⅠ）、南坡（SⅠ）和北坡（NⅠ）分布较为均匀，75 号和 86 号分区位于我国东南部地区，小流域均匀型坡向（Ⅲ）和对称型坡向（EWⅡ、SNⅡ）占比明显增加。

表 3.13　　　　　　全国山洪预报预警分区小流域主导坡向分布统计　　　　　　%

主　导　坡　向		全　　国	山洪预警预报一级分区	
			最小值	最大值
单一型	东坡	24.17	6.53	56.60
	西坡	19.23	0.94	34.57
	南坡	18.72	0.62	42.69
	北坡	22.59	5.61	56.15
对称型	东西坡	3.93	0.00	15.21
	南北坡	2.38	0.11	6.34
均匀型		8.98	0.00	42.64

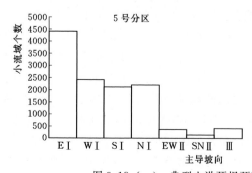 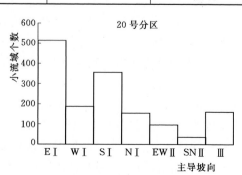

图 3.18（一）　典型山洪预报预警分区小流域主导坡向频数分布

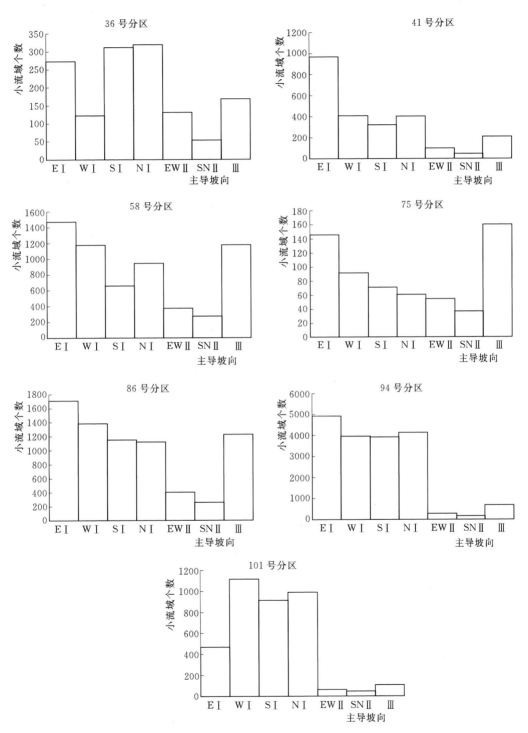

图 3.18（二）　典型山洪预报预警分区小流域主导坡向频数分布

第4章

小 流 域 暴 雨 特 性

我国是暴雨多发的区域，暴雨量级、频数和季节变化存在显著的地域性特征。对于缺资料的中小流域，分析小流域设计暴雨特征，并由设计暴雨推求设计洪水，对山洪预报预警和风险评估等具有重要的参考意义。本章主要分析我国暴雨的特性和分布规律，采用量级、变率和集中程度等特性描述小流域设计暴雨的时空分布特征，揭示局地短历时、强降雨的致灾暴雨特点，并展望我国小流域设计暴雨的改进方法。

4.1 概述

降雨是诱发山洪灾害的直接因素和激发条件。适度的暴雨洪水是水资源的重要来源，但特大洪水形成的洪灾是威胁人民生存发展的心腹之患。由于我国幅员辽阔，暴雨过程往往是多种天气系统综合作用的结果，加之各地小流域的自然地理条件复杂多样，暴雨形成的原因不尽相同，应系统分析小流域暴雨特性，针对不同成因下的暴雨山洪采取相对应的防治措施。山丘区复杂的地形和多样化的气候条件为研究小流域暴雨特性提供了良好的平台。大量水利工程的兴建和"3S"技术的发展带动了小流域暴雨特性研究的深入发展。长期以来，水利水电、气象、交通、科研、教育等多部门投入了大量人力进行研究，取得了不少有价值的成果。

4.1.1 暴雨的定义

暴雨一般指短时间内产生的较强降雨的天气现象。我国降雨量等级按不同的降雨时段划分，共分为零星小雨（微量降雨）、小雨、中雨、大雨、暴雨、大暴雨和特大暴雨7个等级，见表4.1。"暴雨"为24h降雨量H_{24}在50.0mm以上，或12h降雨量H_{12}在30.0mm以上，或6h降雨量H_6在25.0mm以上，或3h降雨量H_3在20.0mm以上，或1h降雨量H_1在15.0mm以上。其中，H_{24}在100.0～249.9mm或H_{12}在70.0～139.9mm或H_6在60.0～119.9mm或H_3在50.0～69.9mm或H_1在40.0～49.9mm时称"大暴雨"，H_{24}在250.0mm以上或H_{12}在140.0mm以上或H_6在120.0mm以上或

H_3 在 70.0mm 以上或 H_1 在 50.0mm 以上时称"特大暴雨"。上述划分是基于单一测站固定历时的雨量值，可用于不同地区、不同年份（季节）之间的比较，应用十分广泛。

表 4.1 降雨量等级划分标准

等级	时 段 降 雨 量/mm				
	1h	3h	6h	12h	24h
零星小雨	<0.1	<0.1	<0.1	<0.1	<0.1
小雨	0.1~1.5	0.1~2.9	0.1~3.9	0.1~4.9	0.1~9.9
中雨	1.6~6.9	3.0~9.9	4.0~12.9	5.0~14.9	10.0~24.9
大雨	7.0~14.9	10.0~19.9	13.0~24.9	15.0~29.9	25.0~49.9
暴雨	15.0~39.9	20.0~49.9	25.0~59.9	30.0~69.9	50.0~99.9
大暴雨	40.0~49.9	50.0~69.9	60.0~119.9	70.0~139.9	100.0~249.9
特大暴雨	≥50.0	≥70.0	≥120.0	≥140.0	≥250.0

注 源自《降水等级标准》（GB/T 28592—2012）。

中国是多暴雨国家之一，24h 最大暴雨量出现在台湾省新寮，1967 年 10 月 17 日的 24h 降雨量达到 1672mm。我国各地区之间暴雨量及日数分布差异较大，呈东南多西北少、沿海多内陆少的分布趋势，从辽东半岛南部沿着燕山、阴山经河套地区、关中盆地、四川到两广地区均易出现大暴雨，华南地区是发生暴雨最多的地区，西北地区暴雨发生的天数年均不足一天，然而，西北地区经常出现短历时局部强降雨，所以有些地区根据实际情况将日暴雨量标准降低到 25.0mm 或 30.0mm，有些湿润地区提高到 80.0mm。此外，也有研究提出采用年降水量气候平均值的 1/15 作为当地的暴雨标准。

4.1.2 暴雨特性研究进展

水文学主要关注设计暴雨研究，分析暴雨的区域分布规律，以及地形、气候对暴雨的影响，进而在流域内产生的暴雨洪水过程。研究内容主要包括暴雨形成的主要天气系统、地区分布、起讫日期、暴雨日数、暴雨中心位置、雨量、时面雨型、空间分布等，研究成果主要用于江河和水利水电工程规划设计、运行和防汛服务。

中华人民共和国成立以前，全国水文站网较为稀疏，暴雨分析研究比较薄弱。20 世纪 50 年代，随着全国防治江河水患任务的开展、水利工程的兴建以及水文站网的布设等，我国暴雨分析研究取得了较大的进展。1955 年，铁道部铁道科学院分析了全国 161 站 442 站年的自记雨量资料，提出了《降雨强度公式及气候系数的制定》《小流域暴雨地面径流之研究》。北京水利科学研究院水文研究所于 1958 年提出了《设计点暴雨量的计算方法》，并于 1959 年编制完成了《中国暴雨参数图集》，在增补有关内容后，于 1963 年纳入了《中国水文图集》之中。各省（自治区、直辖市）逐步开展了暴雨调查和暴雨普查，分析了暴雨发生的时间、位置、雨量、范围及形成的天气系统等，用以反映各地区的暴雨特性，划分暴雨区划，也出版了地区的暴雨图集和水文手册。1963 年，中国水利学会举办了水库设计洪水学术讨论会，关于设计暴雨（频率分析、面雨量计算、时程分配和长短历时暴雨量关系）、暴雨径流关系、单位线和等流时线、小流域设计洪水计算等方面进行了研讨。水利部和电力工业部于 1979 年颁发了《水利水电工程设计洪水计算规范（试行）》，于 1993 年颁发了正式版，并于 2006 年进行了修订。水利电力部和中央气象局组织全国各地水利部门、气象部门，于 1977 年 11 月合作完成了全国和各地区的可能最大 24h 点雨量等值线图、年最大 24h 点雨量均值及变差系数等值线图、实测和调查最大 24h 点雨量分布图。自 1977 年起，水利电力部组织开展了全国暴雨洪水分析工作，系统分析了我国暴雨特性，于 1988 年完成了点暴雨量统计参数等值线图。随着雨量测站站网的逐步加密、暴雨资料的增加和技术的进步，水利部于 1996 年开展了暴雨图集的修编和扩充，构建了中国暴雨数据库，编制了《中国暴雨统计参数图集》，形成了 5 种标准历时（10min、60min、6h、24h 和 3d）的 8 类统计图表，包括均值等值线图、变差系数等值线图、最大点雨量分布图、百年一遇点雨量等值线、格网图，以及实测和调查最大点雨量表，客观反映了我国暴雨统计特征的时空分布特性。

4.2　暴雨分布与特性

4.2.1　暴雨成因

我国地域辽阔，地理气候条件复杂，形成各地暴雨的主要气象因素不尽相同。结合我国年降水量分布、汛期（5—9 月）降水量和雨带进程分析（图 4.1），我国致灾暴雨主要由以下四种天气系统形成：①季风雨带等大尺度天气系统。②台风等中尺度天气系统。③局地强对流天气等小尺度天气系统。④北方连续阴雨天和短历时中等雨强事件。例如，我国华南前汛期暴雨区主要受西风带环流影响，产生降雨和暴雨的天气系统主要是锋面、切变线、低涡和南支槽等，暴雨强度很大；华北和东北一带夏季以雷雨和阵性降水为主，24h 最大暴雨量一般可达 300~400mm，在山地迎风坡甚至可达 2000mm 以上。

1. 东部季风区

东部季风区是我国暴雨最强烈的地区，暴雨的特点为点雨量的多年均值高、极值大，热带天气系统影响强烈，大面积暴雨多，是我国洪水灾害主要发生地区。每年 4—8 月，由春到夏，随着夏季风的北上，北极锋及其伴随雨带由南海开始北上。在其向北推进的过程中，先后在华南、江淮流域、华北、东北有季节性停滞。相应地形成这些地区降水相对集中的雨季，即华南前汛期暴雨、江淮准静止锋（多称梅雨锋）暴雨。盛夏，极锋活动于东北、华北地区，多表现为冷锋形式。8—10 月，由盛夏进入秋季，是极锋及其雨带南下的季节。在南下过程中，又分别形成江淮秋季连阴雨、华西秋雨及华南秋季连阴雨。夏季风活动的整个时期（4—10 月）是东部季风区出现特大暴雨的旺季。另外，热带气旋暴雨也是重要的降水天气过程。

华南地区位于热带北部和亚热带南部，气候高温高湿，雨量充沛，暴雨强烈而频繁。华南前汛期暴雨一般出现在 4—6 月，它是在较稳定的大气环流形势下，由多次天气尺度与中小尺度天气系统影响所形成的短期降雨过程组成。

长江中下游及淮河流域地区最主要的暴雨往往发生于 6 月中旬至 7 月中旬，即著名的梅雨。在梅雨期间，地面准静止锋上空 800hPa、700hPa 大多有切变线对应。当有高空低

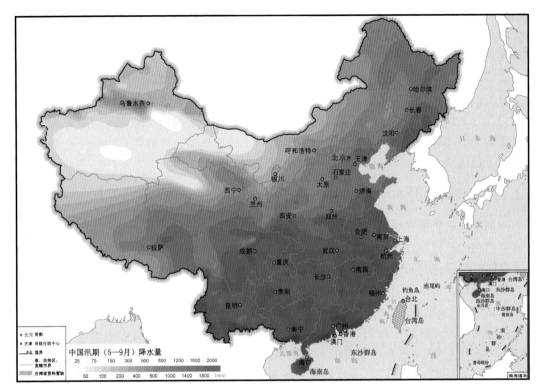

图 4.1　中国汛期（5—9 月）降水量

槽沿切变线东移时，槽前暖平流和正涡度平流常诱生低涡及地面气旋发生、发展和东移，出现大暴雨过程。在高空大尺度环流形势不变的情况下，这种短期降雨过程可相继重复出现，造成一个个暴雨中心。

影响华北大暴雨的大尺度环流系统主要有高纬乌拉尔山脉以东的两槽一脊环流型（贝加尔湖高压和西西伯利亚巴尔喀什湖低槽与太平洋中部槽）、西太平洋副热带高压和青藏高压、低纬的热带辐合带和印缅低压。其中对华北暴雨影响最大的还是西太平洋副热带高压。华北大暴雨集中在 7—8 月，西风带系统、热带系统均可产生强烈的暴雨。

东北大范围暴雨往往是西风带系统与热带系统共同作用的产物。特大范围暴雨以热带气旋雨最多，区域性暴雨以温带气旋暴雨和热带气旋暴雨为主；局地暴雨有半数为切变线形成。

2. 西北干旱区

西北地区总体上属于干旱半干旱地区，形成暴雨的主要天气系统有冷锋、切变线、低涡、锢囚锋等。西北大部分地区的暴雨主要由西风带系统影响所致，夏季风影响只局限于本区的东部和南部。常见的中小尺度天气系统有中尺度低压、切变线与辐合线、雷暴、中尺度云团等。

3. 西南地区

西南地区（除青藏高原外）地理条件比较复杂，暴雨发生情况与东部不同。同时西南地区内部各地区之间也有差异，例如四川盆地多特大暴雨，云南南部受热带系统影响，大巴山地区秋雨明显。西南低涡是造成西南地区重大降雨过程的主要天气系统之一，四川省的强降雨过程多与之有关。暴雨与西南低涡的关系更大，雨区分布于西南低涡的中心及周围，尤其是移动方向的东南方。

青藏高原的东部是长江、澜沧江、怒江等大江大河的发源地，产生洪水的来源多为历时很长但强度不大的连续降水。水利水电部门对该地区的暴雨曾进行专门研究。暴雨的环流形势有：亚洲两槽一脊——副高阻塞型，一槽一脊——季风低压型以及副热带高压对峙型。影响上游高原地区暴雨的天气系统主要有高空槽冷锋型、高原切变线——冷锋型和涡切变——低压型。

4.2.2　暴雨时空分布

一场暴雨的强度在时间上和空间上都是不断发展变化的，是一个相当复杂的过程。为了研究当地的暴雨特性，一般是把暴雨形成的时间和空间变化分界开来。一方面研究各站逐时或逐日的暴雨过程资料，分析暴雨的时间分配特性；另一方面通过暴雨特征的分布图，说明暴雨的地区分布特性。

4.2.2.1　时间分布特性

中国大部分地区位于东亚季风气候区，暴雨季节变化明显，暴雨的初始发生月份可以概括为"南早北晚"，暴雨结束月份为"北早南晚"，地处最南端的华南地区，1—12月各月都曾出现过暴雨天气。这与主要雨带的进退相一致。图4.2为中国最大1d雨量均值发生月份分布图，可以看出大多暴雨出现在6—9月。江南、华南及新疆部分地区集中于6月；从大巴山到小兴安岭以7月为最大；东北、黄土高原、青藏高原、台湾等地多发生于8月；苏浙闽滨海地区及海南岛以9月为最大。部分地区暴雨可出现双雨季，如华南地区

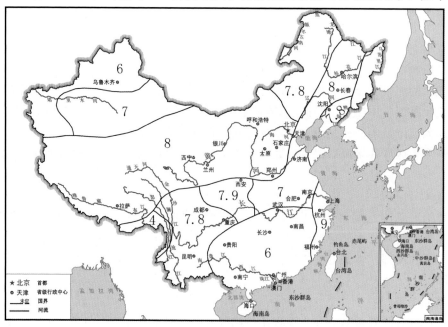

图4.2　中国最大1d雨量均值发生月份

6月和8月，大巴山地区7月和9月。

图4.3各月最大1d雨量均值50mm线位置图显示，4月1d雨量均值达到50mm以上的地区分布于江南、华南，到7月扩展到云南—辽宁一线。7月和8月达到最大范围，但在江南和长江下游降到50mm以下。9月除大巴山地区外，暴雨区退到沿海；10月只限于台湾、海南地区。可见我国暴雨在6—9月涉及范围最为广泛。

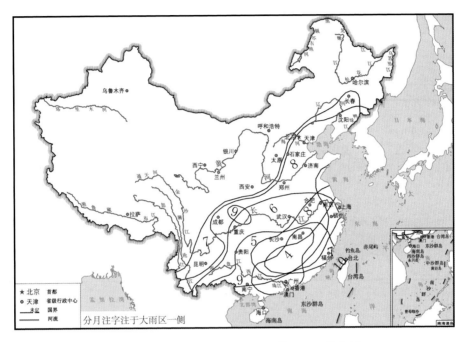

图4.3　中国各月最大1d雨量均值50mm线位置

暴雨的时间分配特性通常是绘制各站暴雨强度在时间上的变化过程线，来描述暴雨量的时程分配情况。由于各次暴雨过程差别很大，即使是同一场暴雨，雨区内各站的过程线也不相同。我国山丘区多以局部地区、短历时、强降雨为主，重点分析短历时暴雨特性。如图4.4所示，西北大部分地区1h、3h和6h极大降水量均不超过30mm，东南大部分地区1h、3h和6h极大降雨量分别为50～100mm、80～200mm和80～300mm。1h极大降水量南北差异相对较小，但东南地区降雨量级大、历时长，时程分配较为均匀，西北地区降雨量级小、时程短、雨强大，容易出现短历时强降雨，加之当地防御能力较弱、下垫面植被覆盖条件差，水流迅速汇集形成山洪和泥石流，易于形成山洪灾害。

4.2.2.2　空间分布特性

1.暴雨量分布

我国暴雨量在空间分布上呈现西北低、东南高的总体态势。广东、江西以及广西、海南、福建部分地区多年来暴雨最多，北京、山东等中部地区暴雨居中，广阔的西部地区暴雨非常稀少。

年最大24h点雨量多年均值可作为讨论暴雨量空间分布的代表，见图4.5。从藏东南

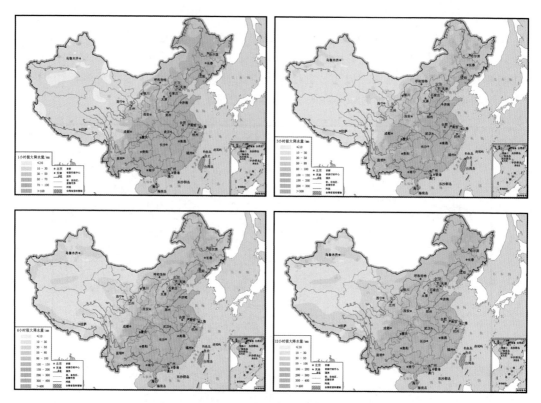

图 4.4　中国极大降水量

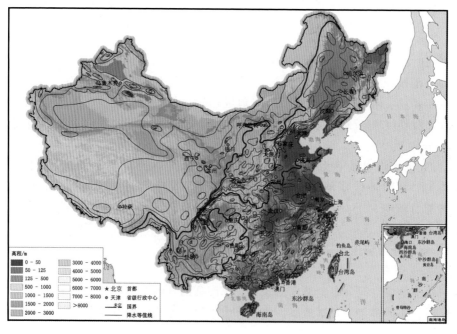

图 4.5　中国年最大 24h 点雨量多年均值等值线

开始，沿四川盆地的西北侧，经秦岭、太行山、燕山，到东北的小兴安岭，分布有一条暴雨高值地带，24h暴雨均值可达65mm以上，这是一条划分中国暴雨高低区的重要分界线。分界线以西除几条山脉外，大部分地区在50mm以下，塔里木盆地更在10mm以下。分界线以东均为暴雨区，南海、东海沿岸山地分布有多处200mm以上的特大暴雨中心区，台湾省中央山脉最高可达400mm以上。暴雨空间分布的特点为东西向变化较大，南北向变化较小。在第一、第二阶梯（昆仑山脉—阿尔金山脉—祁连山脉—横断山脉）和第二、第三阶梯（大兴安岭—太行山脉—巫山—雪峰山）分界线处，山高坡陡，降雨等值线分布较为密集，降雨量随地势变化较为剧烈、地区差异明显；东南地区降雨等值线分布较为稀疏，而在广大的西北地区等值线十分稀疏，降雨量地区差异较小。此外，历时越长，地形对暴雨的影响越明显，等值线的地理分布越复杂，空间差异越大。

变差系数C_v是度量暴雨年际变化的变量，这一参数对设计暴雨具有重要影响，在一定程度上能够反映洪灾发生的可能性。由于中国暴雨的年际变化很大，观测资料较短，C_v估算的误差比较大，必须通过大量资料的多方面综合分析才能给出较为合理的范围。各地在20世纪90年代通过大量资料的分析验证，已形成各历时（10min、60min、6h、24h等）的C_v等值线分布图成果。由于山洪的成灾特性与短历时强降雨密切相关，下面以60min雨量C_v的分布趋势分析暴雨的空间分布特性。

图4.6为中国5km网格年最大60min点雨量的变差系数C_v分布图，云南西部边境C_v值小于0.3，华南大部和青藏高原东部C_v值一般在0.4以下，在30°～35°N以及祁连山、山东半岛和东北东部的C_v值增大到0.5左右，黄土高原东部、海河迎风坡、西辽河的C_v值增至0.6，西北干旱地区一般较大，C_v值可达0.7～0.8，塔里木盆地等地区C_v值可达1.0。总体上看，中西部地区的C_v值一般较南方地区更大，也即中西部地区短历

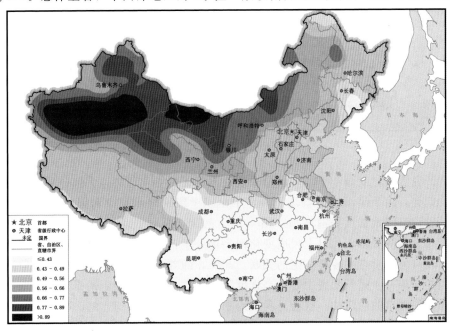

图4.6　中国年最大60min点雨量C_v

时降雨的变化剧烈，降雨集中而不稳定，中西部地区相较于南方更易发生洪水灾害，尤其是短历时强降雨所引发的山洪灾害。

2. 年降水日数及趋势

分析中国年日降水日数的分布可以看出（图 4.7），东南部地区年降水日数为 100～160d，华北地区介于 60～100d，西北地区不足 40d；东南沿海地区年日降水量 25～50mm 的日数介于 10～20d，该数值由东南沿海地区向西北内陆地区逐渐减少，西北地区平均不足 1d；东南地区年日降水量不小于 50mm 的日数大多为 4～10d，西北地区不足 0.1d；东南地区年日降水量不小于 100mm 的日数大多为 0.5～1d，西北地区不足 0.1d。年降水日数的分布差异体现了我国降水的区域规律，与年降雨量空间分布基本一致。

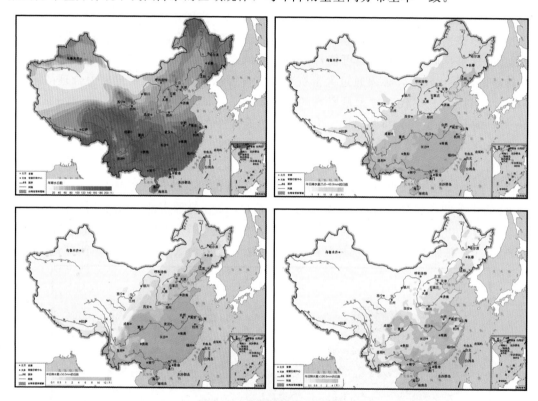

图 4.7　中国年日降水日数

已有研究表明，我国年平均降水量未表现出显著的变化趋势，大部分地区降水日数呈显著减少趋势，由于小雨频率剧烈下降，中雨以上级别降水频率和强度长期变化并不明显，由此导致日降水强度普遍增加（图 4.8）。然而，从更长的观测记录来看，我国大部分地区近几十年的降水年代以上尺度变化似乎仍处于正常波动范围之内，部分地区降水长期趋势变化可能与全球变暖有一定的关联。此外，随着我国监测站网的密度和监测频次的增加，可能会更易于捕获暴雨中心、高强度降雨事件，使得观测到的暴雨事件增加，从而导致暴雨事件频次的伪增加。目前，我国的暴雨图集主要是基于 1998 年以前的暴雨资料统计得到，在气候变化和监测站网大量布设的背景下，有必要对现有暴雨图集的合理性进行审核，评估设计暴雨空间分布是否发生变化，以提高设计暴雨的计算精度，满足缺资料

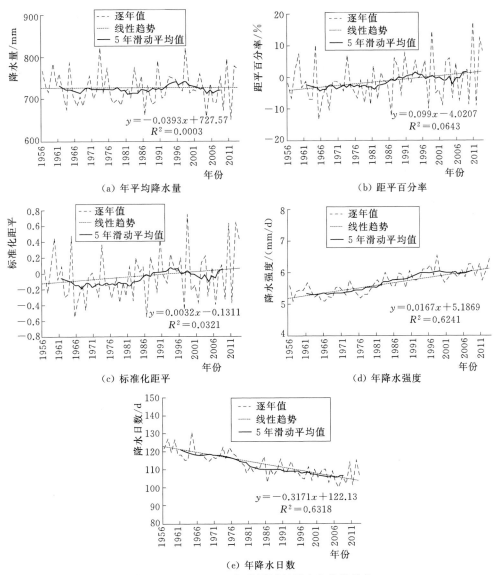

图 4.8 1956—2013 年我国逐年降水和线性趋势

地区中小流域的防洪需求。

3. 地形影响

众所周知，暴雨是天气过程的产物，但下垫面特别是地形对暴雨起着重要的作用，暴雨的频率、强度和量级等都受到不同尺度地形的显著影响。地形对暴雨的影响主要表现为动力作用和云物理作用。动力作用表现为通过强迫抬升和辐合作用，增加凝结量或触发不稳定能量释放，使降水增强；云物理作用表现为使得已经凝结的水分高效率地下降为雨，从而增加降水量。已有研究表明，大尺度地形对暴雨大小的量级具有极大的影响；中等尺度的山脉对暴雨带状分布有强烈影响；小尺度地形对较长历时暴雨的均值也有相当作用。

暴雨面分布与各种尺度的地形有着密切的关系。我国几个雨量高值区明显地分布在阶梯的过渡地带（山前和高原东侧）。暴雨极值多出现在山脉的迎风坡、平原与山脉的过渡地区或河谷地带。例如，南方沿海地区是全国暴雨出现最频繁的地区，也是热带气旋发生最多的地区，沿海山脉对热带气旋暴雨影响最为强烈，山前山后暴雨量差别极大，24h点雨量均值在广西十万大山两侧为 $100\sim280\text{mm}$，粤西沿海云雾山两侧为 $130\sim260\text{mm}$，粤东莲花山两侧为 $110\sim240\text{mm}$，台湾南部玉山附近为 $220\sim460\text{mm}$，浙江雁荡山两侧为 $120\sim460\text{mm}$。一些特殊的地形对气流有明显的辐合作用，可增强暴雨。例如，喇叭口地形为逐渐收缩的河谷地形，当朝向喇叭口的气流进入喇叭口后，因地形收缩，使气流辐合加强，且常因河谷是升高的，气流产生抬升，加大气流的上升作用，使降水偏大，容易形成暴雨中心。"75•8"河南特大暴雨就发生在板桥水库附近的一个喇叭口地形内。

4.3　小流域设计暴雨分析计算

设计暴雨为符合指定设计标准的一次暴雨量及其在时程与空间上的分布。我国大部分地区的洪水主要由暴雨形成，然而，中小流域多为缺资料地区，无法直接用流量资料推求设计洪水，多采用暴雨资料推求设计洪水。由暴雨资料推求设计洪水的基本假定为设计暴雨与设计洪水是同频率的。中小流域致灾暴雨多为局地短历时强降雨，采用量级、变率和集中程度等特性描述暴雨的时空分布特征。

4.3.1　典型历时、重现期设计暴雨

小流域产汇流时间较短，尤其是山洪过程骤涨骤落，大多发生在6h内。目前，《中国暴雨统计参数图集》以10min、60min、6h、24h和3d共5种标准历时作为统计历时，能较好地表述我国暴雨时程分布的基本特点，其中，10min代表小尺度天气系统产生的较短历时、特小面积暴雨，3d基本上可反映较大尺度天气系统形成的一次降雨过程。分别选取逐年各种时段的最大暴雨量，10min和60min暴雨序列以分钟为单位滑动选样，6h和24h暴雨序列以小时为单位选取，3d暴雨序列以天为单位选取。

该图集已绘制了全国5种标准历时年最大点雨量均值和离差系数等值线图，将等值线图数字化，分别离散成 $5\text{km}\times5\text{km}$ 的网格数据，由各网格点的均值和变差系数获得全国各网格不同历时（10min、60min、6h和24h）、不同重现期（5年一遇、20年一遇、50年一遇和100年一遇）点雨量分布图。

$$H_p=K_p\overline{X}$$

$$K_p=C_v\left[\frac{C_s}{2}F\left(1-p,\frac{4}{C_s^2},1\right)-\frac{2}{C_s}\right]+1 \tag{4.1}$$

式中：H_p 为点雨量，mm；$\overline{X}$ 为点雨量均值，mm；p 为设计频率，$p=1/T$，T 为重现期，年；K_p 为模比系数；C_v 为离差系数；C_s 为偏态系数，$C_s=3.5C_v$；$F()$ 为伽马累积分布函数的反函数。

为全面反映诱发山洪灾害短历时、强降雨信息，补充 3h 设计雨量信息，由 60min 和 6h 设计雨量按照指数公式计算：

$$H_{3h} = 3^{1-n_{60min,6h}} H_{60min} = 0.5^{1-n_{60min,6h}} H_{6h} \tag{4.2}$$

式中：H_{60min}、H_{3h} 和 H_{6h} 分别为 60min、3h 和 6h 设计雨量，mm；$n_{60min,6h}$ 为暴雨强度递减指数，$n_{60min,6h} = 1 + 1.285\lg\dfrac{H_{60min}}{H_{6h}}$。

中国不同历时、不同重现期点雨量见图 4.9，不同历时、不同重现期下的点雨量量级均呈现出从东南沿海地区向西北内陆逐渐减少的趋势，点雨量空间分布东西差异大、南北差异小，长历时暴雨的空间分布差异明显大于短历时暴雨。

在全国范围内选取典型片区，分析其不同历时、不同重现期的设计暴雨成果，见图 4.10。极短历时设计暴雨（10min）的地域差异不明显，随着暴雨历时的延续，地域差异逐渐加大。对于百年一遇设计暴雨，西北地区 3h、6h 暴雨量分别占 24h 暴雨量的 50% 和 65% 以上，例如甘肃省岷县 3h 暴雨量占比达到 65%，6h 暴雨量占比达到 85%；东南地区各历时暴雨量占比略低，广东省信宜市 3h 暴雨量占比达到 42%，6h 暴雨量占比达到 59%。我国西北干旱半干旱地区设计暴雨更加集中，更易于发生局地短历时强暴雨，东南地区在低涡切变和热带气旋作用下易于发生长历时大暴雨，设计暴雨过程偏于平坦。

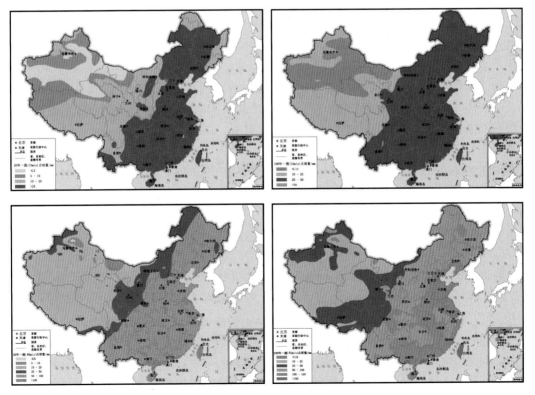

图 4.9（一）　中国不同历时、不同重现期点雨量

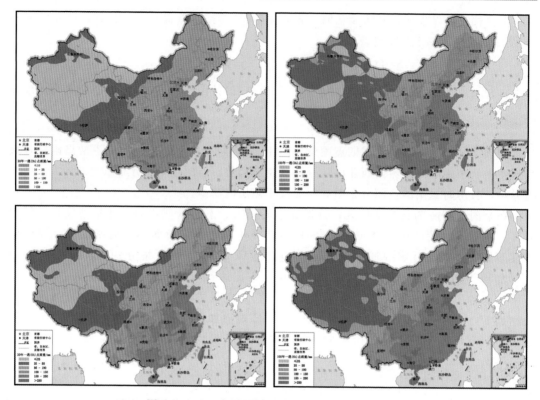

图 4.9（二）　中国不同历时、不同重现期点雨量

4.3.2　稀遇暴雨模比系数

稀遇暴雨模比系数为百年一遇设计暴雨值与均值的比值，反映了稀遇暴雨的变化情况。分析全国 5km 网格不同历时（10min、60min、3h、6h、24h）的稀遇暴雨模比系数空间分布（图 4.11），东南地区设计暴雨量级大，降雨历时长，雨强小，稀遇暴雨模比系数小；西北地区设计暴雨量级小，降雨历时短，雨强大，稀遇暴雨模比系数大；在相同的暴雨历时下，西北地区稀遇暴雨模比系数明显高于东南地区，在相同的暴雨均值下，西北地区的稀遇暴雨量级更大；在相同的设计暴雨量级下，西北地区更易于形成稀遇暴雨。

4.3.3　稀遇暴雨集中度系数

稀遇暴雨集中度系数为百年一遇不同历时设计暴雨量 H_i（H_{10min}、H_{60min}、H_{3h}、H_{6h}）与 24h 设计暴雨量 H_{24h} 的比值，反映了稀遇暴雨在 24h 内的集中分布程度。基于《中国暴雨统计参数图集》，计算全国 5km 网格不同历时稀遇暴雨集中度系数，并统计其空间分布，见图 4.12。其中，$H_{10min}/H_{24h}>20\%$ 的网格数约占全国总网格数的 40%，$H_{60min}/H_{24h}>40\%$ 的网格数约占全国总网格数的 60%，$H_{3h}/H_{24h}>60\%$ 的网格数约占全国总网格数的 35%，$H_{6h}/H_{24h}>60\%$ 的网格数约占全国总网格数的 80%。我国暴雨主要以短历时暴雨（6h 内）为主，应主要关注 6h 内的暴雨时空分布特征。

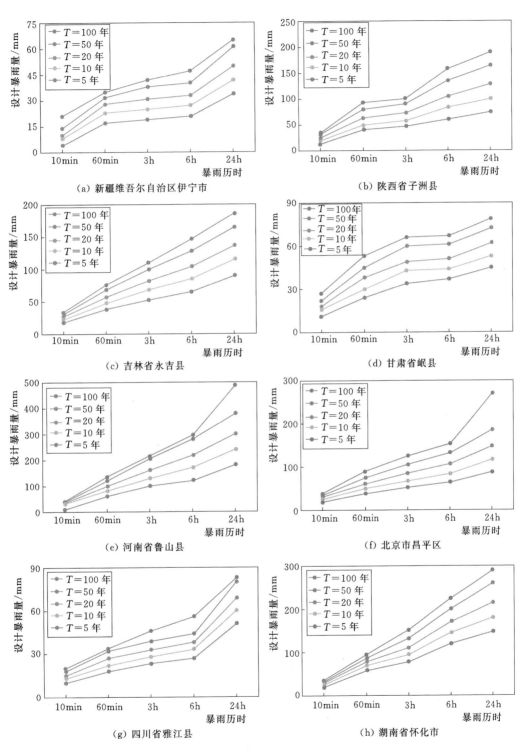

图 4.10（一）　典型片区不同历时、不同重现期点雨量分布

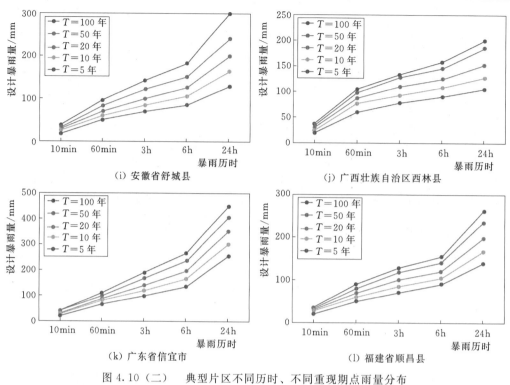

（i）安徽省舒城县　　　　（j）广西壮族自治区西林县

（k）广东省信宜市　　　　（l）福建省顺昌县

图 4.10（二）　典型片区不同历时、不同重现期点雨量分布

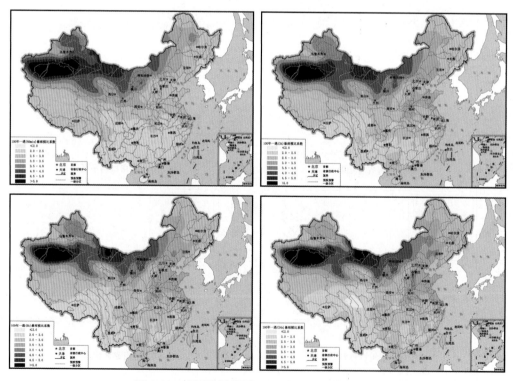

图 4.11　中国稀遇暴雨（100 年一遇）模比系数

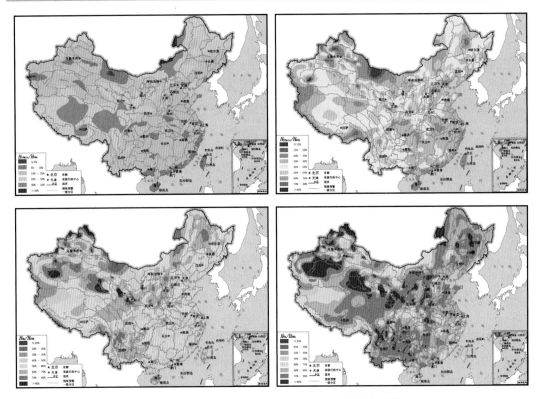

图 4.12　中国稀遇暴雨（100 年一遇）集中度系数

4.3.4　暴雨极值和雨型

将世界降雨极值、中国降雨极值和百年一遇设计暴雨绘制在一张对数分布图中，见图
4.13，我国降雨极值、百年一遇设计暴雨与世界降雨极值分布趋势基本一致，我国短历
时（60min 和 6h）暴雨极值超过了世界暴雨极值，极短历时（10min）和长历时（24h、
3d）暴雨极值小于世界暴雨极值，我国百年一遇设计暴雨量级低于极值，可为我国暴雨
时程分配和空间分布提供边界控制条件。

流域内有较长序列的降雨资料时，可通过选样和频率分析计算，推求各时段的设计面
雨量；对于降雨资料较为短缺的中小流域，可采用间接法由设计点雨量推求流域设计面雨
量。小流域面积不超过 50km² 时，可直接采用小流域形心处的设计点暴雨作为设计面暴
雨量；小流域面积大于 50km² 时，需采用点面关系折算成设计面暴雨量。暴雨的点面关
系在设计计算中，分为定点定面关系和动点动面关系。流域面积较大时（超过 1000km²），
应进一步考虑暴雨的空间分布。此外，应加强卫星、雷达等遥感资料的应用，结合雨量站
实测降雨资料和雷达回波图像分析暴雨点面关系，以雨量站实测降雨反映点降雨量级，以
雷达反射率强度等信息反映降雨面分布。

基于全国各地区的暴雨图集和水文手册等资料，统计 22 个省（自治区、直辖市）92
个暴雨分区的 24h 设计暴雨雨型，包括北京市、山西省、辽宁省、吉林省、黑龙江省、浙
江省、江西省、安徽省、福建省、山东省、河南省、湖北省、湖南省、广东省、广西壮族

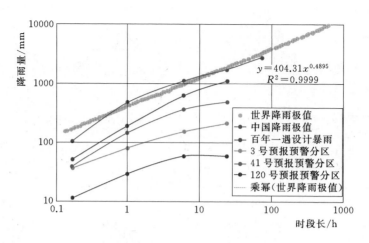

图 4.13　降雨极值时程分布❶

自治区、四川省、贵州省、云南省、陕西省、甘肃省、宁夏回族自治区、新疆维吾尔自治区。

以累积百分比形式表示设计暴雨历时分布和相应的暴雨量级分布，以累积降雨历时（$t=1h, 2h, \cdots, 24h$）与降雨总历时（$T=24h$）的比值作为横坐标，以相应时刻累积降雨量与降雨总量的比值作为纵坐标，绘制设计暴雨累积百分比分布曲线。采用动态 K 均值聚类方法，将 92 个设计暴雨累积百分比过程分为 K 类（此处取 $K=10$），使得每一类的性质较为接近。采用欧式距离计算各暴雨过程与 K 个初始凝聚点的距离，根据最近距离准则将所有暴雨过程逐个归入 K 个凝聚点，重新计算各类均值，得到新的凝聚点，重复上述过程，得到调整后的 K 类，直至所有降雨过程新划分的类型与前一步划分的类型完全一致，即得到最终的聚类结果。最后，将同一雨型的不同暴雨过程逐时刻进行平均，可得到 K 个雨型曲线。

此外，将暴雨历时等分为 4 个时段，根据峰值雨强出现在降雨历时的位置划分为相应的雨型，即为 Huff 雨型分类法，包括Ⅰ类、Ⅱ类、Ⅲ类和Ⅳ类雨型，分别代表前期型、中前期型、中后期型和后期型。

动态 K 均值聚类方法与 Huff 雨型分类法的结果见表 4.2，其中，动态 K 均值聚类法得到的 1 类、2 类、3 类和 7 类雨型对应 Huff 分类法的Ⅲ类雨型，峰值雨强出现在降雨中后期；4 类、5 类、6 类和 9 类雨型对应Ⅱ类雨型，峰值雨强出现在降雨中前期；8 类雨型对应Ⅳ类雨型，峰值雨强出现在降雨后期；10 类雨型对应Ⅰ类雨型，峰值雨强出现在降雨前期。92 个分区设计暴雨过程的峰值雨强主要出现在降雨中前期（37 个）和中后期（45 个）。

各类雨型下的设计暴雨累积分布曲线、时程分布分别见图 4.14 和图 4.15，可以看出：

---

❶　"世界降雨极值"源自美国国家海洋和大气管理局，"中国降雨极值"源自《中国暴雨统计参数图集》中实测和调查最大 10min、60min、6h、24h 和 3d 点雨量。

表 4.2　　　　　　　　　　　　　　　雨 型 分 类 结 果 统 计

动态 K 均值聚类		Huff 雨型分类	动态 K 均值聚类		Huff 雨型分类
类别	个数		类别	个数	
1 类	8	Ⅲ 类	6 类	18	Ⅱ 类
2 类	13	Ⅲ 类	7 类	8	Ⅲ 类
3 类	16	Ⅲ 类	8 类	6	Ⅳ 类
4 类	3	Ⅱ 类	9 类	6	Ⅱ 类
5 类	10	Ⅱ 类	10 类	4	Ⅰ 类

　　（1）第 10 类雨型峰值出现在第 6h，时刻雨量达到降雨总量的 41%，该类雨型中各分区的时刻雨强占降雨总量的 39%（山东省鲁中区）～51%（云南省 1 分区、2 分区）。

　　（2）第 4 类雨型峰值出现在第 9h，时刻雨量达到降雨总量的 34%，该类雨型中各分区的时刻雨量占降雨总量的 26%（四川省 8 分区）～44%（四川省 9 分区）；第 5 类雨型峰值出现在第 11h，且前后 2h 雨强也较大，第 10～12h 的时刻雨量占比为 15%～27%，该类雨型中各分区的 3h 时刻雨量之和占降雨总量的 46%（安徽省）～83%（甘肃黄河干支流）；第 6 类雨型峰值出现在第 8h，时刻雨量达到降雨总量的 12%，该类雨型中降雨集

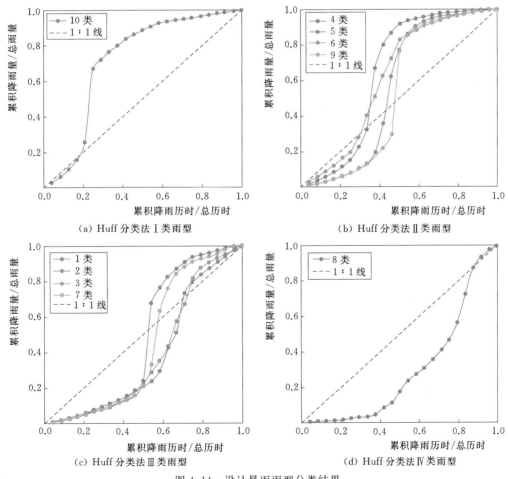

（a）Huff 分类法 Ⅰ 类雨型　　　　　　　　（b）Huff 分类法 Ⅱ 类雨型

（c）Huff 分类法 Ⅲ 类雨型　　　　　　　　（d）Huff 分类法 Ⅳ 类雨型

图 4.14　设计暴雨雨型分类结果

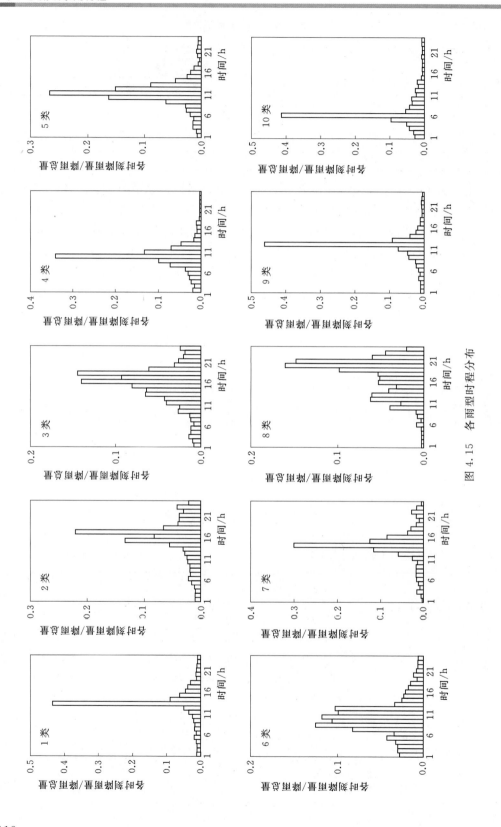

图 4.15　各雨型时程分布

中在中前期，但分布偏均匀；第 9 类雨型峰值出现在第 12h，时刻雨量达到降雨总量的 46%，该类雨型中各分区的时刻雨强占降雨总量的 29%（四川省 II_1 区）～53%（山西省中区、北区）。

（3）第 1 类雨型峰值出现在第 13h，时刻雨量达到降雨总量的 43%，该类雨型中各分区的时刻雨量占降雨总量的 34%（广西壮族自治区 3 分区）～53%（山西省西区）；第 2 类雨型峰值出现在第 22h，时刻雨量达到降雨总量的 22%，该类雨型中各分区的时刻雨强占降雨总量的 24%（河南省）～36%（广西壮族自治区 2 分区）；第 3 类雨型有 2 个峰值，分别出现在第 16h 和第 18h，时刻雨量均为降雨总量的 14%；第 7 类雨型峰值出现在第 14h，时刻雨量达到降雨总量的 30%，该类雨型中各分区的时刻雨量占降雨总量的 17%（四川省 IV 区）～47%（湖南省六区）。

（4）第 8 类雨型为近似双峰雨型，第一、第二峰值分别出现在第 20h 和第 21h，时刻雨量分别为降雨总量的 16% 和 15%。

进一步统计 92 个分区不同历时设计暴雨量与 24h 设计暴雨量比值（$H_{60\text{min}}/H_{24h}$、H_{3h}/H_{24h}、H_{6h}/H_{24h}）的分布。三者的最小值（0.12、0.28 和 0.44）均分布在宁夏其他地区；三者的最大值（0.53、0.83 和 0.92）分别分布在山西省、甘肃省黄河干支流和甘肃省黄河干支流。我国东南沿海地区以及四川大部分地区降雨过程较为平缓，6h 降雨量约占 24h 降雨总量的 55%～80%；西北地区降雨过程也较为平缓，但甘肃黄河干支流和渭河流域雨强较大，最大 60min 和 3h 降雨量分别为 24h 降雨总量的 42% 和 83%；其余地区主要以短历时强降雨为主，强降雨主要集中在 3h 以内，尤其是 1h 以内。

4.3.5　设计暴雨推求设计洪水

由设计暴雨推求设计洪水包括产流计算和汇流计算，应根据设计流域的水文特性和资料条件选用适宜的方法。

产流计算方法主要包括降雨径流相关法、扣损法和地表径流过程法等。降雨径流相关法多适于湿润或半湿润地区，可用前期影响雨量 P_a 或降雨开始时流域蓄水量 W_0 作参数。当设计暴雨发生时，流域的前期土壤湿润情况是未知的，可能很干（$P_a=0$），也可能很湿（$P_a=$ 流域蓄水容量 I_m），所以设计暴雨可能与任何 P_a 值（$0 \leqslant P_a \leqslant I_m$）相遭遇，属于随机变量的遭遇组合问题，目前常用的方法有经验系数 α 法（设计 $P_a=\alpha I_m$，$0 \leqslant \alpha \leqslant 1$）、扩展暴雨过程法、同频率法。其中，经验系数 α 法和扩展暴雨过程的方法较为常用。扣损法包括初损后损法、初损法和平均损失率法，在下垫面条件和暴雨分布不均匀的流域，宜采用分区扣损的方法，对初损、后损进行地区综合时，可分别构建最大初损值、后损值与产流面积、雨强等的经验关系。已有方法依赖于实测雨洪资料优选产流参数，不适于缺资料地区中小流域洪水产流计算，应考虑土壤质地类型、土地利用/植被覆盖等对产流的影响，基于中小流域下垫面特征参数进行产流计算。

汇流计算方法主要包括经验单位线法、瞬时单位线法和推理公式法等。对于流域面积在 1000km² 以下的山丘区流域可采用单位线法；对于流域面积在 300km² 以下的地区可采用推理公式法和单位线法；对于流域面积在 500km² 以下的缺资料地区流域，可考虑选用地貌单位线法、CNFF 分布式单位线法计算设计洪水；对于流域面积大于 1000km² 且降雨分布较不均匀时，可采用河槽汇流曲线、多输入/单输出模型、流量差值演算模型、动态马斯京根法等进行河道洪水演进计算。总体而言，单位线法依赖于实测雨洪资料。在实际应用中，应尽量选择符合设计雨型的经验单位线；瞬时单位线法应考虑雨强的影响，对汇流参数作非线性改正，或直接对单位线的洪峰和滞时进行校正；推理公式法考虑了流域面积、最长汇流路径及其比降等因素的影响，汇流参数为经验参数，忽略了流域内部的非均质性，不适于流域下垫面空间异质性较大的流域，且只能给出设计地点的设计洪峰流量，需采用概化三角形或五点法等概化线型得到设计洪水过程；CNFF 分布式单位线充分考虑流域内地形、植被等下垫面的空间分布特质，以及雨强因子的影响，不依赖流域实测水文数据，尤其适用于缺资料地区中小流域洪水汇流计算，计算单元为小流域（平均面积为 $16km^2$），目前，已提取了全国 53 万个小流域不同雨强、不同时段（10～60min）的分布式单位线组，可定量描述不同流域下垫面条件下的汇流特征。

当设计流域资料条件允许时，可结合本流域的自然地理特征、产汇流条件，选择适宜的流域水文模型计算，如新安江模型、中国山洪水文模型等。

4.4　小流域设计暴雨改进方法

4.4.1　暴雨资料选取

《中国暴雨统计参数图集》编图共采用 2.4 万个观测站的雨量资料，暴雨统计参数是依据 1998—2000 年以前共 5141（10min）～13613（3d）个测站的暴雨资料分析确定的，并以 10min、60min、6h、24h 和 3d 共 5 种标准历时作为统计历时，相应的序列平均长度为 23.5～33.7 年。

2000 年以来，随着我国水雨情站网的建设和山洪灾害防治项目的实施，雨量测站数量显著增加、暴雨观测时段长更加细化、降雨记录长度也随之增加，短历时雨量站点增加了十几万个，在很大程度上避免了暴雨中心的漏测，可以作为暴雨统计参数分析的有效补充。但雨量观测序列长度仅 10～20 年，无法直接用于暴雨频率分析，应将短序列与长序列降雨资料搭配使用，依据原有暴雨资料分析确定的暴雨统计参数等应随之更新，以提高暴雨频率分析的可靠性。

不同地区暴雨成因、类型不一致，或同一流域不同时期暴雨成因明显不同时，由此所导致的洪水形成条件也不一致。一般认为，它们是不同分布的，不宜把它们混在一起作为一个暴雨序列进行频率计算。应结合暴雨成因选取不同成因的暴雨事件，形成不同成因暴雨数据集，分别进行暴雨频率分析，以便区分小流域灾害性洪水和大流域洪水。暴雨序列包括暴雨日序列、小时序列、分钟序列和极大值序列，其中，常用的极大值序列选取方法包括年最大值选样法和超定量选样法，前者选取每年时段累积降雨最大的降雨量，每年仅选取一个最大值，反映了超过特定值的平均发生周期的估计值，也是我国《水利水电工程设计洪水计算规范》（SL 44—2006）推荐采用的方法；后者选取时段降雨量超过某一阈值的极值序列，依赖于阈值的选取，反映了某一量级降雨量的平均发生周期。

4.4.2 参数估计方法

我国《水利水电工程设计洪水计算规范》(SL 44—2006)中的频率曲线线型推荐采用皮尔逊Ⅲ型,统计参数采用均值、离差系数和偏态系数表示,采用矩法或其他参数估计法初步估算统计参数,采用适线法调整初估参数;对于特殊情况,经分析论证后也可采用其他线型。常规矩法是用样本矩代替总体矩,并通过矩和参数之间的关系来估计频率曲线统计参数的一种方法,同时也是其他参数估计方法的基础。该法计算简便,事先不用选定频率曲线线型,因此是频率分析计算中广泛使用的一种方法。近年来,我国在水文频率分析方面取得了较大进展,研究发现上述常规矩法估计的参数及由此所得的频率曲线系统偏小,在工程设计中对工程安全不利,且矩法估计要求系列长(样本容量大),否则就易受特大值及次大值的影响,使矩的计算误差加大,故其值现一般只作参考。

1990年Hosking提出了线性矩的概念,定义次序统计量线性组合的期望值为线性矩,同时参照传统矩法又定义了线性离差系数和其他高阶线性矩比。假定变量X服从某一分布函数,$X_{1:n} \leqslant X_{2:n} \leqslant \cdots \leqslant X_{n:n}$是一组随机样本的次序统计量,定义$r$阶线性矩变量为

$$\lambda_r = r^{-1} \sum_{k=0}^{r-1} (-1)^k \binom{r-1}{k} EX_{r-k:r} \quad (r=1,2,\cdots) \tag{4.3}$$

其各阶矩是样本次序统计量期望值的线性组合,降低了样本本身所存在的误差。常规矩法和线性矩法统计参数对比见表4.3。

表4.3　　　　　　　　　　常规矩法和线性矩法统计参数对比

统计参数	常规矩法	统计参数	线性矩法
均值	$\mu = EX$	均值	$\mu = E(X_{1:1}) = \lambda_1$
离差系数	$\mu_2 = E(X-\mu)^2$ $C_v = \dfrac{\sqrt{\mu_2}}{\mu}$	线性离差系数	$\lambda_2 = \dfrac{1}{2} E(X_{2:2} - X_{1:2})$ $L-C_v = \dfrac{\lambda_2}{\lambda_1}$
偏态系数	$\mu_3 = E(X-\mu)^3$ $C_s = \dfrac{\mu_3}{(\sqrt{\mu_2})^3}$	线性偏态系数	$\lambda_3 = \dfrac{1}{3} E(X_{3:3} - 2X_{2:3} + X_{1:3})$ $L-C_s = \dfrac{\lambda_3}{\lambda_2}$
峰度系数	$\mu_4 = E(X-\mu)^4$ $C_k = \dfrac{\mu_4}{(\sqrt{\mu_2})^4}$	线性峰度系数	$\lambda_4 = \dfrac{1}{4} E(X_{4:4} - 3X_{3:4} + 3X_{2:4} - X_{1:4})$ $L-C_k = \dfrac{\lambda_4}{\lambda_2}$

该方法被认为是目前洪水频率分析中参数估计的最新方法之一,已广泛用于欧美国家设计洪水、极值降雨等水文频率的估算问题。例如,美国国家海洋和大气管理局(National Oceanic and Atmospheric Administration, NOAA)基于该方法进行美国暴雨频率分析图集的制作;英国水文研究所基于该方法重新编制了《洪水估计手册》(*Flood Estimation Handbook*)。国内学者也开展了大量应用研究,陈元芳等分析比较了皮尔逊Ⅲ型分布下的线性矩法参数估计与传统参数估计方法的统计性能差异,提出了具有历史洪水时的计算公式,结果表明线性矩法具有良好的不偏性,与概率权重矩法相当,可用于地区综合、线型鉴别等分析。熊立华、郭生练等讨论了线性矩法在长江中游干流区洪水频率分

析计算中的应用，认为线性矩最大的特点是对洪水系列中的极大值和极小值远没有常规矩那么敏感，稳健性更佳，而且区域洪水频率分析可扩充样本系列信息容量，适于缺资料地区。杨涛等采用线性矩法进行珠江三角洲区域洪水频率分析，珠江三角洲可划分为 3 个水文相似区，各分区的最佳分布函数各不相同，整个区域的洪水频率分布自上游（内河地区）到下游（沿海地区）逐渐减小。

中国水利水电科学研究院基于线性矩法采用分钟、小时年极值降雨数据计算了江西省不同历时、不同重现期的设计暴雨空间分布，其 1h 和 3h 的 100 年一遇设计暴雨见图 4.16。1h 设计暴雨高值区主要位于中部和西部地区，3h 设计暴雨高值区主要位于中部和东北部地区，西北部也有一小块高值区，对照地形图上看，该区域为一个山脉地形。

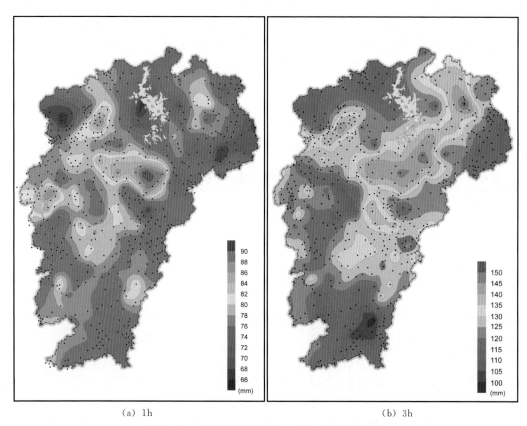

（a）1h　　　　　　　　　　　　　　　　（b）3h

图 4.16　江西省 1h 和 3h 100 年一遇设计暴雨

已有研究表明，线性矩法能够描述概率分布中的形态、比例和位置等特性，具有良好的无偏性和稳健性，与分布参数的关系更直接、更容易解释，使用更直观、方便；对于常遇设计暴雨洪水，线性矩法和常规矩法分析得到的频率估计值差异不大，对于稀遇暴雨洪水的频率估计值差异较大，线性矩法提高了对特大值的稳健性，提高了频率估计值的可靠性；同时线型选择客观、合理可靠，特别适用于样本容量不大的情形，今后应加大开展该方法在我国中小流域水文频率分析中的适用性研究。

4.4.3　频率分布线型

　　水文系列总体的频率分布曲线线型是未知的，通常选用能较好拟合多数水文系列的曲线线型，这条分布曲线一般由有限的描述其统计特性的若干个参数来确定，三参数分布线型因具有较好的可靠性和准确性，可分别描述分布的中心趋势、离散程度、偏态程度，常被用于拟合水文资料。

　　常用于暴雨和洪水频率计算的三参数分布模型有 5 种：广义帕累托分布（Generalized Pareto distribution，GPA）、广义逻辑分布（Generalized Logistic distribution，GLO）、广义极值分布（Generalized Extreme Value distribution，GEV）、广义正态分布（Generalized Normal distribution，GNO）和皮尔逊Ⅲ型分布（Pearson Type Ⅲ distribution，PE3）。

　　目前，我国广泛采用皮尔逊Ⅲ型分布进行设计暴雨洪水分析计算，经实践证明，该分布曲线对于我国大多数河流的拟合效果均较好。然而，我国幅员辽阔、水文气象条件复杂，该方法在我国一些地区，尤其是北方地区的适配性不是很好。近年来，已有不少学者开展了其他线型的分析研究，还需要进一步探索不同线型对我国不同水文气象类型区的适应性。另外，变化环境下我国气候、下垫面的一致性已受到破坏，同时，水文气象资料也得到了大量的积累，皮尔逊Ⅲ型分布在我国不同水文气象类型区是否仍为最优线型，以及如何选取不同水文气象类型区的最佳分布函数，还需进一步探讨。

第 5 章

小 流 域 产 流 特 性

　　流域内降雨经植物截留、填洼、下渗等损失后转化为净雨过程的阶段为流域产流过程，其实质是流域下垫面对降雨的再分配过程；其中，植物截留是在植物枝叶表面吸着力、承托力和水分重力、表面张力等作用下，降雨储存在枝叶表面的过程；填洼是降雨被流域内洼地拦蓄的过程；下渗是水分透过土壤层面沿垂直和水平方向渗入土壤的过程。山丘区小流域地形地貌多样，径流形成与转化机理复杂，降雨径流过程间存在强烈的非线性特质，准确理解小流域的洪水形成机理，辨识量化小流域产流过程的主要影响因素，有助于提高小流域洪水预报预警的精准度，为缺资料地区产流参数区域化提供数据支撑。本章通过分析流域的产流特征，基于 Richard's 方程求解 12 种典型均质土壤下渗过程，确定不同土壤的下渗率非线性特征曲线、下渗影响深度及产流时间，分析全国小流域不同土层土壤水力特征参数的空间分布特征，并提出小流域地貌水文响应单元的划分标准和相应的产流机制。

5.1　小流域产流特征

　　流域产流是流域上的一场降雨究竟有多少水量可以转化为径流，降雨过程如何转化为净雨过程。流域产流与流域的自然地理和气象条件密切相关。一个大流域通常由若干个中等流域组成，中等流域又由许多小流域组成，小流域由更小的集水单元组成。周围为山坡的山谷是流域空间上最小的集水单元，一般称为山坡流域。组成流域的各山坡流域的产流特性决定了流域的产流特征。

5.1.1　流域产流机理

　　揭示流域产流机理，分析其影响因子，寻求其计算方法，是水文学的一个重要研究课题。流域产流量能够通过布设的水文气象站网定量观测，因此，对所积累的水文气象资料进行分析是探索流域产流机理的最直接、最可靠的方法。我国水文学者正是从这一实际出发，早在 20 世纪 60 年代就提出了蓄满产流和超渗产流两种流域产流方式。

蓄满产流即流域发生降雨后补充土壤含水量，达到流域蓄水容量后形成的径流，多发生于南方湿润地区或北方多雨季节。超渗产流即降雨强度超过流域下渗能力后形成的径流，多发生于北方干旱地区或南方少雨季节。一般而言，实际流域同时存在蓄满产流和超渗产流两种方式。

由 Horton 和 Dunne 的产流理论可知，目前能够解释其形成物理条件的径流成分包括超渗地面径流、饱和地面径流、壤中水径流和地下水径流。这些径流成分中能汇集至流域出口断面的部分组成流域产流量。与组成它的径流成分不同，流域产流量是可以直接测验的。根据径流形成原理，流域产流量服从次降雨包气带水量平衡方程。

（1）均质包气带。当降雨强度大、历时短，只可能出现雨强大于地面下渗能力时，有

$$P = E + (W_e - W_0) + R \tag{5.1}$$

$$R = R_s \tag{5.2}$$

当降雨强度大、历时长，不仅可能出现雨强大于地面下渗能力，而且可使包气带达到田间持水量时，有

$$P = E + (W_m - W_0) + R \tag{5.3}$$

$$R = R_s + R_g \tag{5.4}$$

当降雨强度小，不可能出现雨强大于地面下渗能力，但历时长，能使包气带达到田间持水量时，有

$$P = E + (W_m - W_0) + R \tag{5.5}$$

$$R = R_g \tag{5.6}$$

以上式中：P 为降雨量，mm；E 为雨期流域蒸散发量，mm；W_0 为初始流域蓄水量，mm；W_e 为雨止时刻流域蓄水量，mm；W_m 为包气带达到田间持水量时流域蓄水量，mm；R 为流域产流量，mm；R_s、R_g 分别为超渗地面径流和地下水径流中能汇集至流域出口的部分，mm。

（2）只有一个相对不透水层的包气带。包气带中存在一个相对不透水层，且上层土壤质地比下层土壤质地粗时，当降雨强度大，能超过上层土下渗能力，但历时短，仅能使包气带上层达到田间持水量时，有

$$P = E + (W_{m_u} - W_{0_u}) + (W_{e_l} - W_{0_l}) + R \tag{5.7}$$

$$R = R_s + R_{int} \tag{5.8}$$

当降雨强度大，能超过上层土下渗能力，且历时长，又能使整个包气带达到田间持水量时，有

$$P = E + (W_m - W_0) + R \tag{5.9}$$

$$R = R_s + R_{int} + R_g \tag{5.10}$$

当降雨强度小，介于上层土和下层土的下渗能力之间，但历时较长，能使包气带上层达到饱和含水量时，有

$$P = E + (W_{s_u} - W_{0_u}) + (W_{e_l} - W_{0_l}) + R \tag{5.11}$$

$$R = R_{sat} + R_{int} \tag{5.12}$$

当降雨强度小，介于上层土和下层土的下渗能力之间，但历时较长，不仅能使包气带上层达到饱和含水量，而且能使下层至少达到田间持水量时，有

$$P = E + (W_{s_u} - W_{0_u}) + (W_{m_l} - W_{0_l}) + R \qquad (5.13)$$

$$R = R_{sat} + R_{int} + R_g \qquad (5.14)$$

当降雨强度小，介于上层土和下层土的下渗能力之间，且历时短，只能使包气带上层达到田间持水量时，有

$$P = E + (W_{m_u} - W_{0_u}) + (W_{e_l} - W_{0_l}) + R \qquad (5.15)$$

$$R = R_{int} \qquad (5.16)$$

当降雨强度小，介于上层土和下层土的下渗能力之间，但历时较长，能使整个包气带达到田间持水量时，有

$$P = E + (W_m - W_0) + R \qquad (5.17)$$

$$R = R_{int} + R_g \qquad (5.18)$$

式中：W_{0_u}、W_{m_u}、W_{s_u} 分别为包气带上层的初始流域蓄水量、田间持水量和饱和含水量，mm；W_{0_l}、W_{e_l}、W_{m_l} 分别为包气带下层的初始流域蓄水量、雨止时刻流域蓄水量和田间持水量，mm；R_{sat}、R_{int} 分别为饱和地面径流和壤中流径流中能汇集至流域出口断面的部分，mm；其余符号意义同前。

（3）对于多于一个相对不透水层的包气带，其流域产流量可按类似于只有一个相对不透水层的情况进行讨论，不同的是此时可进一步划分出多于 1 个层次的壤中流成分。

5.1.2　流域产流机制

产流机制指径流的产生原理，单点的产流机制指在流域内一个微小单位面积上径流产生的原理。

传统产流观念通常指霍顿的产流观念，该产流观念自提出以来一直到现在都被许多水文学者作为准则，在水文学中，不少实用方法都是以该观念为基础的。20 世纪 60 年代以来，通过对小流域特别是植被良好的小流域的观测、实验，发现实际产流过程与传统观念存在着不少矛盾，可以概括为以下几方面。

（1）对于下渗能力较大的流域，当降雨强度小于下渗能力时，即 $i < f$ 时，有时会有地面径流产生，并出现对应的洪水过程；有时又没有地面径流产生，但却在出口断面观测到与地面径流过程相似的洪水过程。

（2）对应一次降雨，有时出现形状不同的前后两次洪峰过程，前一个峰形高而尖瘦，后一个峰形矮而肥胖。

（3）有的流域在湿润季节，产生微小的降雨，即使 $i < f$，在流量过程线上都可产生敏感的反应，呈现对应的起伏变化。

（4）全流域产流极其罕见，一般只是在流域的局部面积上产流。

上述现象说明霍顿的产流观念并不能全面反映流域的产流规律，在产流条件、产流面积上都需要进行补充和完善。

5.1.2.1　超渗地面径流

从降雨开始至任一时刻的地面径流产流量 R_s，可用下列水量平衡方程来表达：

$$R_s = P - E - F - I_n - U \qquad (5.19)$$

式中：P、E、F 分别为自降雨开始至 t 时刻的累计降雨量、蒸发量、下渗量，mm；I_n、

U 分别为植物截留量和填洼量，mm。

在一次降雨产生径流的过程中，植物截留量一般不大，只有几毫米，对于植被茂密地区，也只达到十几毫米。填洼量对于一个固定流域来说，变化不大。雨期蒸发 E 很小，I_n 和 U 数量不大，且其数量比较稳定，是一个缓变因素，同时截留和填洼水量最终消耗于蒸发和下渗，所以雨期蒸发、截留和填洼在地面径流的产生过程中，不起支配作用，对产流量的计算影响不大。下渗量 F 是一个多变的因素，下渗量随降雨特性、前期土壤湿润情况不同而不同，其数值可占一次降雨量的百分之几到接近百分之百，其绝对量从几毫米到近百毫米。下渗在超渗地面产流过程中，具有决定性的意义。在忽略 E、I_n、U 后，由式（5.19）可得

$$R_s = P - F \tag{5.20}$$

若以产流强度表示，则

$$r_s = i - f \tag{5.21}$$

式中：r_s 为地面径流的产流强度，mm/h；i 为降雨强度，mm/h；f 为下渗强度，mm/h。

由于降雨强度及下渗强度均是时间的函数，所以 r_s 也是随时间而变的量。只有当 $i > f$ 时，才有地面径流发生，即有 $r_s > 0$；所以 R_s 或 r_s 又称超渗地面径流。当 $i \leqslant f$ 时，无地面径流产生，即 $r_s = 0$，此时降水将全部耗于下渗，且 $f = i$。

5.1.2.2 壤中流

在自然界中，由于种种原因，包气带的岩土结构在多数情况下并非均质。壤中流发生在非均质或层次性土壤中的易透水层与相对不透水层的交界面上，表层流净雨沿坡面表层土壤空隙界面上流动形成壤中流。这种具有层理的土层界面广泛存在于自然界中，如森林地区的腐殖层，山区的表土风化层、土壤的耕作层等，其透水性均比下层密实结构土壤的透水性强得多，它们构成了包气带土壤的相对不透水层。壤中流是一种多孔介质中的水流运动，它的流动速度比地表径流慢。在降雨形成径流的过程中，壤中流的集流过程缓慢，有时可持续数天、几周甚至更长时间。当壤中流占一次径流总量较大比例时，它将使径流过程变得比较平缓。中强度暴雨情况下，壤中流数量更为突出，它几乎是洪水的主要径流成分。

设有两种不同质地的土壤构成的土层，上层为颗粒相对较大的土，下层为颗粒相对较小的土，见图 5.1，上层下渗率 f_A 大于下层下渗率 f_B，同时上层稳定下渗率 $f_{c,A}$ 也大于下层稳定下渗率 $f_{c,B}$。在降雨下渗的过程

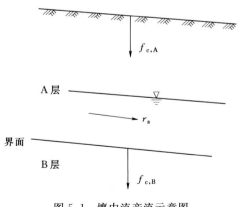

图 5.1 壤中流产流示意图

中，土层土壤含水量逐渐增加，由于 $f_A > f_B$，上层土壤含水量增加快于下层，当上层土壤达到田间持水量后，$f_{c,A}$ 就成为上下土层界面的供水强度，后续降雨如果满足条件：

$$f_B < i \leqslant f_{c,A} \text{ 或 } f_B < f_{c,A} \leqslant i \tag{5.22}$$

则必然在上下土层界面附近，$i-f_B$ 或 $f_{c,A}-f_B$ 这部分水量在上层一侧形成一层临时饱和层。在适当的地形坡度条件下，临时饱和层中的水流将沿上下土层界面侧向运动，排入附近河槽，成为壤中流。

由上所述，壤中流产生的条件可概括为以下几点。

（1）包气带中存在相对不透水层，并且上层土壤的质地比下层粗。

（2）上层向界面上的供水强度大于下层下渗强度。

（3）至少要上层土壤的含水量达到田间持水量。

（4）界面上产生积水，形成临时饱和带，界面还需具备一定的坡度。

5.1.2.3　饱和地面径流与回归流

当表层土壤透水性很强，且远大于下层土的透水性，下层土相当于一个相对不透水层，即便雨强几乎不可能超过表层土下渗能力，却可能出现雨强大于下层土下渗能力的情况。按照壤中流径流的产生条件，这时首先会产生壤中流径流。在上下土层界面上出现临时饱和带。随着降雨的持续发生，该临时饱和带会随之向上发展，最终抵达地表。若降雨继续发生，将有一部分降雨汇集在地表，形成一种地面径流，即饱和地面径流，见图5.2。饱和地面径流的产流率为

$$r_{sat} = i - r_s - f_B \tag{5.23}$$

式中：r_{sat} 为饱和地面径流，mm/h；i 为雨强，mm/h；r_s 为壤中流径流强度，mm/h；f_B 为界面上的下渗能力，mm/h。

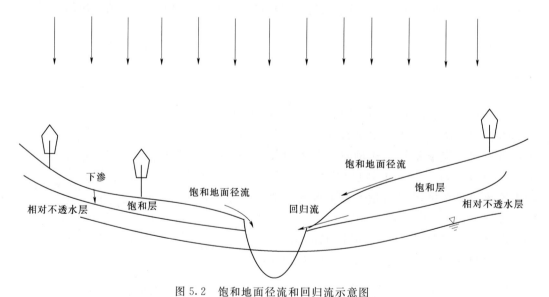

图 5.2　饱和地面径流和回归流示意图

饱和地面径流的产流条件，可概括为以下两方面。

（1）包气带中存在相对不透水层，上层土的透水能力远大于下层土。

（2）上层土壤含水量达到饱和含水量。

随着降雨的继续，山坡地区饱和积水层的水流将沿坡地侧向运动。而坡脚处，由于不

断接受上部壤中流，饱和积水层向上发展到达地表，饱和带到达地表的那部分坡地，接受后继降雨后便产生饱和地面径流。还有部分地表以下的壤中流，有一部分在已饱和的坡面上渗出地面，以地面径流的形式加入坡面流注入河槽，这种水流称为回归流。回归流是壤中流派生的一种径流成分，一般只在极小的山坡流域，山坡上壤中流比较发育，而在坡脚处又易形成出露地面的饱和带。

5.1.2.4　地下径流

当地下水埋藏较浅，包气带较薄，土壤透水性较强，在连续降雨过程中，下渗锋面到达支持毛管水带上缘，表层影响土层将与地下水建立水力联系。如果包气带含水量由于后续降雨继续增加，当包气带含水量超过田间持水量后，产生自由重力水补给地下水，于是便产生了地下径流。

（1）均质土壤。不存在相对不透水层，包气带的土壤含水量达到最大持水量，下渗水量必然全部转化为地下径流。

$$r_g = f \tag{5.24}$$

如果包气带含水量达到饱和含水量，这时土壤下渗率达到饱和下渗率 f_c。由水量平衡原理，此时的下渗率 f_c 应等于地下径流的产流率 r_g，即

$$r_g = f_c \tag{5.25}$$

（2）非均质层次土壤。包气带含水量达到田间持水量而小于饱和含水量，由于土层内部产生了侧向流动的壤中流 r_{sb}，故地下径流产流率为

$$r_g = f - r_{sb} \tag{5.26}$$

如果包气带含水量达到饱和含水量，则地下产流率为

$$r_g = f_c - r_{sb} \tag{5.27}$$

可见，地下径流的产流也同样取决于供水与下渗强度的对比，其产流条件基本与壤中流相同，只是其发生的界面是包气带的下界面。

在天然条件下，地下水位较高时，壤中流与地下径流实际上难以截然分开，通常将二者合并作为地下径流考虑。在有些地区，土层较厚，相对不透水层不止一个，可能会形成近地表的快速壤中流和下层的慢速壤中流，从实用的角度出发，视情况和要求，有时把快速壤中流并入地面径流计算，并称之为直接径流；慢速壤中流并入地下径流计算，并称之为地下径流。只有在壤中流丰富的流域，为了提高径流模拟的精度，才有必要将壤中流单独划分出来。

5.1.3　流域产流模式

决定产流机制组合的根本因素是包气带土壤的质地和结构、地下水位和植被状况、地质结构等。土壤水分的初始状况 W_0（土层初始蓄水量）和供水情况 i（雨强），决定了不同时间不同产流类型之间的相互转换。在天然条件下，产流类型大致可以归纳为 9 种。

（1）R_s 型：单一超渗地面产流机制。当下垫面条件由很厚的包气带且透水性差的均质土壤组成时，遇较大强度降雨，即可发生这种单一的地面径流产流类型。影响一次降雨径流总量的因素为 P、i、W_0、E。

（2）$R_s + R_{int}$ 型：径流由地表径流和壤中流两种成分组成。发生的条件是包气带厚、

近地表有相对不透水层、上层土壤透水性差、下层更差、雨强大。影响一次降雨径流总量的因素为 P、i、W_{0_u}、E。

（3） $R_{sat}+R_{int}$ 型：径流由饱和地面径流和壤中流两种成分组成。多发生在相对不透水层浅、下层很厚，上层土壤透水性强的山区或森林流域。影响一次降雨径流总量的因素为 P、i、W_{0_u}、W_{0_l}、E。

（4） R_s+R_g 型：发生在包气带厚度中等或较薄、均质土壤、土层透水性一般但地下水埋深不大的地区。影响一次降雨径流总量的因素为 P、E、W_0。

（5） $R_{int}+R_g$ 型：发生在包气带不厚、相对不透水层较深、上层土壤透水性极强、下层稍次的地区。影响一次降雨径流总量的因素为 P、E、W_0。

（6） R_{int} 型：发生在包气带厚、相对不透水层深、上层土壤透水性极强、下层差的地区。影响一次降雨径流总量的因素为 P、i、W_{0_u}、W_{0_l}、E。

（7） $R_s+R_{int}+R_g$ 型：发生在包气带厚度中等、有相对不透水层、上层土透水性差、下层更差、雨强大、雨时长的地区。影响一次降雨径流总量的因素为 P、E、W_0。

（8） $R_{sat}+R_{int}+R_g$ 型：发生在包气带厚度中等、存在相对不透水层、上层极易透水、下层次之的地区。影响一次降雨径流总量的因素为 P、E、W_0。

（9） R_g 型：发生在包气带不厚、均质土壤强透水层、下有基岩的地区，或表层有孔洞、裂隙等的地区。影响一次降雨径流总量的因素为 P、E、W_0。

每种产流类型都有其相应的径流成分，同一地点在不同的供水和土壤初始含水量条件下，会出现不同的产流类型。尽管流域产流量的组成情况可分为 9 种，但从影响流域产流量的因子来看，可归纳为两种情况：一是影响因子为 P、E、W_0；二是影响因子为 P、E、W_0、i。

（1） $R=f(P,i,W_0,E)$ 型：9 种产流类型中，凡是径流总量 R 受雨强影响或与雨强关系密切的，这类产流类型称为超渗产流模式。

（2） $R=f(P,W_0,E)$ 型：9 种产流类型中，凡是径流总量 R 不受雨强影响或与雨强关系不密切，径流总量 R 主要取决于降雨总量 P 和包气带土壤初始含水量 W_0 的，这类产流类型称为蓄满产流模式。

蓄满产流与超渗产流模型是我国水文界熟知并常用的两种流域产流模式。根据各地下垫面条件和气候特征的不同，人们常将某一个流域划归湿润地区或干旱地区。发生在湿润地区的蓄满产流，其产流条件是：地下水埋深浅、包气带较薄、包气带透水性强、土壤下渗能力大；降雨特性为降雨历时长，降雨强度小，雨量丰沛。其产流特点是：当降雨满足了土壤缺水量后方产生径流，且满足蒸发与土壤缺水量后的降雨全部形成径流；一次降雨会产生丰富的地下水。从实测流量过程线看，常呈平缓型。发生在干旱及半干旱地区的超渗产流，其产流条件与蓄满产流相反，即：地下水埋深大、包气带较厚、包气带透水性差、地表下渗能力小；降雨特性为历时短、强度大。其产流特点是：当雨强超过地表下渗能力时便产生径流；因一次降雨很难使包气带蓄满，一般不会产生地下水。其流量过程线常呈尖顶型。

随着产流理论的不断应用与深入研究，人们发现一个实际流域并不存在绝对超渗/蓄满的单一产流机制，往往是多种产流模式并存。对于山区小流域，其下垫面条件不同于一般小流域，构成情况变化较大，流域中的包气带缺水量存在空间差异性，即使在降雨空间分布均匀的情况下，也不会出现流域同时产流的情况。不同前期降雨等气候条件下，同一区域内可能会出现不同产流方式，即雨强、土壤含水量等因素在垂向上影响着产流机制的选择，进而影响产流模式，因此单一的产流模式不能全面反映山区小流域的实际产流情况，山区小流域具有混合产流的特点，蓄满产流的过程中伴有超渗现象，超渗产流的过程中也会出现蓄满产流的情况。同时考虑到流域降雨时空变化和流域地形、河道特征对流域产流的影响，山区小流域产流往往具有非线性的特点。

5.2 小流域产流特性分析

5.2.1 土壤下渗率非线性特征曲线

在全国范围内选取典型土壤质地的土壤样本，构成土壤类型数据库。在充分供水条件下，基于 Richard's 方程利用 HYDRUS 模型求解 12 种典型均质土壤在不同的初始含水率下土壤的下渗关系曲线 $f_p(\theta)-t$，见图 5.3。下渗率呈现指数下降趋势并且最终趋近于稳定下渗率。土壤下渗前期受到缺水的吸力作用，下渗作用力以土壤负势和水力重力势为主，后期土壤水分逐渐饱和，达到稳定的重力下渗。此外，缺水率较大的土壤前期下渗速

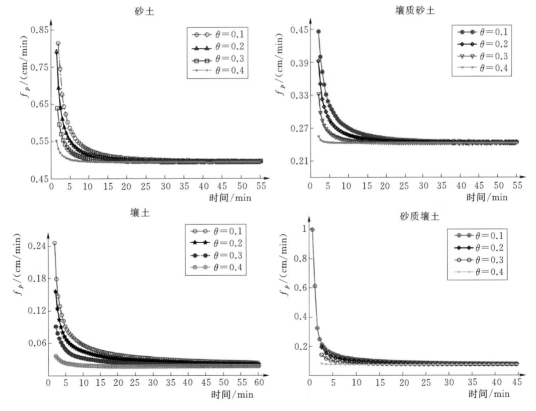

图 5.3（一） 12 种典型均质土壤在不同的初始含水率条件下的下渗关系曲线

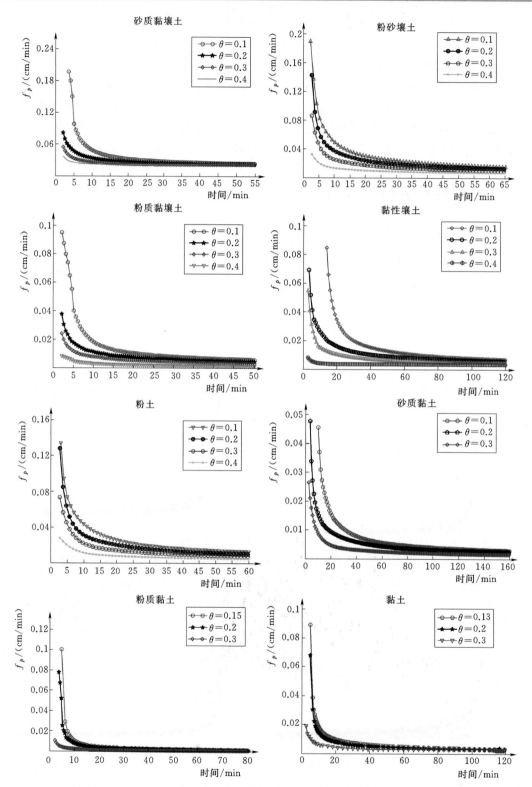

图 5.3（二）　12 种典型均质土壤在不同的初始含水率条件下的下渗关系曲线

率也越大，而且土壤吸力的作用会持续作用于下渗。不同的土壤在充分供水条件下，出现稳渗的时间也不一样。

采用有效饱和度 $Se=\dfrac{\theta-\theta_w}{\theta_s-\theta_w}$ 标准化不同土壤相对含水率的变化情况，其中 θ 为土壤含水量，θ_s 为饱和含水量，θ_w 为凋萎含水量。不同典型均质土壤在不同有效饱和度 Se 下的 f_p 参数值见表 5.1～表 5.4。

表 5.1　　　　　　　不同有效饱和度下砂土的 f_p 取值　　　　单位：mm/h

Se	历　时						
	5min	10min	30min	60min	3h	6h	12h
0.1	352.48	318.26	300.53	297.77	297.00	297.00	297.00
0.2	345.07	315.06	299.92	297.65	297.00	297.00	297.00
0.3	337.66	311.86	299.30	297.54	297.00	297.00	297.00
0.4	330.25	308.65	298.68	297.42	297.00	297.00	297.00
0.5	324.18	306.29	298.04	297.43	297.00	297.00	297.00
0.6	318.14	303.95	297.45	297.45	297.00	297.00	297.00
0.7	312.47	301.84	297.39	297.01	297.00	297.00	297.00
0.8	307.41	300.10	297.22	297.00	297.00	297.00	297.00
0.9	302.35	298.35	297.04	297.00	297.00	297.00	297.00

表 5.2　　　　　　　不同有效饱和度下壤质砂土的 f_p 取值　　　　单位：mm/h

Se	历　时						
	5min	10min	30min	60min	3h	6h	12h
0.1	187.33	162.74	148.04	146.46	146.40	145.80	145.80
0.2	181.86	160.04	147.58	146.45	146.38	145.75	145.75
0.3	176.40	157.34	147.12	146.45	146.26	145.61	145.61
0.4	171.06	154.79	146.72	146.40	146.09	145.55	145.55
0.5	166.05	152.61	146.45	146.23	146.09	145.50	145.50
0.6	161.19	150.61	146.25	146.00	146.04	145.50	145.50
0.7	156.65	148.88	146.08	145.83	145.97	145.50	145.50
0.8	152.77	147.72	145.97	145.80	145.91	145.50	145.50
0.9	149.07	146.72	145.87	145.85	145.50	145.50	145.50

表 5.3　　　　　　　不同有效饱和度下壤土的 f_p 取值　　　　单位：mm/h

Se	历　时						
	5min	10min	30min	60min	3h	6h	12h
0.1	51.10	33.14	18.67	14.08	14.08	14.08	14.08
0.2	46.76	30.69	17.62	13.49	13.49	13.49	13.49
0.3	42.41	28.24	16.56	12.89	12.89	12.89	12.89
0.4	38.12	25.69	15.48	12.27	12.27	12.27	12.27
0.5	33.88	23.05	14.37	11.64	11.64	11.64	11.64
0.6	29.64	20.41	13.26	11.01	11.01	11.01	11.01

续表

Se	历 时						
	5min	10min	30min	60min	3h	6h	12h
0.7	24.85	17.66	12.29	10.70	10.70	10.70	10.70
0.8	19.83	14.85	11.38	10.54	10.54	10.54	10.54
0.9	14.80	12.05	10.47	10.38	10.38	10.38	10.38

表 5.4　　　　　　　　　　　不同有效饱和度下黏性壤土的 f_p 取值　　　　　　　　单位：mm/h

Se	历 时						
	5min	10min	30min	60min	3h	6h	12h
0.1	70.54	57.04	10.73	6.35	3.43	3.22	3.18
0.2	50.96	39.25	9.31	5.81	3.25	2.91	2.89
0.3	31.37	21.46	7.89	5.28	3.07	2.60	2.60
0.4	23.23	14.16	6.91	4.78	2.88	2.48	2.46
0.5	20.80	12.12	6.16	4.30	2.69	2.44	2.39
0.6	18.38	10.07	5.40	3.82	2.49	2.40	2.33
0.7	15.02	8.03	4.60	3.38	2.38	2.37	2.30
0.8	10.70	6.01	3.75	2.98	2.35	2.34	2.29
0.9	6.38	3.99	2.90	2.58	2.32	2.32	2.30

　　1932 年，霍顿在研究降雨产流时，提出了经典的下渗经验公式可计算直接径流量，该公式表示为 $f_p = f_c + (f_0 - f_c) e^{-kt}$。上述方程可变形为如式（5.28）所示。以 Richard's 方程模拟计算的结果为目标，基于最小二乘法优化可求得经验参数 k，并用有效饱和度 Se 标准化参数空间，见表 5.5。产流计算时，根据时段初始含水率计算有效饱和度查表计算各历时降雨的下渗率，也可以根据霍顿经验公式提取参数进行计算。每次计算完成后，对土壤平均含水量做一次平衡计算，作为下次运算的初始含水量，进行新的参数搜索。

$$\ln \frac{f_p - f_c}{f_0 - f_c} = -kt \tag{5.28}$$

式中：f_p 为下渗率，mm/h；f_c 为稳定下渗率，mm/h；f_0 为初始下渗率，mm/h；k 为与土壤特性有关的经验常数；t 为时间，h。

表 5.5　　　　　　　不同有效饱和度下典型均质土壤经验下渗公式参数

k	Se								
	0.1	0.2	0.3	0.4	0.5	0.6	0.7	0.8	0.9
砂土	0.110	0.133	0.156	0.179	0.200	0.221	0.261	0.332	0.404
壤质砂土	0.121	0.139	0.158	0.176	0.188	0.201	0.239	0.472	0.705
砂质壤土	0.079	0.093	0.106	0.122	0.156	0.190	0.267	0.530	0.792
壤土	0.085	0.101	0.116	0.124	0.124	0.124	0.220	0.359	0.497

k	Se								
	0.1	0.2	0.3	0.4	0.5	0.6	0.7	0.8	0.9
粉土	0.061	0.073	0.085	0.097	0.105	0.113	0.232	0.388	0.471
粉砂壤土	0.065	0.079	0.094	0.125	0.171	0.218	0.340	0.470	0.585
砂质黏壤土	0.079	0.081	0.082	0.116	0.175	0.234	0.307	0.492	0.678
黏性壤土	0.167	0.176	0.185	0.217	0.261	0.305	0.377	0.477	0.577
粉黏壤土	0.112	0.115	0.119	0.122	0.126	0.129	0.132	0.136	0.139
砂质黏土	0.028	0.041	0.053	0.065	0.077	0.089	0.100	0.112	0.124
粉质黏土	0.171	0.231	0.104	0.164	0.198	0.210	0.221	0.588	0.648
黏土	0.050	0.065	0.079	0.093	0.128	0.169	0.209	0.250	0.291

5.2.2　土壤下渗影响深度及产流时间

基于 Richard's 方程利用 HYDRUS 模型进一步求解典型均质土壤非饱和下渗过程。计算时间步长为 1min，模拟时间为 2h，土壤深度设定为 3m，3m 底边界条件为自由排水。雨强是控制混合产流机制的关键输入条件，不同土壤下渗能力和储水能力决定了混合产流的发生条件。雨强的选择原则是模拟能够覆盖降水等级中的各种可观测的降雨强度，模拟的雨强选用了 0.167mm/min（10mm/h）、0.25mm/min（15mm/h）、0.33mm/min（20mm/h）、0.67mm/min（40mm/h）、1mm/min（60mm/h）、1.33mm/min（80mm/h）、1.67mm/min（100mm/h）和 3mm/min（180mm/h）。通过模拟分析发现，雨强大小直接决定了地表积水出现的时间。

湿润锋深度和产流时间受降雨强度和含水量的变化两方面影响，见图 5.4。对于同种典型均质土壤，在初始土壤含水量保持不变的条件下，产流时刻对应的湿润锋深度随降雨强度的增大而减小；在降雨强度保持不变的条件下，砂土的湿润锋深度随初始土壤含水量的增大先减小后增大，砂质壤土、粉土等其他均质土壤湿润锋深度随初始土壤含水量的增大而增大，且在小雨强情况下湿润锋深度变化更为明显，雨强过大情况下由于产流时刻极短，产流

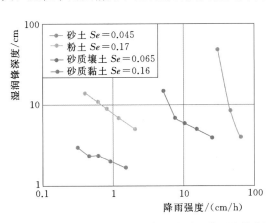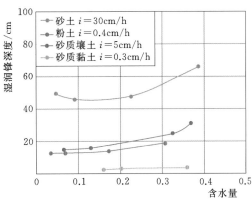

图 5.4　典型均质土壤湿润锋深度与降雨强度、含水量关系曲线

时间相对来说较为接近，所以湿润锋深度变化并不明显。统计典型均质土壤的降雨强度-含水率-湿润锋关系可知，暴雨下渗湿润锋的最大下移深度在一定范围内，土壤质地越粗、下渗能力越强，湿润锋下移深度越深。因此，提取不同土壤地表积水的湿润锋深度，进行产流计算时，根据产流湿润锋深度和最大土壤厚度可折算出充分供水的下渗速率。

根据上述土壤含水率与湿润锋运动规律，结合实际降雨类型的雨强和含水率，并考虑 10cm 为平均的敏感层深度，通过数值计算模拟不同雨强和初始含水率组合条件下，不同典型均质土壤在 2h 累积均匀降雨条件下的产流发生时间、湿润锋下移深度、土壤表层入渗量和 10cm 下渗通量等。土壤初始含水率为 0.3 时，部分土壤的结果见表 5.6～表 5.13。

表 5.6　　　　　　　　　　壤质砂土模拟结果统计表（土壤初始含水率为 0.3）

降雨强度 /(mm/min)	产流时间 /min	湿润锋下移 深度/cm	降水量 /cm	下渗量 /cm	径流量 /cm	10cm 下渗通量 /cm
0.33	0	100	4	4	0	0.7
0.67	0	138	8	8	0	4.2
1	0	142	12	12	0	6.7
1.33	0	153	16	16	0	8
1.67	0	170	20	20	0	8.7
3	3～12	180	36	29.6	6.4	9.4

表 5.7　　　　　　　　　　砂质壤土模拟结果统计表（土壤初始含水率为 0.3）

降雨强度 /(mm/min)	产流时间 /min	湿润锋下移 深度/cm	降水量 /cm	下渗量 /cm	径流量 /cm	10cm 下渗通量 /cm
0.33	0	55	4	4	0	2.25
0.67	0	78	8	8	0	6.17
1	7～14	90	12	9.15	2.84	7.29
1.33	3～5	92	16	9.25	6.7	7.39
1.67	2～2.5	93	20	9.31	10.7	7.43
3	1～1.5	93	36	9.35	26.6	7.48

表 5.8　　　　　　　　　　壤土模拟结果统计表（土壤初始含水率为 0.3）

降雨强度 /(mm/min)	产流时间 /min	湿润锋下移 深度/cm	降水量 /cm	下渗量 /cm	径流量 /cm	10cm 下渗通量 /cm
0.167	0	26	2	2	0	0.40
0.25	33	29	3	2.48	0.52	0.85
0.33	18～28	31	4	2.60	1.36	0.97
0.67	4～5	32	8	2.71	5.33	1.07
1	1～2	33	12	2.73	9.27	1.09
1.33	1～1.3	33	16	2.74	13.22	1.10
1.67	—	—	—	—	—	—
3	—	—	—	—	—	—

表 5.9 　　　　　　　　　　　粉土模拟结果统计表（土壤初始含水率为 0.3）

降雨强度/(mm/min)	产流时间/min	湿润锋下移深度/cm	降水量/cm	下渗量/cm	径流量/cm	10cm 下渗通量/cm
0.167	30～32	16	2	1.29	0.71	0
0.25	12～16	18	3	1.35	1.65	0
0.33	6～10	18	4	1.36	2.60	0
0.67	—		8	—	—	—

表 5.10 　　　　　　　　　　　粉砂壤土模拟结果统计表（土壤初始含水率为 0.3）

降雨强度/(mm/min)	产流时间/min	湿润锋下移深度/cm	降水量/cm	下渗量/cm	径流量/cm	10cm 下渗通量/cm
0.167	6～12	9	2	0.95	1.05	0
0.25	2～6	9	3	0.98	2.02	0
0.33	1～3	9	4	0.98	2.98	0

表 5.11 　　　　　　　　　　　砂质黏壤土模拟结果统计表（土壤初始含水率为 0.3）

降雨强度/(mm/min)	产流时间/min	湿润锋下移深度/cm	降水量/cm	下渗量/cm	径流量/cm	10cm 下渗通量/cm
0.167	0	29	2	2	0	0.76
0.25	20	34	3	2.64	0.36	1.40
0.33	10～18	35	4	2.72	1.23	1.45
0.67	2～2.5	36	8	2.78	5.33	1.53

表 5.12 　　　　　　　　　　　黏性壤土模拟结果统计表（土壤初始含水率为 0.3）

降雨强度/(mm/min)	产流时间/min	湿润锋下移深度/cm	降水量/cm	下渗量/cm	径流量/cm	10cm 下渗通量/cm
0.167	16～19	14	2	0.97	1.03	0
0.25	6～10	15	3	0.98	2.02	0
0.33	3～6	17	4	0.98	2.98	0
0.67	—	—	8	—	—	—

表 5.13 　　　　　　　　　　　砂质黏土模拟结果统计表（土壤初始含水率为 0.3）

降雨强度/(mm/min)	产流时间/min	湿润锋下移深度/cm	降水量/cm	下渗量/cm	径流量/cm	10cm 下渗通量/cm
0.167	2～7	11	2	0.43	1.57	0
0.25	0.5～1	11	3	0.52	2.48	0
0.33	0～0.5	11	4	0.52	3.48	0

　　土壤对暴雨响应深度是确定土壤蓄水容量的关键参数，分析土壤的产流时间可定量表示土壤产流对降雨响应的快慢程度。由上述模拟结果，可总结不同典型均质土壤类型对暴雨的最大响应深度和产流时间，见表 5.14 和表 5.15。山丘区大部分土壤质地类型 6h 暴雨的最大响应深度均在 60cm 以内，因此，主要关注 0～60cm 土深的土壤水力特征参数分布，进行山丘区小流域产流特性分析。

表 5.14　　　　　　　　　　不同土壤质地类型对暴雨的最大响应深度

降雨强度 /(mm/min)	6h 最大湿润锋深度/cm								
	壤质砂土	砂质壤土	壤土	粉土	粉砂壤土	砂质黏壤土	黏性壤土	砂质黏土	黏土
0.167	70	29	26	16	18	29	14	11	12
0.25	80	38	29	18	20	34	15	11	11.5
0.33	100	55	31	18	23	35	17	11	
0.67	138	78	32		23	36	17		
1	142	90	33						
1.33	153	92	33						
1.67	170	93							
3	180	93							

表 5.15　　　　　　　　　　不同土壤质地类型对暴雨的产流时间估算

降雨强度 /(mm/min)	产流时间/min								
	壤质砂土	砂质壤土	壤土	粉土	粉砂壤土	砂质黏壤土	黏性壤土	砂质黏土	黏土
0.167				30～32	6～12		16～19	2～7	2～3
0.25			33	12～16	2～6	20	6～10	0.5～1	1～2
0.33			18～28	6～10	1～3	10～18	3～6	0～0.5	
0.67			4～5	1～2		2～2.5			
1		7～14	1～2						
1.33		3～5	0.5～1.3						
1.67		2～2.5							
3	4～12	1～1.5							

5.2.3　小流域土壤水力特征参数

综合全国土壤类型与质地类型数据集和国际土壤质地分类信息，以小流域为基本单元，按照面积加权法由 0cm、5cm、15cm、30cm 和 60cm 土深的土壤水力特征参数分别确定小流域 12 种土壤表层土（0～5cm）、浅层土（5～15cm）、中层土（15～30cm）和深层土（30～60cm）的土壤水力特征参数，包括饱和含水量 θ_s、有效含水量 θ_a、凋萎含水量 θ_w 和饱和水力传导度 K_s。土壤分层见图 5.5。

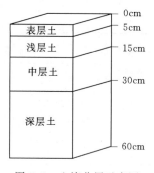

图 5.5　土壤分层示意图

为便于统计，以土壤田间持水量与凋萎含水量之差作为土壤有效含水量。全国小流域及各预报预警分区内土壤水力特征参数的统计值见附表 2.3，小流域不同土层饱和含水量、有效含水量和凋萎含水量的频数分布见图 5.6。随着土层的加深，小流域土壤饱和含水量逐渐减少，56% 以上的小流域表层土 θ_s 大于 45%，51% 的

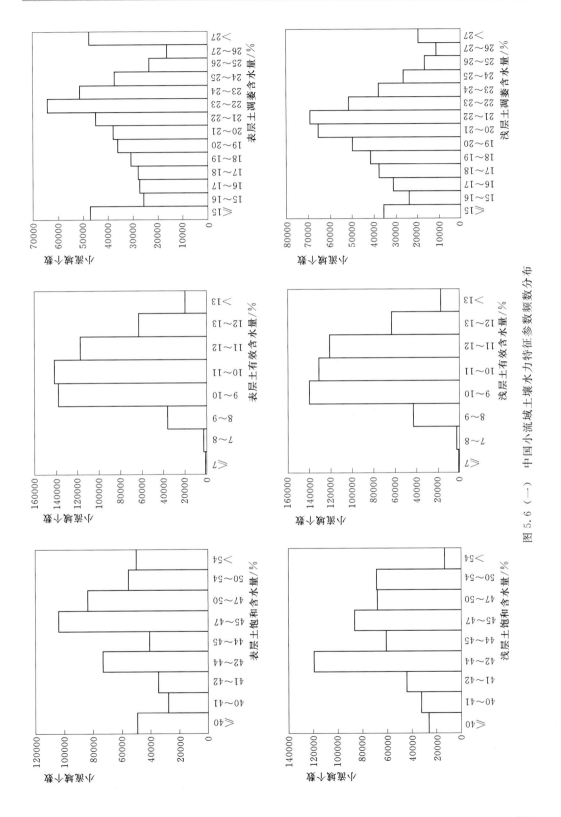

图 5.6 (一)　中国小流域土壤水力特征参数频数分布

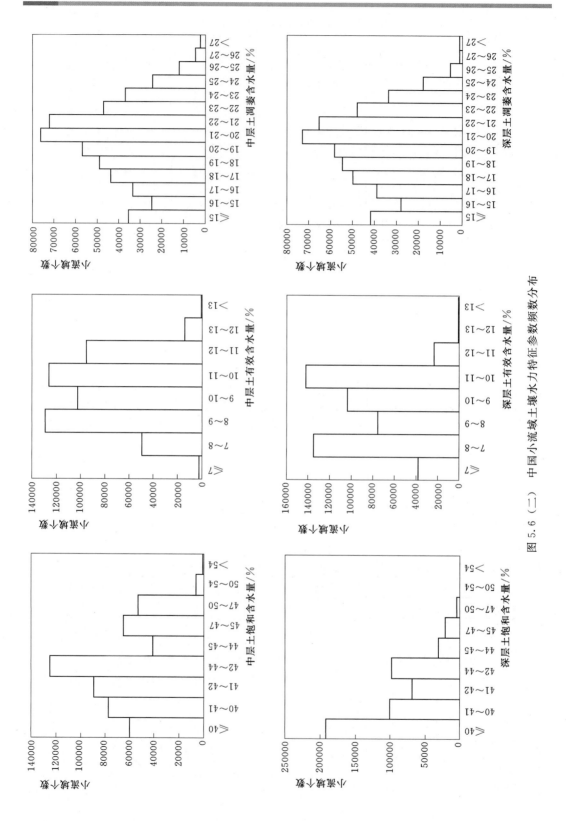

图 5.6（二）　中国小流域土壤水力特征参数频数分布

小流域浅层土 θ_s 为 42%～47%，56%的小流域中层土 θ_s 为 40%～44%，69%的小流域深层土 θ_s 不超过 42%；小流域土壤有效含水量和凋萎含水量的垂直变化趋势与饱和含水量类似，但土壤含水量随土壤深度增加的减幅小于饱和含水量。

中国小流域表层土和中层土各水力特征参数的空间分布见图 5.7。对于小流域表层土饱和含水量，东北地区和横断山脉等地区含水量较高，北部干旱半干旱地区含水量偏低，中东部、华北平原和青藏高原等地区介于两者之间。总体而言，表层土饱和含水量的空间分布趋势与土壤有机质含量分布基本一致，与土壤容重分布相反，即土壤有机质含量越

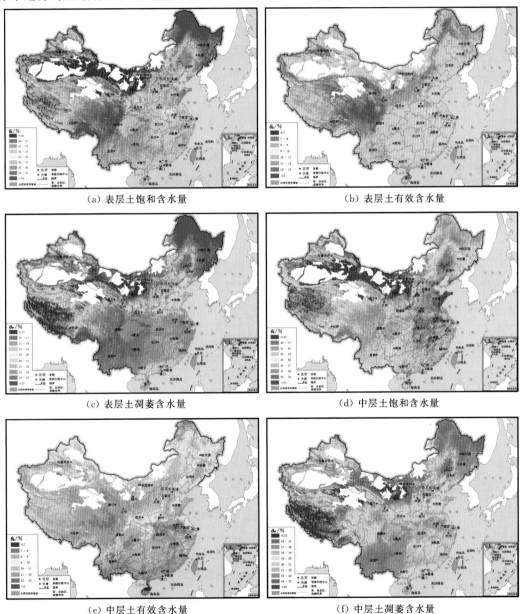

（a）表层土饱和含水量　　　　　　　　（b）表层土有效含水量

（c）表层土凋萎含水量　　　　　　　　（d）中层土饱和含水量

（e）中层土有效含水量　　　　　　　　（f）中层土凋萎含水量

图 5.7　中国小流域土壤水力特征参数

高、土壤容重越低，土壤饱和含水量越高。对于小流域中层土饱和含水量，东北地区和横断山脉等地区含水量较高，北部干旱半干旱地区含水量偏低，其余地区含水量低于浅层土，且其空间分布差异小于表层土。此外，全国小流域表层土、中层土的有效含水量和凋萎含水量的空间分布趋势与相应土层饱和含水量的空间分布趋势类似；全国小流域浅层土各土壤水力特征参数的空间分布趋势与表层土基本一致，深层土与中层土基本一致，但含水量有所减少，且其空间差异性有所降低。

以伊河陆浑水库上游流域为典型流域，展示其小流域土壤水力特征参数的空间分布。该流域属于黄河干流水系三级支流，流域面积为3493km²，小流域253个。流域土地利用/植被类型、土壤类型与土壤质地类型空间分布见图5.8。主要的土地利用/植被类型为有林地和耕地，主要的土壤类型为褐土、棕壤土和棕壤性土，主要的土壤质地类型为壤土、砂黏土。

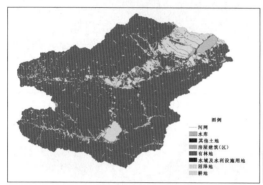

（a）土地利用/植被类型

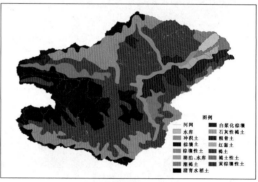

（b）土壤类型

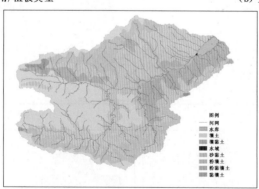

（c）土壤质地类型

图 5.8　伊河陆浑水库上游流域小流域下垫面分布

伊河陆浑水库上游流域小流域土壤含水量分布见图5.9，与其下垫面空间分布较为一致。在同一土层内，其土壤含水量由上游至下游、由分水岭至中部逐渐减少；在不同土层内，其土壤含水量由表层至深层逐渐减少。

全国各山洪预报预警分区内小流域4层土的饱和含水量、有效含水量和凋萎含水量的变化范围和离差系数见表5.16。各含水量在不同土层的垂直变化趋势一致，均随着土层

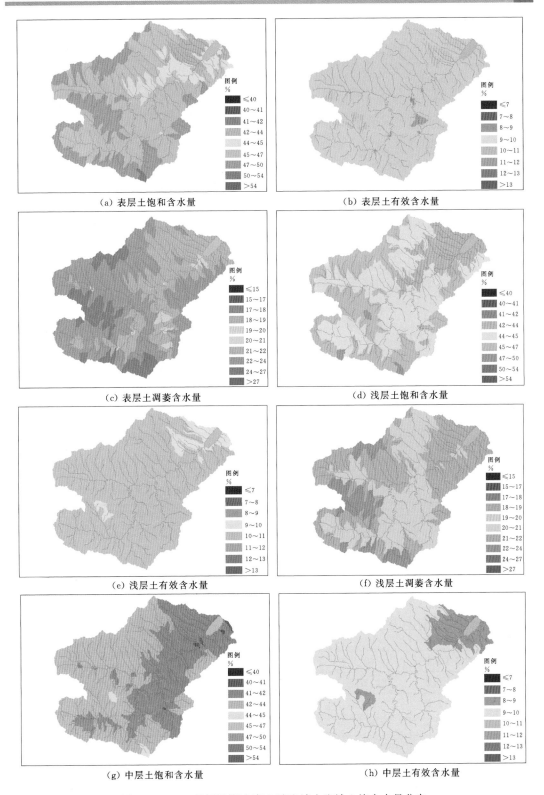

图 5.9（一）　伊河陆浑水库上游流域小流域土壤含水量分布

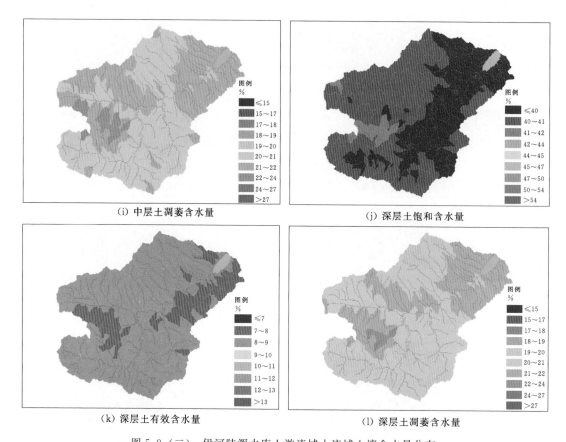

（i）中层土凋萎含水量　　　　　　　　（j）深层土饱和含水量

（k）深层土有效含水量　　　　　　　　（l）深层土凋萎含水量

图 5.9（二）　伊河陆浑水库上游流域小流域土壤含水量分布

表 5.16　　　　中国山洪预报预警分区内小流域土壤水力特征参数分布统计

土层	土壤水力特征参数	均　值/%			离　差　系　数		
		最小值	平均值	最大值	最小值	平均值	最大值
表层土	饱和含水量	38.92	46.73	58.97	0.02	0.11	0.14
	有效含水量	8.93	11.17	13.27	0.03	0.11	0.13
	凋萎含水量	13.76	21.73	32.03	0.03	0.21	0.30
浅层土	饱和含水量	39.89	45.91	53.51	0.01	0.09	0.11
	有效含水量	8.56	11.13	13.35	0.02	0.12	0.12
	凋萎含水量	14.62	20.94	28.59	0.02	0.17	0.26
中层土	饱和含水量	39.21	43.55	49.41	0.01	0.07	0.08
	有效含水量	7.61	10.24	12.29	0.03	0.13	0.13
	凋萎含水量	14.82	20.42	26.03	0.02	0.15	0.24
深层土	饱和含水量	38.79	41.59	46.19	0.01	0.05	0.07
	有效含水量	7.06	9.48	11.66	0.03	0.15	0.15
	凋萎含水量	14.61	19.98	25.09	0.02	0.15	0.23

的加深而逐渐减少，如表层土、浅层土、中层土和深层土的饱和含水量在各分区内的平均值分别为 46.73%、45.91%、43.55% 和 41.59%，且其减幅逐渐减小，如各土层饱和含水量在各分区内的最大值和最小值之差分别为 20.05%、13.62%、10.20% 和 7.40%；各土层的土壤含水量在各分区内的离差系数较小，且在各分区间分布不一致，反映了土壤含水量在各分区间的差异性及在分区内的一致性，分区成果较为合理。

5.2.4 小流域土地利用与植被类型产流特性分析

小流域土地利用与植被类型不同，会影响近地面的蒸散发、填洼、下渗等水文过程，进而导致小流域产汇流特性不一致，应重视不同土地利用与植被类型的产流特性分析。基于优于（含）2.5m 分辨率的卫星影像数据等资料，提取 53 万个小流域主要的土地利用与植被类型，包括耕地、园地、林地、草地、交通运输用地、水域及水利设施用地、房屋建筑（区）、构筑物、人工堆掘地、其他土地等 10 个一级类、22 个二级类和 25 个三级类。下面对上述小流域主要土地利用与植被类型的产流特性，进行简要分析，部分小流域土地利用与植被类型空间分布和面积占比分别见图 5.10 和表 5.17。

表 5.17　　　　　　　　　　小流域主要土地利用与植被类型面积占比

流域编码	面积/km²	占　比
WAF4500100000000	29.93	高覆盖草地（57.2%）、房屋建筑（区）（22.5%）、水田（6.9%）
WDA7610B00000000	23.82	高覆盖草地（58.2%）、旱地（26.7%）、房屋建筑（区）（10.7%）
WDA770012L000000	24.97	房屋建筑（区）（40.7%）、旱地（27.5%）、高覆盖草地（13.7%）
WDA800012T300000	25.26	旱地（38.0%）、有林地（27.4%）、房屋建筑（区）（13.2%）
WFA44001e0000000	33.39	有林地（40.9%）、旱地（24.8%）、水田（16.4%）
WFA9210600000000	32.67	有林地（43.3%）、水田（18.0%）、灌木林地（16.4%）
WFF1100131AF0000	13.06	有林地（50.6%）、水田（18.6%）、高覆盖草地（18.4%）
WGA2700400000000	28.20	有林地（41.2%）、房屋建筑（区）（28.0%）、水田（12.3%）
WGA23206G0000000	17.41	房屋建筑（区）（28.9%）、有林地（28.3%）、水田（17.8%）
WDC22001021H0000	26.95	旱地（37.9%）、有林地（19.6%）、灌木林地（16.2%）
WEA23C0400000000	33.68	旱地（71.2%）、房屋建筑（区）（11.9%）、高覆盖草地（9.8%）
WFAKG00121A00000	36.04	水田（36.6%）、旱地（32.7%）、有林地（12.4%）

耕地包括水田和旱地。水田筑有田埂，深度一般可达 10～20cm，生育期水田内蓄水，作为不透水面积，降雨全部产流；非生育期水田内无水，在降雨初期可储蓄雨水，填洼量约为 100mm，即降雨初期水田不产流，直至田地内蓄满水后，水田作为不透水面积直接产流。旱地地表土质疏松，土壤较为干燥，对于旱地面积占比较大的小流域，降雨初损量较大。例如，小流域 WFAKG00121A00000 中水田和旱地面积占比均达到 30% 以上，产汇流的空间分布异质性较大。山丘区溪沟大多纵深大、宽度窄、坡降陡，加之暴雨山洪具有强度大、总量小等特点，溪沟上游山洪暴发时，水位上涨深度可至 14～15m，然而由于溪沟对山洪的调蓄作用，下游小流域出口处却几乎无水。

降雨初期，森林冠层可截留全部雨水，直至达到森林的最大稳定截留量，最终通过蒸

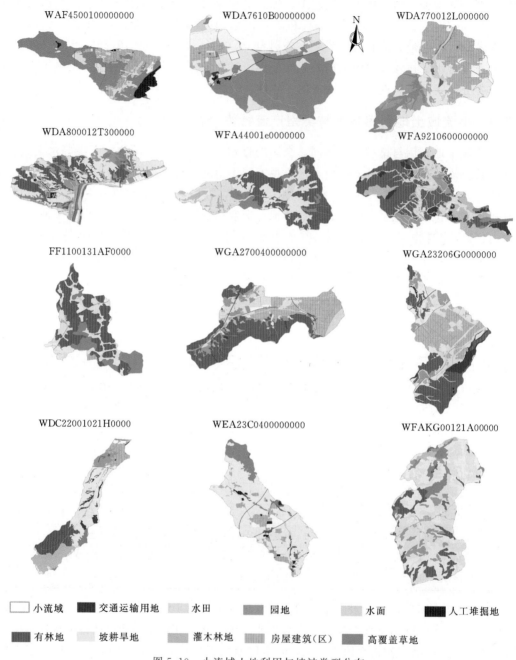

WAF4500100000000

WDA7610B00000000

N

WDA770012L000000

WDA800012T300000

WFA44001e0000000

WFA9210600000000

FF1100131AF0000

WGA2700400000000

WGA23206G0000000

WDC22001021H0000

WEA23C0400000000

WFAKG00121A00000

| 小流域 | 交通运输用地 | 水田 | 园地 | 水面 | 人工堆掘地 |
| 有林地 | 坡耕旱地 | 灌木林地 | 房屋建筑（区） | 高覆盖草地 | |

图 5.10　小流域土地利用与植被类型分布

发以水汽形式返回大气，研究表明一般林冠截留量约占全年降雨量的 10%～30%。另外，森林枯落物层和土壤层可增强土壤下渗和持水能力，减弱地表冲刷和蒸发，从而削减和滞留地表径流，补给壤中流和地下水。例如，小流域 WDA800012T300000、WFA44001e0000000、WFA9210600000000 和 WFF1100131AF0000 等，流域内有林地面积占比较大，可有效滞蓄径流。与森林类似，草地冠层可截留大部分降雨，干旱地区牧场的降雨截留率甚至可达到 30%，枯落物层具有持水截留效应，可减少地表径流，补给土壤水。例如，小流域 WAF4500100000000 和 WDA7610B00000000，流域内高覆盖草地面积占比达到 50% 以上，也可有效截留降雨、减少暴雨径流。

5.2.5 小流域地貌水文响应单元

基于高精度地形地貌数据和不同下垫面下的小流域产流特性分析等，提出了小流域地貌水文响应单元的划分标准（表 5.18），划分为快速响应单元、滞后响应单元、贡献较小单元三类。

表 5.18　　　小流域地貌水文响应单元划分标准

土壤质地类型	饱和导水率 /(mm/h)	下渗分类	土壤田间持水量	蓄水能力分类	土地利用	描述	响应单元
块石、砾石	$K_s>100$	易下渗型	$\theta_c<0.2$	蓄水能力小	砾石，沙地，其他旱地	土壤下渗能力大、相对蓄水能力小、地表植被覆盖稀疏，降雨容易形成垂直下渗，降雨形成产流较小	贡献较小单元
砂土							
壤质砂土							
砂质壤土	$10<K_s\leqslant100$	较易下渗型	$0.2\leqslant\theta_c<0.3$	蓄水能力中等	园地，灌木林地，人工草地，中、低覆盖草地，坡耕旱地，沼泽地	土壤下渗能力较强、有一定的蓄水能力，植被覆盖度较好，降雨量较小时对径流量贡献较小，只有当降雨量达到一定量后才会明显贡献	滞后响应单元
壤土							
砂质黏壤土							
砂质黏土	$1<K_s\leqslant10$	中等下渗型					
粉砂壤土							
黏性壤土				$\theta_c\geqslant0.3$	蓄水能力大	有林地，高覆盖草地，盐碱地，硬化地表	土壤下渗能力小、且蓄水能力强，地表植被覆盖较好，较小的降水就容易形成超渗和蓄满两种形式的产流	快速响应单元
砂质黏土							
粉质黏土	$K_s\leqslant1$	不易下渗型					
粉质黏壤土							
黏土							
重黏土							
岩石			—	—	交通运输地，房屋建筑（区），水体	地表不易下渗	
城区							
水域							

为了进一步细化小流域地貌水文响应单元，根据土地利用对土壤水分的保持特性，将快速响应单元和滞后响应单元细分为快、中、慢三类。假设每一个山坡地貌水文响应单元都有一个与其相匹配的主要产流机制，使产流机制在空间上与地貌特征建立一一对应关系，对山坡主要的产流机制进行分类（表 5.19），可以根据山坡地貌水文响应单元的主导产流机制构建相匹配的产流过程模型，进而减少模型参数。

此处主要区分四种产流机制：①霍顿产流机制（HOF），降雨强度超过土壤下渗能力产生超渗地面径流，这种产流机制适用于表层土壤下渗能力相对较低的山坡，如基岩山区

表 5.19　　　　　　　　　　小流域地貌水文响应单元与产流机制对应标准

响应单元	描述	细分	主要径流过程	稳定下渗率/(mm/h)	土壤饱和导水率/(cm/h)	田间持水量	平均坡度	覆盖层厚度/cm	曲线数 CN 值
快速响应单元	不管降雨量多少，对径流量都有一定贡献，产流速度快，产流能力强	快	超渗	$f_c \leq 0.25$	$K_s \leq 0.1$	$\theta_c > 0.3$	$S > 25°$	$Z \leq 20$	$CN > 90$
		中	超渗/蓄满混合	$0.25 < f_c \leq 0.6$	$0.1 < K_s \leq 0.6$	$0.2 < \theta_c \leq 0.25$	$20° < S \leq 25°$	$Z \leq 20$	$75 < CN \leq 90$
			蓄满						
		慢	蓄满	$0.6 < f_c \leq 1$	$0.6 < K_s \leq 1$	$0.25 < \theta_c \leq 0.3$	$15° < S \leq 20°$	$Z \leq 20$	$60 < CN \leq 75$
			壤中流						
滞后响应单元	降雨量较小时对径流量贡献较小，只有当降雨量达到一定量后才会有明显贡献。产流速度慢，产流能力弱	快	超渗	$1 < f_c \leq 15$	$1 < K_s \leq 5$	$\theta_c > 0.3$	$S \leq 15°$	$20 < Z \leq 50$	$45 < CN \leq 60$
			超渗/蓄满混合			$0.2 < \theta_c \leq 0.25$			
			蓄满						
		中	超渗	$1 < f_c \leq 15$	$5 < K_s \leq 15$	$\theta_c > 0.2$		$20 < Z \leq 50$	$30 < CN \leq 45$
			超渗/蓄满混合			$0.25 < \theta_c \leq 0.3$			
			蓄满						
		慢	壤中流	$1 < f_c \leq 15$	$15 < K_s \leq 30$	$0.3 < \theta_c \leq 0.4$		$20 < Z \leq 50$	$20 < CN \leq 30$
贡献较小单元	不管降雨量多少，对径流量都几乎没有贡献	—	下渗为主	$f_c > 15$	$K_s > 30$	$\theta_c \leq 0.1$		$50 < Z \leq 80$	$CN \leq 20$

或土壤致密且黏土含量高的地区。②蓄满产流机制（SOF），主要发生在土壤含水量较大、地下水埋深较浅、表层土壤具有一定下渗透水能力的山坡。③壤中流（SSF）代表土壤含水量大于田间持水量，水分在土壤中发生侧向流动。浅层蓄满产流或壤中流以地形坡度临界值为特征判别变量，倾斜超过 20％的陡坡在山坡上映射为壤中流，平缓边坡为饱和蓄满产流。④混合产流（MOF），在产流区不同的时间和不同的区域既有蓄满产流又有超渗产流。我国半干旱半湿润地区常发生两种产流模式相互交织的情形。

　　针对山丘区小流域地形地貌多样、产流机制复杂带来的洪水预报精度较低的问题，开发了适用于小流域短历时强降雨条件下的时空变源混合产流模型，以描述在土壤含水量时空变化下的流域超渗、蓄满产流的时空动态组合。该模型采用上述标准划分山坡地貌水文响应单元，并确定其所对应的产流机制；基于一维入渗理论和 Van Genuchten（VG）模型建立了包气带非饱和土壤下渗计算方法；实现垂向和时段上超渗产流、浅层土壤蓄满产流、深层土壤蓄满产流的机制转换，建立产流机制时空变化的混合产流模型，其产流过程概化及不同产流机制的水文计算模块化示意图见图 5.11。

　　短历时、强降雨条件下，中小流域产汇流非线性特质显著。此外，山丘区中小流域大多缺少或者无径流观测资料，导致流域水文模型参数确定较为困难。已有研究多通过参数区域化分析技术构建流域属性与流域水文模型产汇流参数间的关系，基于流域属性确定缺资料地区的产汇流参数，实现缺资料地区水文模拟计算，并以流域的降雨量、径流系数等

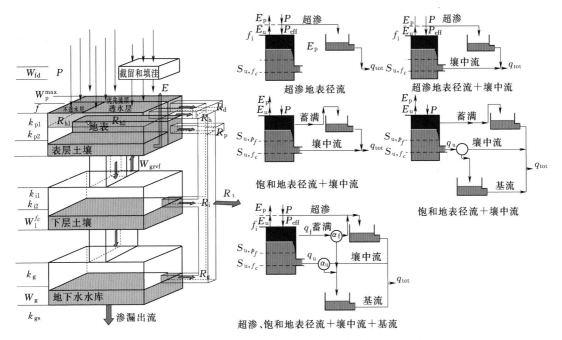

图 5.11　产流过程概化及不同产流机制的水文计算模块化示意图

为宏观控制边界，保证流域水量平衡。

　　影响小流域产汇流过程的关键因子包括下垫面因子（地形、土壤和土地利用等）和气象因子（降雨、气温等）。基于高精度地形地貌数据提取流域坡度、最长汇流路径、土壤类型、土壤质地类型、土壤水力特征参数、土地利用与植被类型等主要流域属性，研究小流域非线性产汇流过程与下垫面关键因子间的响应关系，利用深度学习、层次分析法和全局优化算法等多种方法，建立不同地貌类型区的产汇流关键因子参数库，确定小流域产汇流主导因素及关键参数，从而确定缺资料地区的产汇流参数。

第 6 章

小流域单位线分析计算

流域上的降水在扣除损失后，从流域各处向流域出口断面汇集的过程称为流域汇流。流域汇流包括坡地汇流和河网汇流两部分。前者指降落在坡面上的雨水沿坡面向河网汇集的过程，后者指水流通过河网汇集到流域出口断面的过程，上述两种汇流过程有时可能交替进行。流域汇流过程中各雨滴到达流域出口断面的距离不同，且流域内水滴流速分布也不均匀，在流域调蓄作用下，流域洪水过程线呈现推移和坦化。实际流域汇流过程是十分复杂的，目前尚不能完全采用物理方法模拟流域汇流的具体细节，通常是简化处理。常用的流域汇流计算方法主要有两大类：一类是对流域汇流现象作简化概括，可直观反映流域内径流的形成和出口断面流量的组成，以等流时线法为代表，认为流域汇流过程中仅发生了平移，忽略了水体变形，不适于河道调蓄能力较大的流域；另一类是采用系统分析的方法，认为流域出口的洪水过程是流域对净雨过程的响应，流域汇流系统可划分为线性、非线性、时变、时不变系统，以单位线法为代表。单位线法应用较为普遍，被认为是应用水文学最有效的工具，是进行小流域暴雨洪水预报的基础。中小流域大多缺乏实测水文资料，因此，单位线分析计算方法必须尽可能不依赖实测水文资料。本章在分析常用单位线汇流方法的基础上，应用高精度地形地貌数据提出了适于缺资料地区的非线性分布式汇流单位线法，提取了 53 万个小流域不同雨强、不同历时的单位线组，定量反映了雨强和下垫面条件对洪水大小的影响；并基于中国小流域数据集进行单位线综合分析。

6.1 单位线发展历程概述

早在 19 世纪人们就开始研究如何由暴雨确定所形成的洪峰流量。1850 年，Mulvany 提出了第一个由暴雨计算洪峰流量的公式，即合理化公式。1871 年，de Saint - Venant 提出了描写河道洪水波运动的明渠缓变不稳定偏微分方程组。1921 年，Ross 提出了时间 - 面积曲线概念，并据此建立了等流时线法。1932 年，Sherman 提出了流域汇流单位线的概念用于计算流域的汇流过程，据此建立的方法称为 Sherman 单位线法。其实，1930 年，美国 Boston 土木工程协会提出了"瞬时暴雨产生的过程能表征流域特征"的概念。但直到 1945 年，Clark 采用上述概念进行研究，提出了流域瞬时单位线的概念，从系统论的角度给出了单位线的理论意义，并指出了瞬时单位线和时间-面积曲线的关系。1957 年，Nash 构建了线性水库串联模型的瞬时单位线公式，成为单位线的理论公式。20 世纪 60 年代，Chow 认为流域汇流可作为一个用线性动力系统微分方程来描述的系统，推动了单位线动力学理论的发展。1979 年，Rodríguez－Iturbe 和 Valdés 首次提出了 R－V 地貌气候单位线理论，随后 Gupta 也在 1980 年提出了地貌单位线理论，R－V 单位线和 Gupta 单位线以 Horton－Strahler 河流分级理论为基础，借用统计物理学处理大量"粒子"运动宏观表现的方法建立地貌瞬时单位线。1996 年，Maidment 提出了分布式单位线的概念，即能够反映地形坡度和汇流路径空间分布的单位线，研究表明，缺资料地区分布式单位线可代替地貌单位线用于流域汇流计算。2003 年，芮孝芳基于分布式概念和随机模型提出了采用流路路径提取单位线的方法。

上述单位线方法大多适用于有资料地区，为将单位线法推广用于缺资料地区，许多学者开展了大量的单位线综合分析研究。1938 年，Snyder 在研究美国 Appalachian 山地的暴雨径流时，建立了 Sherman 单位线特征值与流域地形地貌参数的经验公式。1960 年，Nash 建立了 Nash 瞬时单位线汇流参数与地形地貌之间的经验公式。此后，Rosso 和 Body 分别研究了 Nash 模型参数与 Horton 地貌参数之间的经验性关系，以及概念性模型参数与地形地貌参数的定量关系。20 世纪 50 年代初，综合单位线法在国内得到进一步的发展和应用，我国各省区对综合单位线法进行了系统研究，结合各省区不同类型区流域的特点，提出了淮上法综合单位线、广东省综合单位线、浙江省综合单位线等，并被编入各地水文手册用于缺资料地区中小流域暴雨洪水计算。

6.2　常用单位线汇流方法

Sherman 于 1932 年创立的单位线是流域汇流计算中最基本和最重要的概念之一。当用系统分析观点解释流域汇流时，流域单位线就是流域的水文响应；从数学关系的角度，单位线是流域内净雨转化为流域出口径流过程的常用转换函数，一定程度上反映了流域内降雨的汇流过程。我国大尺度流域积累了较为丰富的水文实测资料，因而基于历史降雨径流实测资料的经验单位线得以广泛应用。目前来讲，常用的单位线汇流方法主要有时段单位线、瞬时单位线、地貌单位线和综合单位线。

6.2.1　时段单位线

时段单位线又称 Sherman 单位线，至今仍是流域汇流计算中应用最为普遍的方法。流域汇流单位线定义为单位时间内时空分布均匀的单位净雨在流域出口断面形成的地面径流过程线。单位净雨量一般取 10mm，单位时间并不一定等于时间单位，可以任取一实数。净雨的单位时间决定了单位线时间，时间改变，流域的单位线也随之改变。时段单位线是由流域实测洪水资料反推求得，又称为经验单位线。因此，有多少净雨时间，便有多少单位线。

对单位线的基本假定作了描述：

（1）对给定的流域，历时相同的均匀降雨产生的地表径流历时基本保持不变，不考虑其对径流总量的差异。

（2）对给定的流域，如果历时相同的均匀降雨产生的地表径流总量不同，则降雨开始后相应时间的地表流量的比率与其径流总量的比率相同。

（3）给定暴雨时段产生的地表径流的时间分布与其前时段产生的径流无关。

单位线的定义和上述基本假定合在一起便构成单位线理论。单位线理论假定系统是线性的、时不变的，即净雨产生的径流可由线性运算求出。单位线是相对于特定净雨的特定历时，并有单位总量。常用1h单位线、6h单位线或1d单位线，1h、6h、1d在这里并不是单位线的历时，而是净雨的历时。因为假定净雨在该时段内均匀发生，其历时决定其强度，随实际应用的不同而发生变化。因此，对给定流域有很多单位线，分别相应于指定的净雨历时。

假定流域出口流量过程线的纵坐标值为 Q_1，Q_2，$\cdots$，Q_l，单位线的纵坐标值为 q_1，q_2，$\cdots$，q_n，时段单位净雨量为 h_1，h_2，$\cdots$，h_m。依据单位线的基本假定，时段单位线的计算公式如下：

$$q_i = \left(Q_i - \sum_{j=2}^{m} \frac{h_j}{10} q_{i-j+1} \right) \frac{10}{h_1} \quad (i=1,2,\cdots,n; j=2,\cdots,m) \tag{6.1}$$

式中：m 为净雨时段数，单位线时段数满足 $n=l-m+1$。

在已知流量过程和净雨过程的条件下，根据上式即可求得单元流域相应的单位线。但由于降雨及下垫面条件的复杂性，流域汇流并不是严格遵循单位线的基本假定，再加上产流模拟净雨中也存在误差，因此求得的单位线会出现锯齿，甚至是负值。若有这种情况时，可以考虑由后向前逆序推求，或者对推算的单位线作光滑修正，但要保持单位线的总量不变。

6.2.2 瞬时单位线

Nash 在 1957 年提出一个假设，即流域对地面净雨的调蓄作用，可用 n 个串联线性水库的调节作用来模拟，由此推导出 Nash 瞬时单位线的数学方程式：

$$u(0,t) = \frac{1}{K\Gamma(n)} \left(\frac{t}{K} \right)^{(n-1)} e^{-t/K} \tag{6.2}$$

式中：n 为线性水库的个数；K 为线性水库的蓄量常数，h。

瞬时单位线需采用实测降雨径流资料进行汇流参数优选，也可结合流域地形地貌属性，对参数进行分析和地区综合。在实际计算中，瞬时单位线需采用 S 曲线法转换为时段单位线才能使用。

Nash 用 n 个串联的线性水库模拟流域的调蓄作用只是一种概念，n 的取值可以不是整数。n、K 对瞬时单位线形状的影响是相似的，$u(0,t)$ 的峰值随着 n、K 的减小而增高，峰现时间亦随之提前；$u(0,t)$ 的峰值随着 n、K 的增大而降低，峰现时间亦随之推后。通过对大量实测资料的计算分析，n、K 对单位线所起的作用可归纳为以下几方面：

（1）对单位线峰值的影响，n、K 都起作用，但 K 比 n 的作用明显，显得更敏感一些。

（2）对单位线峰现时间的影响，n、K 都起作用，相比之下，n 的作用大一些。

（3）对单位线偏态程度的影响，n 的作用远大于 K，n 越大，单位线越对称，n 越小，单位线越偏态。

6.2.3　地貌瞬时单位线

1979 年，Rodriguez-Iturbe 等应用概率论、水系地貌结构理论和水文学原理导出了如下流域瞬时地貌单位线的表达式。该方法假定流域上组成净雨的各水滴之间呈弱相关关系，即在统计上认为是相互独立的，且各水滴以同等概率降落在流域上，则流域地貌单位线等价于水滴持留时间的概率密度函数，即 $u(t)=f_B(t)$。

$$f_B(t)=\sum_{s\in S}f_{x_1}(t)\times f_{x_2}(t)\times\cdots\times f_{x_k}(t)\times p(s) \tag{6.3}$$

式中：$f_B(t)$ 为水滴持留时间的概率密度函数；s 为水滴到达出口断面的状态路径，x_1，x_2，$\cdots$，x_k 为组成该 s 的状态，分别在各级河流状态和各级坡地状态中选择；$f_{x_1}(t)$，$f_{x_2}(t)$，$\cdots$，$f_{x_k}(t)$ 为水滴在状态 x_1，x_2，$\cdots$，x_k 中持留时间的概率密度，可由水滴通过状态 $x_k(k=1,2,\cdots)$ 的动力因子确定；$p(s)$ 为水滴选择 s 的概率，可由 Horton 地貌参数确定；S 为 s 的集合。

由于水滴降落在流域上是随机的，其由降落点至流域出口断面的运动速度和汇流路径均可看作随机变量，且相对独立。根据概率论中随机变量函数分布的理论，可得到如下关系：

$$u(t)=f_B(t)=\int_0^{v_{\max}}vg(vt)\varphi(v)\mathrm{d}v \tag{6.4}$$

式中：$g(vt)$ 和 $\varphi(v)$ 分别为随机变量的分布密度，可分别由宽度函数、坡度的分布密度求得；$v_{\max}$ 为流域中净雨滴的最大运动速度，m/s。

6.2.4　综合单位线

Singh 等将综合单位线分为四类：经验综合单位线、概念综合单位线、概率综合单位线和地貌综合单位线。

综合单位线的确定方法一般可分为两种：一种是先拟定单位线特征值与流域地形地貌属性间的函数形式，采用统计回归分析、最优化方法等方法优选其参数；另一种是采用人工神经网络算法等模拟仿真计算方法直接拟合两者的关系，无须事先指定确切的函数形式。综合单位线依赖于实测水文气象资料，在缺资料地区进行外延和移用应十分慎重。

目前，我国大部分省份均已建立了各自的综合单位线分析方法，给出了地理综合成果。但该方法确定的单位线特征值与流域地形地貌特征值间的经验关系，是平均单位线，未考虑不同降雨事件中单位线的不同；所建立的单位线多为单一峰值，可能与实际情况不符；此外，不同流域间进行经验公式的参数移植，会存在较大的不确定性。

6.3　小流域非线性分布式汇流单位线

小流域暴雨山洪特性取决于降雨特性和流域特性两个方面，单位线是流域内净雨转化为流域出口径流过程的常用转换函数，一定程度上反映了流域内降雨的汇流过程。在降雨特性一定的情况下，主要取决于小流域本身的特性。小流域特性主要包括流域大小、形状、地形地貌以及土壤植被等。流域汇流单位线是流域大小、形状、地形地貌以及土壤植被等综合作用的结果，一定程度上可以利用汇流单位线间接反映小流域的山区洪水特性。我国大尺度流域积累了较为丰富的水文实测资料，因而基于历史降雨径流实测资料的经验单位线得以广泛应用。然而大部分山丘区小流域水文资料普遍缺乏甚至没有，其单位线的推求无法采用传统基于水文资料的计算方法，且相比于大尺度流域降雨径流过程，山丘区小流域山高坡陡，洪水汇流快、流速大，从降雨到山洪灾害形成历时短，一般仅几个小时，甚至不到 1h，暴雨引发的水文响应过程需要更为精细地描述。

6.3.1　基本原理

应用高精度地形地貌数据（1：5 万 DEM 和 2.5m 土地利用和植被类型信息数据等），充分考虑流域内地形、植被等的空间分布异质性，基于"流域内各点到达流域出口汇流时间的概率密度分布等价于瞬时单位线"的思路，提出基于 DEM 网格单元、考虑降雨强度影响汇流非线性特征的分布式汇流单位线方法。在全国范围内提取了 53 万个小流域 10min、30min、60min 三个时段下不同降雨强度的分布式汇流单位线。

分布式单位线计算方法的基本思路为：首先分析计算小流域中各网格内径流滞留时间，然后根据汇流路径得到每一点的径流到达小流域出口的汇流时间，最后计算汇流时间的概率密度分布及单位线。采用改进的 SCS 坡面流速公式，综合考虑降雨强度、坡面地形对流域汇流非线性的影响，取流域各点的汇流速度为时段降雨强度的函数，计算水流在流域上某处的速度：

$$v = KS^{0.5} i^{0.4} \tag{6.5}$$

式中：v 为小流域网格单元坡面流流速，m/s；S 为坡面网格沿着水流方向的坡度；K 为综合流速系数，m/s，主要反映土地利用特征对流速摩阻影响的经验参数；i 为反映净雨强度大小的无量纲因子。

在小流域单元内，假定净雨空间分布均匀，基于小流域的土地利用/植被类型分布，确定小流域内各网格的流速系数，可以得到小流域的坡面流流场分布。根据小流域内各网格的尺寸及水流流经网格的汇流速度，可由下式计算各网格中水流的滞留时间。

$$\Delta\tau = L/v \text{ 或 } \Delta\tau = \sqrt{2}L/v \tag{6.6}$$

式中：$\Delta\tau$ 为水流流经网格的滞留时间，s；L 为网格的边长，m。沿着各网格的汇流路径，由下式可以计算水流由各网格汇集到达流域出口的汇流时间。

$$\tau = \sum_{i=1}^{m} \Delta \tau_i \tag{6.7}$$

式中：τ 为水流由某一网格到达小流域出口的汇流时间，s；m 为水流由该网格汇流至小流域出口的径流路径上网格的数量。

将汇流时间进行统计计算，得到小流域汇流时间的概率密度分布（横坐标为汇流时间，纵坐标为计算时段内出流面积与时段的比值），即为瞬时单位线。利用瞬时单位线向时段单位线的转换方法，将瞬时单位线转换成所需时段的时段单位线。转换公式为

$$q(\Delta t, t) = \frac{10F}{3.6\Delta t}[S(t) - S(t - \Delta t)] \tag{6.8}$$

式中：Δt 为单位线时段长，h；$q(\Delta t, t)$ 为时段单位线，m^3/s；F 为流域面积，km^2；$S(t)$ 为由瞬时单位线得到的 S 型曲线。

由于在计算汇流时间及流域瞬时单位线时，没有考虑流域调蓄作用，因此还需将由瞬时单位线转换后的时段单位线进行一次线性水库调蓄，调蓄后得到小流域单位线。调蓄计算方法为

$$uh_i = cI_i + (1-c)uh_{i-1} \tag{6.9}$$

式中：uh 为调蓄后的单位线，m^3/s；I 为调蓄前的单位线，m^3/s；c 为调蓄系数。

对汇流时间概率密度分布进行单位转换及线性水库调蓄后，得到小流域分布式汇流单位线。该方法考虑了降雨特性对单位线的影响以及汇流计算的非线性问题，如图 6.1 所示，小流域单位线的洪峰流量及峰现时间随降雨强度的不同而异，单位线洪峰流量呈现随降雨强度增加而增加的趋势，单位线峰现时间呈现随降雨强度增加而提前的趋势，表现出强烈的非线性。

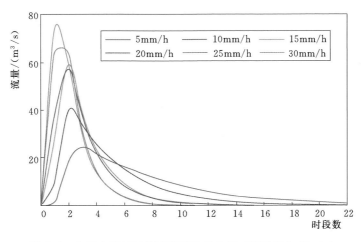

图 6.1　典型小流域不同雨强下的单位线（时段长为 10min）

使用不同地貌类型区 361 个流域 11798 场次实测暴雨洪水资料进行检验，检验流域面积共计 345377km^2，包括 24222 个小流域，见图 6.2。共有 93.4% 的流域雨洪模拟的径流深相对误差和洪峰流量相对误差均值不超过 20%，峰现时间误差不超过 2h，确定性系数不小于 0.6。因此，分布式汇流单位线在我国山丘区小流域具有良好的适用性。

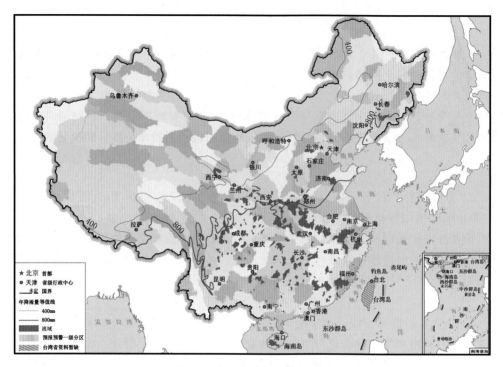

图 6.2　分布式单位线检验流域

6.3.2　单位线分析

　　以小流域单位线洪峰流量与小流域面积之比作为小流域单位洪峰模数；以调蓄前的单位线底宽为小流域汇流时间，可反映山丘区小流域汇流参数空间分布特征。由于调蓄后的单位线涉及水量平衡问题，且调蓄前的单位线底宽更接近于流域汇流时间，便于不同地区间小流域汇流特性的分析比较。以小流域单位洪峰模数和汇流时间两个小流域山洪风险精准识别的下垫面关键因子，反映山丘区小流域汇流参数空间分布特征。

　　全国分级嵌套流域时段长 10min 降雨量 30mm 条件下 10mm 净雨单位线洪峰模数和汇流时间分布见图 6.3 和图 6.4。在相同的降雨强度等级下，小流域单位洪峰模数呈现西高东低的地域分布规律，尤其是第一阶梯地势陡峭，单位洪峰模数随流域坡降的增加而增加，形成的洪峰流量强度较大；大多数小流域汇流时间在 2h 以内，尤其是第一阶梯小流域水流汇集速度较快、汇流时间较短。西藏等常年冰雪覆盖地区应用分布式汇流单位线成果时，应进行修正。

　　进一步以各小流域的分布式单位线为例进行说明（图 6.5），全国小流域单位洪峰模数为 $0.1 \sim 6.4 \mathrm{m}^3/(\mathrm{s} \cdot \mathrm{km}^2)$，平均值为 $2.9 \mathrm{m}^3/(\mathrm{s} \cdot \mathrm{km}^2)$，上、下五分位数为 $1.8 \mathrm{m}^3/(\mathrm{s} \cdot \mathrm{km}^2)$ 和 $4.0 \mathrm{m}^3/(\mathrm{s} \cdot \mathrm{km}^2)$，各小流域的差异明显，成果直观反映了不同地区小流域下垫面条件对洪水集中度的影响。全国小流域汇流时间为 $0.5 \sim 2.7 \mathrm{h}$，平均值为 $1.1 \mathrm{h}$，上、下五分位数为 $0.7 \mathrm{h}$ 和 $1.5 \mathrm{h}$，各小流域的差异也很明显，成果直观反映了不同地区小流域下垫面条件对洪水汇集时间的影响。

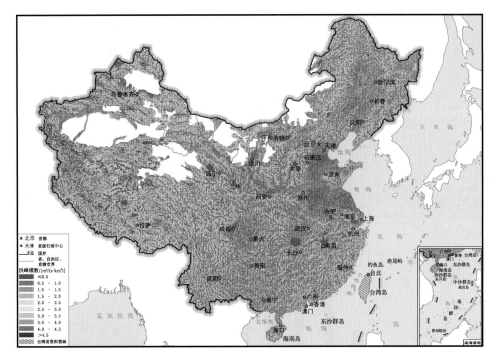

图 6.3　中国小流域分布式单位线洪峰模数

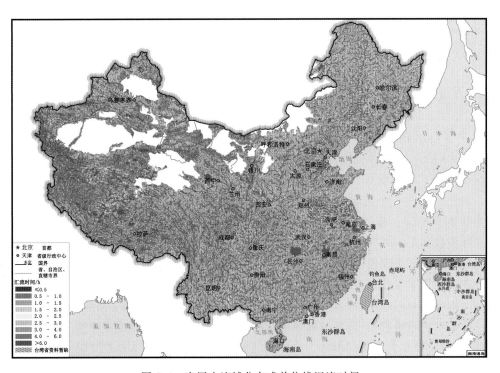

图 6.4　中国小流域分布式单位线汇流时间

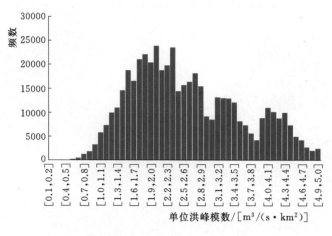

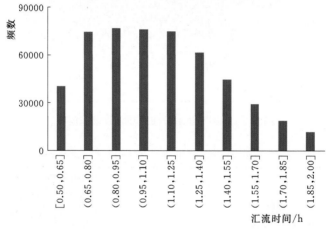

图 6.5　中国小流域单位洪峰模数、汇流时间频数分布

对于各山洪预报预警一级分区，小流域单位洪峰模数均值的变化范围为 $1.26 \sim 4.55\text{m}^3/(\text{s} \cdot \text{km}^2)$，在各分区内部的离差系数为 $0.26 \sim 0.74$；除平原地区的沂沭泗水系 III（新安江以下，编号 47）、里下河水系 I（运河以西，编号 48）和里下河水系 II（运河以东，编号 49）外，小流域汇流时间均值的变化范围为 $0.7 \sim 2.0\text{h}$，在各分区内部的离差系数为 $0.20 \sim 0.56$；各分区内小流域单位洪峰模数和汇流时间分布一致性较好。各分区单位洪峰模数和汇流时间直观反映了不同地区小流域下垫面条件对洪水集中度和洪水汇集时间的影响，分区规律较明显。

分布式汇流单位线充分考虑了小流域的几何形状、地形地貌及下垫面因素的影响。在面积及净雨强度相同或相近的情况下，流域形状、地形及地貌特性主要影响单位线的峰现时间、峰值（洪峰模数）、底宽（流域汇流时间）以及峰型（单峰或多峰型、陡涨陡落型、缓涨缓落型）。表 6.1 为不同形状、地形及地貌特性小流域的基本属性及其对应的单位线。小流域面积基本一致，但流域形状、地形地貌条件相差较大时，相应的小流域单位洪峰模数相差 $2 \sim 3$ 倍，峰现时间和汇流时间相差 $1 \sim 2$ 倍，且单位线的形状各异。

表 6.1　　　　　　　　　　　典型小流域主要基本属性与单位线统计

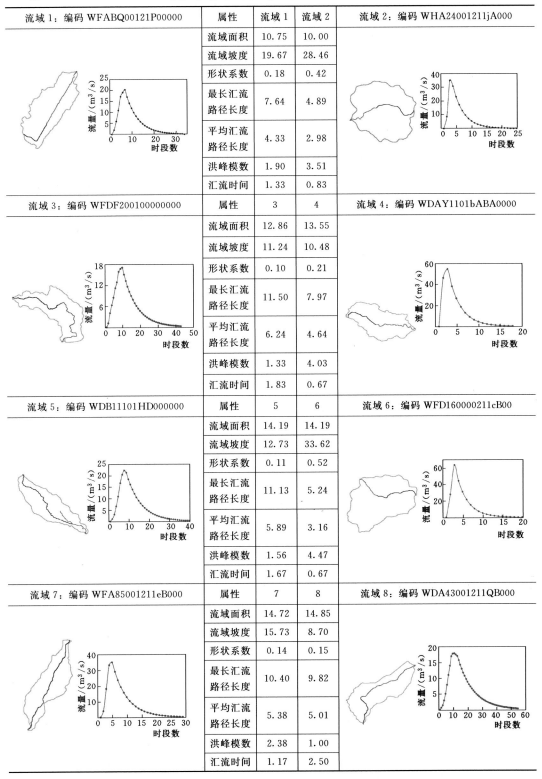

流域1：编码 WFABQ00121P00000	属性	流域1	流域2	流域2：编码 WHA24001211jA000
	流域面积	10.75	10.00	
	流域坡度	19.67	28.46	
	形状系数	0.18	0.42	
	最长汇流路径长度	7.64	4.89	
	平均汇流路径长度	4.33	2.98	
	洪峰模数	1.90	3.51	
	汇流时间	1.33	0.83	
流域3：编码 WFDF200100000000	属性	3	4	流域4：编码 WDAY1101bABA0000
	流域面积	12.86	13.55	
	流域坡度	11.24	10.48	
	形状系数	0.10	0.21	
	最长汇流路径长度	11.50	7.97	
	平均汇流路径长度	6.24	4.64	
	洪峰模数	1.33	4.03	
	汇流时间	1.83	0.67	
流域5：编码 WDB11101HD000000	属性	5	6	流域6：编码 WFD160000211cB00
	流域面积	14.19	14.19	
	流域坡度	12.73	33.62	
	形状系数	0.11	0.52	
	最长汇流路径长度	11.13	5.24	
	平均汇流路径长度	5.89	3.16	
	洪峰模数	1.56	4.47	
	汇流时间	1.67	0.67	
流域7：编码 WFA85001211eB000	属性	7	8	流域8：编码 WDA43001211QB000
	流域面积	14.72	14.85	
	流域坡度	15.73	8.70	
	形状系数	0.14	0.15	
	最长汇流路径长度	10.40	9.82	
	平均汇流路径长度	5.38	5.01	
	洪峰模数	2.38	1.00	
	汇流时间	1.17	2.50	

流域9：编码 WAB10711Y0000000	属性	9	10	流域10：编码 WKL102P1HCA00000
	流域面积	16.01	15.99	
	流域坡度	5.40	26.28	
	形状系数	0.28	0.27	
	最长汇流路径长度	7.51	7.72	
	平均汇流路径长度	4.56	4.43	
	洪峰模数	2.10	4.00	
	汇流时间	1.33	0.67	
流域11：编码 WBA10251c0000000	属性	11	12	流域12：编码 WJE23001SIB00000
	流域面积	16.76	15.85	
	流域坡度	6.95	37.95	
	形状系数	0.10	0.11	
	最长汇流路径长度	13.00	11.87	
	平均汇流路径长度	6.81	6.38	
	洪峰模数	1.40	4.18	
	汇流时间	1.83	0.67	
流域13：编码 WFA61301G0000000	属性	13	14	流域14：编码 WJC2B0011AA00000
	流域面积	17.04	17.65	
	流域坡度	11.28	11.48	
	形状系数	0.09	0.19	
	最长汇流路径长度	13.93	9.65	
	平均汇流路径长度	7.35	4.94	
	洪峰模数	1.40	4.18	
	汇流时间	1.83	0.67	
流域15：编码 WHA37B71C0000000	属性	15	16	流域16：编码 WKL190011TBFBA00
	流域面积	17.44	16.48	
	流域坡度	11.25	11.43	
	形状系数	0.12	0.13	
	最长汇流路径长度	11.84	11.38	
	平均汇流路径长度	6.60	5.38	
	洪峰模数	1.44	4.02	
	汇流时间	1.83	0.67	

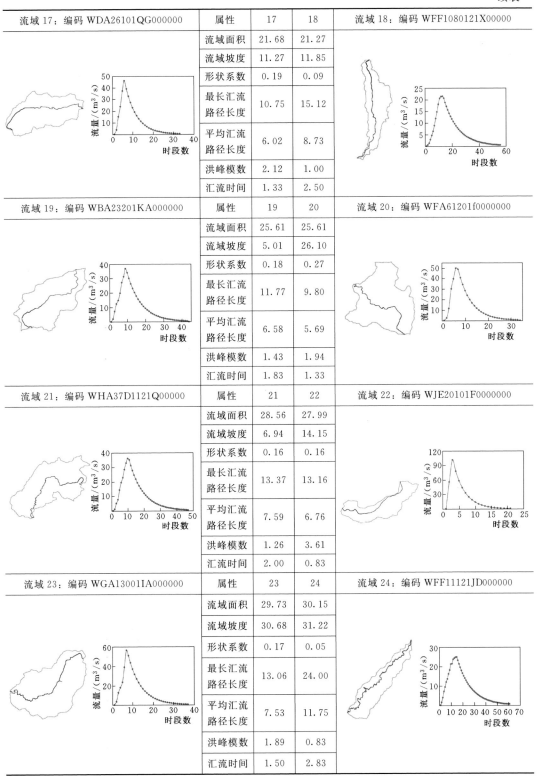

流域 17：编码 WDA26101QG000000	属性	17	18	流域 18：编码 WFF1080121X00000
	流域面积	21.68	21.27	
	流域坡度	11.27	11.85	
	形状系数	0.19	0.09	
	最长汇流路径长度	10.75	15.12	
	平均汇流路径长度	6.02	8.73	
	洪峰模数	2.12	1.00	
	汇流时间	1.33	2.50	
流域 19：编码 WBA23201KA000000	属性	19	20	流域 20：编码 WFA61201f0000000
	流域面积	25.61	25.61	
	流域坡度	5.01	26.10	
	形状系数	0.18	0.27	
	最长汇流路径长度	11.77	9.80	
	平均汇流路径长度	6.58	5.69	
	洪峰模数	1.43	1.94	
	汇流时间	1.83	1.33	
流域 21：编码 WHA37D1121Q00000	属性	21	22	流域 22：编码 WJE20101F0000000
	流域面积	28.56	27.99	
	流域坡度	6.94	14.15	
	形状系数	0.16	0.16	
	最长汇流路径长度	13.37	13.16	
	平均汇流路径长度	7.59	6.76	
	洪峰模数	1.26	3.61	
	汇流时间	2.00	0.83	
流域 23：编码 WGA13001IA000000	属性	23	24	流域 24：编码 WFF11121JD000000
	流域面积	29.73	30.15	
	流域坡度	30.68	31.22	
	形状系数	0.17	0.05	
	最长汇流路径长度	13.06	24.00	
	平均汇流路径长度	7.53	11.75	
	洪峰模数	1.89	0.83	
	汇流时间	1.50	2.83	

续表

流域 25：编码 WFD19401Y0000000	属性	25	26	流域 26：编码 WJB17001iC000000
	流域面积	35.10	35.10	
	流域坡度	16.80	25.23	
	形状系数	0.11	0.26	
	最长汇流路径长度	18.07	11.63	
	平均汇流路径长度	11.40	6.58	
	洪峰模数	1.04	2.50	
	汇流时间	2.67	1.17	
流域 27：编码 WDA42101F0000000	属性	27	28	流域 28：编码 WJG14201WD000000
	流域面积	43.87	43.77	
	流域坡度	16.00	22.23	
	形状系数	0.09	0.30	
	最长汇流路径长度	21.63	12.02	
	平均汇流路径长度	10.89	7.29	
	洪峰模数	0.79	2.21	
	汇流时间	3.00	1.33	
流域 29：编码 WAF1600100000000	属性	29	30	流域 30：编码 WJD21001e0000000
	流域面积	46.51	46.82	
	流域坡度	8.48	25.17	
	形状系数	0.32	0.31	
	最长汇流路径长度	11.98	12.20	
	平均汇流路径长度	7.04	7.65	
	洪峰模数	1.65	2.81	
	汇流时间	1.67	1.00	
流域 31：编码 WGC10405D0000000	属性	31	32	流域 32：编码 WFF13204k0000000
	流域面积	110.27	110.82	
	流域坡度	26.22	26.11	
	形状系数	0.22	0.11	
	最长汇流路径长度	22.56	31.26	
	平均汇流路径长度	13.35	19.76	
	洪峰模数	0.97	0.70	
	汇流时间	2.67	3.83	

续表

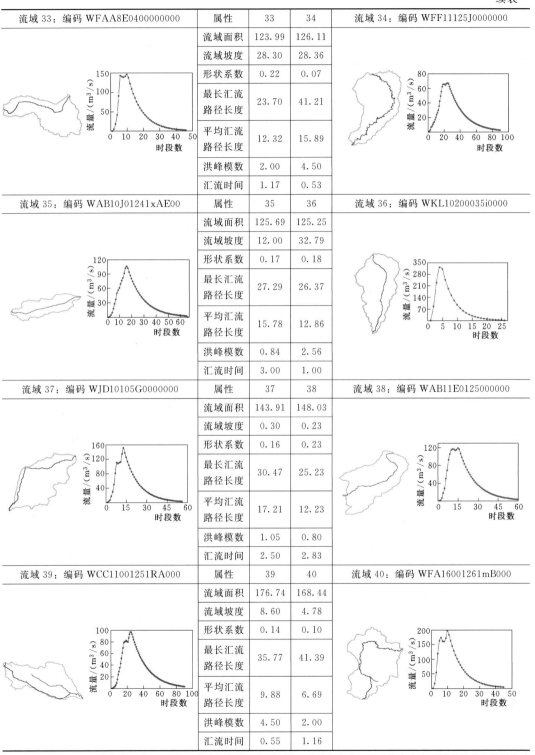

流域33：编码 WFAA8E0400000000	属性	33	34	流域34：编码 WFF11125J0000000
	流域面积	123.99	126.11	
	流域坡度	28.30	28.36	
	形状系数	0.22	0.07	
	最长汇流路径长度	23.70	41.21	
	平均汇流路径长度	12.32	15.89	
	洪峰模数	2.00	4.50	
	汇流时间	1.17	0.53	
流域35：编码 WAB10J01241xAE00	属性	35	36	流域36：编码 WKL10200035i0000
	流域面积	125.69	125.25	
	流域坡度	12.00	32.79	
	形状系数	0.17	0.18	
	最长汇流路径长度	27.29	26.37	
	平均汇流路径长度	15.78	12.86	
	洪峰模数	0.84	2.56	
	汇流时间	3.00	1.00	
流域37：编码 WJD10105G0000000	属性	37	38	流域38：编码 WAB11E0125000000
	流域面积	143.91	148.03	
	流域坡度	0.30	0.23	
	形状系数	0.16	0.23	
	最长汇流路径长度	30.47	25.23	
	平均汇流路径长度	17.21	12.23	
	洪峰模数	1.05	0.80	
	汇流时间	2.50	2.83	
流域39：编码 WCC11001251RA000	属性	39	40	流域40：编码 WFA16001261mB000
	流域面积	176.74	168.44	
	流域坡度	8.60	4.78	
	形状系数	0.14	0.10	
	最长汇流路径长度	35.77	41.39	
	平均汇流路径长度	9.88	6.69	
	洪峰模数	4.50	2.00	
	汇流时间	0.55	1.16	

注 "流域面积"的单位为 km², "最长汇流路径长度"和"平均汇流路径长度"的单位为 km, "洪峰模数"的单位为 m³/(s·km²), "汇流时间"的单位为 h; "单位线"为时段长 10min 降雨量 30mm 条件下 10mm 净雨单位线。

小流域单位洪峰模数、汇流时间与流域基本属性间具有较好的相关关系，以典型流域内分级嵌套流域的时段长 10min 降雨量 30mm 条件下 10mm 净雨单位线为例进行说明（图 6.7、图 6.8）。其中，伊河、泾河、闽江和龙河流域的流域面积分别为 3492km^2、15214km^2、3845km^2 和 2764km^2，相应的小流域数分别为 253 个、1001 个、277 个和 187 个，典型流域 DEM 及水系分布见图 6.6。小流域单位洪峰模数随流域面积、最长汇流路径长度的增加而减小，并随河段比降的增加而增加；小流域汇流时间随流域面积、最长汇流路径长度的增加而增加，并随河段比降的增加而减小。总体而言，在相同的降雨特性下，流域面积越大、汇流路径越长，对洪水的调蓄作用越强，形成的洪峰强度越小，但相应的洪峰流量和洪水量级越大；流域面积越大、汇流路径越长，水流由坡面及主河道汇集至流域出口的时间越长；流域河段比降越大，地形越陡峭，水流流速越快，对水流的汇集作用越强，在同一时段内汇集至小流域出口的水流越多，洪峰强度越大，且水流流至小流域出口所需时间越短。

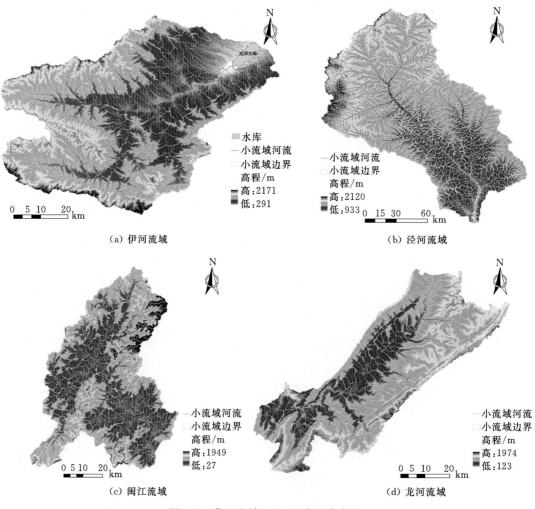

图 6.6　典型流域 DEM 及水系分布图

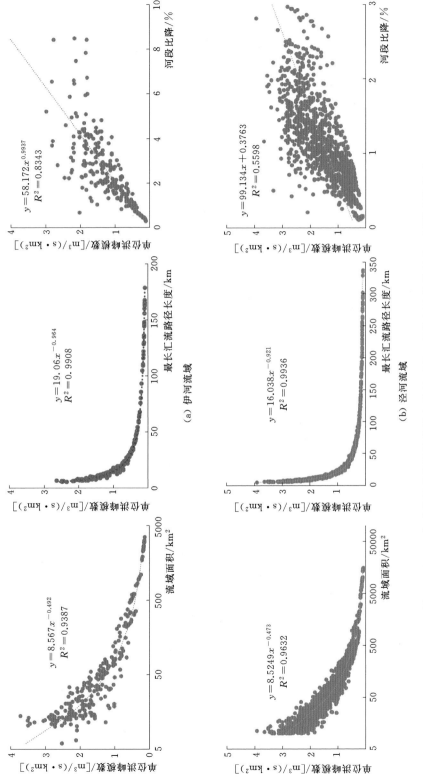

图 6.7（一）　典型流域单位洪峰模数与流域面积、最长汇流路径长度、河段比降关系

注：单位洪峰模数与流域面积关系图中横坐标为对数坐标轴，以时段长 10min
降雨量 30mm 条件下 10mm 净雨单位线为例绘图。

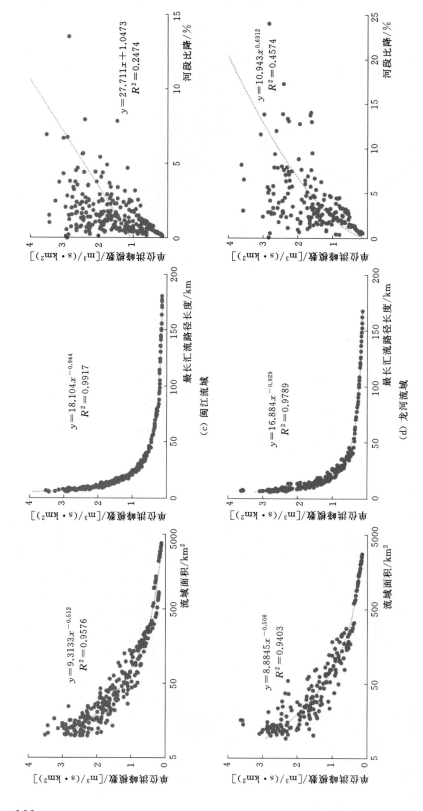

图 6.7 （二）　典型流域单位洪峰模数与流域面积、最长汇流路径长度、河段比降关系

注：单位洪峰模数与流域面积关系图中横坐标为对数坐标轴；以时段长 10min 降雨量 30mm 条件下 10mm 净雨单位线为例制图。

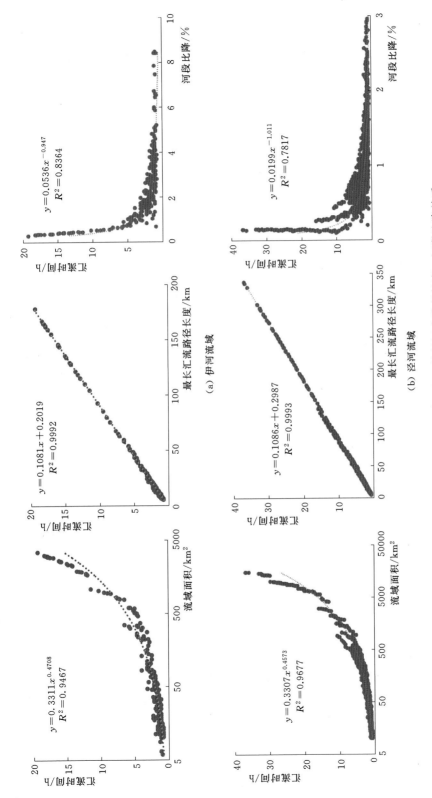

图 6.8 （一）　典型流域汇流时间与流域面积、最长汇流路径长度、河段比降关系

注：汇流时间与流域面积关系图中的横坐标为对数坐标轴；以时段长 10min 净雨单位线为例制图。30mm 条件下 10mm 净雨降雨量

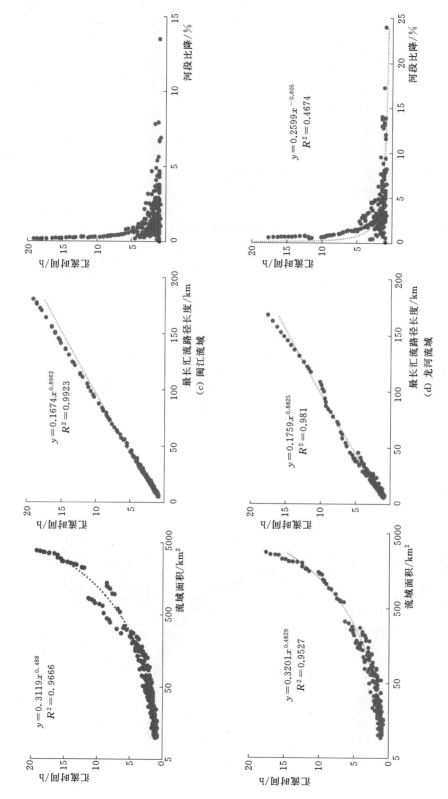

图 6.8（二）　典型流域汇流时间与流域面积、最长汇流路径长度、河段比降关系

注：汇流时间与流域面积关系图中的横坐标为对数坐标轴；以时段长 10min 降雨量 30mm 条件下 10mm 净雨单位线为例制图。

在一定的降雨强度阈值范围内,山丘区小流域单位洪峰模数随降雨强度的增加而增加,汇流时间随降雨强度的增加而减小。在相同的流域下垫面属性下,随着降雨强度的增大,黏性底层的厚度变小,附加切应力增大,坡面流阻力系数减小,流域内水流汇集速度越快,形成的洪峰强度越大,汇流时间越短;从能量的角度分析,虽然随着降雨强度的增加,阻力的绝对数值增大,沿程能量损耗增大,然而,雨强增加意味着坡面流总能量的大幅增加,沿程能量损耗/总能量反而减少。此外,降雨强度越大时,雨强增加对坡面流阻力系数的影响逐渐减弱,随着降雨强度的增加,单位洪峰模数和汇流时间的变化率逐渐减小,降雨强度因子对坡面流的汇流过程存在一个影响阈值,超过该阈值后,降雨强度变化对小流域汇流的影响可忽略不计。

以时段长为 10min 的单位线为例,相邻两个降雨强度对应的单位洪峰模数、汇流时间的变化率绝对值不超过 5% 时,可认为单位洪峰模数、汇流时间保持不变,即降雨强度对单位洪峰模数和汇流时间影响不大,该降雨强度即为小流域的降雨强度阈值。不同流域的降雨强度阈值不一致,应结合区域流域下垫面特性进行综合分析。典型流域不同降雨强度下单位洪峰模数、汇流时间分布见图 6.9,伊河流域、泾河流域、闽江流域、龙河流域部分小流域的降雨强度阈值分别为 35~45mm/h、40~50mm/h、45~50mm/h、40~50mm/h。

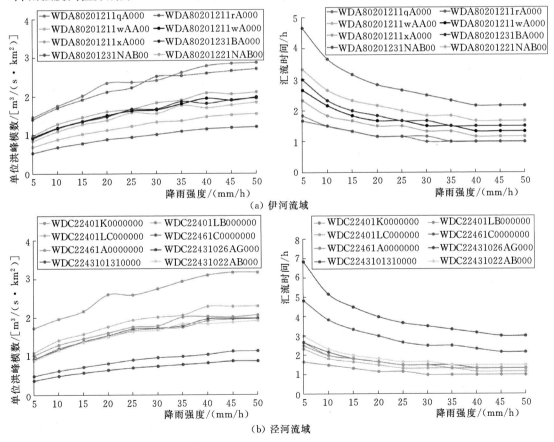

图 6.9 (一) 典型流域部分小流域单位洪峰模数、汇流时间与降雨强度关系

注:以时段长为 10min、雨强为 5~50mm/h 的 10mm 净雨单位线为例制图。

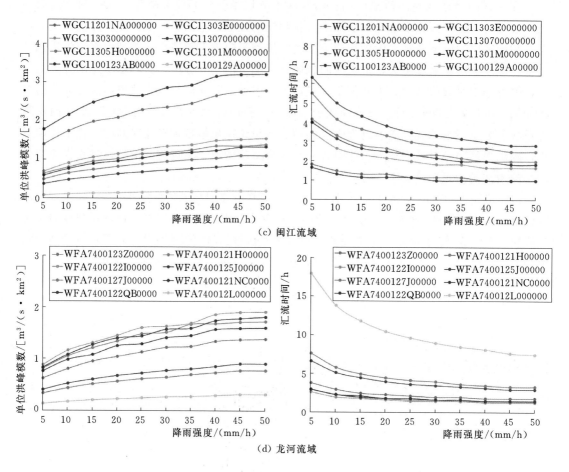

图 6.9（二）　典型流域部分小流域单位洪峰模数、汇流时间与降雨强度关系
注：以时段长为 10min、雨强为 5～50mm/h 的 10mm 净雨单位线为例制图。

6.4　分布式汇流单位线综合分析

　　基于小流域分布式单位线，分析地貌特征对山洪汇流的综合影响，构建流域特征属性与单位线特征值间的经验关系，可为缺资料山丘区洪水评估及预报预警提供技术支撑和理论依据。分布式单位线的特征值包括洪峰流量、峰现时间和汇流时间。流域地形地貌属性一般可分为线性尺度测量指标和无因次特性指标两类。已有研究中常用的流域属性指标多为流域面积、沟道长度、流域坡降等参数，未考虑流域内部地形地貌空间分布异质性对汇流过程的影响，导致设计洪水估算不合理、洪水预报预警精准度低等问题。因此，本节基于中国小流域数据集中能定量描述小流域地形地貌空间差异的属性参数，构建具有汇流成因的单位线综合公式，以提高缺资料地区中小流域洪水预报预警的精准度和时效性。

6.4.1 单位线经验公式型及优选

查阅相关文献并综合前人已有研究成果，通过水文机理分析、统计分析等方法，设计拟定单位线特征参数合理的经验公式型，并确定单位线特征值最佳拟合型式及相关参数。小流域汇流过程受降雨特性影响较大，不同降雨强度下单位线过程变化显著，本节以时段长 10min 降雨量 30mm 条件下的分布式单位线（净雨量取 1mm）为例，进行单位线综合分析。

6.4.1.1 典型流域

在全国山丘区小流域分布式汇流单位线成果基础上，在不同类型区选取 30 个中小流域共 4610 个小流域作为典型流域（图 6.10），其基本信息见表 6.2。所选流域面积为 755～5874km²，平均流域面积为 2275km²，分别包括 44～406 个小流域，研究区跨越三大阶梯，在高原、山地、丘陵、盆地和平原均有分布，地形地貌差异较大，平均高程为 128～5017m，相对高差为 528～3327m，平均坡度为 0.05～0.65；研究区分布在 19 个水文亚区，涉及丰、平、枯水带及多种水文情势特征；水系发育程度不一，对径流的调蓄能力不一，河网密度为 0.25～0.41km/km²，河网频度为 0.02～0.03 条/km²，河网发育系数为 2.32～21.16，水系不均匀系数为 0.05～2.99。典型流域反映了我国自然地理空间特征的复杂性及差异性，部分典型流域的地形、水系和小流域空间分布见图 6.11。

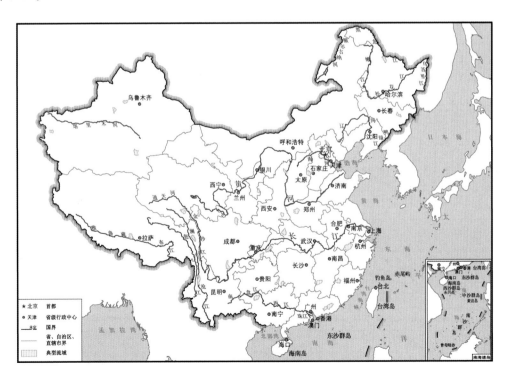

图 6.10　典型流域分布

表6.2　　典型流域基本属性

序号	流域编码	流域名称	面积/km²	小流域数	平均高程/m	平均坡度	河网密度/(km/km²)	河网频度/(条/km²)	河网发育系数	水系不均匀系数	水文亚区编码	所属水系	所属山脉	气候带
1	WAA1810	辰清河	2069	124	395	0.05	0.30	0.03	4.01	2.99	A2	黑龙江水系	小兴安岭	中温带气候
2	WAB1114	富尔河	1501	97	754	0.19	0.28	0.03	2.36	0.92	A5	松花江水系	长白山脉	中温带气候
3	WCB1123	汤河	1262	85	977	0.34	0.30	0.03	2.32	0.67	B4	潮白、北运、蓟运河水系	燕山山脉	暖温带气候
4	WCC1050	清水河	2327	153	1418	0.33	0.29	0.03	11.05	0.05	G3	永定河水系	阴山山脉	暖温带气候
5	WCE1081	绛河	2773	198	932	0.32	0.33	0.03	11.73	1.01	B4	子牙河水系	太行山脉	暖温带气候
6	WDA6500	佳芦河	1133	77	1123	0.38	0.29	0.02	2.71	0.11	B5	黄河干流水系	吕梁山脉	暖温带气候
7	WDA8020	伊河	3149	233	1013	0.37	0.37	0.03	6.16	1.14	C1	黄河干流水系	秦岭	暖温带气候
8	WDC2235	小河	1138	87	1746	0.30	0.31	0.03	4.45	1.13	B5	渭河干流水系	六盘山	暖温带气候
9	WDD2100	五龙河	2850	198	128	0.11	0.36	0.03	7.51	0.28	B1	山东半岛及沿海诸河水系	山东半岛	暖温带气候
10	WFA2200	益曲	2582	142	4587	0.27	0.25	0.03	2.64	0.22	J1	长江干流水系	巴颜喀拉山脉	亚寒带气候
11	WFA5700	西溪河	2895	185	2597	0.46	0.27	0.02	6.63	0.83	J5	长江干流水系	横断山脉	亚热带气候
12	WFA7400	龙河	2764	198	1110	0.48	0.34	0.03	4.51	2.16	E2	长江干流水系	武陵山	亚热带气候
13	WFB1400	俄科河	2109	113	4557	0.24	0.26	0.02	3.49	1.08	J5	雅砻江水系	巴颜喀拉山脉	温带气候
14	WFC0000	岷江	2687	158	3725	0.51	0.27	0.03	5.94	0.97	J4	岷江水系	横断山脉	温带气候
15	WFE2600	鸭河	1792	129	864	0.40	0.32	0.03	3.59	1.25	E3	乌江水系	武陵山	亚热带气候
16	WFF1215	兖江	1477	112	645	0.38	0.41	0.03	3.81	0.78	D1	洞庭湖水系	雪峰山	亚热带气候
17	WFF1221	通道河	1573	109	700	0.43	0.40	0.03	3.85	0.89	D1	洞庭湖水系	雪峰山	亚热带气候
18	WFG2310	马涧河	1442	89	1160	0.63	0.32	0.02	5.03	1.37	C1	汉江水系	秦岭	亚热带气候
19	WFG2520	官渡河	2945	177	1428	0.65	0.28	0.03	5.19	0.68	E2	汉江水系	大巴山脉	亚热带气候
20	WFH1080	遂川江	2886	214	568	0.43	0.38	0.03	4.84	0.30	D2	鄱阳湖水系	罗霄山脉	亚热带气候
21	WGA2100	新安江	5874	406	430	0.44	0.41	0.03	21.16	2.02	D2	钱塘江水系	武夷山脉	亚热带气候
22	WGC1210	九龙溪	2449	181	512	0.36	0.37	0.03	12.66	1.14	D2	闽江水系	武夷山脉	亚热带气候
23	WHA2600	布柳河	2986	208	971	0.50	0.38	0.03	6.03	1.62	E5	西江水系	南岭	亚热带气候
24	WHC1300	秋香江	1680	122	259	0.38	0.39	0.03	4.08	1.89	D3	东江水系	南岭	亚热带气候
25	WHE0200	琴江	2999	233	352	0.37	0.38	0.03	8.49	0.44	D3	韩江水系	南岭	亚热带气候
26	WJB1730	昌曲	2098	139	4389	0.32	0.27	0.03	3.24	0.19	J5	澜沧江—湄公河水系	横断山脉	温带气候
27	WJB2200	比江	2720	192	2635	0.49	0.28	0.03	3.69	1.46	F2	澜沧江—湄公河水系	横断山脉	亚热带气候
28	WJC1440	贡曲	940	55	4950	0.34	0.31	0.03	3.80	0.46	J1	怒江—伊洛瓦底江水系	唐古拉山脉	亚寒带气候
29	WJD2800	尼木玛曲	2384	152	5017	0.37	0.26	0.03	5.47	1.93	K2	雅鲁藏布江—布拉马普特拉河水系	喜马拉雅山脉	亚寒带气候
30	WKH1370	长千河	755	44	3576	0.62	0.26	0.03	3.01	0.78	H8	河西走廊—阿拉善内流区	祁连山脉	温带气候

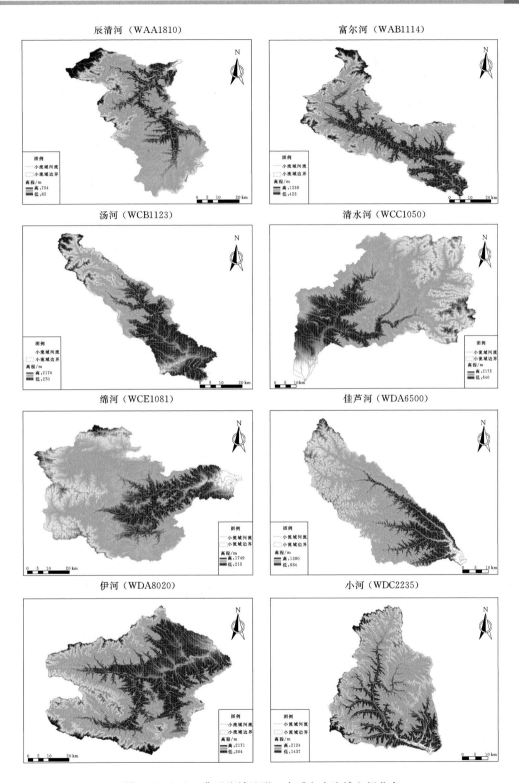

图 6.11（一） 典型流域地形、水系和小流域空间分布

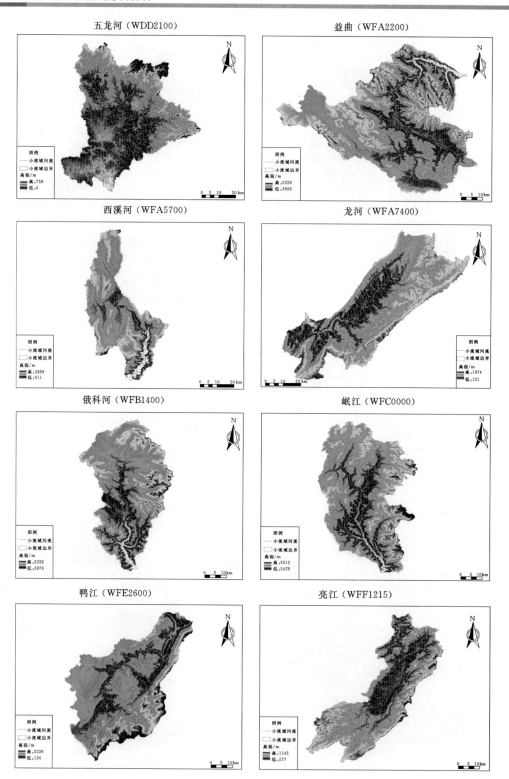

图 6.11（二）　典型流域地形、水系和小流域空间分布

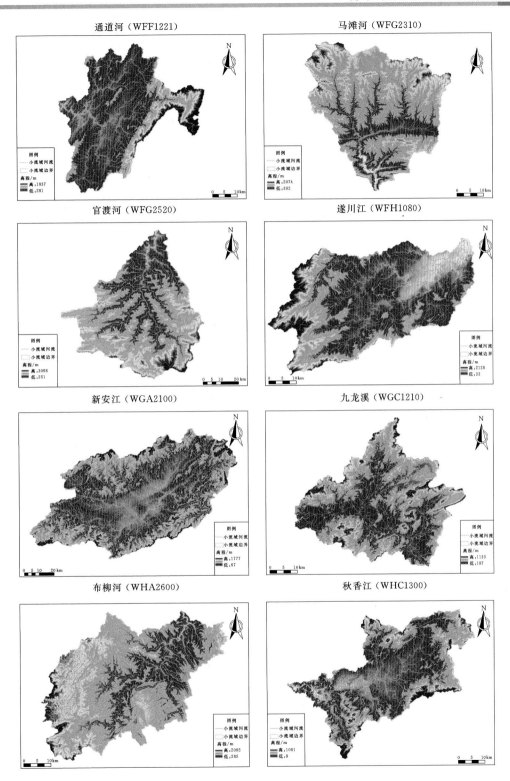

图 6.11（三） 典型流域地形、水系和小流域空间分布

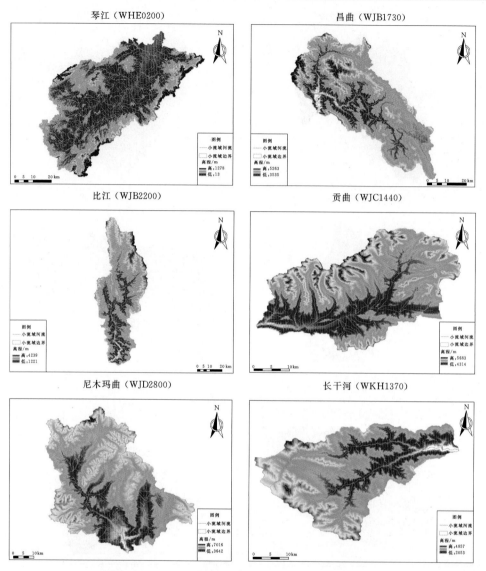

图 6.11（四）　典型流域地形、水系和小流域空间分布

6.4.1.2　相关性分析

采用 Pearson 相关系数（r）分析流域属性与单位线特征值间的线性相关性，r 为正值时表示流域属性与单位线特征值间存在正相关关系，r 为负值时表示流域属性与单位线特征值间存在负相关关系；$|r|$ 的量级表示两变量相关的程度，$|r|$ 越接近于 1，表示两变量相关性越强；$|r|$ 在 0.01～0.2 之间视为低度相关，$|r|$ 在 0.2～0.5 之间视为中度相关，$|r| \geqslant 0.5$ 视为强度相关。

同时，对相关系数进行显著性检验分析，原假设（H_0）为：$r = 0$，显著性检验的统计值服从自由度为 $n-2$ 的 T 分布。检验统计量计算公式为

$$t = \frac{r\sqrt{n-2}}{\sqrt{1-r^2}} \sim T(n-2) \tag{6.10}$$

式中：t 为统计量；r 为相关系数；n 为样本数。检验的显著性水平 α 取为 0.01，若计算统计量的显著性水平 $p<0.01$，则拒绝原假设，说明流域属性与单位线特征值间存在显著的线性相关性。

分别分析各流域内单位线特征值与小流域主要基本属性之间的相关性（表 6.3～表 6.5）。参考已有研究成果，结合小流域汇流特性分析，选取的小流域基本属性包括小流域面积 A、最长汇流路径长度 L 及其比降 J、平均汇流路径长度 L_{av}、河段比降 J_r、加权平均坡度 S'、平均坡度 S、不均匀系数 C 等。

表 6.3   典型流域小流域洪峰流量与主要属性 Pearson 相关系数及显著性水平

流域编码	面积	平均汇流路径长度	最长汇流路径长度	最长汇流路径比降	平均坡度	加权平均坡度	河段比降
全部	**0.66**	**0.33**	**0.29**	**0.23**	**0.28**	**0.32**	**0.40**
WAA1810	**0.86**	**0.61**	**0.59**	0.23	0.23	−0.20	**0.38**
WAB1114	**0.90**	**0.74**	**0.68**	−0.05	**0.56**	−0.14	0.22
WCB1123	**0.81**	**0.49**	**0.41**	0.28	**0.53**	0.09	**0.31**
WCC1050	**0.76**	**0.27**	0.21	0.12	**0.23**	−0.06	0.19
WCE1081	**0.81**	**0.54**	**0.46**	0.10	**0.33**	0.18	**0.37**
WDA6500	**0.83**	**0.38**	**0.34**	−0.28	−0.07	−0.04	0.12
WDA8020	**0.76**	**0.37**	**0.27**	**0.26**	**0.46**	**0.30**	**0.31**
WDC2235	**0.82**	**0.40**	**0.39**	−0.01	0.20	−0.01	**0.30**
WDD2100	**0.75**	**0.28**	**0.25**	0.02	0.03	**−0.22**	0.03
WFA2200	**0.86**	**0.49**	**0.49**	0.17	**0.30**	0.13	**0.31**
WFA5700	**0.79**	**0.45**	**0.38**	−0.16	**0.34**	**0.20**	**0.31**
WFA7400	**0.80**	**0.41**	**0.37**	**0.27**	**0.26**	**0.27**	**0.26**
WFB1400	**0.86**	**0.65**	**0.62**	−0.19	**0.27**	0.07	0.14
WFC0000	**0.87**	**0.65**	**0.61**	0.02	0.18	0.04	**0.23**
WFE2600	**0.72**	**0.30**	**0.24**	**0.31**	**0.51**	**0.43**	0.23
WFF1215	**0.71**	**0.35**	**0.27**	**0.29**	**0.39**	0.00	−0.01
WFF1221	**0.77**	**0.39**	**0.32**	**0.39**	**0.45**	**0.36**	**0.43**
WFG2310	**0.76**	**0.33**	0.26	−0.23	−0.04	−0.03	−0.13
WFG2520	**0.79**	**0.63**	**0.57**	−0.04	0.19	0.04	0.18
WFH1080	**0.75**	**0.31**	**0.27**	**0.26**	0.18	**0.23**	**0.36**
WGA2100	**0.70**	**0.22**	0.17	**0.43**	**0.40**	**0.39**	**0.41**
WGC1210	**0.80**	**0.45**	**0.42**	0.12	**0.37**	**0.30**	0.16
WHA2600	**0.74**	**0.43**	**0.37**	−0.10	−0.02	−0.13	0.11
WHC1300	**0.82**	**0.43**	**0.42**	**0.29**	**0.61**	**0.35**	**0.31**
WHE0200	**0.70**	**0.26**	0.21	**0.33**	**0.35**	**0.27**	0.22
WJB1730	**0.77**	**0.49**	**0.43**	0.07	0.20	−0.03	**0.28**

流域编码	面积	平均汇流路径长度	最长汇流路径长度	最长汇流路径比降	平均坡度	加权平均坡度	河段比降
WJB2200	**0.85**	**0.61**	**0.56**	−0.08	**0.24**	0.14	**0.25**
WJC1440	**0.95**	**0.86**	**0.86**	−0.09	**0.49**	0.19	**0.37**
WJD2800	**0.83**	**0.49**	**0.50**	−0.18	**0.30**	0.13	0.03
WKH1370	**0.72**	**0.63**	**0.51**	−0.02	−0.27	−0.30	0.13

注 加粗字体表示相关性显著。

表 6.4 典型流域小流域汇流时间与主要属性 Pearson 相关系数及显著性水平

流域编码	平均汇流路径长度	最长汇流路径长度	最长汇流路径比降	平均坡度	加权平均坡度	河段比降	洪峰流量
全部	**0.70**	**0.73**	**−0.40**	**−0.25**	**−0.36**	**−0.35**	—
WAA1810	**0.95**	**0.96**	**−0.25**	−0.04	−0.17	0.03	**0.49**
WAB1114	**0.95**	**0.98**	**−0.33**	**0.42**	−0.06	0.16	**0.64**
WCB1123	**0.94**	**0.96**	**−0.35**	−0.09	0.00	−0.08	**0.31**
WCC1050	**0.87**	**0.92**	**−0.51**	**−0.24**	−0.20	−0.10	0.09
WCE1081	**0.91**	**0.93**	**−0.43**	−0.07	**−0.19**	−0.05	**0.33**
WDA6500	**0.86**	**0.91**	−0.21	0.27	0.14	−0.32	0.38
WDA8020	**0.87**	**0.94**	**−0.37**	−0.13	**−0.22**	0.20	0.21
WDC2235	**0.92**	**0.96**	**−0.59**	−0.16	−0.08	−0.11	0.12
WDD2100	**0.93**	**0.97**	**−0.23**	−0.02	−0.12	0.03	**0.30**
WFA2200	**0.93**	**0.95**	**−0.41**	−0.08	−0.14	−0.01	0.18
WFA5700	**0.84**	**0.90**	−0.11	**−0.31**	**−0.33**	0.09	−0.02
WFA7400	**0.91**	**0.94**	**−0.34**	−0.19	**−0.22**	−0.09	**0.37**
WFB1400	**0.95**	**0.98**	**−0.49**	−0.12	−0.23	**−0.35**	0.13
WFC0000	**0.90**	**0.92**	**−0.51**	−0.11	−0.17	−0.10	**0.22**
WFE2600	**0.89**	**0.92**	**−0.61**	**−0.38**	**−0.51**	−0.11	**0.56**
WFF1215	**0.93**	**0.98**	**−0.34**	0.02	−0.2	−0.19	**0.44**
WFF1221	**0.93**	**0.96**	**−0.46**	−0.05	−0.17	**−0.33**	−0.02
WFG2310	**0.89**	**0.95**	**−0.60**	−0.15	−0.22	−0.14	0.18
WFG2520	**0.91**	**0.93**	**−0.60**	−0.04	−0.15	**−0.27**	0.20
WFH1080	**0.90**	**0.93**	**−0.45**	−0.05	**−0.21**	−0.14	0.19
WGA2100	**0.89**	**0.93**	**−0.40**	−0.02	−0.10	**−0.26**	**0.40**
WGC1210	**0.94**	**0.97**	**−0.34**	0.15	0.04	**−0.19**	0.11
WHA2600	**0.95**	**0.97**	**−0.29**	0.13	−0.08	**−0.17**	0.00

流域编码	平均汇流路径长度	最长汇流路径长度	最长汇流路径比降	平均坡度	加权平均坡度	河段比降	洪峰流量
WHC1300	**0.90**	**0.93**	**−0.44**	−0.07	−0.23	−0.11	**0.35**
WHE0200	**0.86**	**0.89**	**−0.28**	0.05	−0.07	0.09	**0.34**
WJB1730	**0.93**	**0.96**	**−0.49**	**−0.23**	−0.18	−0.23	0.21
WJB2200	**0.88**	**0.92**	**−0.51**	0.07	−0.09	−0.06	−0.01
WJC1440	**0.86**	**0.88**	**−0.40**	0.15	0.01	−0.13	**0.31**
WJD2800	**0.81**	**0.84**	**−0.23**	**−0.27**	**−0.25**	−0.05	**0.45**
WKH1370	**0.85**	**0.90**	**−0.52**	0.09	0.05	0.07	**0.64**

注　加粗字体表示相关性显著。

表 6.5　典型流域小流域峰现时间与主要属性 Pearson 相关系数及显著性水平

流域编码	平均汇流路径长度	最长汇流路径长度	最长汇流路径比降	平均坡度	加权平均坡度	河段比降
全部	**0.73**	**0.74**	**−0.39**	**−0.20**	**−0.33**	**−0.33**
WAA1810	**0.95**	**0.95**	−0.23	0.00	−0.16	0.08
WAB1114	**0.96**	**0.98**	−0.32	**0.43**	−0.04	0.15
WCB1123	**0.94**	**0.93**	−0.34	−0.14	−0.05	−0.13
WCC1050	**0.88**	**0.90**	−0.45	−0.17	−0.14	−0.08
WCE1081	**0.92**	**0.92**	−0.40	−0.04	−0.17	−0.02
WDA6500	**0.89**	**0.90**	−0.30	0.28	0.16	0.24
WDA8020	**0.91**	**0.94**	−0.31	−0.04	−0.12	−0.07
WDC2235	**0.94**	**0.94**	−0.53	−0.07	0.00	0.06
WDD2100	**0.94**	**0.94**	−0.21	0.03	−0.12	0.04
WFA2200	**0.94**	**0.96**	−0.37	−0.04	−0.10	−0.05
WFA5700	**0.83**	**0.84**	−0.11	**−0.31**	**−0.34**	**−0.34**
WFA7400	**0.90**	**0.90**	−0.40	−0.18	**−0.23**	−0.10
WFB1400	**0.96**	**0.97**	−0.51	−0.09	−0.20	−0.09
WFC0000	**0.88**	**0.88**	−0.53	−0.11	−0.16	**−0.23**
WFE2600	**0.90**	**0.90**	−0.62	**−0.37**	**−0.48**	**−0.30**
WFF1215	**0.94**	**0.97**	−0.33	0.03	−0.19	−0.06
WFF1221	**0.93**	**0.94**	−0.43	−0.03	−0.16	**−0.27**
WFG2310	**0.91**	**0.93**	−0.52	−0.05	−0.11	−0.07
WFG2520	**0.90**	**0.91**	−0.63	−0.02	−0.12	**−0.24**
WFH1080	**0.92**	**0.92**	−0.41	−0.02	−0.14	**−0.18**
WGA2100	**0.92**	**0.93**	−0.34	0.07	0.00	−0.09
WGC1210	**0.95**	**0.95**	−0.32	0.15	0.05	−0.06

流域编码	平均汇流路径长度	最长汇流路径长度	最长汇流路径比降	平均坡度	加权平均坡度	河段比降
WHA2600	**0.96**	**0.96**	**−0.32**	0.12	−0.04	0.04
WHC1300	**0.91**	**0.90**	**−0.42**	−0.04	−0.18	**−0.24**
WHE0200	**0.89**	**0.89**	**−0.23**	0.11	−0.03	−0.06
WJB1730	**0.92**	**0.95**	**−0.50**	**−0.24**	−0.22	−0.16
WJB2200	**0.89**	**0.90**	**−0.49**	0.04	−0.12	−0.04
WJC1440	**0.88**	**0.88**	**−0.41**	0.27	0.08	0.05
WJD2800	**0.81**	**0.82**	−0.16	−0.20	−0.20	0.06
WKH1370	**0.88**	**0.92**	**−0.55**	0.09	0.04	**−0.42**

注　加粗字体表示相关性显著。

典型流域中小流域的单位线洪峰流量与所有小流域面积的正相关性较强（$0.70 \leqslant r \leqslant 0.95$，$p < 0.01$），与所有典型流域小流域平均/最长汇流路径长度均存在中度～强度正相关关系（$0.22 \leqslant r \leqslant 0.86$，$p < 0.01$），与 37%～73% 的典型流域小流域最长汇流路径比降、加权平均比降、平均比降、河段比降存在中度正相关关系（$0.20 \leqslant r < 0.50$，$p < 0.01$）。具体而言：

（1）小流域面积表征了小流域集水区域的大小，面积越大，形成的洪水量级越大，相应的洪峰流量也越大。所有典型流域的小流域单位线洪峰流量与小流域面积之间的相关系数为 0.70～0.95，所有流域的相关性均较强（$r > 0.50$，$p < 0.01$）。

（2）最长汇流路径长度和平均汇流路径长度表征了水流沿坡面及主河道汇集至小流域出口的距离，与小流域面积间均存在显著的正相关关系（$r = 0.82$，$p < 0.01$）。小流域面积越大，最长和平均汇流路径长度越长，引起的洪峰流量变化趋势不一致；小流域单位面积汇流路径越大，小流域对洪水的调蓄作用越大，洪峰流量的坦化现象越明显。典型流域内小流域单位线洪峰流量与最长汇流路径长度之间的相关系数为 0.17～0.86，20 个典型流域存在中度正相关性（$0.20 \leqslant r < 0.50$，$p < 0.01$），9 个典型流域存在较强正相关性（$r \geqslant 0.50$，$p < 0.01$）；典型流域内小流域单位线洪峰流量与平均汇流路径长度之间的相关系数为 0.22～0.86，21 个典型流域存在中度正相关性（$0.20 \leqslant r < 0.50$，$p < 0.01$），9 个典型流域存在较强正相关性（$r \geqslant 0.50$，$p < 0.01$）。

（3）河段比降、平均坡度、最长汇流路径比降等特征参数表征了小流域地形的起伏状态，地形越陡峭，水流流速越快，对水流的汇集作用越强，在同一时段内汇集至小流域出口的水流越多，洪峰流量越大。17 个典型流域的小流域单位线洪峰流量与河段比降之间存在显著的中度正相关关系（$0.20 \leqslant r < 0.50$，$p < 0.01$）；9 个典型流域的小流域单位线洪峰流量与最长汇流路径比降之间存在显著的中度正相关关系（$0.20 \leqslant r < 0.50$，$p < 0.01$）；分别有 15 个和 10 个典型流域的小流域单位线洪峰流量与平均坡度、加权平均坡度之间存在显著的正相关关系，其中 4 个典型流域与平均坡度的相关性较强。

（4）总体而言，所选小流域属性主要表征了小流域的面积、比降、汇流路径长度等特性，典型流域内小流域面积、最长和平均汇流路径长度与小流域洪峰流量均具有显著的相关关系，具有汇流成因概念，但不同典型流域的部分属性与特征值间的相关性不一，反映了流域下垫面的空间异质性对洪水集中度的影响。

典型流域中小流域的单位线汇流时间与小流域平均、最长汇流路径长度的正相关性较强（$0.81 \leqslant r \leqslant 0.98$，$p < 0.01$）；与93%的典型流域小流域最长汇流路径比降均存在中度负相关关系（$-0.61 \leqslant r \leqslant -0.23$，$p < 0.01$）；与17%~25%的典型流域小流域加权平均比降、平均比降、河段比降存在中度负相关关系（$-0.50 < r \leqslant -0.20$，$p < 0.01$）；与50%的典型流域小流域洪峰流量之间存在中度正相关关系（$0.20 \leqslant r \leqslant 0.64$，$p < 0.01$）。具体而言：

（1）小流域平均和最长汇流路径越长，水流由坡面和主河道汇集至小流域出口的时间越长。所有典型流域的小流域单位线汇流时间与小流域最长汇流路径长度、平均汇流路径长度之间的相关系数分别为0.84~0.98和0.81~0.95，所有流域的相关性均较强（$r > 0.50$，$p < 0.01$）。

（2）小流域比降特征参数越大，小流域内水流沿坡面、主河道的汇流速度越快，水流流至小流域出口所需时间越短。28个典型流域的小流域单位线汇流时间与最长汇流路径比降之间存在显著的负相关关系（$r \leqslant -0.20$，$p < 0.01$），其中8个流域的相关性较强（$r \leqslant -0.50$，$p < 0.01$）；5个典型流域的小流域单位线汇流时间与平均坡度、加权平均坡度之间存在显著的负相关关系（$-0.50 < r \leqslant -0.20$，$p < 0.01$）；4个典型流域的小流域单位线汇流时间与河段比降之间存在显著的负相关关系（$-0.50 < r \leqslant -0.20$，$p < 0.01$）。

（3）小流域汇流时间与单位线洪峰流量存在一定的相关性，15个典型流域的小流域单位线汇流时间与单位线洪峰流量之间存在显著的正相关关系（$r \geqslant 0.20$，$p < 0.01$），其中3个流域的相关性较强（$r \geqslant 0.50$，$p < 0.01$）。

（4）总体而言，典型流域内小流域最长汇流路径长度及其比降、平均汇流路径长度与小流域汇流时间均具有显著的相关性，具有汇流成因概念。但不同典型流域的平均坡度、加权平均坡度、河段比降等属性与小流域汇流时间的相关性不一，反映了流域下垫面的空间异质性对洪水汇集时间的影响。

典型流域中小流域的单位线峰现时间与小流域平均、最长汇流路径长度的正相关性较强（$0.81 \leqslant r \leqslant 0.98$，$p < 0.01$）；与90%的典型流域小流域最长汇流路径比降均存在中度负相关关系（$-0.63 \leqslant r \leqslant -0.21$，$p < 0.01$）；与10%~27%的典型流域小流域加权平均比降、平均比降、河段比降存在中度负相关关系（$-0.50 < r \leqslant -0.20$，$p < 0.01$）。具体而言：

（1）小流域基本属性与峰现时间的相关关系与汇流时间基本一致。所有典型流域的小流域单位线峰现时间与最长汇流路径长度、平均汇流路径长度之间的相关系数分别为0.82~0.98、0.81~0.96，所有流域的相关性均较强（$r > 0.50$，$p < 0.01$）。

（2）27个典型流域的小流域单位线峰现时间与最长汇流路径比降之间存在显著的负相关关系（$r \leqslant -0.20$，$p < 0.01$），其中8个流域的相关性较强（$r \leqslant -0.50$，$p < 0.01$）；3个典型流域的小流域单位线峰现时间与平均坡度、加权平均坡度之间存在显著的负相关关系（$-0.50 < r \leqslant -0.20$，$p < 0.01$）；7个典型流域的小流域单位线峰现时间与河段比降之

间存在显著的负相关关系（$-0.50 < r \leqslant -0.20$，$p < 0.01$）。

（3）总体而言，典型流域内小流域单位线峰现时间与小流域属性间的相关关系和小流域单位线汇流时间类似，小流域最长汇流路径长度及其比降、平均汇流路径长度与小流域峰现时间均具有显著的相关性，具有汇流成因概念，但不同典型流域的平均坡度、加权平均坡度、河道比降和改进河道比降等属性与小流域汇流时间的相关性不一。

总体而言，本节所选参数主要表征了小流域的面积、比降、汇流路径长度等特性，且与小流域分布式单位线的特征值之间存在较好的相关关系，可进一步用于构建小流域特征参数与单位线特征值的经验关系。对于小流域内部的水流摩阻因素（如糙率）等，暂不考虑，以经验关系中的一个综合系数来表征，可在后续研究中进一步细化该因素的影响。

6.4.1.3 拟定公式型

中小流域产汇流非线性特质十分显著，采用基于最小二乘法的多元回归非线性模型识别分布式单位线特征值与小流域属性间的定量关系。回归模型的一般形式如下：

$$X = kM_1^{n_1} M_2^{n_2} \cdots M_i^{n_i} \qquad (6.11)$$

式中：X 为小流域单位线的特征值，如单位线洪峰流量、汇流时间和峰现时间；M 为小流域属性，如小流域面积、坡度、汇流路径长度等；i 为所选小流域属性个数；k 和 n 分别为拟合系数和拟合指数。

1. 单位线洪峰流量

国内外已有研究对洪峰流量经验公式设计、选取方面积累了丰富的成果，其中以推理公式法应用最为广泛。总结已有相关研究成果发现大部分洪峰流量经验公式型主要涉及流域面积、最长汇流路径长度及其比降等属性。式（6.12）为常见洪峰流量经验公式型。

$$Q_m = kF^b L_m^c J^a \qquad (6.12)$$

式中：Q_m 为洪峰流量，m^3/s；F 为流域面积，km^2；L_m 为最长汇流路径长度，km；J 为最长汇流路径比降；k 为随地区和频率而变化的综合系数；a、b、c 为待拟合经验公式参数。

洪峰流量经验公式型为非线性关系，这与小流域汇流非线性响应显著的现象相符。上述经验公式型中流域属性主要为小流域基础属性，利用小流域改进汇流属性拟定以下洪峰流量经验公式型，见表 6.6。

表 6.6　　　　　　　　　　　　单位线洪峰流量拟定经验公式型

序号	公式型	流 域 属 性 指 标
已有公式型	$Q_m = kF^b L_m^c J^a$	流域面积 F、最长汇流路径长度 L_m 及其比降 J
拟定公式型 1	$Q_m = kF^b L_m^c J_r'^a$	流域面积 F、最长汇流路径长度 L_m、改进河段比降 J_r'
拟定公式型 2	$Q_m = kF^b (CL_m)^c J_r'^{a_1} S'^{a_2}$	流域面积 F、最长汇流路径长度 L_m、不均匀系数 C、改进河段比降 J_r'、流域加权平均坡度 S'
拟定公式型 3	$Q_m = kF^b (CL_m)^c S'^a$	流域面积 F、最长汇流路径长度 L_m、不均匀系数 C、流域加权平均坡度 S'

序号	公式型	流 域 属 性 指 标
拟定公式型 4	$Q_m = kF^b L_m^c J_r^{a_1} S'^{a_2}$	流域面积 F、最长汇流路径长度 L_m、河段比降 J_r、流域加权平均坡度 S'
拟定公式型 5	$Q_m = kF^b (CL_m)^c J'^{a_1} S^{a_2}$	流域面积 F、最长汇流路径长度 L_m、不均匀系数 C、改进河段比降 J'、流域平均坡度 S
拟定公式型 6	$Q_m = kF^b (CL_m)^c S^a$	流域面积 F、最长汇流路径长度 L_m、不均匀系数 C、流域平均坡度 S
拟定公式型 7	$Q_m = kF^b L_m^c J_r^{a_1} S^{a_2}$	流域面积 F、最长汇流路径长度 L_m、河段比降 J_r、流域平均坡度 S

注　Q_m 为单位线洪峰流量，$\mathrm{m^3/s}$；k、a、a_1、a_2、b、c 为待拟合经验公式参数；河段比降 J_r 采用面积包围法由高程-河长曲线确定；改进河段比降 J_r' 采用最小二乘法由河段各点的高程和河长确定，可均化局部的地形起伏变化。

2. 汇流时间

距离流域出口最远处的栅格单元水流决定了流域汇流时间的大小。单位线汇流时间主要受流域内部汇流路径及坡度、洪峰量级等影响，拟定如下经验公式型，见表 6.7。

表 6.7　　　　　　　　　　　单位线汇流时间拟定经验公式型

序号	公式型	流 域 属 性 指 标
拟定公式型 1	$T = kL_m^c J^a$	最长汇流路径长度 L_m 及其比降 J
拟定公式型 2	$T = kL_m^c S'^a$	最长汇流路径长度 L_m、流域加权平均坡度 S'
拟定公式型 3	$T = k(CL_m)^c J^a$	不均匀系数 C、最长汇流路径长度 L_m 及其比降 J
拟定公式型 4	$T = kL_m^c J^a Q_m^b$	最长汇流路径长度 L_m 及其比降 J、单位线洪峰流量 Q_m

注　T 为单位线汇流时间，h；k、a、b、c 为待拟合经验公式参数。

3. 峰现时间

峰现时间是洪水集中度最大时洪水汇流的时间。工程上常用概化三角形的方法推求设计洪水线，其中以汇流时间的 1/3 计算峰现时间。总结前人理论研究、工程实践成果，同时对比分析不同小流域单位线特征，基于流域汇流路径及比降等属性拟定如下峰现时间经验公式型，见表 6.8。

表 6.8　　　　　　　　　　　单位线峰现时间拟定经验公式型

序号	公式型	流 域 属 性 指 标
拟定公式型 1	$T_p = kL_m^c J^a$	最长汇流路径长度 L_m 及其比降 J
拟定公式型 2	$T_p = kL_m^c (F/J)^a$	流域面积 F、最长汇流路径长度 L_m 及其比降 J
拟定公式型 3	$T_p = kL_m^c L^b J^a$	最长汇流路径长度 L_m 及其比降 J、平均汇流路径长度 L
拟定公式型 4	$T_p = k(CL_m)^c J^a$	不均匀系数 C、最长汇流路径长度 L_m 及其比降 J

注　T_p 为单位线峰现时间，h；k、a、b、c 为待拟合经验公式参数。

6.4.1.4　评估指标

基于最小二乘法确定单位线特征值的最优拟合公式型，目标函数为均方根误差（$RMSE$）最小。同时，采用合格率（ST）和相关系数（r）进一步评估拟合公式的优劣。$RMSE$、ST 和 r 的最优值分别为 0、100% 和 1，各评估指标计算公式如下：

$$RMSE = \sqrt{\frac{\sum\limits_{i=1}^{N}(X_{o,i} - X_{s,i})^2}{N}} \tag{6.13}$$

$$ST = \frac{n}{N} \times 100\% \tag{6.14}$$

$$r = \frac{\sum\limits_{i=1}^{N}(X_{o,i} - \overline{X_o})(X_{s,i} - \overline{X_s})}{\sqrt{\sum\limits_{i=1}^{N}(X_{o,i} - \overline{X_o})^2 \sum\limits_{i=1}^{N}(X_{s,i} - \overline{X_s})^2}} \tag{6.15}$$

式中：$RMSE$ 为均方根误差；ST 为合格率；r 为相关系数；X 为分布式单位线的特征值，如洪峰流量 Q_m，峰现时间 T_p 和汇流时间 T；N 为区域或流域内分布式单位线的总数；n 为拟合的单位线特征值合格的分布式单位线数，以单位线特征值的相对误差在 $\pm20\%$ 以内为合格，即 $\dfrac{|X_o - X_s|}{X_o} \leqslant 20\%$；$X_{o,i}$ 为区域或流域内第 i 个分布式单位线的特征值；$X_{s,i}$ 为区域或流域内第 i 个分布式单位线的拟合特征值；$\overline{X_o}$ 和 $\overline{X_s}$ 分别为区域或流域内分布式单位线特征值和拟合特征值的均值。

6.4.2　单位线最优经验公式型确定

我国地域辽阔，地貌类型复杂，尤其南北地形地貌差异巨大，不同区域的产汇流机制不同导致流域水文响应差异显著。以典型中小流域为单元，统计各流域的最优拟合公式型及参数，确定相应的综合分布式单位线，识别我国不同类型区汇流过程的主要影响因素。

6.4.2.1　洪峰流量拟合评估

表 6.9 为所有典型流域不同洪峰流量公式型拟合评估指标。不同经验公式型拟合效果不一样，同一经验公式型在不同流域拟合效果也有差异。总体而言，所有公式型的拟合效果均较好，均方根误差（$RMSE$）为 $0.14 \sim 0.86\text{m}^3/\text{s}$，合格率（$ST$）为 $73\% \sim 100\%$，相关系数（r）为 $0.85 \sim 0.99$。以均方根误差最小为目标函数，所有流域的最优拟合公式型为 4 和 7，其中 12 个流域的最优公式型为拟定公式型 4（$Q_m = kF^b L_m^c J_r^{a_1} S'^{a_2}$），即长干河、富尔河、辰清河、岷江、龙河、绵河、五龙河、遂川江、西溪河、布柳河、琴江和新安江，主要分布在横断山脉、云贵高原以及太行山沿线等地貌复杂、地形多变的山区，相应的 $RMSE$ 为 $0.21 \sim 0.46\text{m}^3/\text{s}$，$ST$ 为 $90\% \sim 98\%$，r 为 $0.93 \sim 0.98$；其余 18 个流域的最优公式型为拟定公式型 7（$Q_m = kF^b L_m^c J_r^{a_1} S^{a_2}$），即贡曲、佳芦河、小河、汤河、马滩河、亮江、通道河、秋香江、鸭江、昌曲、俄科河、清水河、尼木玛曲、九龙溪、益曲、比江、官渡河和伊河，相应的 $RMSE$ 为 $0.14 \sim 0.75\text{m}^3/\text{s}$，$ST$ 为 $86\% \sim 100\%$，r 为 $0.93 \sim 0.99$。各公式型的评估指标见图 6.12。

表 6.9 典型流域不同洪峰流量公式型拟合评估指标

公式型	流域编码	RMSE /(m³/s)	ST /%	r	流域编码	RMSE /(m³/s)	ST /%	r
已有公式型	WAA1810	0.2283	96	0.98	WFF1215	0.1591	100	0.98
拟定公式型 1		0.2380	97	0.98		0.1777	98	0.97
拟定公式型 2		0.3484	94	0.96		0.3275	85	0.91
拟定公式型 3		0.3633	91	0.95		0.3277	85	0.91
拟定公式型 4		0.2202	97	0.98		0.1538	99	0.98
拟定公式型 5		0.3548	96	0.95		0.3140	88	0.91
拟定公式型 6		0.3650	92	0.95		0.3144	89	0.91
拟定公式型 7		0.2283	96	0.98		0.1478	100	0.98
已有公式型	WAB1114	0.2144	99	0.99	WFF1221	0.1767	98	0.98
拟定公式型 1		0.2349	97	0.99		0.2307	96	0.97
拟定公式型 2		0.3991	89	0.96		0.2935	93	0.96
拟定公式型 3		0.4026	88	0.96		0.3238	92	0.95
拟定公式型 4		0.2140	98	0.99		0.1693	99	0.99
拟定公式型 5		0.3808	93	0.96		0.2943	91	0.96
拟定公式型 6		0.3814	94	0.96		0.3263	90	0.95
拟定公式型 7		0.2140	99	0.99		0.1682	99	0.99
已有公式型	WCB1123	0.1685	100	0.99	WFG2310	0.2628	100	0.96
拟定公式型 1		0.1932	98	0.99		0.3021	100	0.95
拟定公式型 2		0.3706	94	0.95		0.4043	92	0.9
拟定公式型 3		0.3782	90	0.95		0.4184	92	0.9
拟定公式型 4		0.1685	100	0.99		0.2586	100	0.96
拟定公式型 5		0.3576	94	0.96		0.4055	93	0.9
拟定公式型 6		0.3648	91	0.96		0.4186	92	0.9
拟定公式型 7		0.1681	100	0.99		0.2550	100	0.96
已有公式型	WCC1050	0.3201	97	0.96	WFG2520	0.4056	93	0.96
拟定公式型 1		0.3672	94	0.95		0.4858	87	0.95
拟定公式型 2		0.4507	92	0.92		0.6056	82	0.92
拟定公式型 3		0.4642	87	0.92		0.6876	73	0.89
拟定公式型 4		0.3161	96	0.96		0.4056	93	0.96
拟定公式型 5		0.4451	93	0.92		0.6073	80	0.92
拟定公式型 6		0.4584	89	0.92		0.6861	73	0.89
拟定公式型 7		0.3147	96	0.96		0.4052	93	0.96

公式型	流域编码	RMSE /(m³/s)	ST /%	r	流域编码	RMSE /(m³/s)	ST /%	r
已有公式型		0.2336	99	0.97		0.2403	97	0.97
拟定公式型 1		0.2571	98	0.96		0.2811	97	0.96
拟定公式型 2		0.3256	93	0.94		0.3634	92	0.93
拟定公式型 3	WCE1081	0.3430	90	0.93	WFH1080	0.3774	89	0.93
拟定公式型 4		0.2207	98	0.97		0.2371	97	0.97
拟定公式型 5		0.3341	91	0.94		0.3849	90	0.93
拟定公式型 6		0.3469	91	0.93		0.4265	88	0.91
拟定公式型 7		0.2293	98	0.97		0.2386	97	0.97
已有公式型		0.2627	100	0.95		0.2350	98	0.97
拟定公式型 1		0.2679	100	0.95		0.3016	96	0.95
拟定公式型 2		0.3463	96	0.91		0.3702	91	0.92
拟定公式型 3	WDA6500	0.3465	95	0.91	WGA2100	0.3809	90	0.92
拟定公式型 4		0.2473	100	0.95		0.2265	98	0.97
拟定公式型 5		0.3135	96	0.92		0.3782	89	0.92
拟定公式型 6		0.3169	95	0.92		0.3950	88	0.91
拟定公式型 7		0.1840	99	0.97		0.2273	98	0.97
已有公式型		0.2305	98	0.97		0.1697	99	0.98
拟定公式型 1		0.2643	94	0.96		0.1977	98	0.97
拟定公式型 2		0.3730	90	0.92		0.3049	95	0.93
拟定公式型 3	WDA8020	0.3812	87	0.92	WGC1210	0.3097	94	0.93
拟定公式型 4		0.2205	98	0.97		0.1657	99	0.98
拟定公式型 5		0.3694	91	0.92		0.2997	94	0.94
拟定公式型 6		0.3751	89	0.92		0.3030	93	0.94
拟定公式型 7		0.2190	99	0.97		0.1612	99	0.98
已有公式型		0.1673	100	0.98		0.2296	98	0.97
拟定公式型 1		0.1873	100	0.97		0.2389	97	0.96
拟定公式型 2		0.2578	99	0.95		0.3808	88	0.91
拟定公式型 3	WDC2235	0.2695	97	0.94	WHA2600	0.3838	88	0.91
拟定公式型 4		0.1649	100	0.98		0.2281	98	0.97
拟定公式型 5		0.2376	99	0.95		0.3828	88	0.91
拟定公式型 6		0.2528	99	0.95		0.3863	86	0.9
拟定公式型 7		0.1546	100	0.98		0.2296	98	0.97

续表

公式型	流域编码	RMSE /(m³/s)	ST /%	r	流域编码	RMSE /(m³/s)	ST /%	r
已有公式型	WDD2100	0.2185	98	0.96	WHC1300	0.1464	100	0.99
拟定公式型1		0.2195	98	0.96		0.1924	96	0.98
拟定公式型2		0.3466	91	0.91		0.2757	93	0.95
拟定公式型3		0.3477	91	0.91		0.2826	92	0.95
拟定公式型4		0.2172	98	0.97		0.1464	100	0.99
拟定公式型5		0.3474	91	0.91		0.2563	92	0.96
拟定公式型6		0.3478	91	0.91		0.2601	90	0.96
拟定公式型7		0.2179	98	0.96		0.1432	100	0.99
已有公式型	WFA2200	0.3567	96	0.98	WHE0200	0.2871	92	0.93
拟定公式型1		0.4041	92	0.98		0.3256	89	0.91
拟定公式型2		0.5393	86	0.96		0.3938	84	0.87
拟定公式型3		0.5393	86	0.96		0.3941	83	0.87
拟定公式型4		0.3557	96	0.98		0.2864	92	0.93
拟定公式型5		0.5347	88	0.96		0.4031	84	0.87
拟定公式型6		0.5348	88	0.96		0.4045	83	0.87
拟定公式型7		0.3556	96	0.98		0.2871	92	0.93
已有公式型	WFA5700	0.3351	97	0.97	WJB1730	0.3361	96	0.98
拟定公式型1		0.3949	96	0.96		0.4042	94	0.97
拟定公式型2		0.5273	85	0.93		0.5238	83	0.94
拟定公式型3		0.6124	81	0.91		0.5856	82	0.93
拟定公式型4		0.3350	97	0.97		0.3328	97	0.98
拟定公式型5		0.5298	85	0.93		0.5227	84	0.94
拟定公式型6		0.6153	80	0.91		0.5755	84	0.93
拟定公式型7		0.3351	97	0.97		0.3314	97	0.98
已有公式型	WFA7400	0.2124	98	0.98	WJB2200	0.3223	95	0.97
拟定公式型1		0.2752	97	0.96		0.3700	93	0.96
拟定公式型2		0.3403	91	0.94		0.4545	88	0.94
拟定公式型3		0.3545	91	0.94		0.4996	88	0.92
拟定公式型4		0.2112	98	0.98		0.3167	95	0.97
拟定公式型5		0.3442	91	0.94		0.4639	89	0.93
拟定公式型6		0.3574	91	0.94		0.5118	87	0.92
拟定公式型7		0.2114	98	0.98		0.3121	95	0.97

续表

公式型	流域编码	RMSE /(m³/s)	ST /%	r	流域编码	RMSE /(m³/s)	ST /%	r
已有公式型		0.2660	97	0.99		0.4811	94	0.98
拟定公式型 1		0.2891	98	0.99		0.4903	98	0.98
拟定公式型 2		0.4533	92	0.97		0.5423	90	0.97
拟定公式型 3	WFB1400	0.4770	91	0.96	WJC1440	0.5903	88	0.97
拟定公式型 4		0.2645	97	0.99		0.4702	98	0.98
拟定公式型 5		0.4497	93	0.97		0.5402	92	0.97
拟定公式型 6		0.4700	92	0.96		0.5764	86	0.97
拟定公式型 7		0.2634	97	0.99		0.4702	96	0.98
已有公式型		0.3763	97	0.98		0.8077	84	0.92
拟定公式型 1		0.4295	96	0.97		0.8239	80	0.92
拟定公式型 2		0.4961	95	0.96		0.8569	76	0.91
拟定公式型 3	WFC0000	0.6020	85	0.94	WJD2800	0.8608	76	0.91
拟定公式型 4		0.3725	97	0.98		0.7915	83	0.92
拟定公式型 5		0.4998	95	0.96		0.8069	83	0.92
拟定公式型 6		0.5988	87	0.94		0.8091	81	0.92
拟定公式型 7		0.3739	97	0.98		0.7496	86	0.93
已有公式型		0.3289	96	0.95		0.5061	88	0.92
拟定公式型 1		0.3816	92	0.94		0.5364	85	0.91
拟定公式型 2		0.4083	86	0.93		0.6253	80	0.88
拟定公式型 3	WFE2600	0.4360	85	0.92	WKH1370	0.6895	78	0.85
拟定公式型 4		0.2878	97	0.96		0.4612	90	0.93
拟定公式型 5		0.4018	87	0.93		0.6285	87	0.87
拟定公式型 6		0.4291	84	0.92		0.6900	78	0.85
拟定公式型 7		0.2792	97	0.97		0.4647	90	0.93

相比于已有公式型，最优公式型的 RMSE 减少了 $0.01\sim0.08\mathrm{m}^3/\mathrm{s}$，ST 基本一致，r 提高了 $0\sim0.03$；相比于其他拟定公式型，最优公式型的 RMSE 减少了 $0\sim0.28\mathrm{m}^3/\mathrm{s}$，ST 提高了 $0\sim20\%$，r 提高了 $0\sim0.09$。单位线洪峰流量与流域面积、最长汇流路径长度、河段比降、流域（加权）平均坡度关系密切。小流域源短流急，将已有公式型中的最长汇流路径比降指标细化为坡面和河段两部分，精细地反映了流域地形起伏状态对洪水集中度的影响，在一定程度上提高了拟合精度。

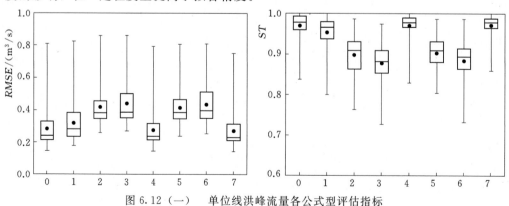

图 6.12（一）　单位线洪峰流量各公式型评估指标

注：横坐标轴"0"代表已有公式型，"1~7"代表拟定公式型 1~拟定公式型 7；箱体代表上、下四分位数；
箱体内黑线和黑圆点分别代表中位数和平均值；箱体外黑线代表最大值和最小值。

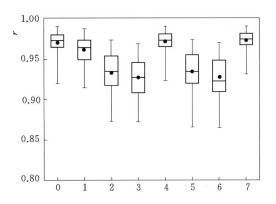

图 6.12（二）　单位线洪峰流量各公式型评估指标

注：横坐标轴"0"代表已有公式型，"1～7"代表拟定公式型1～拟定公式型7；箱体代表上、下四分位数；
箱体内黑线和黑圆点分别代表中位数和平均值；箱体外黑线代表最大值和最小值。

　　绘制典型流域单位线洪峰流量最优公式型结果对比图，见图6.13。图中红色虚线为1∶1线，拟合点落在黑色实线范围内为合格，可以看出，大部分流域的拟合点均围绕在1∶1线周围，且在合格范围内，拟合效果较好，构建的公式型和所选小流域属性能较好地反映不同地形地貌类型区洪水集中度的差异性。

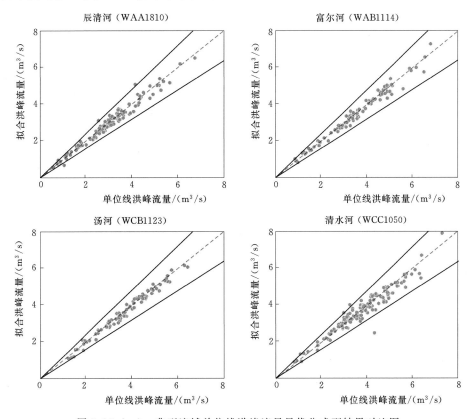

图 6.13（一）　典型流域单位线洪峰流量最优公式型结果对比图

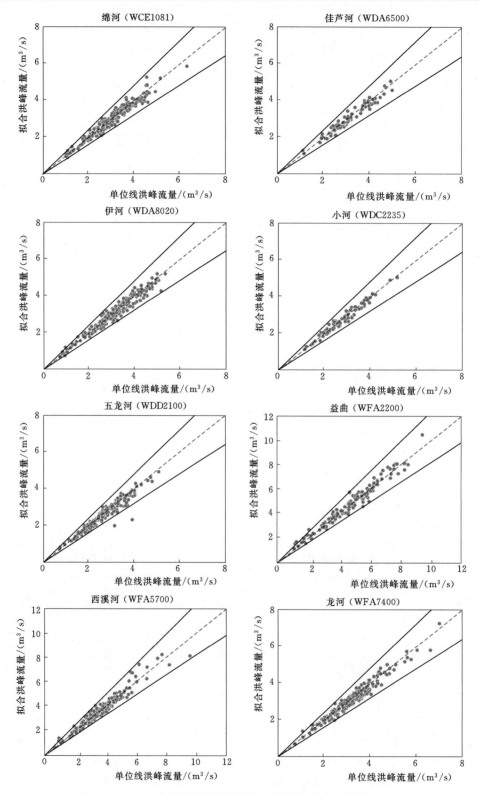

图 6.13（二）　典型流域单位线洪峰流量最优公式型结果对比图

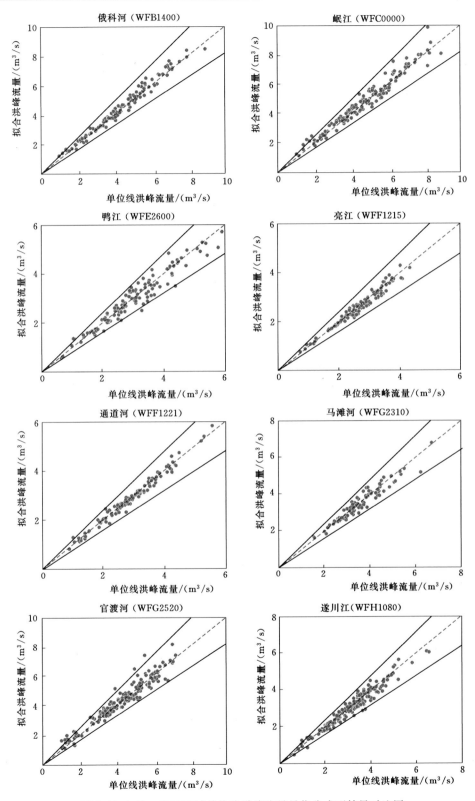

图 6.13（三）　典型流域单位线洪峰流量最优公式型结果对比图

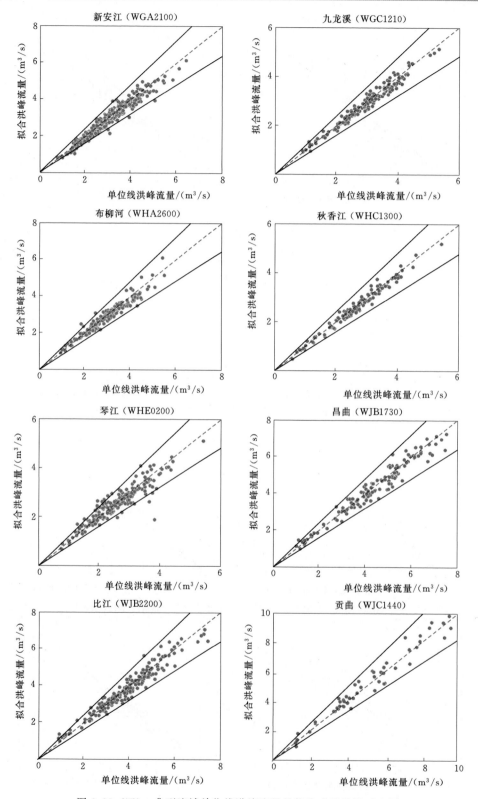

图6.13（四）　典型流域单位线洪峰流量最优公式型结果对比图

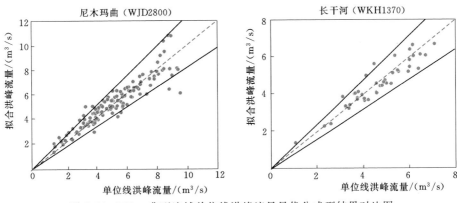

图 6.13（五） 典型流域单位线洪峰流量最优公式型结果对比图

表 6.10 为所有典型流域最优公式型的拟合指数（a_1、a_2、b、c）和系数（k），结合拟合评估指标，给出了拟合效果与最优公式型较为接近的备选公式型。

表 6.10 单位线洪峰流量经验公式拟合参数

序号	流域编码	最优公式型	a_1	a_2	b	c	k	备选公式型		
								已有公式型	拟定公式型 4	拟定公式型 7
1	WAA1810	拟定公式型 4	0.068	0.036	1.080	−0.891	1.615	√		√
2	WAB1114	拟定公式型 4	0.076	−0.018	1.074	−0.867	1.526	√		√
3	WCB1123	拟定公式型 7	0.080	0.008	1.062	−0.874	1.744	√	√	
4	WCC1050	拟定公式型 7	0.109	0.049	0.971	−0.757	2.011	√	√	
5	WCE1081	拟定公式型 4	0.075	0.101	1.071	−0.864	1.723	√		√
6	WDA6500	拟定公式型 7	−0.094	−0.190	1.053	−0.938	0.715			
7	WDA8020	拟定公式型 7	0.070	0.125	1.048	−0.887	1.831	√	√	
8	WDC2235	拟定公式型 7	0.092	0.195	1.027	−0.828	2.004			
9	WDD2100	拟定公式型 4	0.003	0.018	1.048	−0.933	1.262	√		√
10	WFA2200	拟定公式型 7	0.054	0.015	0.986	−0.770	1.831	√	√	
11	WFA5700	拟定公式型 4	0.149	−0.006	1.045	−0.802	1.764	√		√
12	WFA7400	拟定公式型 4	0.117	0.035	1.058	−0.896	1.876	√		√
13	WFB1400	拟定公式型 7	0.066	0.019	1.033	−0.811	1.776	√	√	
14	WFC0000	拟定公式型 4	0.169	−0.056	1.002	−0.672	1.812	√		√
15	WFE2600	拟定公式型 7	0.055	0.253	1.047	−0.907	1.969	√	√	
16	WFF1215	拟定公式型 7	0.046	0.104	1.058	−0.905	1.698	√	√	
17	WFF1221	拟定公式型 7	0.067	0.204	1.063	−0.826	1.709	√	√	
18	WFG2310	拟定公式型 7	0.116	0.117	1.069	−0.869	1.876	√	√	
19	WFG2520	拟定公式型 7	0.176	0.026	1.026	−0.790	2.068		√	
20	WFH1080	拟定公式型 4	0.068	0.053	1.076	−0.873	1.686	√		√
21	WGA2100	拟定公式型 4	0.063	0.071	1.047	−0.881	1.803	√		√
22	WGC1210	拟定公式型 7	0.037	0.100	1.056	−0.877	1.589	√	√	
23	WHA2600	拟定公式型 4	0.046	0.054	1.054	−0.917	1.681	√		√
24	WHC1300	拟定公式型 7	0.067	0.092	1.077	−0.860	1.556	√	√	

续表

序号	流域编码	最优公式型	a_1	a_2	b	c	k	备选公式型		
								已有公式型	拟定公式型 4	拟定公式型 7
25	WHE0200	拟定公式型 4	0.062	0.037	1.073	−0.879	1.502	√		√
26	WJB1730	拟定公式型 7	0.129	−0.046	1.040	−0.756	1.767	√	√	
27	WJB2200	拟定公式型 7	0.136	0.146	1.014	−0.771	1.978	√	√	
28	WJC1440	拟定公式型 7	0.150	0.117	0.952	−0.439	1.736		√	
29	WJD2800	拟定公式型 7	0.029	0.216	0.916	−0.632	2.218			
30	WKH1370	拟定公式型 4	0.193	−0.205	0.851	−0.592	2.030			√

6.4.2.2　汇流时间拟合评估

表 6.11 为所有典型流域不同汇流时间公式型拟合评估结果。不同经验公式型拟合效果不一样，总体而言，所有公式型的拟合效果均较好，均方根误差（RMSE）为 3.16～9.91min，合格率（ST）为 79％～100％，相关系数（r）为 0.81～0.99。以均方根误差最小为目标函数，所有流域的最优公式型为 4（$T = kL_m^c J^a Q_m^b$），相应的 RMSE 为 3.16～7.21min，ST 为 85％～100％，r 为 0.89～0.99，单位线汇流时间与流域最长汇流路径长度及其比降、单位线洪峰流量关系密切。相比于拟定公式型 1，所有典型流域最优公式型的 RMSE 减少了 0.03～1.36min，ST 变化了 −1％～7％，r 提高了 0～0.06；相比于拟定公式型 2，所有典型流域最优公式型的 RMSE 减少了 0.02～2.27min，ST 变化了 −2％～16％，r 提高了 0～0.07；相比于拟定公式型 3，所有典型流域最优公式型的 RMSE 减少了 0.51～3.29min，ST 变化了 −1％～10％，r 提高了 0.01～0.09。

表 6.11　　　　　　典型流域不同汇流时间公式型拟合评估指标

公式型	流域编码	$RMSE$ /min	ST /%	r	流域编码	$RMSE$ /min	ST /%	r
拟定公式型 1		5.50	98	0.97		3.58	100	0.99
拟定公式型 2	WAA1810	6.69	97	0.96	WFF1215	3.99	98	0.98
拟定公式型 3		7.59	96	0.95		6.69	99	0.95
拟定公式型 4		5.21	98	0.98		3.40	100	0.98
拟定公式型 1		3.34	99	0.98		3.31	99	0.98
拟定公式型 2	WAB1114	3.62	98	0.98	WFF1221	3.48	97	0.98
拟定公式型 3		4.90	100	0.96		5.20	99	0.96
拟定公式型 4		3.30	99	0.98		3.26	99	0.98
拟定公式型 1		3.22	100	0.98		3.61	100	0.97
拟定公式型 2	WCB1123	4.10	98	0.96	WFG2310	3.97	99	0.96
拟定公式型 3		4.39	100	0.96		5.35	100	0.93
拟定公式型 4		3.19	100	0.98		3.38	100	0.97
拟定公式型 1		5.35	99	0.94		3.94	96	0.97
拟定公式型 2	WCC1050	5.96	96	0.93	WFG2520	5.99	88	0.93
拟定公式型 3		6.86	95	0.90		5.06	94	0.95
拟定公式型 4		5.20	99	0.95		3.71	98	0.97

续表

公式型	流域编码	$RMSE$ /min	ST /%	r	流域编码	$RMSE$ /min	ST /%	r
拟定公式型1		5.42	99	0.95		4.79	96	0.97
拟定公式型2	WCE1081	5.40	98	0.95	WFH1080	5.53	93	0.96
拟定公式型3		6.19	97	0.93		6.57	96	0.94
拟定公式型4		5.24	99	0.95		4.56	98	0.97
拟定公式型1		4.99	96	0.92		4.86	99	0.97
拟定公式型2	WDA6500	4.89	95	0.92	WGA2100	5.44	98	0.96
拟定公式型3		6.26	95	0.87		6.95	95	0.94
拟定公式型4		4.86	95	0.92		4.74	99	0.97
拟定公式型1		4.74	99	0.96		3.73	100	0.98
拟定公式型2	WDA8020	4.66	97	0.96	WGC1210	4.01	99	0.97
拟定公式型3		7.09	94	0.91		5.73	98	0.95
拟定公式型4		4.19	100	0.97		3.63	100	0.98
拟定公式型1		4.27	100	0.97		5.27	96	0.97
拟定公式型2	WDC2235	4.75	99	0.96	WHA2600	5.33	96	0.97
拟定公式型3		5.65	99	0.94		6.85	95	0.96
拟定公式型4		4.11	100	0.97		5.20	97	0.97
拟定公式型1		5.76	99	0.97		4.53	99	0.97
拟定公式型2	WDD2100	5.88	99	0.97	WHC1300	5.53	98	0.96
拟定公式型3		8.43	93	0.93		6.16	98	0.95
拟定公式型4		5.55	98	0.97		4.21	99	0.98
拟定公式型1		3.82	98	0.97		7.93	94	0.92
拟定公式型2	WFA2200	4.45	94	0.96	WHE0200	8.28	94	0.91
拟定公式型3		5.02	95	0.95		9.91	90	0.87
拟定公式型4		3.69	100	0.97		7.21	96	0.93
拟定公式型1		4.15	98	0.96		3.64	98	0.97
拟定公式型2	WFA5700	5.46	90	0.93	WJB1730	4.66	93	0.96
拟定公式型3		5.64	93	0.93		4.96	93	0.95
拟定公式型4		3.99	99	0.96		3.57	98	0.97
拟定公式型1		4.24	99	0.97		4.30	97	0.95
拟定公式型2	WFA7400	5.48	97	0.95	WJB2200	5.23	94	0.93
拟定公式型3		5.77	97	0.94		5.39	93	0.92
拟定公式型4		4.11	99	0.97		4.25	98	0.95
拟定公式型1		3.29	98	0.98		4.72	92	0.92
拟定公式型2	WFB1400	3.41	98	0.98	WJC1440	5.64	80	0.89
拟定公式型3		4.71	97	0.96		5.17	88	0.91
拟定公式型4		3.16	98	0.98		3.60	96	0.96

续表

公式型	流域编码	RMSE/min	ST/%	r	流域编码	RMSE/min	ST/%	r
拟定公式型 1	WFC0000	3.63	99	0.96	WJD2800	6.87	82	0.83
拟定公式型 2		5.18	90	0.91		6.44	81	0.85
拟定公式型 3		3.96	97	0.95		7.26	79	0.81
拟定公式型 4		3.45	99	0.96		5.51	89	0.89
拟定公式型 1	WFE2600	5.99	95	0.96	WKH1370	6.76	83	0.90
拟定公式型 2		5.60	94	0.97		6.71	88	0.90
拟定公式型 3		8.18	88	0.93		7.41	85	0.88
拟定公式型 4		5.48	96	0.97		6.69	85	0.90

所有典型流域小流域单位线汇流时间和峰现时间各公式型的评估指标见图 6.14。

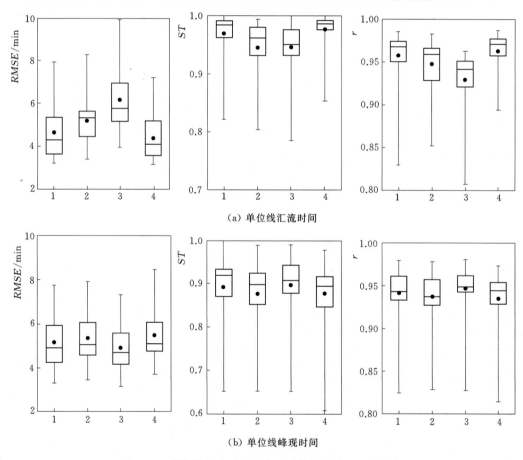

（a）单位线汇流时间

（b）单位线峰现时间

图 6.14　单位线汇流时间和峰现时间各公式型评估指标

注：横坐标轴"1～4"代表拟定公式型 1～拟定公式型 4；箱体代表上、下四分位数；箱体内黑线和
黑圆点分别代表中位数和平均值；箱体外黑线代表最大值和最小值。

绘制典型流域单位线汇流时间最优公式型结果对比图，见图 6.15，图中红色虚线为
1∶1 线，拟合点落在黑色实线范围内为合格，可以看出，大部分流域的拟合点均围绕在

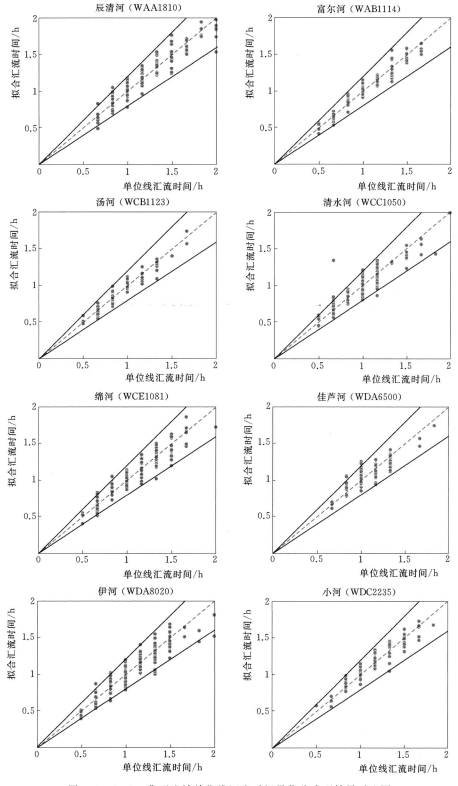

图 6.15（一） 典型流域单位线汇流时间最优公式型结果对比图

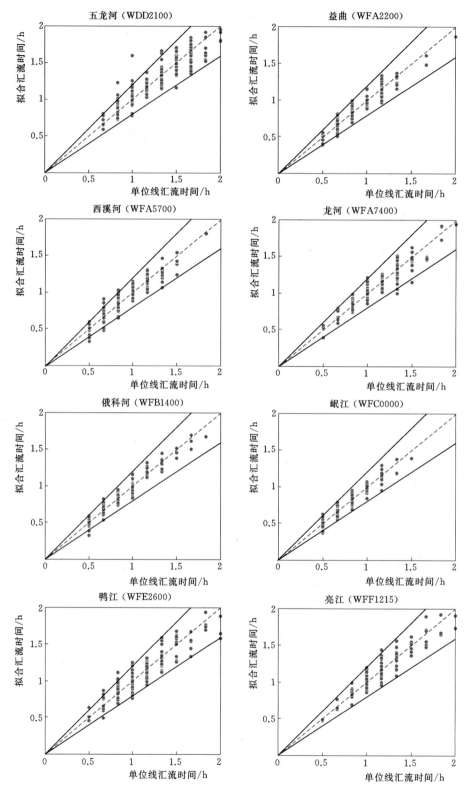

图 6.15（二）　典型流域单位线汇流时间最优公式型结果对比图

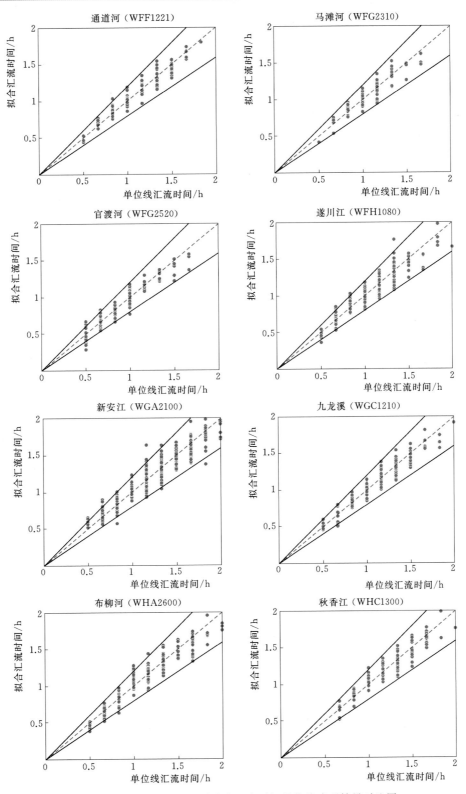

图 6.15（三）　典型流域单位线汇流时间最优公式型结果对比图

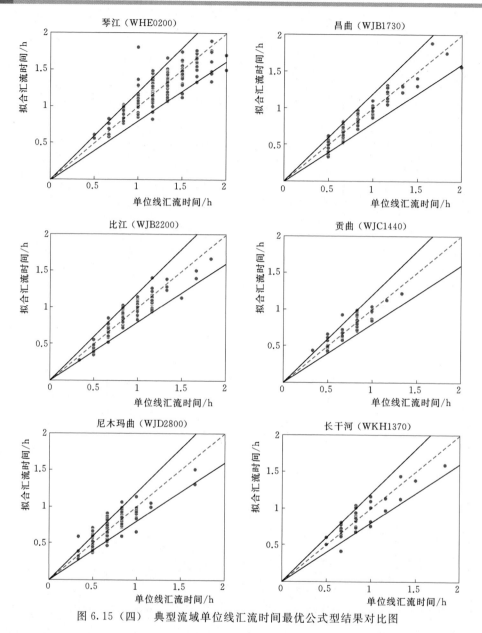

图 6.15（四）　典型流域单位线汇流时间最优公式型结果对比图

1：1 线周围，且在合格范围内，拟合效果较好。表 6.12 为所有典型流域单位线汇流时间最优公式型参数。

表 6.12　　　　　　　　　　单位线汇流时间最优公式型参数

序号	流域编码	a	b	c	k
1	WAA1810	−0.059	−0.078	0.839	0.164
2	WAB1114	−0.050	−0.029	0.797	0.162
3	WCB1123	−0.088	−0.026	0.784	0.138
4	WCC1050	−0.093	−0.066	0.832	0.129

序号	流域编码	a	b	c	k
5	WCE1081	−0.103	−0.080	0.808	0.145
6	WDA6500	0.086	−0.067	0.888	0.270
7	WDA8020	−0.092	−0.112	0.858	0.134
8	WDC2235	−0.090	−0.067	0.810	0.154
9	WDD2100	−0.021	−0.064	0.871	0.188
10	WFA2200	−0.071	−0.057	0.817	0.126
11	WFA5700	−0.101	−0.065	0.834	0.134
12	WFA7400	−0.096	−0.060	0.849	0.137
13	WFB1400	−0.066	−0.058	0.822	0.129
14	WFC0000	−0.145	−0.085	0.753	0.123
15	WFE2600	−0.071	−0.106	0.882	0.150
16	WFF1215	−0.065	−0.056	0.826	0.151
17	WFF1221	−0.059	−0.031	0.808	0.152
18	WFG2310	−0.128	−0.080	0.797	0.133
19	WFG2520	−0.127	−0.093	0.826	0.126
20	WFH1080	−0.063	−0.079	0.847	0.142
21	WGA2100	−0.074	−0.053	0.834	0.139
22	WGC1210	−0.039	−0.049	0.823	0.164
23	WHA2600	−0.035	−0.047	0.873	0.150
24	WHC1300	−0.076	−0.078	0.798	0.160
25	WHE0200	−0.055	−0.151	0.798	0.192
26	WJB1730	−0.083	−0.049	0.766	0.133
27	WJB2200	−0.131	−0.045	0.785	0.131
28	WJC1440	−0.192	−0.297	0.826	0.100
29	WJD2800	−0.053	−0.262	0.851	0.146
30	WKH1370	−0.076	−0.088	0.967	0.102

6.4.2.3　峰现时间拟合评估

表 6.13 为所有典型流域不同峰现时间公式型拟合评估指标。不同经验公式型拟合效果不一样，总体而言，所有典型流域所有公式型的拟合效果均较好，均方根误差（$RMSE$）为 3.15～8.46min，合格率（ST）为 61%～100%，相关系数（r）为 0.82～0.98。以均方根误差最小为目标函数，所有流域的最优拟合公式型为拟定公式型 3（$T_p = kL_m^c L^b J^a$），相应的 $RMSE$ 为 3.15～7.33min，ST 为 65%～99%，r 为 0.83～0.98，单位线峰现时间与流域最长汇流路径长度及其比降、平均汇流路径长度关系密切；此外，WJD2800 流域拟定公式型 2 的评估指标与拟定公式型 3 较为接近，可作为最优公式型的备选。

表 6.13   典型流域不同峰现时间公式型拟合评估指标

公式型	流域编码	$RMSE$ /min	ST /%	r	流域编码	$RMSE$ /min	ST /%	r
拟定公式型 1		6.15	93	0.96		4.23	93	0.98
拟定公式型 2	WAA1810	6.37	92	0.96	WFF1215	4.49	94	0.98
拟定公式型 3		6.06	93	0.96		4.16	94	0.98
拟定公式型 4		7.04	86	0.95		6.07	89	0.95
拟定公式型 1		3.46	100	0.98		5.45	93	0.95
拟定公式型 2	WAB1114	3.58	99	0.98	WFF1221	5.58	90	0.95
拟定公式型 3		3.40	99	0.98		4.81	93	0.96
拟定公式型 4		4.37	98	0.97		5.00	92	0.96
拟定公式型 1		4.23	94	0.95		4.72	95	0.93
拟定公式型 2	WCB1123	4.56	93	0.95	WFG2310	4.69	95	0.93
拟定公式型 3		3.88	95	0.96		4.37	95	0.94
拟定公式型 4		4.18	95	0.95		4.89	94	0.93
拟定公式型 1		5.82	87	0.91		4.09	83	0.96
拟定公式型 2	WCC1050	5.89	87	0.90	WFG2520	4.30	79	0.96
拟定公式型 3		5.66	89	0.91		4.07	83	0.96
拟定公式型 4		6.18	88	0.89		4.63	80	0.95
拟定公式型 1		5.53	95	0.94		5.93	89	0.94
拟定公式型 2	WCE1081	5.73	92	0.93	WFH1080	6.05	89	0.93
拟定公式型 3		5.28	95	0.94		5.57	90	0.94
拟定公式型 4		5.57	92	0.94		5.96	91	0.93
拟定公式型 1		5.72	91	0.90		5.96	93	0.95
拟定公式型 2	WDA6500	5.70	91	0.90	WGA2100	6.12	92	0.95
拟定公式型 3		5.54	90	0.90		5.55	93	0.96
拟定公式型 4		5.92	88	0.89		6.12	90	0.95
拟定公式型 1		4.64	93	0.95		4.89	93	0.95
拟定公式型 2	WDA8020	4.98	91	0.95	WGC1210	5.00	93	0.95
拟定公式型 3		4.44	93	0.96		4.41	93	0.96
拟定公式型 4		5.44	91	0.94		4.76	93	0.95
拟定公式型 1		4.97	95	0.95		5.40	92	0.97
拟定公式型 2	WDC2235	5.16	95	0.95	WHA2600	5.41	92	0.97
拟定公式型 3		4.69	96	0.96		5.09	95	0.97
拟定公式型 4		4.96	95	0.95		5.79	91	0.96
拟定公式型 1		7.07	93	0.94		6.43	93	0.93
拟定公式型 2	WDD2100	7.11	93	0.94	WHC1300	6.94	90	0.92
拟定公式型 3		6.61	93	0.95		5.78	95	0.95
拟定公式型 4		7.29	91	0.94		5.88	94	0.94

公式型	流域编码	$RMSE$ /min	ST /%	r	流域编码	$RMSE$ /min	ST /%	r
拟定公式型 1	WFA2200	3.73	90	0.97	WHE0200	7.75	88	0.91
拟定公式型 2		3.85	88	0.97		7.92	86	0.91
拟定公式型 3		3.63	90	0.97		7.33	88	0.92
拟定公式型 4		4.43	90	0.95		8.46	86	0.89
拟定公式型 1	WFA5700	4.48	93	0.94	WJB1730	3.81	87	0.97
拟定公式型 2		5.04	89	0.93		4.08	82	0.96
拟定公式型 3		4.31	93	0.95		3.80	88	0.97
拟定公式型 4		4.71	90	0.94		5.04	79	0.94
拟定公式型 1	WFA7400	5.00	89	0.95	WJB2200	4.66	87	0.93
拟定公式型 2		5.56	85	0.94		4.90	85	0.92
拟定公式型 3		4.74	91	0.95		4.42	88	0.94
拟定公式型 4		5.08	89	0.95		4.74	84	0.93
拟定公式型 1	WFB1400	3.29	93	0.98	WJC1440	4.80	67	0.91
拟定公式型 2		3.44	90	0.98		5.03	67	0.91
拟定公式型 3		3.15	91	0.98		4.76	69	0.92
拟定公式型 4		3.70	89	0.97		4.88	75	0.91
拟定公式型 1	WFC0000	3.99	83	0.94	WJD2800	6.48	65	0.82
拟定公式型 2		4.27	83	0.93		6.44	65	0.83
拟定公式型 3		3.78	87	0.95		6.44	65	0.83
拟定公式型 4		3.87	85	0.94		6.64	61	0.82
拟定公式型 1	WFE2600	6.88	86	0.94	WKH1370	4.69	83	0.94
拟定公式型 2		7.08	83	0.94		4.70	80	0.94
拟定公式型 3		6.53	85	0.95		4.69	83	0.94
拟定公式型 4		6.96	85	0.94		5.35	80	0.92

相比于拟定公式型 1，所有典型流域最优公式型的 $RMSE$ 减少了 $0\sim0.65$min，ST 变化了 $-2\%\sim4\%$，r 提高了 $0\sim0.01$；相比于拟定公式型 2，所有典型流域最优公式型的 $RMSE$ 减少了 $0\sim1.16$min，ST 变化了 $-1\%\sim6\%$，r 提高了 $0\sim0.02$；相比于拟定公式型 4，所有典型流域最优公式型的 $RMSE$ 减少了 $0.10\sim1.91$min，ST 变化了 $-6\%\sim9\%$，r 提高了 $0\sim0.03$。

绘制典型流域单位线峰现时间最优公式型结果对比图，见图 6.16。图中红色虚线为 1：1 线，拟合点落在黑色实线范围内为合格，可以看出，大部分流域的拟合点均围绕在 1：1 线周围，且在合格范围内，拟合效果较好。表 6.14 为所有典型流域单位线峰现时间最优公式型参数。

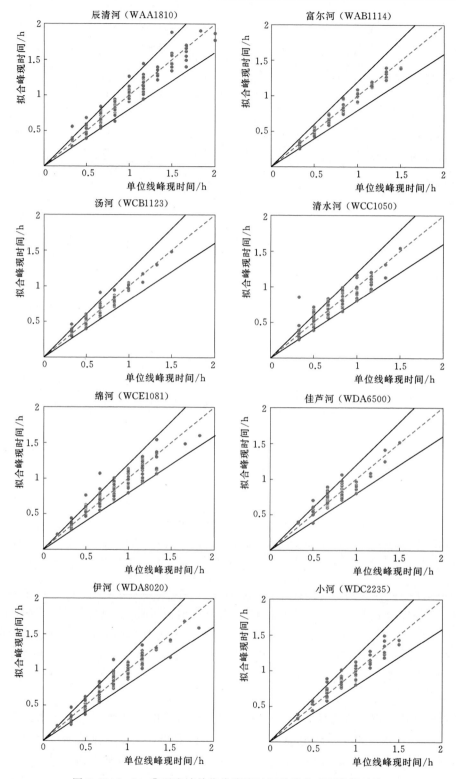

图 6.16（一）　典型流域单位线峰现时间最优公式型结果对比

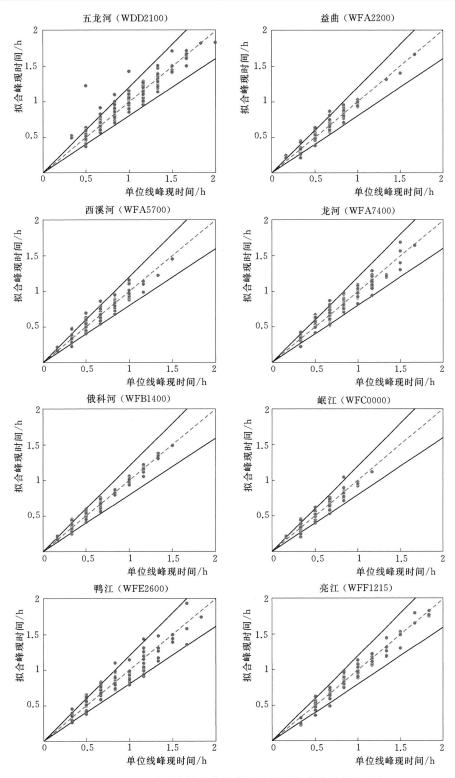

图 6.16（二） 典型流域单位线峰现时间最优公式型结果对比

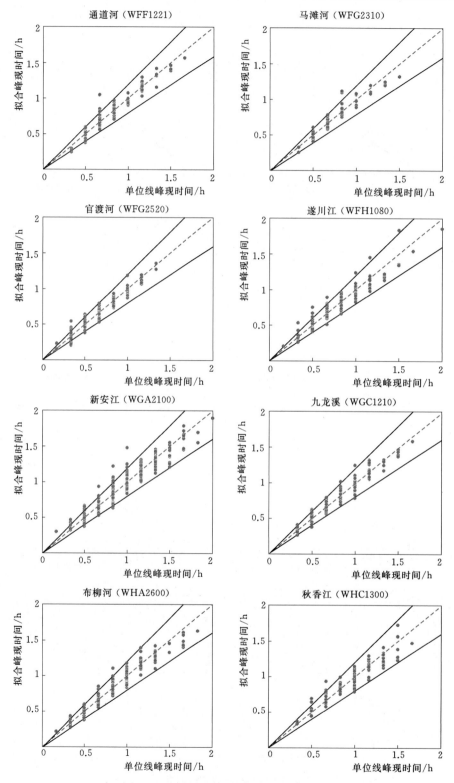

图 6.16（三）　典型流域单位线峰现时间最优公式型结果对比

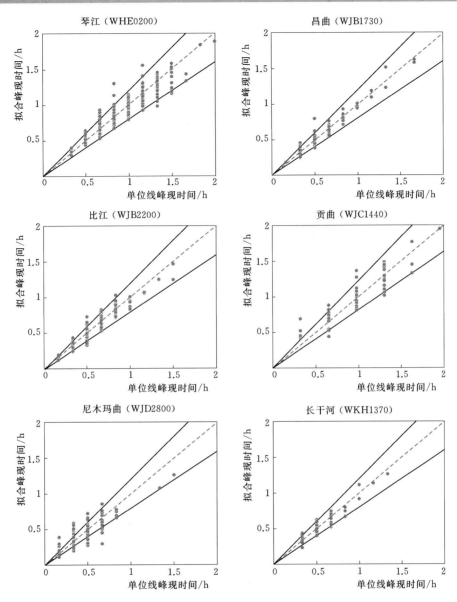

图 6.16（四）　典型流域单位线峰现时间最优公式型结果对比

表 6.14　　　　　　　　　　　　单位线峰现时间最优公式型参数

序号	流域编码	a	b	c	k
1	WAA1810	−0.065	0.212	0.758	0.021
2	WAB1114	−0.063	0.180	0.806	0.024
3	WCB1123	−0.126	0.572	0.488	0.001
4	WCC1050	−0.059	0.354	0.658	0.007
5	WCE1081	−0.121	0.473	0.531	0.003
6	WDA6500	0.046	0.468	0.701	0.004

续表

序号	流域编码	a	b	c	k
7	WDA8020	−0.098	0.323	0.733	0.007
8	WDC2235	−0.095	0.512	0.510	0.003
9	WDD2100	−0.009	0.480	0.570	0.005
10	WFA2200	−0.075	0.250	0.786	0.010
11	WFA5700	−0.160	0.363	0.600	0.006
12	WFA7400	−0.171	0.470	0.544	0.003
13	WFB1400	−0.118	0.322	0.691	0.006
14	WFC0000	−0.231	0.529	0.369	0.002
15	WFE2600	−0.095	0.479	0.548	0.003
16	WFF1215	−0.067	0.164	0.937	0.020
17	WFF1221	−0.079	0.659	0.356	0.001
18	WFG2310	−0.079	0.507	0.592	0.002
19	WFG2520	−0.183	0.168	0.795	0.017
20	WFH1080	−0.063	0.482	0.515	0.003
21	WGA2100	−0.068	0.464	0.568	0.003
22	WGC1210	−0.044	0.523	0.453	0.003
23	WHA2600	−0.049	0.424	0.630	0.005
24	WHC1300	−0.084	0.620	0.253	0.002
25	WHE0200	−0.064	0.447	0.543	0.005
26	WJB1730	−0.112	−0.066	1.086	0.066
27	WJB2200	−0.166	0.478	0.561	0.002
28	WJC1440	−0.219	0.268	0.507	0.008
29	WJD2800	0.004	0.333	0.736	0.005
30	WKH1370	−0.120	−0.048	1.168	0.053

　　总体而言，所有典型流域的小流域单位线特征值拟合效果均较好，采用反映小流域汇流非均质分布特性的流域地形地貌属性进行分布式单位线综合分析，能较好地反映不同地形地貌类型区的流域汇流特性差异，具有汇流成因概念，避免了传统综合单位线法普遍存在的主观性，拟合精度高，适于缺资料地区中小流域暴雨洪水的计算。

第 7 章

沟 道 洪 水 特 性

　　为了防御洪水侵袭，减小洪水造成的危害，在大力加强堤防、分蓄洪区及河道（重点沟道）整治等防洪基础设施建设的同时，需要加强沟道洪水特性研究，以预测沿沟道一处或多处洪水波变化量、波速和形状等随时间的变化，有助于提高小流域洪水预报、山洪预警的精准度，对减少洪灾损失具有重要意义。沟道指集水面积为 $0.5\sim200\mathrm{km}^2$ 的山洪沟，沟道比降通常在 10‰以上，且河床形态稳定。本章主要分析了与沟道洪水特性密切相关的沟道形态特征和洪水演进特征，前者主要包括沟道糙率、断面形态和河型形态，后者主要包括沟道纵比降、水位流量关系和洪水演进参数的确定。

7.1　沟道形态特征

　　沟道演进计算涉及槽蓄曲线的坡度和沟槽调节作用，即在相应蓄量下恒定流状态的沟道洪水传播时间和洪水传播过程坦化的程度，因此，山洪演进计算方法与流域地貌特征、沟道形态具有密切的关系。本节将分别从沟道糙率、沟道横断面形态、河型形态三个方面介绍沟道形态特征。

7.1.1　沟道糙率

7.1.1.1　沟道糙率的定义

　　天然沟道糙率是衡量河床及边壁不规则形状和粗糙程度对水流阻力影响的综合性指标，与河床地形地貌、岸壁粗糙程度、沟道横断面形状、床面、植被覆盖情况以及岸壁特征密切相关。天然沟道的流量和流速是水文计算的基本资料，对于特定断面和坡降的沟道，某一水位下的流量和流速大小，与沟槽对水流的阻力大小有关。糙率 n 就是表征河床边界对水流阻力大小的量度。

　　沟道糙率可以从水力学和运动学两方面理解。一方面，天然沟道糙率量化了河床周边岸壁的粗糙程度对河流的阻力大小；另一方面，水流流动时，河床与水流之间形成摩擦阻力，引起能量损失。数值模拟是计算沟道水力的主要方法，糙率值选择合理与否直接影响计算结果的准确性。

天然沟道流速与河床粗糙程度、坡降、水深密切相关，可采用曼宁公式估算。对于冲积河流特别是沙质河流，糙率随水流条件的改变而变化。它随河床有无沙坡而成倍的变化，流速也会有很大差别。因此，在同一坡降及水深条件下，沟道断面通过的流量可能不同；在同一坡降及流量条件下，沟道断面的水深也不相同。

7.1.1.2　主要影响因素

沟道糙率是反映河流阻力的一个综合性系数，也是衡量河流能量损失的一个特征量。沟道糙率是水流和沟槽相互作用的产物，既受沟槽方面因素的影响，也受水流方面因素的影响。但两者之间相互作用，相互影响，有些因素难于区分。

1. 沟槽方面对糙率的影响因素

（1）沟槽岸壁和河床的粗糙程度及其分布情况，例如沟槽岸壁的岩石分布和植被分布等。床沙粒径越粗，阻力越大。一般情况下砾沙河床的糙率值大于沙质河床，卵石河床的糙率值较砾沙河床更大一些。

（2）沟槽在纵向和横向的形态及其沿程变化情况，例如沟槽的断面形状、大小及沿程变化，河床纵坡面形状、深泓线在平面上的形状等。河床平剖面越不规整，越不顺畅，岸壁冲蚀坍塌越多，糙率值越大。例如当河中多沙洲、水流多分叉、流向多蜿曲、河宽多变化时，糙率值相应增大；当河床平面存在较大弯曲时，糙率值会陡然增大。

（3）水工建筑物（如丁坝、潜坝等）和桥渡等的影响。

2. 水流条件方面对糙率的影响因素

（1）水流流量的大小及其随时间的变化情况。

（2）含沙量和泥沙运动形成的河流床面形态，例如沙纹、沙波等。黄河水利委员会对黄河下游糙率特性进行分析研究，发现含沙量增大时，糙率随之减少。含沙量大时，河底有移动的泥沙带，可填充底壁凹进部分，减少摩擦阻力；水中悬移质也能削弱水流紊动性，减少阻力损失。

（3）水温的变化情况。

（4）沟槽松散边界中的渗流运动。

上述槽壁粗糙情况、沟槽形态、水位高低以及因泥沙运动形成的水流等因素中，河床形态是影响糙率的主要因素。另外，河流床面形态既属于沟槽方面的影响因素，又属于水流条件方面的影响因素。由于糙率的影响因素错综复杂，目前沟道糙率还只能依靠实测和经验给定，无法建立普遍通用的糙率公式。一般而言，山区沟道的糙率与其宽深比有较好的关系，见图 7.1。当沟道宽深比 B/H 较小时，n 趋近岸壁糙率 n_w；当 B/H 较大时，n 接近河床糙率 n_b，中间出现最小值，平原沟道的糙率 n 常与河流床面形态（如沙纹、沙波、反沙波、动平床等）有密切的关系。

7.1.1.3　沟道糙率的确定

1. 沟道糙率的确定原则

由于实测资料的限制，沟道糙率不易准确确定，一般应根据计算区域的实际情况，结合沟道特征进行综合分析，确定所采用的糙率。

（1）计算区域具有水文站、水尺站的实测糙率资料时，可推求沟道糙率与水位、流量

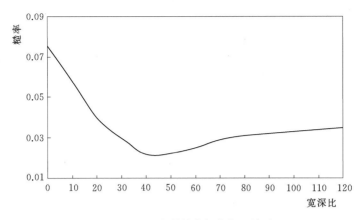

图 7.1 山区沟道糙率与宽深比关系

的关系曲线。

（2）计算区域具有实测水面线或洪水调查水迹线资料时，由曼宁公式反推糙率。

（3）根据沟道的地形、地貌、沟槽组成以及水流条件等特性，根据相似水力学条件的其他沟段与沟道、水库等已有的实测糙率资料，综合分析确定计算区域各沟段的糙率。

由于天然沟道的复杂性，应根据沟槽沿程变化的特点，分沟段确定其糙率。对于一个计算沟段，沟槽两岸覆盖层和植被沿水深均不同，无法用常数反映该沟道的糙率情况，一般应根据沟段糙率与水位、流量的关系曲线，确定不同水位、流量下的沟段糙率。受条件所限无法准确确定糙率大小时，应注意从偏于安全方面选取糙率值，防洪规划时所选的糙率应适当偏大，保证堤防设计偏高。

2. 由沟段实测资料反推糙率

糙率反映的是沟段的水流阻力特性，可由沟段实测资料反推。由于天然沟道的水力学参数沿程都在变化，因此在分析和反推糙率时应适当地选取计算断面、划分计算沟段，基于能量方程反推计算沟段的糙率。河流阻力具体反映在水流的能量损失强度——水力坡度上，可通过适用于各种水流流动类型的能量方程求得。然而，水力坡度需通过曼宁公式转化为糙率，严格来说，曼宁公式代入谢才公式后的计算公式只适用于均匀流。对于非均匀流的流型，沟道糙率的确定采用了适用于均匀流的计算公式。

$$n = \frac{R^{\frac{2}{3}}}{v}\sqrt{J} = \frac{AR^{\frac{2}{3}}}{Q}\sqrt{J} \tag{7.1}$$

对均匀流有 $J = i_0$，其中 i_0 为底坡。对恒定非均匀流有

$$J = J_P - \frac{\alpha_2 v_2^2 - \alpha_1 v_1^2}{2gL} = J_P - \frac{Q^2}{2gL}\left(\frac{\alpha_2}{A_2^2} - \frac{\alpha_1}{A_1^2}\right) \tag{7.2}$$

以上式中：n 为糙率；R 为水力半径，m；v 为流速，m/s；J 为水力坡度；Q 为流量，m^3/s；A 为过水断面面积，m^2；L 为计算沟段长度，m；J_P 为计算沟段 L 的水面坡度。

$$J = J_P + Fr^2(i_0 - J_P) \tag{7.3}$$

式中：Fr 为计算沟段 L 的平均弗劳德数。同时，对于非均匀流，水力半径 R 和过水断面

A 都应取计算沟段 L 的平均值。

3. 沟段划分

计算沟段的划分是否合理，直接影响所推求糙率的正确性和代表性。推求沟段糙率时，需设置计算断面和划分计算沟段，应注意如下几点。

（1）断面应选在过水断面发生显著变化的地方，使计算沟段内过水断面比较均匀一致或均匀扩大、均匀收缩。

（2）水面比降发生突变处，应作为计算断面，使计算沟段内水面变化较均匀。

（3）断面位置应尽量避开有回流处，不可避免时，过水断面面积应扣除回流或死水面积。

（4）计算沟段长度，即两计算断面的间距，原则上在 $1\sim4$ 倍河宽范围内。但由于山区河流水力因素、断面特性、河床及河岸的组成、水流现象等变化急剧，山区河流的计算长度可取短一些。例如，大型山区河流计算长度可短至 60m，中型山区河流可短至 30m。水文站相距较远时，应按上述原则划分计算沟段。

（5）确定山区沟道糙率时，在某些有局部阻力的地方，应考虑局部水头损失。

（6）有些河流通过洪水等较大流量时，滩地通过的流量占全断面通过流量的比重较大，滩地上的糙率直接影响洪水通过时的计算精度。滩地糙率计算如下：

$$n_{滩}=\frac{1}{v_{滩}}R_{滩}^{\frac{2}{3}}J^{\frac{1}{2}} \tag{7.4}$$

式中：$n_{滩}$ 为滩地糙率；$v_{滩}$ 为滩地水流流速，m/s；$R_{滩}$ 为滩地过水断面的水力半径，m；J 为水力坡度。

7.1.1.4　植被糙率的确定

河滩或渠道常长有杂草灌木，有部分水流以较低的流速通过这些植物，将产生由植物所引起的附加阻力。这些附加阻力将加大沟段的糙率。由于植被引起的附加阻力大小与植被本身的形状、长势、密度、高矮等因素有关，植被所产生的阻力既有表面阻力也有形状阻力，一般以形状阻力为主。可用式（7.5）或表 7.1 来估算植被河渠的总糙率：

$$\frac{n}{n_0}=\frac{1}{\beta\left(\dfrac{\alpha}{2}\right)^{\frac{2}{3}}+(1-\beta)^{\frac{5}{3}}} \tag{7.5}$$

式中：n 为总糙率；n_0 为基本糙率，即不包括植被阻力的河渠糙率；α 为植物沿河宽方向的间隙系数，设植物平均间距为 b_v，水深为 H，则 $\alpha=b_v/H$；β 为植物的高度系数，设植物平均高度为 h_v，则 $\beta=h_v/H$。

表 7.1　　　　　　　　　　　　　　n/n_0 比 值 表

β	α				
	0.00	0.25	0.50	0.75	1.00
0.50	1.00	1.39	1.95	2.50	2.50
0.10	1.00	1.54	2.68	5.00	7.36
0.01	1.00	1.60	3.00	8.20	34.2

7.1.1.5　糙率选用

糙率取值的参考依据可参照表 7.2。

7.1.2　沟道横断面形态

山区小流域主要分布在地势高峻、地形复杂的山地和高原，以侵蚀下切作用为主，其地貌主要是水流侵蚀与河谷岩石相互作用的结果，上游河流的河底比降大，河谷狭窄，河谷横断面多呈 V 形或不完整的 U 形，两岸谷坡陡峻，坡面呈直线形或曲线形，岸线很不规则。从上游往下游看，沟道断面形态由窄深向宽浅发展，下游接近流域出口处的干流，河谷中多发育有完好的河漫滩，谷坡较平缓（除局部狭窄河谷外），谷底与谷坡一般没有明显分界，但不同水位条件下的河床之间仍有明显分界。

7.1.2.1　常见的沟道横断面形态

根据常见的沟道横断面形态，将沟道横断面概化为单式断面（包括 V 形、抛物线形、梯形、矩形）和复式断面。在进行沟道洪水演进时，可根据概化后的断面几何形态计算参数。

1. 单式断面

（1）V 形沟道断面。将沟道横断面概化为 V 形（倒三角形），可根据边坡系数 m 得到 V 形过水断面的水力要素计算公式：

$$
\left.
\begin{aligned}
B &= 2mh \\
A &= \frac{1}{2} \times 2mh \times h = mh^2 \\
\chi &= 2h\sqrt{1+m^2} \\
R &= \frac{A}{\chi} = \frac{mh^2}{2h\sqrt{1+m^2}} \\
Q &= \frac{\sqrt{i} \cdot (mh^2)^{5/3}}{n(2h\sqrt{1+m^2})^{2/3}}
\end{aligned}
\right\}
\tag{7.6}
$$

式中：m 为边坡系数；B 为河宽，m；A 为断面面积，m^2；h 为水深，m；χ 为湿周，m；R 为水力半径，m。

对不同坡脚 α 的 V 形断面建立水深 h 与 Q 之间的关系：

$$
h = a_1(AR^{2/3})^{b_1} = a_1\left(\frac{nQ}{\sqrt{i}}\right)^{b_1}
\tag{7.7}
$$

坡脚 α 与参数 a_1 之间存在如下关系：

$$
a_1 = 0.49e^{0.023\alpha}
\tag{7.8}
$$

综合上两式，可得

$$
h = 0.49e^{0.023\alpha}\left(\frac{nQ}{\sqrt{i}}\right)^{0.375}
\tag{7.9}
$$

表7.2 糙率取值参考依据

编号	主河道	左岸	右岸	典型照片		备注
1	0.035±0.005	0.045±0.005	0.05±0.005			卵石、砾石河槽，河岸/边滩有较稀疏杂草和乱石，再上为较稀灌木、杂草
2	0.045±0.005	0.05±0.005	0.06±0.005			河槽较为顺直，比降较大。石质河槽，河槽中有较大砾石和杂草、边滩石有较浅杂草，河岸有较密较深灌木和杂草
3	0.03±0.005	0.05±0.005	0.06±0.005			河槽较为顺直，泥质河槽，河岸有较密树木和杂草，河/沟滩地有水稻等作物，无明显边滩
4	0.035±0.005	0.05±0.005	0.06±0.005			河槽较为顺直，泥质河槽，河岸有较稀杂草，无明显边滩、河/沟滩地有灌木、浅草和水稻等作物

续表

编号	主河道	左岸	右岸	典型照片	备注
5	0.03±0.005	0.06±0.005	0.05±0.005		河槽狭小、河岸为较密茂密灌杂草，无边滩，河/沟滩地有水稻等作物
6	0.04±0.005	0.04±0.005	0.06±0.005		河槽较为弯曲和狭窄，河岸无明显边滩，河/沟滩地有较茂密灌木和杂草
7	0.04±0.005	0.05±0.005	0.06±0.005		河槽较为顺直，中心有矮杂草的小岛，河岸/边滩有较密杂草，河/沟滩地有水稻等作物
8	0.025±0.005	0.05±0.005	0.06±0.005		河槽较为顺直、比降较小、泥质河槽，河岸有较密较深灌草、无边滩、河/沟滩地有水稻等作物

由式（7.9）根据洪水演进过程中不同时刻的流量，可得到动态的断面形态参数，如湿周、流速等。

（2）抛物线形沟道断面。将沟道横断面概化为抛物线形（U 形），抛物线关系式为 $y = 2px^2$，根据断面上某一点确定抛物线参数 p，可计算抛物线形过水断面的水力要素：

$$
\left.
\begin{aligned}
B &= \sqrt{\frac{2h}{p}} \\[2mm]
A &= \frac{2}{3}Bh = \frac{2}{3}\sqrt{\frac{2h^3}{p}} \\[2mm]
\chi &= \frac{B}{2}\left[\sqrt{1+\left(\frac{4h}{B}\right)^2} + \frac{B}{4h}\ln\left(\frac{4h}{B} + \sqrt{1+\left(\frac{4h}{B}\right)^2}\right)\right] \\[2mm]
R &= \frac{A}{\chi} = \frac{4h\sqrt{\dfrac{2h}{p}}}{3B\left[\sqrt{1+\left(\dfrac{4h}{B}\right)^2} + \dfrac{B}{4h}\ln\left(\dfrac{4h}{B} + \sqrt{1+\left(\dfrac{4h}{B}\right)^2}\right)\right]}
\end{aligned}
\right\}
\tag{7.10}
$$

式中：p 为抛物线参数；其余参数符号意义同前。

不同抛物线形断面的 h-Q 关系为 $h = a_1\left(\dfrac{nQ}{\sqrt{i}}\right)^{b_1}$，其中，$a_1$ 与 b_1 为不同抛物线形断面对应的参数，其值均与抛物线关系式 $y = 2px^2$ 中的系数 p 有关：$a_1 = 1.19p^{0.3}$，$b_1 = 0.49p^{0.02}$，可得到抛物线形沟道断面 h-Q 关系式：

$$
h = 1.19p^{0.3}\left(\frac{nQ}{\sqrt{i}}\right)^{0.49p^{0.02}}
\tag{7.11}
$$

式（7.11）中抛物线参数 p 可根据断面实测数据或某一时刻的沟宽及水深资料推求得到。由以上公式结合曼宁公式可得到抛物线形沟道断面的水深 h 与流量 Q 关系式中的参数 a_1 与 b_1，根据洪水演进过程中不同时刻的流量得到各时刻的水深，从而推求得到动态的断面形态参数，如湿周、流速等。

（3）梯形沟道断面。将沟道横断面概化为梯形，当底宽 b 和边坡系数 m 已知时，可得到梯形过水断面的水力要素为

$$
\left.
\begin{aligned}
B &= b + 2mh \\
A &= (b+mh)h \\
\chi &= b + 2h\sqrt{1+m^2} \\
R &= \frac{(b+mh)h}{b+2h\sqrt{1+m^2}}
\end{aligned}
\right\}
\tag{7.12}
$$

不同梯形断面的 h-Q 关系式 $h = a_1\left(\dfrac{nQ}{\sqrt{i}}\right)^{b_1}$ 中，a_1 与 b_1 为不同的梯形断面所对应的参数，其值均与梯形断面的底宽 b 和边坡系数 m 有关，可得到梯形断面的 h-Q 关系式，见表 7.3。

表 7.3　　　　　　　　　　　　　　　梯形断面 h - Q 关系式

m	h - Q 关系式
0.5	$h=1.02b^{-0.61}\left(\dfrac{nQ}{\sqrt{i}}\right)^{-0.24b^{0.37}+0.133b^{-0.61}+0.60}$
1	$h=1.04b^{-0.61}\left(\dfrac{nQ}{\sqrt{i}}\right)^{-0.42b^{0.37}+0.062b^{-0.61}+0.60}$
2	$h=1.07b^{-0.61}\left(\dfrac{nQ}{\sqrt{i}}\right)^{-0.57b^{0.37}-0.032b^{-0.61}+0.60}$
4	$h=1.10b^{-0.61}\left(\dfrac{nQ}{\sqrt{i}}\right)^{-0.33b^{0.37}-0.29b^{-0.61}+0.60}$

将沟道断面概化为梯形后，当底宽 b 和边坡系数 m 已知时，由以上公式结合曼宁公式可得到梯形沟道断面的水深 h 与流量 Q 关系式中的参数 a_1 与 b_1，根据洪水演进过程中不同时刻的流量得到水深变化情况，求得动态的断面形态参数，如湿周、流速等。

（4）矩形沟道断面。将沟道横断面概化为矩形，当河宽 B 已知时，可得到矩形过水断面的水力要素为

$$
\left.
\begin{aligned}
A &= Bh \\
\chi &= B+2h \\
R &= \frac{A}{\chi} = \frac{Bh}{B+2h} \\
V &= \frac{\sqrt{i}}{n}R^{\frac{2}{3}} \\
Q &= AV = \frac{\sqrt{i}}{n}AR^{\frac{2}{3}}
\end{aligned}
\right\}
\tag{7.13}
$$

不同矩形断面的 h - Q 关系式 $h=a_1\left(\dfrac{nQ}{\sqrt{i}}\right)^{b_1}$ 中，a_1 与 b_1 为不同河宽的矩形断面所对应的参数，其值可由河宽计算求得，相关关系为 $a_1=1.07B^{0.62}$，$b_1=0.235B^{0.62}+0.59$，可得到矩形沟道断面 h - Q 关系式：

$$
h=0.235B^{0.62}\left(\frac{nQ}{\sqrt{i}}\right)^{0.235B^{0.62}+0.59}
\tag{7.14}
$$

将沟道横断面概化为矩形后，由式（7.13）和式（7.14）可得到矩形沟道断面的水深 h 与流量 Q 关系中的参数，根据洪水演进过程中不同时刻的流量得到水深变化情况，可得到动态的断面形态参数，如湿周、流速等。

2. 复式断面

对于复式断面，洪枯水位间水面宽度随水位变化不连续而有突变。这类断面的河床不甚稳定，水位与上述水力要素的关系在河宽突变处会出现转折。

在进行复式断面明渠均匀流的水力计算时，常将复式断面分割成若干个单式断面，分

别对这些单式断面作均匀流计算，然后再进行叠加，得到整个复式断面流量。如图 7.2 的复式断面，其总流量的计算公式为

$$\Sigma Q_i = Q = \begin{cases} Q_{\mathrm{I}} = A_{\mathrm{I}} C_{\mathrm{I}} \sqrt{R_{\mathrm{I}} i} \\ Q_{\mathrm{II}} = A_{\mathrm{II}} C_{\mathrm{II}} \sqrt{R_{\mathrm{II}} i} \\ Q_{\mathrm{III}} = A_{\mathrm{III}} C_{\mathrm{III}} \sqrt{R_{\mathrm{III}} i} \end{cases} \tag{7.15}$$

式中：A 为断面面积，m^2；C 为谢才系数；R 为水力半径，m；i 为沟道的底坡。

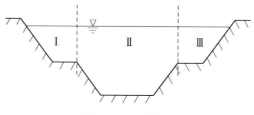

图 7.2　复式断面

7.1.2.2　沟道宽度的提取

沟道的宽度是确定起算断面的重要因素，缺资料地区可采用以下三种方法确定。

（1）由各级河流的集水面积和流域出口的沟道宽度，采用如下公式计算：

$$B_i = B_\Omega \left(\frac{\overline{A_i}}{A} \right)^{0.5} \tag{7.16}$$

式中：B_i 为沟段 i 的沟道宽度，m；Ω 为流域河网级数；B_Ω 为流域出口的沟道宽度，m；$\overline{A_i}$ 为第 i 级河流的平均集水面积，m^2；A 为流域面积，m^2。

（2）由各级子流域的平均河长和流域出口的通道宽度，采用如下公式计算：

$$B_i = \frac{B_\Omega \sum_{l=1}^{i} L_{c_i}}{\sum_{l=1}^{\Omega} L_{c_i}} \tag{7.17}$$

式中：B_Ω 为流域出口处的通道宽度，m；L_{c_i} 为第 i 个子流域的平均河长，m。

缺资料山丘区小流域进行洪水演进时，需要获取演进沟段的沟道宽度，以确定洪水漫滩对洪水演进的影响。在已知流域出口断面沟宽的前提下，沟宽可由式（7.16）和式（7.17）计算得到，两式分别是根据流域集水面积和沟长来计算沟宽，对于不同的流域，其流域特征均不相同，因此选取有实测沟道横断面资料的流域进行沟道宽度的计算，从而得到两种沟宽计算公式的适用性范围。采用河流发育系数 K_e 来判别流域水系形状。

当流域面积低于 $160\mathrm{km}^2$ 时，采用式（7.16）和式（7.17）得到的沟道宽度均接近实测沟道宽度。当流域面积大于 $160\mathrm{km}^2$ 时，扇状水系的河流发育系数 $K_e>0.70$，此时其沟道宽度计算采用基于不同等级河长的沟宽计算公式（7.17），计算沟宽结果更接近实测沟道宽度；对于混合状水系、形状上更接近狭长的羽毛状水系的流域，河流发育系数

$K_e < 0.70$，采用式（7.16）计算更精确，反之形状上类似扇形的水系，河流发育系数 $K_e > 0.70$，其沟道宽度计算和扇形水系一样，采用式（7.17）计算更为准确。

（3）基于高精度地形地貌数据分析确定沟道宽度。基于 ArcGIS 根据 2.5m 土地利用与植被覆盖类型数据截取沟道水面图斑的横断面，并量测多个沟道断面的宽度，以其平均值为小流域的平均沟道宽度。该种方法简便易行，可操作性强，具有一定的精度，适于缺资料地区沟道宽度的分析计算。

7.1.2.3 沟道断面形态对水位的影响

沟道的宽深比是以沟道宽度为分子、平均水深为分母计算得到的一个沟道形态系数。依据水流与沟槽的关系，可将沟槽形态划分为窄深型和宽浅型。宽深比大，说明沟道为宽浅型；宽深比小，说明沟道为窄深型。不同形态的沟道断面会造成洪水特征差异，为了研究流量既定条件下沟道断面形态（用宽深比描述）对水位的影响，设计了 10 个不同形态的矩形沟道断面，宽深比取值从 0.3125 到 0.875，沟道糙率统一设为 0.034，比降统一设为 10‰。经水力学计算得到不同沟道断面形态下的水位-流量关系，见图 7.3。

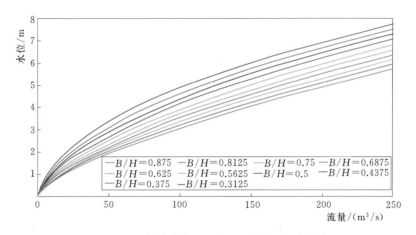

图 7.3 不同沟道断面形态下的水位-流量关系

由水位-流量关系可得到流量为 200m³/s 条件下不同宽深比的沟道水位。流量既定条件下的沟道水位-宽深比关系见图 7.4。流量一定时，沟道宽深比越小，水位越大。实际中沟道谷深，切割深度大，侵蚀沟谷发育的地区往往是山洪灾害易发地区，这是由于峡谷式断面过水面积较小，水流比较集中，水位涨幅大。此外，沟道断面形态对山洪预警指标的确定十分重要，由于水位预警预见期较短，同时会以水位上涨速率指标作为预警指标。该指标与沟道断面形态、上游来水快慢等因素密切相关。宽浅型沟道水位上涨速率一般较慢，峡谷型沟道水位上涨速率一般较快。在制定山洪预警指标时，应分别针对不同的沟道断面形态制定沟道的水位上涨速率阈值，以提高山洪预警的精准度。

7.1.3 河型形态

河道弯曲度是指河道长度与河谷长度之比；河道分岔参数是指每个蛇曲波长中河道沙坝的数目。拉斯特根据这两个参数提出了一个河流分类体系，见表 7.4。

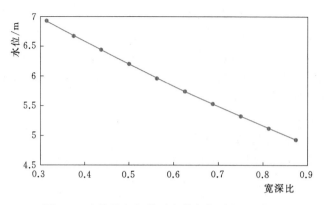

图 7.4 流量既定条件下沟道水位-宽深比关系

弯 度 指 数	分 叉 参 数	
	单河道（河道分岔参数＜1）	多河道（河道分岔参数＞1）
低弯度（弯度指数＜1.5）	顺直河	辫状河
高弯度（弯度指数＞1.5）	曲流河（蛇曲河）	网状河

表 7.4 河 流 形 态 分 类

（1）顺直河。弯度小，仅出现于大型河流某一沟段的较短距离内，或属于小型河流。

（2）曲流河（蛇曲河）。单河道，弯度指数大于1.5，河道较稳定，宽深比值较低，一般小于40。侧向侵蚀和加积作用使河床向凹岸迁移，凸岸形成点砂坝（边滩）。主要分布于河流的中下游地区。

（3）辫状河。多河道，多次分叉和汇聚构成辫状。河道宽而浅，弯曲度小，其宽深比值大于40，弯度指数小于1.5，河道砂坝（心滩）发育。河流坡降大，河道不固定，迁移迅速，亦称"游荡性河"。多发育在山区或河流上游沟段以及冲积扇上。

（4）网状河。具有弯曲的多河道特征，河道窄而深，顺流向下呈网结状。河道沉积物搬运方式以悬浮负载为主，沉积厚度与河道宽度成比例变化。多发育在河流的中下游地区。

弯曲型河流是自然界最为常见的河流形态。水流流过顺直的天然河道时，即使河道和水流都非常均匀，一段时间以后，在河流河床或河岸边界的影响下，会产生局部扰动，原始水流结构发生改变，流路发生改变，顺直河道发生弯曲。河道的弯曲会进一步改变原来顺直河道的流动特性，包括层流、失稳模式、泥沙输移特性和河岸冲刷条件。

（1）弯曲程度对明渠层流稳定特征的影响。弯曲河岸作为一种弯曲边界，对明渠层流产生附加扰动，破坏水流本来的层流结构，进而破坏其稳定性特征。当河岸呈弯曲波状凹凸不平时，凸岸流线互相靠近，压力降低；凹岸流线互相远离，压力增加。水流在凹岸容易出现与边界的分离，降低了层流原有的稳定性。

（2）弯曲程度对临界雷诺数的影响。当流体在具有一定形状的物体表面上流过时，流体的一部分或全部会随条件的变化而由层流转变为湍流，此时，摩擦系数、阻力系数等会发生显著的变化。转变点处的雷诺数即为临界雷诺数。河道弯曲的逐渐增加，会给水流带来更大的内部边界扰动,使特征值的虚部更快增大,从而导致临界雷诺数逐渐减小。

7.2　沟道洪水演进特征

7.2.1　沟道纵比降

任意一沟段两端的高差称为落差,单位河长的落差称为沟道纵比降,简称为比降。当沟段纵断面近于直线时,可按照式(7.18)计算。

$$J = \frac{Z_2 - Z_1}{L} = \frac{\Delta Z}{L} \tag{7.18}$$

式中:J 为沟段比降;Z_1、Z_2 分别为沟段上断面、下断面的水位或河底高程,m;L 为沟段长度,m。

工程中常用的比降有水面比降和河底比降。水面比降随水位的变化而变化,河底比降较为稳定。河流沿程各沟段的比降都不相同,一般自上游向下游逐渐变小。当河底高程沿程变化时,可在地形图上自下断面至上断面读取沿程各河底高程变化点的高程及相邻两高程点的间距,绘制沟段纵断面图。从下断面河底处作一斜线至上断面,使斜线以下的面积与原河底线以下面积相等,见图7.5,该斜线的坡度即为沟道河底的平均比降。

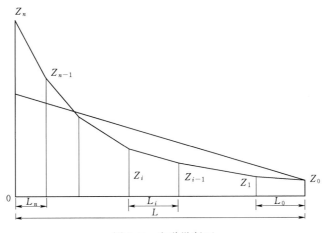

图 7.5　沟道纵断面

其计算式为

$$J = \frac{(Z_0 + Z_1)L_1 + (Z_1 + Z_2)L_2 + \cdots + (Z_{n-1} + Z_n)L_n - 2Z_0 L}{L^2} \tag{7.19}$$

式中:$Z_0, \cdots, Z_n$ 为从下游到上游沿程各点河底高程,m;$L_1, \cdots, L_n$ 为相邻两高程点间的距离,m;L 为沟道全长,m。

沟道平均比降直观地反映了沟道径流的坡度,是影响沟道水动力条件的重要参数之一。

沟道分段的原则是使计算沟段上下两断面的几何水力学要素的平均值基本上能代表该

沟段各断面的情况，且沟段内其他断面的几何水力学要素也基本上具有均匀一致性，在一个计算沟段内应尽量使河床平均底坡基本一致。在对沟道分段时，平原河流的沟段划分可长一些。一般而言，计算沟段长度可取 2～4km，特殊情况可长达 8km。相应的水面落差（水头）为几十厘米至 1～2m。由于山区河流的水面及断面沿程变化很剧烈，流速水头差变化很大，须加设断面，因此，山区河流的计算沟段长度都较小。一般情况下，计算沟段两端的水面落差可控制在 1～3m，计算沟段的长度为 20～1000m。在山区河流落差较大的地方，计算沟段的长度可与河宽相等或小于河宽。

对于小流域河段，可采用上述方法确定其河段比降 Jr，此外，也可采用最小二乘法由河段各点的高程和河长确定河段比降，称为改进河段比降 Jr'。全国小流域河段比降和改进河段比降的平均值分别为 20‰和 21‰，全国 67.8% 的小流域河段比降小于其改进河段比降，32.2% 的小流域河段比降大于等于其改进河段比降。全国小流域河段比降与改进河段比降之差的分布见图 7.6，当河段比降超过 150‰时，河段比降大于改进河段比降，且两者之差的均值为 8.4‰；当河段比降小于 150‰时，河段比降小于改进河段比降，且两者之差的均值为 -1.7‰。因此，改进河段比降法可均化局部地形起伏变化的影响。

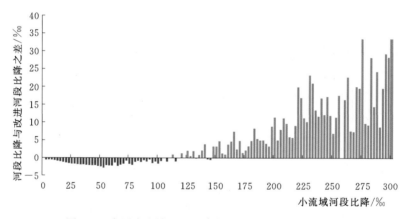

图 7.6　全国小流域河段比降与改进河段比降之差分布

7.2.2　水位流量关系

水位流量关系是沟道中某一横断面的水位与相应流量间的关系，是进行山洪预警、河流防洪管理以及工程设计等的基础。稳定流条件下，水位流量之间呈单值函数关系，点绘的水位流量点据密集，可通过点群中心确定一条单一关系曲线。受洪水涨落、沟道冲淤、回水变动等影响，沟道水流多处于非稳定流条件下，水位流量之间呈绳套曲线关系，具有较强的非线性，可采用校正因素法、涨落比例法、抵偿河长法等方法确定。在洪水演进分析中，多关注高水位期间的水位流量关系，高水时的水位流量关系可近似为单一曲线，可采用野外测量或曼宁公式等分析确定。

沟道断面形态复杂，若无法采用标准的断面形态进行概化，可采用如下 8 点断面概化法，见图 7.7。其中，点 3 和点 6 代表主河槽的左右岸，点 4 和点 5 是主河槽内两点，点

1 和点 2 代表左岸漫滩，点 7 和点 8 代表右岸漫滩，由此，确定点 3、点 4、点 5 和点 6 之间为主河槽，点 1 和点 3 之间为左侧漫滩，点 6 和点 8 之间为右侧漫滩。对主河槽、左侧漫滩、右侧漫滩等各部分子断面，分别选用相应的糙率系数进行水位流量关系转换计算。主河槽断面和边滩断面可概化为 V 形、矩形、抛物线形的组合。

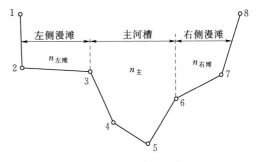

图 7.7　8 点法断面概化图

水流流态分为急流和缓流，一般缓流中水深较大、流速较小，急流中水深较浅、流速较大。明渠水流受到干扰微波后，若干扰微波既能顺水流方向朝下游传播，又能逆水流方向朝上游传播，造成在障碍物前长距离的水流壅起，这种明渠水流称为缓流。明渠中水流受到干扰后，若干扰微波只能顺水流方向朝下游传播，不能逆水流方向朝上游传播，水流只在障碍物处壅起，这种明渠水流称为急流。在缓流与急流间还存在一种临界流，明渠中水流受到干扰微波后，若干扰微波向上游传播的速度为零，即为急流与缓流这两种流动状态的分界。

弗劳德数 Fr 是表征水流惯性力与重力相对大小的一个无量纲参数，可用于判断水流流态，计算公式如式（7.20）所示。$Fr>1$ 时，水流为急流；$Fr<1$ 时，水流为缓流；$Fr=1$ 时，水流为临界流。

$$Fr=\frac{v}{c}=\frac{v}{\sqrt{gh}} \tag{7.20}$$

式中：Fr 为弗劳德数；v 为平均流速，m/s；c 为波速，m/s；g 为重力加速度，m/s^2；h 为平均水深，m。

由式（7.20）可确定不同临界水深 h_{cr} 下的临界流速 v_{cr}，用于判断沟道水流流态，见表 7.5。根据沟道断面平均水深确定其相应的临界流速，若沟道平均流速超过临界流速，沟道水流为急流；若沟道平均流速小于临界流速，沟道水流为缓流；若沟道平均流速等于临界流速，沟道水流为临界流。

沟道水流流态发生转变时，需进一步审查计算所采用的基础数据。一方面，沟道水流流态由急流突变为缓流时，会产生水跃并伴随能量损失；沟道水流流态由缓流突变为急流时，可能存在一个快速收缩断面并伴随收缩损失，或者存在跌坎引起水流自由泻落，导致水力坡度不连续，无法采用曼宁公式进行水位流量转换。另一方面，若水流流态逐渐由缓流变为急流，洪水水面线较为连续，则流量计算结果也是合理的，可以采用曼宁公式进行水位流量关系转换。

《山洪灾害分析评价技术要求》中推荐采用断面测量或曼宁公式推求典型沟道断面水位-流量关系，并结合山洪灾害调查成果进行防洪现状评价。典型沟道应为顺直沟道，避免闸坝、急滩、桥梁、涵洞等水力奇异点，上述特殊地区可采用闸坝公式、急滩公式等确定其水位流量关系。采用曼宁公式进行水位流量转换时，水面比降和糙率是两个尤为重要的参数。

表 7.5　　　　　　　　　　　　　　　　临界水深与临界流速对应表

序号	h_{cr}/m	v_{cr}/(m/s)	序号	h_{cr}/m	v_{cr}/(m/s)
1	0.5	2.2	14	1.8	4.2
2	0.6	2.4	15	1.9	4.3
3	0.7	2.6	16	2.0	4.4
4	0.8	2.8	17	2.1	4.5
5	0.9	3.0	18	2.2	4.6
6	1.0	3.1	19	2.3	4.7
7	1.1	3.3	20	2.4	4.8
8	1.2	3.4	21	2.5	4.9
9	1.3	3.6	22	2.6	5.0
10	1.4	3.7	23	2.7	5.1
11	1.5	3.8	24	2.8	5.2
12	1.6	4.0	25	2.9	5.3
13	1.7	4.1	26	3.0	5.4

对于有历史洪水洪痕点沿程分布资料的沟道，以洪痕点确定洪水水面线，采用洪痕水面线比降作为上述水面比降；对于有近年来洪水发生的洪水水面线，可采用该水面线作为上述水面比降；对于没有历史或实测水面线的沟道，假设洪水水面线与河底平行，采用河底比降代替水面比降，但应进行合理性分析并结合未来洪水过程进行验证。

沟道糙率影响因素众多，应参照沟道形态、床面粗糙情况、植被生长情况、弯曲程度以及人工建筑物等因素，由 7.1.1 节的糙率参考表分析确定。对于可能发生洪水漫滩的沟道，可将其横断面划分为若干个糙率分布相对均匀的子断面，如左岸、主河槽和右岸，左右岸可根据岸边滩的实际情况进一步细分，以合理地反映沟槽阻力对水流的影响。糙率随水深的变化而变化，Chow 给出了五种土地利用不同水深下的曼宁系数取值，可以结合流域实际情况选用。

7.2.3　沟道洪水演进参数确定

基于沟道水量平衡和槽蓄方程描述沟道洪水演进过程，是常用的沟道洪水水文分析方法，主要包括经验槽蓄曲线法、Muskingum 法和特征河长法。大量实践证明，Muskingum 法的参数反映了沟道断面形态特征，可应用于缺资料流域的沟道洪水演算。

Muskingum 法有 2 个演进参数，分别为槽蓄曲线的坡度 K 和流量比重系数 x。演进参数 K 为沟道洪水的传播时间，是槽蓄曲线的一个重要特性，此外，不同沟道断面形态下，洪水波速与平均流速间存在一定的相关关系。

$$\left. \begin{array}{l} K=\dfrac{L}{v_w} \\ v_w=mv_{av} \end{array} \right\} \qquad (7.21)$$

式中：K 为槽蓄曲线的坡度，即沟道洪水传播时间，s；L 为沟道长度，m；v_w 为波速，

m/s；v_{av} 为平均流速，m/s，可由曼宁公式确定，$v_{av}=\dfrac{1}{n}R^{\frac{2}{3}}\sqrt{S}$；$n$ 为沟道糙率；S 为水面比降；R 为水力半径，m，对于抛物线形、三角形和矩形等断面形态而言，R 分别近似于 $\dfrac{2}{3}y$、$\dfrac{1}{2}y$ 和 y；y 为断面最大水深，m；m 为常数，与沟道断面形态有关。

将某一段沟道近似看作棱柱形沟道，若已知沟道断面的几何特征，可结合沟道断面资料和上游洪水过程确定其断面最大水深 y，进而确定波速 v_w 和演进参数 K，见表 7.6。

表 7.6　　　　　　　　　　　不同断面形态下的水深

沟道断面形态	断　面　水　深
抛物线形	$y=1.37W_m^{-0.46}y_m^{0.23}S^{-0.23}n^{0.46}Q_0^{0.46}$
三角形	$y=1.54\left(\dfrac{W_m}{y_m}\right)^{-0.375}S^{-0.188}n^{0.375}Q_0^{0.375}$
矩形	$y=\left(\dfrac{W_m}{y_m}\right)^{-0.6}S^{-0.3}n^{0.6}Q_0^{0.6}$

注　y 为断面最大水深；W_m 和 y_m 分别为断面最大宽度和深度；Q_0 为参考流量，由上游洪水过程的最小流量和最大流量确定；其余符号意义同前。

对于缺资料地区沟道，其大多缺乏实测断面资料，无法采用上述方法确定其洪水传播时间。在稳定流条件下，沟道的湿周与流量间存在如下关系：

$$P=c\sqrt{Q_0} \tag{7.22}$$

式中：P 为湿周，m；Q_0 为参考流量，$\mathrm{m^3/s}$；c 为系数。

由沟道断面的形态特征，可确定不同断面形态下的水深如下：

$$y=\left(\frac{Q_0 n}{bP\sqrt{S}}\right)^{\frac{3}{5}} \tag{7.23}$$

式中：b 为常数，与沟道断面形态有关。

基于曼宁公式，结合沟道形态特征和上游洪水过程确定其断面平均流速 v_{av}，进而确定洪水波速 v_w 和演进参数 K。

$$K=a\cdot L\cdot n^{0.6}\cdot S^{-0.3}\cdot Q_0^{-0.2} \tag{7.24}$$

式中：K 为槽蓄曲线坡度，即洪水传播时间，s；L 为沟道长度，m；n 为沟道糙率；S 为水面比降；Q_0 为参考流量，$\mathrm{m^3/s}$。

Cunge 等研究发现，流量比重系数 x 与沟道断面形态特征等有关，计算公式如下：

$$x=\frac{1}{2}-\frac{Q_0}{2SPv_wL}\ 或\ x=\frac{1}{2}-\frac{Q_0}{2SBv_wL} \tag{7.25}$$

式中：x 为流量比重系数；B 为水面宽度，m，其余符号意义同前。

若已知沟道断面形态资料时，可由断面最大水深 y 表示的水面宽度或湿周代入公式（7.25），得到不同断面形态下的流量比重系数。

$$B\cong\begin{cases}W_m\sqrt{\dfrac{y}{y_m}} & （抛物线形断面）\\[2mm] \dfrac{W_m}{y_m}y & （三角形断面）\\[2mm] W_m & （矩形断面）\end{cases} \tag{7.26}$$

　　若沟道断面形态资料未知时，可由沟道参考流量确定其流量比重系数。

　　由于沟道断面特征各异，且涨洪和落洪期间水位、流速等水力特征不同，同一场次洪水过程中各沟道的洪水演进参数并不相同。该方法刻画了不同地区沟道洪水演进过程的非线性特质，且适于缺资料山丘区不同等级洪水过程的演进计算。

第8章

小流域数据库表结构及标识符

为统一中国小流域数据集的数据成果，制定小流域数据库表结构与标识符标准，以有效存储和科学管理小流域属性信息，提高小流域属性信息的共享应用水平，满足山洪灾害预报预警、洪水分析以及防汛抗旱决策的需求。

小流域数据库表结构与标识符设计的规范性引用文件如下：

《中华人民共和国行政区划代码》（GB/T 2260—2007）。

《水文情报预报规范》（GB/T 22482—2008）。

《水文基本术语和符号标准》（GB/T 50095—2014）。

《土地利用现状分类》（GB/T 21010—2007）。

《中国土壤分类与代码》（GB/T 17296—2009）。

《部属和省（自治区、直辖市）水利（水电）厅（局）单位名称代码》（SL/T 200.04—97）。

《中国河流名称代码》（SL 249—2012）。

《中国水库名称代码》（SL 259—2000）。

《中国湖泊名称代码》（SL 261—98）。

《基础水文数据库表结构及标识符标准》（SL 324—2005）。

《水利信息数据库表结构及标识符编制规范》（SL 478—2010）。

8.1 表结构与标识符设计

8.1.1 数据库 ER 图

中国小流域数据库以小流域编码、行政区划代码为主键，构建对象实体之间的关联关系，内容涉及小流域基本属性、气象、暴雨、产流、汇流等几类属性数据表。小流域数据库 ER 图见图 8.1。

8.1.2 表结构设计

数据库表结构的设计，遵循科学、实用、简洁和可扩展性的原则，使常用数据查询中

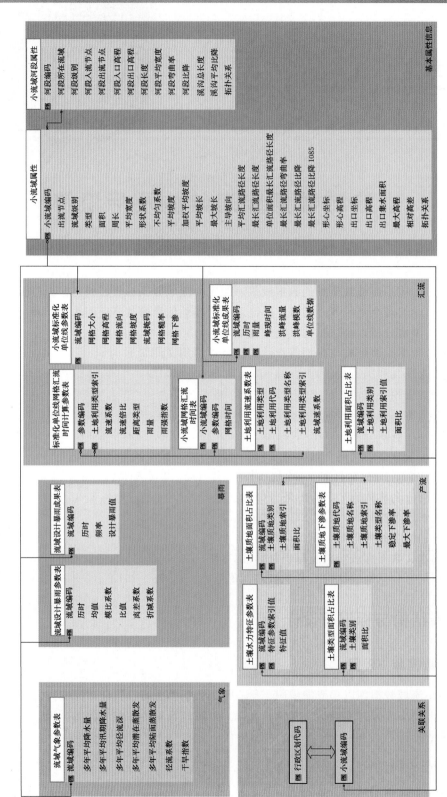

图 8.1　小流域数据库 ER 图

表链接最少，以提高查询效率。数据库表结构描述包括中文表名、表主题、表标识、表编号、表体和字段描述 6 个部分。

（1）中文表名是每个表结构的中文名称，用简明扼要的文字表达该表所描述的内容。

（2）表主题用于进一步描述该表存储的数据内容、目的和意义。

（3）表标识用于识别表的分类及命名，此处为中文表名的英文缩写。

（4）表编号是每一个表指定的代码，用于反映表的分类或表间的逻辑顺序。

（5）表体以表形式表示，包括字段名、标识符、类型及长度、有无空值、计量单位、主键、外键等。字段名采用中文字符表征表字段的名称。标识符为数据库中该字段的唯一标识。字段类型及长度描述该字段的数据类型和数据长度。有无空值一栏中，"N"表示表中该字段不允许有空值，保留为空表示表中该字段可以取空值。主键一栏中，"Y"表示该字段是表的主键，保留为空表示非主键。

（6）字段描述用于描述每个字段的意义以及取值范围、数值精度等。

8.1.3　标识符设计

标识符分为表标识符和字段标识符两类，具有唯一性；标识符由英文字母、数字和下划线组成，首字符为大写英文字母。标识符应按表名和字段名中文词组对应的术语符号或常用符号命名，也可按表名和字段名英文译名或中文拼音的缩写命名。在同一数据库表中应统一使用英文或汉语拼音缩写，不应将英文和汉语拼音混合使用。标识符与其名称的对应关系应简单明了，体现其标识内容的含义。

当标识符采用英文译名缩写命名时，应符合下列规定：

（1）应按组成表名或字段名的汉语词组的英文词缩写，以及在中文名称中的位置顺序排列。

（2）英文单词或词组有标准缩写的应直接采用；没有标准缩写的，取对应英文单词缩写的前 1~3 个字母，缩写应顺序保留英文单词中的辅音字母，首字母为元音字母时，应保留首字母。

（3）当英文单词长度不超过 6 个字母时，可直接取其全拼。

当标识符采用中文词的汉语拼音缩写命名时，应符合下列规定：

（1）应按表名或字段名的汉语拼音缩写顺序排列。

（2）汉语拼音缩写取每个汉字首辅音顺序排列，当遇汉字拼音以元音开始时，应保留该元音；当形成的标识符重复或易引起歧义时，可取某些字的全拼作为标识符的组成成分。

表标识由前缀"FFM"、主体标识及分类后缀三部分用下划线连接组成。其编写格式为

$$FFM\_X\_X1$$

其中，FFM 为专业分类码，代表山洪基础信息数据库；X 为表代码，表标识的主体标识；X1 为表标识分类后缀，用于标识表的分类，分类后缀取值为"B"、"R"和"D"时，分别表示基本信息类表、关联信息类表和字典信息类表。

字段标识长度不超过 10 个字符，10 位编码不能满足字段描述需求时可向后依次扩

展。字段类型主要有字符、数值、时间等类型。各类型长度应按照以下格式描述：

1）字符数据类型，其长度的描述格式为

$$\text{char}(d) \text{ 或 varchar}(d)$$

其中，char 为定长字符串型的数据类型标识；varchar 为变长字符串型的数据类型标识；d 为十进制数，用来描述字符串长度或最大可能的字符串长度。

2）数值数据类型，其长度描述格式为

$$\text{numeric}(D,d)$$

其中，numeric 为数值型的数据类型标识；D 为描述数值型数据的总位数（不包括小数点位）；d 为描述数值型数据的小数位数。

3）时间类型，采用公元纪年的北京时间，描述格式为 datatime，表示时间类型，即：YYYY-MM-DD hh：mm：ss（年-月-日 时：分：秒）。

4）整数类型，描述格式为 int。

5）字符类型，描述格式为 image，存储变长的二进制数据。

6）其他类型，描述格式为 uniqueidentifier，存储全局唯一标识符。

采用连续数字描述字段时，在字段描述中给出相应的取值范围；采用枚举的方法描述字段取值范围的，应给出每个代码的具体解释。

8.2　基本信息类表结构

8.2.1　河流基本信息表

河流基本信息表用于存储全国所有河流的基本信息，包括：7 大流域片、60 个水系及各级河流的基本信息，具体参照《中国河流代码》（SL 249—2012）。表标识为 FFM_CNRVINFO_B，表编号为 FFM_001_0001。河流基本信息表表结构见表 8.1。

表 8.1　　　　　　　　　　　　河流基本信息表表结构

序号	字段名	标识符	类型及长度	有无空值	计量单位	主键	外键
1	河流代码	RVCD	char（7）	N		Y	
2	河流名称	RVNM	varchar（30）	N			
3	上级河流代码	ORVCD	char（7）				
4	上级河流名称	ORVNM	varchar（30）				
5	水系代码	HNCD	char（3）	N			
6	流域代码	BSCD	char（2）	N			
7	河流类别	RVTP	char（1）	N			
8	河流级别	RVLEV	int	N			
9	小流域个数	WANUM	int	N			
10	集水面积	RVAREA	numeric（12,3）	N	km²		

续表

序号	字段名	标识符	类型及长度	有无空值	计量单位	主键	外键
11	周长	WSPERI	numeric (12,6)	N	km		
12	平均坡度	WSSLP	numeric (7,6)	N			
13	河流长度	RVLEN	numeric (12,6)	N	km		
14	河流比降	RVSLP	numeric (7,6)	N			
15	河流数目	RVNUM	int	N			
16	形心坐标 X	CENTERX	numeric (9,6)	N	(°)		
17	形心坐标 Y	CENTERY	numeric (9,6)	N	(°)		
18	形心高程	CENTERELV	numeric (7,2)	N	m		
19	出口坐标 X	OUTLETX	numeric (9,6)	N	(°)		
20	出口坐标 Y	OUTLETY	numeric (9,6)	N	(°)		
21	出口高程	OUTLETELV	numeric (7,2)	N	m		
22	最大高程	MAXELV	numeric (7,2)	N	m		
23	相对高差	REELV	numeric (7,2)	N	m		
24	河网密度	RVDS	number (8,6)	N	km/km^2		
25	河网频度	RVNF	number (8,6)	N	条/km^2		
26	河网发育系数	GRCT	number (8,6)	N			
27	水系不均匀系数	UNCT	numeric (7,6)	N			
28	湖沼率	LKRT	numeric (7,6)	N			
29	图片名称	PHNAME	varchar (max)	N			
30	左上角坐标 X	TOPX	numeric (9,6)	N	(°)		
31	左上角坐标 Y	TOPY	numeric (9,6)	N	(°)		
32	右下角坐标 X	BOTTOMX	numeric (9,6)	N	(°)		
33	右下角坐标 Y	BOTTOMY	numeric (9,6)	N	(°)		
34	河道点集	RVPT	image	N			
35	流域点集	BSPT	image	N			
36	备注	DESP	varchar (max)	N			
37	时间戳	DATETM	datetime	N			

（1）河流代码：《中国河流代码》（SL 249—2012）中已有河流（全国流域面积大于 500km^2 或长度大于 30km 的河流，以及大型、重要中型水库和水闸所在河流的代码）的代码。

（2）河流名称：《中国河流代码》（SL 249—2012）中已有河流（全国流域面积大于 500km^2 或长度大于 30km 的河流，以及大型、重要中型水库和水闸所在河流的名称）的代码对应的名称。

（3）上级河流代码：根据《中国河流代码》（SL 249—2012）中的汇流关系，汇入当前河流的河流代码。

（4）上级河流名称：根据《中国河流代码》（SL 249—2012）中的汇流关系，汇入当前河流的河流名称。

（5）水系代码：标识河流所在的水系，水系代码见表8.2。

表 8.2　　　　　　　　　　　　**水系代码与水系名称对应表**

水系代码	水系名称	水系代码	水系名称
AAA	黑龙江水系	AJF	伊犁、额敏河水系
AAB	松花江水系	AEA	淮河干流水系
AAC	乌苏里江水系	AEB	沂沭泗水系
AAD	绥芬河水系	AEC	里下河水系
AAE	图们江水系	ADD	山东半岛及沿海诸河水系
AAF	额尔古纳水系	AFA	长江干流水系
ABA	辽河干流水系	AFB	雅砻江水系
ABB	大凌河及辽西沿海诸河水系	AFC	岷江水系
ABC	辽东半岛诸河水系	AFD	嘉陵江水系
ABD	鸭绿江水系	AFE	乌江水系
AKA	乌裕尔河内流区	AFF	洞庭湖水系
AKE	霍林河内流区	AFG	汉江水系
AKF	内蒙古内流区	AFH	鄱阳湖水系
ACA	滦河水系	AFJ	太湖水系
ACB	潮白、北运、蓟运河水系	AJB	澜沧江—湄公河流域
ACC	永定河水系	AJC	怒江—伊洛瓦底江水系流域
ACD	大清河水系	AJD	雅鲁藏布江—布拉马普特拉河流域
ACE	子牙河水系	AJE	狮泉河—印度河流域
ACF	漳卫南运河水系	AKM	西藏内流区
ACG	徒骇、马颊河水系	AGA	钱塘江水系
ACH	黑龙港及运东地区诸河水系	AGB	瓯江水系
ADA	黄河干流水系	AGC	闽江水系
ADB	汾河水系	AGD	浙东、闽东及台湾沿海诸河系
ADC	渭河水系	AHA	西江水系
AKG	鄂尔多斯内流区	AHB	北江水系

水系代码	水系名称	水系代码	水系名称
AKH	河西走廊—阿拉善河内流区	AHC	东江水系
AKJ	柴达木内流区	AHD	珠江三角洲水系
AKK	准噶尔内流区	AHE	韩江水系
AKL	塔里木内流区	AHF	粤、桂、琼沿海诸河水系
AJG	额尔齐斯河水系	AJA	元江—红河水系

（6）流域代码：标识流域所在的流域片，流域代码见表8.3。

表 8.3　　　　　　　　　　　**流域代码与流域片名称对应表**

流域代码	流域片名称	流域代码	流域片名称
AA、AB	松辽流域片	AF	长江流域片
AC	海河流域片	AG	东南沿海流域片
AD	黄河流域片	AH	珠江流域片
AE	淮河流域片		

（7）河流类别：0表示独流入海河流；1表示国际河流；2表示内陆河流；3表示运河；4表示渠道；6表示汇入上一级河流或流入下游河段；9表示其他。

（8）河流级别：河流的汇流级别，依据《中国河流代码》（SL 249—2012）确定。

（9）小流域个数：河流所提取小流域的总个数。

（10）集水面积：从源头到出口的集水面积，保留3位小数。

（11）周长：河流集水区分水岭的长度，保留6位小数。

（12）平均坡度：流域范围内各小流域平均坡度的平均值，保留6位小数。

（13）河流长度：主干河流的长度，保留6位小数。

（14）河流比降：河流从源头到出口的平均比降，保留6位小数。

（15）河流数目：汇入当前河流的分支条数。

（16）形心坐标 X：流域形心点的经度，坐标系采用WGS1984地理坐标系，保留6位小数。

（17）形心坐标 Y：流域形心点的纬度，坐标系采用WGS1984地理坐标系，保留6位小数。

（18）形心高程：流域形心点的高程值，保留2位小数。

（19）出口坐标 X：流域出口点的经度，坐标系采用WGS1984地理坐标系，保留6位小数。

（20）出口坐标 Y：流域出口点的纬度，坐标系采用WGS1984地理坐标系，保留6位小数。

（21）出口高程：流域出口点的高程值，保留2位小数。

（22）最大高程：流域的最大高程值，保留2位小数。

（23）相对高差：流域的最大高程与出口高程之差，保留2位小数。

（24）河网密度：流域干支流总长度与流域面积的比值，保留 6 位小数。

（25）河网频度：流域内河流条数与流域面积的比值，保留 6 位小数。

（26）河网发育系数：各级支流总长与干流长度的比值，保留 6 位小数。

（27）水系不均匀系数：左岸支流总长度与右岸支流总长度的比值，保留 6 位小数。

（28）湖沼率：水库、湖泊、沼泽、塘等水面总面积与流域总面积的比值，保留 6 位小数。

（29）图片名称：存储《河湖大典》中河流简介信息的图片，一般采用流域编码加河流名对简介图片进行命名。

（30）左上角坐标 X：河流集水区矩形边框经度最小值，采用 WGS1984 地理坐标系，保留 6 位小数。

（31）左上角坐标 Y：河流集水区矩形边框纬度最大值，采用 WGS1984 地理坐标系，保留 6 位小数。

（32）右下角坐标 X：河流集水区矩形边框经度最大值，采用 WGS1984 地理坐标系，保留 6 位小数。

（33）右下角坐标 Y：河流集水区矩形边框纬度最小值，采用 WGS1984 地理坐标系，保留 6 位小数。

（34）河道点集：以二进制数据组存储主干河流几何对象点集，存储格式为【几何对象数】【第 1 个几何对象坐标点数】【…】【第 N 个几何对象坐标点数】【第 1 个几何对象第 1 个坐标点 X 坐标】【第 1 个几何对象第 1 个坐标点 Y 坐标】【…】【第 1 个几何对象第 N 个坐标点 X 坐标】【第 1 个几何对象第 N 个坐标点 Y 坐标】【…】【第 N 个几何对象第 1 个坐标点 X 坐标】【第 N 个几何对象第 1 个坐标点 Y 坐标】【…】【第 N 个几何对象第 N 个坐标点 X 坐标】【第 N 个几何对象第 N 个坐标点 Y 坐标】，采用 WGS1984 地理坐标系，保留 6 位小数。

（35）流域点集：以二进制数据组存储河流集水区几何对象点集，存储方式为【几何对象数】【第 1 个几何对象坐标点数】【…】【第 N 个几何对象坐标点数】【第 1 个几何对象第 1 个坐标点 X 坐标】【第 1 个几何对象第 1 个坐标点 Y 坐标】【…】【第 1 个几何对象第 N 个坐标点 X 坐标】【第 1 个几何对象第 N 个坐标点 Y 坐标】【…】【第 N 个几何对象第 1 个坐标点 X 坐标】【第 N 个几何对象第 1 个坐标点 Y 坐标】【…】【第 N 个几何对象第 N 个坐标点 X 坐标】【第 N 个几何对象第 N 个坐标点 Y 坐标】，采用 WGS1984 地理坐标系，点坐标保留 6 位小数。

（36）备注：用于记载该条记录的一些描述性的文字。

（37）时间戳：用于保存该条记录的最新插入或者修改时间，取系统日期时间，精确到秒。

8.2.2　小流域河段基本信息表

小流域河段基本信息表用于存储小流域河段的基本信息。表标识为 FFM _ RVINFO _ B，表编号为 FFM _ 001 _ 0002。小流域河段基本信息表表结构见表 8.4。

表 8.4　小流域河段基本信息表表结构

序号	字段名	标识符	类型及长度	有无空值	计量单位	主键	外键
1	河段编码	RVCD	char（16）	N		Y	
2	河段名称	RVNM	varchar（32）				
3	虚拟编号	VRID	char（2）	N		Y	
4	分类码	GB	varchar（6）	N			
5	上接河段编码	FRVCD	varchar（max）	N			
6	下接河段编码	TRVCD	char（16）	N			
7	入流节点编码	INDCD	varchar（max）	N			
8	出流节点编码	ONDCD	char（16）	N			
9	所在流域编码	BWSCD	char（16）	N			
10	所在水系编码	RSCD	char（16）	N			
11	所在水系名称	RSNM	char（32）	N			
12	所在水库（湖泊）编码	RESCD	char（16）	N			
13	河段类别	RVTYPE	char（1）	N			
14	河段级别	RVCS	int	N			
15	河段长度	RVLEN	numeric（8,0）	N	m		
16	河段平均宽度	AVEWID	numeric（8,4）	N	m		
17	河段弯曲率	CurvedParams	numeric（8,6）	N			
18	河段比降	RVSLP	numeric（5,4）	N			
19	溪沟总长度	RTotalLen	numeric（8,0）	N	m		
20	溪沟平均比降	ARvGrad	numeric（5,4）	N			
21	入口高程	IELV	numeric（7,2）	N	m		
22	出口高程	OELV	numeric（7,2）	N	m		
23	虚拟标识	VRFL	char（1）	N			
24	显示分级	LEVEL	int	N			
25	河段点集	PTDT	image	N			
26	备注	DESP	varchar（max）	N			
27	时间戳	DATETM	datetime	N			

（1）河段编码：在《中国河流代码》（SL 249—2012）中已编码的河流基础上进行扩展。采取 16 位编码，按照中国水利水电科学研究院提出的河流流域编码规则进行编码。

（2）河段名称：按《中国河流代码》（SL 249—2012）和 1∶5 万 DLG 已有名称命名，其余河段由用户按当地习惯命名。

（3）虚拟编号：00 表示正常河段，其他取值表示虚拟河段的个数。

（4）分类码：210101 表示地面河流；210501 表示水库伪河段；210502 表示湖泊伪河段；250200 表示海岸线；910101 表示沙漠边界；10102 表示地下河段；210104 表示消失河段；210200 表示时令河；220100 表示运河；220200 表示干渠；220300 表示支渠；

221000 表示干沟；210510 表示内陆湖边界。

（5）上接河段编码：流入该河段的所有河段编码，以英文逗号隔开，无上接河段时为"－1"。

（6）下接河段编码：通常为唯一值，无下接河段时为"－1"。

（7）入流节点编码：河段的入流节点编码。

（8）出流节点编码：河段的出流节点编码。

（9）所在流域编码：河段所在流域编码。

（10）所在水系编码：河段所属水系编码。

（11）所在水系名称：河段所属水系名称。

（12）所在水库（湖泊）编码：河段所属水库（湖泊）的编码。

（13）河段类别：0 表示独流入海河流；1 表示国际河流；2 表示内陆河流；3 表示运河；4 表示渠道；6 表示汇入上一级河流或流入下游河段；9 表示其他。

（14）河段级别：河段的级别，当前河段在《中国河流代码》（SL 249—2012）中的汇流级别，依次向下级别加 1。

（15）河段长度：河段的长度，保留 0 位小数。

（16）河段平均宽度：河段的平均宽度，保留 4 位小数。

（17）河段弯曲率：河段长度与河段起点到终点间直线距离的比值，保留 6 位小数。

（18）河段比降：河段的平均比降，保留 4 位小数。

（19）溪沟总长度：以 $0.5km^2$ 为集水面积阈值提取小流域溪沟，其总长度即为溪沟总长度，保留 0 位小数。

（20）溪沟平均比降：小流域溪沟的平均比降，保留 4 位小数。

（21）入口高程：河段入口点的高程值，保留 2 位小数。

（22）出口高程：河段出口点的高程值，保留 2 位小数。

（23）虚拟标识：水库（湖泊）形状边界线的取值为 1，正常河段的取值为 0。

（24）显示分级：用于区分干支流的级别。

（25）河段点集：以二进制数据组存储河段几何对象点集，存储格式为【几何对象数】【第 1 个几何对象坐标点数】【…】【第 N 个几何对象坐标点数】【第 1 个几何对象第 1 个坐标点 X 坐标】【第 1 个几何对象第 1 个坐标点 Y 坐标】【…】【第 1 个几何对象第 N 个坐标点 X 坐标】【第 1 个几何对象第 N 个坐标点 Y 坐标】【…】【第 N 个几何对象第 1 个坐标点 X 坐标】【第 N 个几何对象第 1 个坐标点 Y 坐标】【…】【第 N 个几何对象第 N 个坐标点 X 坐标】【第 N 个几何对象第 N 个坐标点 Y 坐标】，采用 CSCG2000 投影坐标系，保留 6 位小数。

（26）备注：用于记载该条记录的一些描述性的文字。

（27）时间戳：用于保存该条记录的最新插入或者修改时间，取系统日期时间，精确到秒。

8.2.3　小流域基本信息表

小流域基本信息表用于存储小流域的基本信息，表标识为 FFM ＿ WSINFO ＿ B，表编号为 FFM _ 001 _ 0003。小流域基本信息表表结构见表 8.5。

表 8.5　　　　　　　　　　　　　小流域基本信息表表结构

序号	字段名	标识符	类型及长度	有无空值	计量单位	主键	外键
1	流域编码	WSCD	char（16）	N		Y	
2	流域名称	WSNM	varchar（32）	Y			
3	分类码	GB	varchar（6）	Y			
4	入流流域编码	IWSCD	varchar（max）	Y			
5	出流流域编码	OWSCD	char（16）	Y			
6	出流节点编码	ONDCD	char（16）	Y			
7	流域级别	WSCS	int	Y			
8	流域类型	WSTYPE	char（1）	Y			
9	流域面积	WSAREA	numeric（13,6）	N	m^2		
10	流域周长	WSPERI	numeric（13,6）	N	m		
11	集水面积	RVAREA	numeric（12,3）	N	km^2		
12	形状系数	WSSHPC	numeric（7,6）	N			
13	不均匀系数	InhomoCoeff	numeric（9,6）	N			
14	填洼量	Depression	numeric（9,6）	N	m		
15	滩地宽度	ShoalWidth	numeric（9,6）	N	m		
16	平均宽度	WSWID	numeric（12,6）	N	m		
17	平均坡度	WSSLP	numeric（7,6）	N			
18	加权平均坡度	AveSlope	numeric（7,6）	N			
19	平均坡长	AHypot	numeric（7,6）	N	m		
20	最大坡长	MHypot	numeric（7,6）	N	m		
21	主导坡向	SDIR	int	N			
22	最长汇流路径长度	MAXLEN	numeric（12,6）	N	m		
23	平均汇流路径长度	ACPL	numeric（9,6）	N	m		
24	单位面积最长汇流路径长度	UAML	numeric（12,6）	N	m/km^2		
25	最长汇流路径弯曲率	MAXCP	numeric（7,6）	N			
26	单位面积溪沟总长度	UARTL	numeric（12,6）	N	m/km^2		
27	最长汇流路径比降	MAXLSLP	numeric（5,4）	N			
28	最长汇流路径比降1085	MAXLS1085	numeric（5,4）	N			
29	平均糙率	AVEROU	numeric（6,2）	N			
30	平均稳定下渗率	AVEINF	numeric（6,2）	N	m/d		
31	形心高程	CENTERELV	numeric（7,2）	N	m		
32	最大高程	MAXELV	numeric（7,2）	N	m		

序号	字段名	标识符	类型及长度	有无空值	计量单位	主键	外键
33	相对高差	REELV	numeric (7,2)	N	m		
34	出口高程	OUTLETELV	numeric (7,2)	N	m		
35	形心坐标 X	CENTERX	numeric (12,3)	N	m		
36	形心坐标 Y	CENTERY	numeric (12,3)	N	m		
37	出口坐标 X	OUTLETX	numeric (12,3)	N	m		
38	出口坐标 Y	OUTLETY	numeric (12,3)	N	m		
39	最长汇流路径点集	MXPTDATA	image	N			
40	小流域边界点集	PTDATA	image	N			
41	平原区标识	ISPLAIN	int	N			
42	左上角坐标 X	TOPX	numeric (12,3)	N	m		
43	左上角坐标 Y	TOPY	numeric (12,3)	N	m		
44	右下角坐标 X	BOTTOMX	numeric (12,3)	N	m		
45	右下角坐标 Y	BOTTOMY	numeric (12,3)	N	m		
46	备注	DESP	varchar (max)	N			
47	时间戳	DATETM	datetime	N			

（1）流域编码：和河段编码一一对应，前缀由河段的"A"改为"W"。

（2）流域名称：默认为空，由用户按当地习惯命名。

（3）分类码：310401 表示普通小流域；310402 表示水库周边流域面；310403 表示湖泊周边流域面；310410 表示内陆湖周边流域面；310407 表示水库水面；310408 表示湖泊水面；310409 表示内陆湖面。

（4）入流流域编码：流入当前流域的流域编码，入流存在多个时，以英文逗号隔开；无入流时，取值为－1。

（5）出流流域编码：当前流域流出流域的流域编码。

（6）出流节点编码：当前流域流出节点的节点编码。

（7）流域级别：小流域的级别，暂为－1。

（8）流域类型：采用索引值的方式存储，0 表示普通流域，1 表示水库流域。

（9）流域面积：划分小流域的面积，保留 6 位小数。

（10）流域周长：划分小流域分水岭的周长，保留 6 位小数。

（11）集水面积：小流域出口到源头分水岭集水面积，保留 3 位小数。

（12）形状系数：小流域平均宽度与最长汇流路径长度的比值，保留 6 位小数。

（13）不均匀系数：小流域平均汇流路径长度与最长汇流路径长度一半的比值，保留 6 位小数。

（14）填注量：小流域的总填注量（经过填注处理的 DEM 与原始 DEM 的高程差），保留 6 位小数。

（15）滩地宽度：小流域内滩地的平均宽度，用滩地的面积除以滩地的长度，保留 6 位小数。

（16）平均宽度：小流域面积与小流域最长汇流路径长度的比值，保留 6 位小数。

（17）平均坡度：小流域的平均坡度，以坡角正切值表示，保留 6 位小数。

（18）加权平均坡度：定义小流域内集水面积小于 $0.5km^2$ 的集水区域为坡面，以坡面各网格上游集水面积占所有网格集水面积之和的比例为权重，基于各网格坡度计算小流域的加权平均坡度，保留 6 位小数。

（19）平均坡长：小流域坡面部分所有网格的平均坡长，保留 6 位小数。

（20）最大坡长：以小流域坡面部分汇流层数最大的网格为小流域最大坡长的终点，结合小流域流向图，逐级向上溯源，直到层数为 1 的网格，以该网格作为小流域最大坡长的起点，该条路径上所有网格的坡长之和，保留 6 位小数。

（21）主导坡向：小流域的主导坡向，分为单一型（Ⅰ）、对称型（Ⅱ）和均匀型（Ⅲ）三类，命名方式为：主导坡向＋坡向分布类型。详细分类见表 8.6。

表 8.6   流 域 主 导 坡 向 分 类

序号	类　　　型	备　　　注
1	东坡单一型	E Ⅰ
2	西坡单一型	W Ⅰ
3	南坡单一型	S Ⅰ
4	北坡单一型	N Ⅰ
5	南北坡对称型	SN Ⅱ
6	东西坡对称型	EW Ⅱ
7	均匀型	Ⅲ

（22）最长汇流路径长度：小流域内水滴汇流至出口的最长路径长度，保留 6 位小数。

（23）平均汇流路径长度：小流域内水滴由各网格点汇流至小流域出口的汇流路径的平均值，保留 6 位小数。

（24）单位面积最长汇流路径长度：小流域最长汇流路径长度与小流域面积的比值，保留 6 位小数。

（25）最长汇流路径弯曲率：小流域最长汇流路径长度与其起始点、终止点间直线距离的比值，保留 6 位小数。

（26）单位面积溪沟总长度：小流域内溪沟总长度与小流域面积的比值，保留 6 位小数。

（27）最长汇流路径比降：小流域最长汇流路径的平均比降，保留 4 位小数。

（28）最长汇流路径比降 1085：小流域最长汇流路径上 10%～85% 的网格点的平均比降，保留 4 位小数。

（29）平均糙率：小流域平均糙率，保留 2 位小数。

（30）平均稳定下渗率：小流域平均稳定下渗率，保留 2 位小数。

（31）形心高程：小流域形心点的高程值，保留 2 位小数。

（32）最大高程：小流域的最大高程值，保留 2 位小数。

（33）相对高差：小流域最大高程与出口高程之差，保留 2 位小数。

（34）出口高程：小流域出口点的高程值，保留 2 位小数。

（35）形心坐标 X：小流域形心点的经度，采用 CSCG2000 投影坐标系，保留 3 位小数。

（36）形心坐标 Y：小流域形心点的纬度，采用 CSCG2000 投影坐标系，保留 3 位小数。

（37）出口坐标 X：小流域出口点的经度，采用 CSCG2000 投影坐标系，保留 3 位小数。

（38）出口坐标 Y：小流域出口点的纬度，采用 CSCG2000 投影坐标系，保留 3 位小数。

（39）最长汇流路径点集：以二进制数据组存储最长汇流路径几何对象点集，存储格式为【几何对象数】【第 1 个几何对象坐标点数】【…】【第 N 个几何对象坐标点数】【第 1 个几何对象第 1 个坐标点 X 坐标】【第 1 个几何对象第 1 个坐标点 Y 坐标】【…】【第 1 个几何对象第 N 个坐标点 X 坐标】【第 1 个几何对象第 N 个坐标点 Y 坐标】【…】【第 N 个几何对象第 1 个坐标点 X 坐标】【第 N 个几何对象第 1 个坐标点 Y 坐标】【…】【第 N 个几何对象第 N 个坐标点 X 坐标】【第 N 个几何对象第 N 个坐标点 Y 坐标】，采用 CSCG2000 投影坐标系，点坐标保留 6 位小数。

（40）小流域边界点集：以二进制数据组存储小流域几何对象点集，存储格式为【几何对象数】【第 1 个几何对象坐标点数】【第 2 个几何对象坐标点数】【…】【第 N 个几何对象坐标点数】【第 1 个几何对象第 1 个坐标点 X 坐标】【第 1 个几何对象第 1 个坐标点 Y 坐标】【…】【第 1 个几何对象第 N 个坐标点 X 坐标】【第 1 个几何对象第 N 个坐标点 Y 坐标】【…】【第 N 个几何对象第 1 个坐标点 X 坐标】【第 N 个几何对象第 1 个坐标点 Y 坐标】【…】【第 N 个几何对象第 N 个坐标点 X 坐标】【第 N 个几何对象第 N 个坐标点 Y 坐标】，采用 CSCG2000 投影坐标系，点坐标保留 6 位小数。

（41）平原区标识：标识小流域属于平原区还是山丘区，山丘区标识为 0，平原区标识为 1，默认设置为 0。

（42）左上角坐标 X：小流域矩形边框经度最小值，采用 CSCG2000 投影坐标系，保留 3 位小数。

（43）左上角坐标 Y：小流域矩形边框纬度最大值，采用 CSCG2000 投影坐标系，保留 3 位小数。

（44）右下角坐标 X：小流域矩形边框经度最大值，采用 CSCG2000 投影坐标系，保留 3 位小数。

（45）右下角坐标 Y：小流域矩形边框纬度最小值，采用 CSCG2000 投影坐标系，保留 3 位小数。

（46）备注：用于记载该条记录的一些描述性的文字。

（47）时间戳：用于保存该条记录的最新插入或者修改时间，取系统日期时间，精确到秒。

8.2.4　沟道纵断面基本信息表

沟道纵断面基本信息表用于存储沟道纵断面基本信息。表标识为 FFM＿VSURFACE＿B，表编号为 FFM＿001＿0004。沟道纵断面基本信息表表结构见表8.7。

表 8.7　　　　　　　　　　　　　沟道纵断面基本信息表表结构

序号	字段名	标识符	类型及长度	有无空值	计量单位	主键	外键
1	纵断面编码	VECD	varchar（18）	N		Y	
2	行政区代码	ADCD	varchar（15）	N			
3	所在沟道	CHANNEL	varchar（50）	N			
4	所在位置	ADDRESS	varchar（50）	N			
5	是否跨县	ISCTOWN	char（1）	N			
6	控制点高程	CELE	numeric（10,3）	N	m		
7	控制点经度	CLGTD	numeric（10,7）	N	（°）		
8	控制点纬度	CLTTD	numeric（10,7）	N	（°）		
9	高程系	ELETYPE	char（1）	N			
10	测量方法	METHOD	char（1）	N			
11	备注	DESP	varchar（max）	N			
12	时间戳	DATETM	datetime	N			

（1）纵断面编码：具有唯一性，采用数字和字母的混合编码，共18位，包括15位行政区代码和3位顺序号。

（2）行政区代码：断面所在的行政区代码。

（3）所在沟道：断面所在的沟道名称。

（4）所在位置：城镇纵断面的填写格式为：××省××县；集镇纵断面的填写格式为：××省××县××镇；沿河村落纵断面的填写格式为：××省××县××镇××村。

（5）是否跨县：1表示跨县；0表示不跨县。

（6）控制点高程：沟道测量控制点的高程，保留3位小数。

（7）控制点经度：沟道测量控制点的经度，保留7位小数。

（8）控制点纬度：沟道测量控制点的纬度，保留7位小数。

（9）高程系：采用索引值的方式存储，1表示1985国家高程基准；2表示假定高程系。

（10）测量方法：采用索引值的方式存储，1表示水准仪/卷尺测量法；2表示 GNSS RTK 测量法；3表示全站仪法；4表示三维激光扫描法。

（11）备注：用于记载该条记录的一些描述性的文字。

（12）时间戳：用于保存该条记录的最新插入或者修改时间，取系统日期时间，精确到秒。

8.2.5　沟道纵断面测量点表

沟道纵断面测量点表用于存储沟道纵断面测量点信息。表标识为 FFM_VSPOINT_B，表编号为 FFM_001_0005。沟道纵断面测量点见表8.8。

表8.8　　　　　　　　　　　　　　　沟道纵断面测量点表

序号	字段名	标识符	类型及长度	有无空值	计量单位	主键	外键
1	纵断面编码	VECD	varchar（18）	N		Y	
2	测量点名称	PNAME	varchar（50）	N			
3	距离	CDISTANCE	numeric（8,2）	N	m		
4	量距方向	ANGLE	numeric（5,2）	N	（°）		
5	高程	ELE	numeric（10,3）	N	m		
6	经度	LGTD	numeric（10,6）	N	（°）		
7	纬度	LTTD	numeric（10,6）	N	（°）		
8	测量类型	CLTYPE	char（1）	N			
9	备注	DESP	varchar（max）	N			
10	时间戳	DATETM	datetime	N			

（1）纵断面编码：测量点对应的纵断面编码。

（2）测量点名称：测量点的名称。

（3）距离：与上一测量点的距离。填写距离和量距方向时，必须填写起点和终点的经纬度，保留2位小数。

（4）量距方向：相邻两个测量点之间的方位角，保留2位小数。

（5）高程：断面特征点的高程，保留3位小数。

（6）经度：纵断面测量点的经度，保留6位小数。

（7）纬度：纵断面测量点的纬度，保留6位小数。

（8）测量类型：断面测量类型采用索引值的方式存储，A表示矩形，B表示抛物线形，C表示三角形，D表示复式形。

（9）备注：用于记载该条记录的一些描述性的文字。

（10）时间戳：用于保存该条记录的最新插入或者修改时间，取系统日期时间，精确到秒。

8.2.6　沟道横断面基本信息表

沟道横断面基本信息表用于存储沟道横断面信息。表标识为 FFM_HSURFACE_B，表编号为 FFM_001_0006。沟道横断面基本信息表表结构见表8.9。

（1）横断面编码：编码具有唯一性，采用数字和字母组成的18位字符串编码，由15位行政区划代码和3位顺序号组成。

（2）行政区代码：断面所在的行政区代码。

（3）所在沟道：断面所在的沟道名称。

表 8.9 沟道横断面基本信息表表结构

序号	字段名	标识符	类型及长度	有无空值	计量单位	主键	外键
1	横断面编码	HECD	varchar (18)	N		Y	
2	行政区代码	ADCD	varchar (15)	N			
3	所在沟道	CHANNEL	varchar (60)	N			
4	所在位置	ADDRESS	varchar (50)	N			
5	是否跨县	ISCTOWN	char (1)	N			
6	断面标识	DMIDENTIT	varchcar (20)	N			
7	断面形态	DMFORM	char (1)	N			
8	河床底质	TEXTURE	char (1)	N			
9	坐标系	COORDINATE	char (1)	N			
10	高程系	ELETYPE	char (1)	N			
11	基点高程	BASEELE	numeric (10,3)	N	m		
12	基点经度	BASELGTD	numeric (10,7)	N	(°)		
13	基点纬度	BASELTTD	numeric (10,7)	N	(°)		
14	断面方位角	AZIMUTH	numeric (10,4)	N	(°)		
15	历史最高水位	HMZ	numeric (10,2)	N	m		
16	成灾水位	CZZ	numeric (10,2)	N	m		
17	测量方法	METHOD	char (1)	N			
18	纵断面编码	VECD	varchar (18)	N			
19	所属河段编码	BRVCD	varchar (16)	N			
20	备注	DESP	varchar (max)	N			
21	时间戳	DATETM	datetime	N			

（4）所在位置：城镇横断面的填写格式为××省××县；集镇横断面的填写格式为××省××县××镇；沿河村落横断面的填写格式为××省××县××镇××村。

（5）是否跨县：1 表示跨县；0 表示不跨县。

（6）断面标识：按上游、下游标识，测量多个断面时附加顺序号予以区分，0 表示上游断面；1 表示下游断面；2 表示控制断面。

（7）断面形态：采用索引值的方式存储，A 表示矩形；B 表示抛物线型；C 表示三角形；D 表示复式形。

（8）河床底质：采用索引值的方式存储，0 表示岩石；1 表示砂砾石；2 表示砂土；3 表示壤土；4 表示黏土。

（9）坐标系：采用索引值的方式存储，1 表示 WGS1984；2 表示 CGCS2000。

（10）高程系：采用索引值的方式存储，1 表示 1985 国家高程基准；2 表示假定高程系。

（11）基点高程：横断面所在坐标系起点的高程，保留 3 位小数。

（12）基点经度：横断面所在坐标系起点的经度，保留 7 位小数。

（13）基点纬度：横断面所在坐标系起点的纬度，保留 7 位小数。

（14）断面方位角：横断面的方位角，保留 4 位小数。

（15）历史最高水位：根据洪痕确定的历史最高水位，保留 2 位小数。

（16）成灾水位：山洪灾害防治区内可能发生山洪灾害的最低水位，保留 2 位小数。

（17）测量方法：采用索引值方式存储，1 表示水准仪/卷尺测量法；2 表示 GNSS RTK 测量法；3 表示全站仪法；4 表示三维激光扫描法。

（18）纵断面编码：沟道横断面关联的纵断面编码。

（19）所属河段编码：沟道横断面所在河段的编码。

（20）备注：用于记载该条记录的一些描述性的文字。

（21）时间戳：用于保存该条记录的最新插入或者修改时间，取系统日期时间，精确到秒。

8.2.7 沟道横断面测量点表

沟道横断面测量点表用于存储沟道横断面测量点信息。表标识为 FFM_HSPOINT_B，表编号为 FFM_001_0007。沟道横断面测量点表表结构见表 8.10。

表 8.10   沟道横断面测量点表表结构

序号	字段名	标识符	类型及长度	有无空值	计量单位	主键	外键
1	横断面编码	HECD	varchar (18)	N			
2	断面特征点描述	PCODE	varchar (50)	N			
3	起点距	CDISTANCE	numeric (10,3)	N	m		
4	高程	ELE	numeric (10,3)	N	m		
5	经度	LGTD	numeric (9,6)	N	(°)		
6	纬度	LTTD	numeric (9,6)	N	(°)		
7	糙率	COEFF	numeric (8,2)	N			
8	备注	DESP	varchar (max)	N			
9	时间戳	DATETM	datetime	N			

（1）横断面编码：测量点对应的横断面编码，编码具有唯一性，采用数字和字母组成的 18 位字符串编码，由 15 位行政区划代码和 3 位顺序号组成。

（2）断面特征点描述：横断面编码加 3 位顺序号。

（3）起点距：左岸基点的起点距为 0。如定右岸为基点，基点的起点距填写断面最长距离，保留 3 位小数。

（4）高程：断面测量点的高程，保留 3 位小数。

（5）经度：横断面测量点的经度，保留 6 位小数。

（6）纬度：横断面测量点的纬度，保留 6 位小数。

（7）糙率：测量点糙率，根据现场下垫面情况，参照水文手册中下垫面糙率值分段填写，保留 2 位小数。

（8）备注：用于记载该条记录的一些描述性的文字。

（9）时间戳：用于保存该条记录的最新插入或者修改时间，取系统日期时间，精确到秒。

8.2.8 小流域标准化单位线参数表

小流域标准化单位线参数表用于存储小流域标准化单位线（分布式汇流单位线）计算时需要的基本信息。表标识为 FFM _ FILEINFO _ B，表编号为 FFM _ 001 _ 0008。小流域标准化单位线参数表表结构见表 8.11。

表 8.11 小流域标准化单位线参数表表结构

序号	字段名	标识符	类型及长度	有无空值	计量单位	主键	外键
1	流域编码	WSCD	char (16)	N		Y	
2	左上角坐标 X	TOPX	numeric (12,3)	N	m		
3	左上角坐标 Y	TOPY	numeric (12,3)	N	m		
4	右下角坐标 X	BOTTOMX	numeric (12,3)	N	m		
5	右下角坐标 Y	BOTTOMY	numeric (12,3)	N	m		
6	中央经线	CENMER	numeric (3,0)	N			
7	网格大小	SIZE	numeric (5,1)	N	m		
8	流域掩码	MSKNO	int	N			
9	流域栅格	TIF	image	N			
10	网格高程	DEM	image	N			
11	网格流向	DIR	image	N			
12	网格坡度	SLP	image	N			
13	网格流速系数	N	image	N			
14	网格下渗	G	image	N			
15	备注	DESP	varchar（max）				
16	时间戳	DATETM	datetime	N			

（1）流域编码：同小流域基本信息表的流域编码。

（2）左上角坐标 X：小流域矩形边框经度最小值，采用 CSCG2000 投影坐标系，保留 3 位小数。

（3）左上角坐标 Y：小流域矩形边框纬度最大值，采用 CSCG2000 投影坐标系，保留 3 位小数。

（4）右下角坐标 X：小流域矩形边框经度最大值，采用 CSCG2000 投影坐标系，保留 3 位小数。

（5）右下角坐标 Y：小流域矩形边框纬度最小值，采用 CSCG2000 投影坐标系，保留 3 位小数。

（6）中央经线：小流域提取时所用的坐标带，保留 0 位小数。

（7）网格大小：原始图层中栅格的大小，保留 1 位小数。

（8）流域掩码：流域索引值的编号，用于确定流域的边界。

（9）流域栅格：小流域网格的索引值 TIF 数据集。

（10）网格高程：小流域网格的高程 TIF 数据集（填注处理后）。

（11）网格流向：小流域网格的流向 TIF 数据集。

（12）网格坡度：小流域网格的坡度 TIF 数据集。

（13）网格流速系数：小流域网格的综合流速系数 TIF 数据集。

（14）网格下渗：小流域网格的稳定下渗率 TIF 数据集。

（15）备注：用于记载该条记录的一些描述性的文字。

（16）时间戳：用于保存该条记录的最新插入或者修改时间，取系统日期时间，精确到秒。

8.2.9　标准化单位线网格汇流时间计算参数组合表

标准化单位线网格汇流时间计算参数组合表用于存储参与标准化单位线网格汇流时间计算的参数的基本信息。表标识为 FFM_PARA_B，表编号为 FFM_001_0009。标准化单位线网格汇流时间计算参数组合表表结构见表 8.12。

表 8.12　　　　标准化单位线网格汇流时间计算参数组合表表结构

序号	字段名	标识符	类型及长度	有无空值	计量单位	主键	外键
1	参数编码	PARACD	varchar (32)	N		Y	
2	土地利用类型索引	USLUNO	int	N		Y	
3	流速系数	STDK	numeric (10,6)	N	m/s		
4	距离类型	SLOPETP	char (1)	N			
5	雨量	DRP	numeric (5,1)	N	mm		
6	雨强指数	DRPINTEN	numeric (2,1)	N			
7	坡度指数	SLOPEINTEN	numeric (2,1)	N			
8	备注	DESP	varchar (max)	N			
9	时间戳	DATETM	datetime	N			

（1）参数编码：用户自定义的参数方案。

（2）土地利用类型索引：小流域内的土地利用类型的索引值。

（3）流速系数：小流域下垫面的坡面综合流速系数值，保留 6 位小数。

（4）距离类型：采用索引值的方式存储。0 表示网格距离；1 表示坡面距离。

（5）雨量：单位时间内的降雨量，保留 1 位小数。

（6）雨强指数：雨强的指数，常量为 0.4，保留 1 位小数。

（7）坡度指数：坡度的指数，常量为 0.5，保留 1 位小数。

（8）备注：用于记载该条记录的一些描述性的文字。

（9）时间戳：用于保存该条记录的最新插入或者修改时间，取系统日期时间，精确到秒。

8.2.10 小流域网格汇流时间表

小流域网格汇流时间表用于存储小流域网格的汇流时间信息。表标识为 FFM_WSGINFO_B，表编号为 FFM_001_0010。小流域网格汇流时间表表结构见表 8.13。

表 8.13　　　　　　　　　　　小流域网格汇流时间表表结构

序号	字段名	标识符	类型及长度	有无空值	计量单位	主键	外键
1	流域编码	WSCD	char（16）	N		Y	
2	参数编码	PARACD	varchar（32）	N		Y	
3	网格时间	FOTM	image	N			
4	时间戳	DATETM	datetime	N			

（1）流域编码：同小流域基本信息表的流域编码。

（2）参数编码：用户自定义的参数方案，同标准化单位线网格汇流时间计算参数组合表中的参数编码。

（3）网格时间：小流域内各网格流向出口的汇流时间 TIF 数据集。

（4）时间戳：用于保存该条记录的最新插入或者修改时间，取系统日期时间，精确到秒。

8.2.11 标准化单位线成果表

标准化单位线成果表用于存储小流域标准化单位线（分布式汇流单位线）的基本信息。表标识为 FFM_WSUH_B，表编号为 FFM_001_0011。标准化单位线成果表表结构见表 8.14。

表 8.14　　　　　　　　　　　标准化单位线成果表表结构

序号	字段名	标识符	类型及长度	有无空值	计量单位	主键	外键
1	流域编码	WSCD	char（16）	N		Y	
2	时段	INTV	int	N	min	Y	
3	雨量	DRP	numeric（5,1）	N	mm	Y	
4	线号	UNNM	char（8）	N			
5	频率	P	numeric（3,2）	N			
6	调蓄前时间	USTEPS	int	N			
7	调蓄后时间	NSTEPS	int	N			
8	峰现时间	MFFD	int	N			
9	洪峰流量	MFIF	numeric（4,3）	N	m^3/s		
10	峰前水量	MFSUM	numeric（8,6）	N	m^3		

续表

序号	字段名	标识符	类型及长度	有无空值	计量单位	主键	外键
11	峰后水量	MTSUM	numeric（8,6）	N	m³		
12	洪峰模数	MFP	numeric（10,3）	N	m³/（s·km²）		
13	单位线数据	UHDATA	image	N			
14	时间戳	DATETM	datetime	N			

（1）流域编码：同小流域基本信息表的流域编码。

（2）时段：时间段，用于统计水流由网格流出的时间间隔。

（3）雨量：单位时间内的降雨量，保留 1 位小数。

（4）线号：由频率和雨量组成。

（5）频率：设计暴雨频率，包括 50%、20%、5%、2%、1%，重现期分别为 2 年一遇、5 年一遇、20 年一遇、50 年一遇和 100 年一遇，保留 2 位小数。

（6）调蓄前时间：考虑流域调蓄作用前的单位线汇流时间时段数。

（7）调蓄后时间：考虑流域调蓄作用后的单位线汇流时间时段数。

（8）峰现时间：考虑流域调蓄作用后的单位线洪峰流量出现的时间段。

（9）洪峰流量：单位线的最大流量值，保留 3 位小数。

（10）峰前水量：洪峰出现前的水量（包含洪峰流量），保留 6 位小数。

（11）峰后水量：洪峰出现后的水量（不包含洪峰流量），保留 6 位小数。

（12）洪峰模数：单位线洪峰流量与小流域面积之比，保留 3 位小数。

（13）单位线数据：存储标准化单位线的序列值。

（14）时间戳：用于保存该条记录的最新插入或者修改时间，取系统日期时间，精确到秒。

8.2.12　流域设计暴雨参数表

流域设计暴雨参数表用于存储小流域设计暴雨参数的基本信息。表标识为 FFM _ DesignStormPara _ B，表编号为 FFM _ 001 _ 0012。流域设计暴雨参数表表结构见表 8.15。

表 8.15　　　　　　　　　　　　　流域设计暴雨参数表表结构

序号	字段名	标识符	类型及长度	有无空值	计量单位	主键	外键
1	流域编码	WSCD	char（16）	N		Y	
2	历时	INTV	int	N			
3	均值	AVE	numeric（8,6）	N	mm		
4	比值	CSCV	numeric（8,6）	N			
5	模比系数	KP	numeric（8,6）	N			
6	离差系数	C_v	numeric（8,6）	N			
7	折减系数	Kc	numeric（8,6）	N			
8	时间戳	DATETM	datetime	N			

（1）流域编码：同小流域基本信息表的流域编码。

（2）历时：计算设计暴雨的时间序列的长度，包括 10min、1h、3h、6h、24h。

（3）均值：暴雨系列均值，基于《中国暴雨统计参数图集》中不同历时点暴雨均值等值线图，确定小流域形心点设计暴雨均值，保留 6 位小数。

（4）比值：偏态系数 C_s 与离差系数 C_v 之比，常数，取值为 3.5，保留 6 位小数。

（5）模比系数：某一历时设计暴雨值与均值的比值，保留 6 位小数。

（6）变差系数：降雨序列均方差与多年平均降雨量之比，保留 6 位小数。

（7）折减系数：点面折减系数，保留 6 位小数。

（8）时间戳：用于保存该条记录的最新插入或者修改时间，取系统日期时间，精确到秒。

8.2.13 流域设计暴雨成果表

流域设计暴雨成果表用于存储小流域设计暴雨成果。表标识为 FFM _ Designstorm-Result _ B，表编号为 FFM _ 001 _ 0013。流域设计暴雨成果表表结构见表 8.16。

表 8.16　　　　　　　　　　　流域设计暴雨成果表表结构

序号	字段名	标识符	类型及长度	有无空值	计量单位	主键	外键
1	流域编码	WSCD	char（16）	N		Y	
2	历时	INTV	int	N			
3	频率	P	numeric（3,2）	N			
4	设计雨量	DRP	numeric（10,6）	N	mm		
5	时间戳	DATETM	datetime	N			

（1）流域编码：同小流域基本信息表的流域编码。

（2）历时：计算设计暴雨的时间序列的长度，包括 10min、1h、3h、6h、24h。

（3）频率：设计暴雨频率，包括 50%、20%、5%、2%、1%，重现期分别为 2 年一遇、5 年一遇、20 年一遇、50 年一遇和 100 年一遇，保留 2 位小数。

（4）设计雨量：相应历时和频率下的设计雨量值，保留 6 位小数。

（5）时间戳：用于保存该条记录的最新插入或者修改时间，取系统日期时间，精确到秒。

8.2.14 流域气象参数表

流域气象参数表用于存储小流域的气象参数特征值。表标识为 FFM _ WSSCENCEP _ B，表编号为 FFM _ 001 _ 0014。流域气象参数表表结构见表 8.17。

表 8.17　　　　　　　　　　　流域气象参数表表结构

序号	字段名	标识符	类型及长度	有无空值	计量单位	主键	外键
1	流域编码	WSCD	char（16）	N		Y	
2	多年平均降水量	AVEANP	numeric（6,3）	N	mm		

续表

序号	字段名	标识符	类型及长度	有无空值	计量单位	主键	外键
3	多年平均汛期降水量	AVEFLP	numeric (6,3)	N	mm		
4	多年平均径流深	AVERUNOFFD	numeric (6,3)	N	mm		
5	多年平均潜在蒸散发	AVEPPEVA	numeric (6,3)	N	mm		
6	多年平均陆面蒸散发	AVELANDSE	numeric (6,3)	N	mm		
7	径流系数	CQIF	numeric (6,3)	N			
8	干旱指数	DRINDEX	numeric (6,3)	N			
9	时间戳	DATETM	datetime	N			

（1）流域编码：同小流域基本信息表的流域编码。

（2）多年平均降水量：小流域的多年平均降水量，保留 3 位小数。

（3）多年平均汛期降水量：小流域的多年平均汛期降水量，保留 3 位小数。

（4）多年平均径流深：小流域的多年平均径流深，保留 3 位小数。

（5）多年平均潜在蒸散发：小流域的多年平均潜在蒸散发量，保留 3 位小数。

（6）多年平均陆面蒸散发：小流域的多年平均陆面蒸散发量，保留 3 位小数。

（7）径流系数：小流域的径流系数，为多年平均径流深与多年平均降水量之比，保留 3 位小数。

（8）干旱指数：小流域的干旱指数，为多年潜在蒸散发与多年平均降水量之比，保留 3 位小数。

（9）时间戳：用于保存该条记录的最新插入或者修改时间，取系统日期时间，精确到秒。

8.2.15 土地利用面积占比表

土地利用面积占比表用于存储各土地利用类型面积占小流域面积的比例。表标识为 FFM_WSUAUSLU_B，表编号为 FFM_001_0015。土地利用面积占比表表结构见表 8.18。

表 8.18   土地利用面积占比表表结构

序号	字段名	标识符	类型及长度	有无空值	计量单位	主键	外键
1	流域编码	WSCD	char (16)	N		Y	
2	土地利用类别	USLUTYPE	int	N		Y	
3	土地利用类型索引值	USLUNO	int	N		Y	
4	面积比	AREARATIO	numeric (7,6)	N			
5	时间戳	DATETM	datetime	N			

（1）流域编码：同小流域基本信息表的流域编码。

（2）土地利用类别：表示不同分辨率的土地利用类型数据。1：30m 分辨率；2：2.5m 分辨率。

（3）土地利用类型索引值：土地利用类型对应的索引值，具体索引值见表 8.19。

表 8.19　　　　　　　　　　　　土地利用类型索引值列表

编码	名称	索引值	编码	名称	索引值
USLU01	耕地	1	USLU06	水域及水利设施用地	6
USLU011	水田	11	USLU061	水面	61
USLU012	旱地	12	USLU062	水利设施用地	62
USLU0121	坡耕旱地	121	USLU063	冰川及永久积雪	63
USLU0122	其他旱地	122	USLU07	房屋建筑（区）	7
USLU02	园地	2	USLU08	构筑物	8
USLU03	林地	3	USLU081	硬化地表	81
USLU031	有林地	31	USLU082	其他构筑物	82
USLU032	灌木林地	32	USLU09	人工堆掘地	9
USLU033	其他林地	33	USLU10	其他土地	10
USLU04	草地	4	USLU101	盐碱地	101
USLU041	天然草地	41	USLU102	沙地	102
USLU0411	高覆盖草地	411	USLU103	裸土	103
USLU0412	中覆盖草地	412	USLU104	岩石	104
USLU0413	低覆盖草地	413	USLU105	砾石	105
USLU042	人工草地	42	USLU106	沼泽地	106
USLU05	交通运输用地	5			

（4）面积比：小流域内土地利用类型面积与小流域面积之比，保留 6 位小数。

（5）时间戳：用于保存该条记录的最新插入或者修改时间，取系统日期时间，精确到秒。

8.2.16　土地利用流速系数表

土地利用流速系数表用于存储土地利用类型图斑的索引值对应的综合流速系数信息。表标识为 FFM_USLUNO_B，表编号为 FFM_001_0016。土地利用流速系数表表结构见表 8.20。

表 8.20　　　　　　　　　　　　土地利用流速系数表表结构

序号	字段名	标识符	类型及长度	有无空值	计量单位	主键	外键
1	土地利用类型代码	XDMDM	varchar（10）	N		Y	
2	土地利用类别	USLUTYPE	int	N		Y	
3	土地利用类型名称	XDMMC	varchar（30）	N			
4	土地利用类型索引值	USLUNO	int	N		Y	
5	流速系数	STDK	numeric（10,6）	N	m/s		
6	时间戳	DATETM	datetime	N			

（1）土地利用类型代码：以《土地利用现状分类》（GB/T 21010—2007）为标准。

（2）土地利用类别：表示不同分辨率的土地利用类型数据。1：30m 分辨率；2：2.5m 分辨率。

（3）土地利用类型名称：名称参照表8.19。

（4）土地利用类型索引值：土地利用类型对应的索引值，索引值参照表8.19。

（5）流速系数：下垫面的坡面综合流速系数，保留6位小数。

（6）时间戳：用于保存该条记录的最新插入或者修改时间，取系统日期时间，精确到秒。

8.2.17 土壤质地面积占比表

土壤质地面积占比表用于存储各土壤质地类型面积占小流域面积的比例。表标识为 FFM _ WSUASTLA _ B，表编号为 FFM _ 001 _ 0017。土壤质地面积占比表表结构见表8.21。

表 8.21　　　　　　　　　　　土壤质地面积占比表表结构

序号	字段名	标识符	类型及长度	有无空值	计量单位	主键	外键
1	流域编码	WSCD	char（16）	N		Y	
2	土壤质地类型索引值	TRZDNO	int	N		Y	
3	土壤质地类别	TRZDTYPE	int	N		Y	
4	面积比	AREARATIO	numeric（7,6）	N			
5	时间戳	DATETM	datetime	N			

（1）流域编码：同小流域基本信息表的流域编码。

（2）土壤质地类型索引值：土壤质地类型对应的索引值，具体索引值见表8.22。

（3）土壤质地类别：表示不同分辨率的土壤质地类型数据。1：30m 分辨率。

（4）面积比：小流域内土壤质地类型面积与小流域面积之比，保留6位小数。

（5）时间戳：用于保存该条记录的最新插入或者修改时间，取系统日期时间，精确到秒。

表 8.22　　　　　　　　　　　土壤质地类型索引值列表

编码	名　　称	索引值	编码	名　　称	索引值
ST01	岩石	1	ST09	黏壤土	9
ST02	块石	2	ST10	粉黏壤土	10
ST03	碎砾石	3	ST11	砂黏壤土	11
ST04	砂土和壤砂土	4	ST12	壤黏土	12
ST05	砂壤土	5	ST13	粉黏土	13
ST06	壤土	6	ST14	黏土	14
ST07	粉壤土	7	ST15	重黏土	15
ST08	砂黏壤土	8			

8.2.18 土壤类型面积占比表

土壤类型面积占比表用于存储各土壤类型面积占小流域面积的比例。表标识为 FFM_WSUASTTA_B，表编号为 FFM_001_0018。土壤类型面积占比表表结构见表8.23。

表 8.23　土壤类型面积占比表表结构

序号	字段名	标识符	类型及长度	有无空值	计量单位	主键	外键
1	流域编码	WSCD	char（16）	N		Y	
2	土壤类型索引值	SOILNO	int	N		Y	
3	土壤类型类别	SOILTYPE	int	N		Y	
4	面积比	AREARATIO	numeric（7,6）	N			
5	时间戳	DATETM	datetime	N			

（1）流域编码：同小流域基本信息表的流域编码。

（2）土壤类型索引值：土壤类型对应的索引值，参照《中国土壤分类与代码表》（GB/T 17296—2009）。具体索引值见表8.24。

（3）土壤类型类别：表示不同分辨率的土壤类型数据。1∶30m分辨率。

（4）面积比：小流域内土壤类型面积与小流域面积之比，保留6位小数。

（5）时间戳：用于保存该条记录的最新插入或者修改时间，取系统日期时间，精确到秒。

表 8.24　土壤类型索引值列表

土壤类型	索引值	土壤类型	索引值
淋溶土	1	水成土	7
半淋溶土	2	半水成土	8
钙层土	3	盐碱土	9
干旱土	4	人为土	10
漠土	5	高山土	11
初育土	6	铁铝土	12

8.2.19 土壤水力特征参数表

土壤水力特征参数表用于存储小流域的土壤水力特征参数信息。表标识为 FFM_WSOILHYD_B，表编号为 FFM_001_0019。土壤水力特征参数表表结构见表8.25。

表 8.25　土壤水力特征参数表表结构

序号	字段名	标识符	类型及长度	有无空值	计量单位	主键	外键
1	流域编码	WSCD	char（16）	N		Y	
2	特征参数索引值	CPARAM	int	N		Y	
3	特征值	VPARAM	numeric（4,2）	N			
4	时间戳	DATETM	datetime	N			

（1）流域编码：同小流域基本信息表的流域编码。

（2）特征参数索引值：土壤水力特征参数的索引值，具体见表8.26。

（3）特征值：保存相应类型的土壤水力特征参数数据，具体单位参照表8.26，保留2位小数。

（4）时间戳：用于保存该条记录的最新插入或者修改时间，取系统日期时间，精确到秒。

表8.26 土壤水力特征参数索引值列表

土壤水力特征参数	索引值	单位	土壤水力特征参数	索引值	单位
表层土有效含水量	1	%	60cm 土壤细土容重	50	kg/m³
浅层土有效含水量	2	%	100cm 土壤细土容重	51	kg/m³
中层土有效含水量	3	%	200cm 土壤细土容重	52	kg/m³
深层土有效含水量	4	%	0cm 土壤黏土颗粒的重量百分比（小于 0.0002mm）	53	%
表层土饱和含水量	5	%	5cm 土壤黏土颗粒的重量百分比（小于 0.0002mm）	54	%
浅层土饱和含水量	6	%	15cm 土壤黏土颗粒的重量百分比（小于 0.0002mm）	55	%
中层土饱和含水量	7	%	30cm 土壤黏土颗粒的重量百分比（小于 0.0002mm）	56	%
深层土饱和含水量	8	%	60cm 土壤黏土颗粒的重量百分比（小于 0.0002mm）	57	%
表层土凋萎含水量	9	%	100cm 土壤黏土颗粒的重量百分比（小于 0.0002mm）	58	%
浅层土凋萎含水量	10	%	200cm 土壤黏土颗粒的重量百分比（小于 0.0002mm）	59	%
中层土凋萎含水量	11	%	0cm 土壤粗碎片体积百分比（大于 2mm）	60	%
深层土凋萎含水量	12	%	5cm 土壤粗碎片体积百分比（大于 2mm）	61	%
饱和水力传导度	13	cm/h	15cm 土壤粗碎片体积百分比（大于 2mm）	62	%
土壤酸性等级	14		30cm 土壤粗碎片体积百分比（大于 2mm）	63	%
0cm 土壤有效含水量（pF2.0）	15	%	60cm 土壤粗碎片体积百分比（大于 2mm）	64	%
5cm 土壤有效含水量（pF2.0）	16	%	100cm 土壤粗碎片体积百分比（大于 2mm）	65	%
15cm 土壤有效含水量（pF2.0）	17	%	200cm 土壤粗碎片体积百分比（大于 2mm）	66	%
30cm 土壤有效含水量（pF2.0）	18	%	有机土的概率累积	67	%

土壤水力特征参数	索引值	单位	土壤水力特征参数	索引值	单位
60cm 土壤有效含水量（pF2.0）	19	％	碱土等级	68	
100cm 土壤有效含水量（pF2.0）	20	％	0cm 土壤黏土重量百分比（0.0002～0.05mm）	69	％
200cm 土壤有效含水量（pF2.0）	21	％	5cm 土壤黏土重量百分比（0.0002～0.05mm）	70	％
0cm 土壤有效含水量（pF2.3）	22	％	15cm 土壤黏土重量百分比（0.0002～0.05mm）	71	％
5cm 土壤有效含水量（pF2.3）	23	％	30cm 土壤黏土重量百分比（0.0002～0.05mm）	72	％
15cm 土壤有效含水量（pF2.3）	24	％	60cm 土壤黏土重量百分比（0.0002～0.05mm）	73	％
30cm 土壤有效含水量（pF2.3）	25	％	100cm 土壤黏土重量百分比（0.0002～0.05mm）	74	％
60cm 土壤有效含水量（pF2.3）	26	％	200cm 土壤黏土重量百分比（0.0002～0.05mm）	75	％
100cm 土壤有效含水量（pF2.3）	27	％	0cm 土壤砂粒重量百分比（0.05～2mm）	76	％
200cm 土壤有效含水量（pF2.3）	28	％	5cm 土壤砂粒重量百分比（0.05～2mm）	77	％
0cm 土壤有效含水量（pF2.5）	29	％	15cm 土壤砂粒重量百分比（0.05～2mm）	78	％
5cm 土壤有效含水量（pF2.5）	30	％	30cm 土壤砂粒重量百分比（0.05～2mm）	79	％
15cm 土壤有效含水量（pF2.5）	31	％	60cm 土壤砂粒重量百分比（0.05～2mm）	80	％
30cm 土壤有效含水量（pF2.5）	32	％	100cm 土壤砂粒重量百分比（0.05～2mm）	81	％
60cm 土壤有效含水量（pF2.5）	33	％	200cm 土壤砂粒重量百分比（0.05～2mm）	82	％
100cm 土壤有效含水量（pF2.5）	34	％	土壤系统分类	83	
200cm 土壤有效含水量（pF2.5）	35	％	0cm 土壤类型（USDA 系统）	84	
0cm 土壤至基岩深度	36	cm	5cm 土壤类型（USDA 系统）	85	
5cm 土壤至基岩深度	37	cm	15cm 土壤类型（USDA 系统）	86	
15cm 土壤至基岩深度	38	cm	30cm 土壤类型（USDA 系统）	87	
30cm 土壤至基岩深度	39	cm	60cm 土壤类型（USDA 系统）	88	
60cm 土壤至基岩深度	40	cm	100cm 土壤类型（USDA 系统）	89	
100cm 土壤至基岩深度	41	cm	200cm 土壤类型（USDA 系统）	90	
200cm 土壤至基岩深度	42	cm	0cm 土壤有效含水量（体积分数）至凋萎含水量	91	％

土壤水力特征参数	索引值	单位	土壤水力特征参数	索引值	单位
基岩深度（R 层）	43	cm	5cm 土壤有效含水量（体积分数）至凋萎含水量	92	%
出现基岩（R 层）的可能性	44	%	15cm 土壤有效含水量（体积分数）至凋萎含水量	93	%
基岩（R 层）绝对深度	45	cm	30cm 土壤有效含水量（体积分数）至凋萎含水量	94	%
0cm 细土容重	46	kg/m³	60cm 土壤有效含水量（体积分数）至凋萎含水量	95	%
5cm 细土容重	47	kg/m³	100cm 土壤有效含水量（体积分数）至凋萎含水量	96	%
15cm 细土容重	48	kg/m³	200cm 土壤有效含水量（体积分数）至凋萎含水量	97	%
30cm 细土容重	49	kg/m³			

8.2.20　土壤质地下渗参数表

土壤质地下渗参数表用于存储不同土壤质地类型对应的下渗参数信息。表标识为 FFM_TRZDNO_B，表编号为 FFM_001_0020。土壤质地下渗参数表表结构见表 8.27。

表 8.27　　　　　　　　　　　　土壤质地下渗参数表表结构

序号	字段名	标识符	类型及长度	有无空值	计量单位	主键	外键
1	土壤质地编码	TRZDCD	varchar（4）	N		Y	
2	土壤质地名称	TRZDNM	varchar（50）	N			
3	土壤质地类型索引值	TRZDNO	int	N		Y	
4	土壤类型名称	TLNM	varchar（50）	N			
5	稳定下渗率	FAXINF	numeric（10,6）	N	m/d		
6	最大下渗率	MAXINF	numeric（10,6）	N	m/d		
7	时间戳	DATETM	datetime	N			

（1）土壤质地编码：土壤质地类型的编码，具体参照表 8.22。

（2）土壤质地名称：土壤质地类型的名称，具体参照表 8.22。

（3）土壤质地类型索引值：土壤质地类型对应的索引值，具体参照表 8.22。

（4）土壤类型名称：土壤类型的名称，参照《中国土壤分类与代码表》（GB/T 17296—2009）和表 8.24。

（5）稳定下渗率：土壤质地类型的稳定下渗率，保留 6 位小数。

（6）最大下渗率：土壤质地类型的最大下渗率，保留 6 位小数。

（7）时间戳：用于保存该条记录的最新插入或者修改时间，取系统日期时间，精确到秒。

8.2.21 行政区划（面）基本信息表

行政区划（面）基本信息表用于存储全国的行政区划（面）基本信息。表标识为 FFM_ADCDINFO_B，表编号为 FFM_001_0021。行政区划（面）基本信息表表结构见表 8.28。

表 8.28　　　　　　　　　行政区划（面）基本信息表表结构

序号	字段名	标识符	类型及长度	有无空值	计量单位	主键	外键
1	行政区划代码	ADCD	varchar（15）	N		Y	
2	行政区划名称	ADNM	varchar（60）	N			
3	行政区划级别	ADCDTY	char（1）	N			
4	行政边界点集	PTDATA	image	N			
5	备注	DESP	varchar（max）	N			
6	时间戳	DATETM	datetime	N			

（1）行政区划代码：根据 2007 年中华人民共和国国家统计局的行政区划代码，采用 15 位编码规则：

×× 　 ×× 　 ×× 　 ××× 　 ××× 　 ×××

省 　 市 　 县 　 乡 　 村 　 自然村（组）

1）县级以上的 6 位代码统一使用《中华人民共和国行政区划代码》（GB/T 2260—2007）。

2）乡镇级的 3 位代码按照《县级以下行政区划代码编制规则》（GB/T 10114—2003）编制。其中，第一位数字为类别标识，以"0"表示街道，"1"表示镇，"2"和"3"表示乡，"4"和"5"表示政企合一的单位；第二、第三位数字为该代码段中各行政区划的顺序号。具体划分如下：①001～099 表示街道的代码，应在本地区的范围内由小到大顺序编写；②100～199 表示镇的代码，应在本地区的范围内由小到大顺序编写；③200～399 表示乡的代码，应在本地区的范围内由小到大顺序编写；④400～599 表示政企合一单位的代码，应在本地区的范围内由小到大顺序编写。

3）行政村级用 3 位代码表示。其中，第一位数字为类别标识，"0"表示居委会，"1"表示村民委员会，"2"表示政企合一单位；第二、第三位数字为该代码段中各行政区划的顺序号。

（2）行政区划名称：行政区划的名称。

（3）行政区划级别：行政区划的行政级别，见表 8.29。

（4）行政边界点集：以二进制数据组存储行政区划几何对象点集，存储格式为【几何对象数】【第 1 个几何对象坐标点数】【…】【第 N 个几何对象坐标点数】【第 1 个几何对象第 1 个坐标点 X 坐标】【第 1 个几何对象第 1 个坐标点 Y 坐标】【…】【第 1 个几何对象第 N 个坐标点 X 坐标】【第 1 个几何对象第 N 个坐标点 Y 坐标】【…】【第 N 个几何对象第 1 个坐标点 X 坐标】【第 N 个几何对象第 1 个坐标点 Y 坐标】【…】【第 N 个几何对象第 N 个坐标点 X 坐标】【第 N 个几何对象第 N 个坐标点 Y 坐标】，采用 CSCG2000 投影坐标系，点坐标保留 6 位小数。

（5）备注：用于记载该条记录的一些描述性的文字。

（6）时间戳：用于保存该条记录的最新插入或者修改时间，取系统日期时间，精确到秒。

表 8.29　　　　　　　　　　　　行 政 区 划 级 别 列 表

行政级别	行政名称	行政级别	行政名称
1	全国	2	省级
3	市级	4	县级
5	乡、镇		

8.2.22　行政区划（点）基本信息表

行政区划（点）基本信息表用于存储全国的行政区划（点）基本信息。表标识为 FFM_ADCPINFO_B，表编号为 FFM_001_0022。行政区划（点）基本信息表表结构见表 8.30。

表 8.30　　　　　　　　　　行政区划（点）基本信息表表结构

序号	字段名	标识符	类型及长度	有无空值	计量单位	主键	外键
1	行政区划标识	GUID	uniqueidentifier	N		Y	
2	行政区划代码	ADCD	varchar（15）				
3	行政区划名称	ADNM	varchar（32）				
4	拼音	PINYIN	varchar（max）				
5	行政区划类别	CLASS	varchar（2）				
6	上级行政名称	XZNAME	varchar（max）				
7	经度	LGTD	numeric（10,6）	N	（°）		
8	纬度	LTTD	numeric（10,6）	N	（°）		
9	时间戳	DATETM	datetime	N			

（1）行政区划标识：采用 GUID 进行编码。

（2）行政区划代码：同行政区划（面）基本信息表的行政区划代码。

（3）行政区划名称：行政区划的名称。

（4）拼音：行政区划的汉语拼音。

（5）行政区划类别：行政区划（点）所属行政级别。用表 8.31 中的两位英文字母表示。

（6）上级行政名称：行政区划（点）上级的行政级别名称。

（7）经度：行政区划（点）所处的经度，保留 6 位小数。

（8）纬度：行政区划（点）所处的纬度，保留 6 位小数。

（9）时间戳：用于保存该条记录的最新插入或者修改时间，取系统日期时间，精确到秒。

表 8.31　　　　　　　　　　　居民地级别对应表

序号	行　政　中　心	类型
1	省（直辖市、自治区、特别行政区）行政地名	AB
2	自治州、盟、地区行政地名	AC
3	地级市行政地名	AD
4	县级市行政地名	AE
5	县（自治县、旗、自治旗、地级市市辖区）级市行政地名	AF
6	乡、镇、街道、办事处	AH、AI
7	行政村	AJ、AK
8	自然村	BB

8.2.23　测站基本信息表

测站基本信息表用于存储测站的基本信息。表标识为 ST＿STBPRP＿B，表编号为 FFM＿001＿0023。测站基本信息表表结构见表 8.32。

表 8.32　　　　　　　　　　　测站基本信息表表结构

序号	字段名	标识符	类型及长度	有无空值	计量单位	主键	外键
1	测站编码	STCD	char（8）	N		Y	
2	测站名称	STNM	char（30）	N			
3	河流名称	RVNM	char（30）				
4	水系名称	HNNM	char（30）				
5	流域名称	BSNM	char（30）				
6	经度	LGTD	numeric（10,6）	N	（°）		
7	纬度	LTTD	numeric（10,6）	N	（°）		
8	站址	STLC	char（50）				
9	行政区划码	ADDVCD	char（6）				
10	基面名称	DTMNM	char（16）				
11	基面高程	DTMEL	numeric（7,2）		m		
12	基面修正值	DTPR	numeric（7,3）		m		
13	站类	STTP	char（2）				
14	报汛等级	FRGRD	char（1）				
15	建站年月	ESSTYM	char（6）				
16	始报年月	BGFRYM	char（6）				
17	隶属行业单位	ATCUNIT	char（20）				
18	信息管理单位	ADMAUTH	char（20）				
19	交换管理单位	LOCALITY	char（10）				
20	测站岸别	STBK	char（1）				

续表

序号	字段名	标识符	类型及长度	有无空值	计量单位	主键	外键
21	测站方位	STAZT	numeric（3）		（°）		
22	至河口距离	DSTRVM	numeric（6,1）		km		
23	集水面积	DRNA	numeric（7,0）		km²		
24	拼音码	PHCD	char（6）				
25	启用标识	USFL	char（1）				
26	备注	DESP	varchar（max）				
27	时间戳	DATETM	datetime	N			

（1）测站编码：全国统一编制用于标识涉及报送降水、蒸发、河道、水库、闸坝、泵站、潮汐、沙情、冰情、墒情、地下水、水文预报等信息的各类测站的站码。测站编码具有唯一性，由数字和大写字母组成，共 8 位，按《全国水文测站编码》执行。

（2）测站名称：测站编码所代表测站的中文名称。

（3）河流名称：测站所属河流的中文名称。

（4）水系名称：测站所属水系的中文名称。

（5）流域名称：测站所属流域的中文名称。

（6）经度：测站代表点所在地理位置的经度，保留 6 位小数。

（7）纬度：测站代表点所在地理位置的纬度，保留 6 位小数。

（8）站址：测站代表点所在地县级以下详细地址。

（9）行政区划码：测站代表点所在地的行政区划代码。行政区划代码编码按《中华人民共和国行政区划代码》（GB/T 2260—2007）执行。

（10）基面名称：测站观测水位时所采用的基面高程系的名称。除特别注明以外，本数据表中存储的关于某一测站的所有高程、水位数值均是相对于该测站基面的。

（11）基面高程：测站观测水位时所采用基面高程系的基准面与该水文站所在流域的基准高程系基准面的高差，保留 2 位小数。

（12）基面修正值：测站基于基面高程的水位值，遇水位断面沉降等因素影响需要设置基面修正值来修正水位为基面高程，保留 3 位小数。

（13）站类：标识测站类型的两位字母代码。测站类型代码由两位大写英文字母组成，第一位固定不变，表示大的测站类型，第二位根据情况可以扩展，表示大的测站类型的细分，如果没有细分，重复第一位。大的测站类型分为 8 种。测站类型及其代码应按表8.33 确定。

（14）报汛等级：描述测站报汛的级别，取值及其含义见表 8.34。

表 8.33　　　　　　　　　　　**测 站 类 型 代 码 表**

类　　型	代码	类　　型	代码
气象站	MM	雨量站	PP
蒸发站	BB	河道水文站	ZQ

续表

类　型	代码	类　型	代码
堰闸水文站	DD	河道水位站	ZZ
潮位站	TT	水库水文站	RR
泵站	DP	地下水站	ZG
墒情站	SS	分洪水位站	ZB

表 8.34　　　　报汛等级及其含义

报汛等级	含　义	报汛等级	含　义
1	中央报汛站	4	其他报汛站
2	省级重点报汛站	5	山洪报汛站
3	省级一般报汛站		

（15）建站年月：测站完成建站的时间。编码格式为 YYYYMM。其中：YYYY 为四位数字，表示年份；MM 为两位数字，表示月份，若数值不足两位，前面加 0 补齐。

（16）始报年月：测站建站后开始报汛的时间。编码格式同建站年月。

（17）隶属行业单位：测站所隶属的行业管理单位。

（18）信息管理单位：测站信息报送质量责任单位，依据水利部水文局下发的文件《全国水情信息报送质量管理规定》（水文情〔2008〕5 号），承担信息报送管理责任。

（19）交换管理单位：测站信息交换管理单位，取值见表 8.35。

表 8.35　　　　交换管理单位取值

序号	单　位	取值	序号	单　位	取值
1	水利部水文局	部水文局	21	福建省水文水资源勘测局	福建水文
2	长江水利委员会水文局	长江委水文	22	江西省水文局	江西水文
3	黄河水利委员会水文局	黄委水文	23	山东省水文水资源勘测局	山东水文
4	淮河水利委员会水文局	淮委水文	24	河南省水文水资源局	河南水文
5	松辽水利委员会水文局	松辽委水文	25	湖北省水文水资源局	湖北水文
6	珠江水利委员会水文局	珠江委水文	26	湖南省水文水资源勘测局	湖南水文
7	海河水利委员会水文局	海委水文	27	广东省水文局	广东水文
8	太湖流域管理局水文局	太湖水文	28	广西壮族自治区水文水资源局	广西水文
9	北京市水文总站	北京水文	29	海南省水文水资源勘测局	海南水文
10	天津市水文水资源勘测管理中心	天津水文	30	重庆市水文水资源勘测局	重庆水文
11	河北省水文水资源勘测局	河北水文	31	四川省水文水资源勘测局	四川水文
12	山西省水文水资源勘测局	山西水文	32	贵州省水文水资源局	贵州水文
13	内蒙古自治区水文总站	内蒙古水文	33	云南省水文水资源局	云南水文
14	辽宁省水文水资源勘测局	辽宁水文	34	西藏自治区水文水资源勘测局	西藏水文
15	吉林省水文水资源局	吉林水文	35	陕西省水文水资源勘测局	陕西水文
16	黑龙江省水文局	黑龙江水文	36	甘肃省水文水资源局	甘肃水文
17	上海市防汛信息中心	上海水文	37	青海省水文水资源勘测局	青海水文
18	江苏省水文水资源勘测局	江苏水文	38	宁夏回族自治区水文水资源勘测局	宁夏水文
19	浙江省水文局	浙江水文	39	新疆维吾尔自治区水文水资源局	新疆水文
20	安徽省水文局	安徽水文	40	新疆生产建设兵团水利局水文处	兵团水文

（20）测站岸别：描述测站站房位于河流的左岸或右岸的代码，取"0"表示观测站房位于河流的左岸，取"1"表示测站站房位于河流的右岸，若测站并不在河流上，则置为空值。

（21）测站方位：测站岸边面向测验断面所处的方位。取值范围为指向正北定为 0°，逆时针按照 45°步长取值。

（22）至河口距离：自测站基本水尺断面至该河直接汇入的河、库、湖、海汇合口的河流长度，灌渠或无尾河取空值，保留 1 位小数。

（23）集水面积：测站上游由该站控制的流域面积，计至整数位。

（24）拼音码：用于快速输入测站名称的编码，采用测站名称的汉语拼音首字母构成，不区分大小写。

（25）启用标识：启用标识取值"0"和"1"。当取值为"1"时，表示启用该站报汛；当测站报汛出现异常情况无法马上排除时，启用标识应设为"0"，停止该站报汛；默认值为"1"。

（26）备注：用于记载该条记录的一些描述性的文字。

（27）时间戳：用于保存该条记录的最新插入或者修改时间，取系统日期时间，精确到秒。

8.3　关联信息类表结构

8.3.1　行政区划（面）与流域关联表

行政区划（面）与流域关联表用于存储行政区划（面）与流域之间的关联关系信息。表标识为 FFM＿ADWS＿R，表编号为 FFM＿002＿0001。行政区划（面）与流域关联表表结构见表 8.36。

表 8.36　　　　　　　　　行政区划（面）与流域关联表表结构

序号	字段名	标识符	类型及长度	有无空值	计量单位	主键	外键
1	行政区划代码	ADCD	varchar（15）	N		Y	
2	流域编码	WSCD	char（16）	N		Y	
3	时间戳	DATETM	datetime	N			

（1）行政区划代码：同行政区划（面）基本信息表的行政区划代码。

（2）流域编码：同小流域基本信息表的流域编码。

（3）时间戳：用于保存该条记录的最新插入或者修改时间，取系统日期时间，精确到秒。

8.3.2　行政区划（点）与流域关联表

行政区划（点）与流域关联表用于存储行政区划（点）与流域之间的关联关系。表标识为 FFM＿XZCWS＿R，表编号为 FFM＿002＿0002。行政区划（点）与流域关联表表结构见表 8.37。

表 8.37　　　　　　　　　　　行政区划（点）与流域关联表表结构

序号	字段名	标识符	类型及长度	有无空值	计量单位	主键	外键
1	流域编码	WSCD	char（16）	N		Y	
2	行政区划标识	GUID	uniqueidentifier	N		Y	
3	时间戳	DATETM	Datetime	N			

（1）流域编码：同小流域基本信息表的流域编码。

（2）行政区划标识：32 位 GUID 标识。

（3）时间戳：用于保存该条记录的最新插入或者修改时间，取系统日期时间，精确到秒。

8.3.3　小流域社会经济表

小流域社会经济表用于存储小流域范围内调查评价成果行政区划（点）的个数及人口和房屋数。表标识为 FFM ＿ WSADNUM ＿ B，表编号为 FFM ＿ 002 ＿ 0003。小流域社会经济表表结构见表 8.38。

表 8.38　　　　　　　　　　　小流域社会经济表表结构

序号	字段名	标识符	类型及长度	有无空值	计量单位	主键	外键
1	流域编码	WSCD	char（16）	N		Y	
2	乡（镇）个数	TOWNNUM	int		个		
3	行政村个数	ADCDNUM	int		个		
4	自然村个数	BBCOUNT	int		个		
5	人口数	PCOUNT	int		人		
6	房屋数	HCOUNT	int		间		
7	时间戳	DATETM	datetime	N			

（1）流域编码：同小流域基本信息表的流域编码。

（2）乡（镇）个数：小流域范围内调查评价成果中乡（镇）的个数。

（3）行政村个数：小流域范围内调查评价成果中行政村的个数。

（4）自然村个数：小流域范围内调查评价成果中自然村的个数。

（5）人口数：小流域范围内调查评价成果中的人口总数。

（6）房屋数：小流域范围内调查评价成果中的四类房屋总数。

（7）时间戳：用于保存该条记录的最新插入或者修改时间，取系统日期时间，精确到秒。

8.3.4　测站与流域关联关系表

测站与流域关联关系表用于存储测站和流域之间关联关系的基本信息。表标识为 FFM ＿ STWS ＿ R，表编号为 FFM ＿ 002 ＿ 0004。测站与流域关联关系表表结构见

表 8.39。

表 8.39　　　　　　　　　　测站与流域关联关系表表结构

序号	字段名	标识符	类型及长度	有无空值	计量单位	主键	外键
1	测站编码	STCD	char（8）	N		Y	
2	流域编码	WSCD	char（16）	N		Y	
3	时间戳	DATETM	datetime	N			

（1）测站编码：同测站基本信息表的测站编码。

（2）流域编码：同小流域基本信息表的流域编码。

（3）时间戳：用于保存该条记录的最新插入或者修改时间，取系统日期时间，精确到秒。

8.3.5　水利工程与流域关联关系表

水利工程与流域关联关系表用于存储水利工程（水库、湖泊等）与流域的关联关系信息。表标识为 FFM_WPWS_R，表编号为 FFM_002_0005。水利工程与流域关联关系表表结构见表 8.40。

表 8.40　　　　　　　　　水利工程与流域关联关系表表结构

序号	字段名	标识符	类型及长度	有无空值	计量单位	主键	外键
1	流域编码	WSCD	varchar（16）	N		Y	
2	水利工程标识	GUID	uniqueidentifier	N		Y	
3	时间戳	DATETM	datetime	N			

（1）流域编码：同小流域基本信息表的流域编码。

（2）水利工程标识：32 位 GUID 标识。

（3）时间戳：用于保存该条记录的最新插入或者修改时间，取系统日期时间，精确到秒。

参 考 文 献

［1］ 常远勇，侯西勇，于良巨，等. 基于 TRMM 3B42 数据的 1998—2010 年中国暴雨时空特征分析
　　　［J］. 水资源与水工程学报，2013，24（3）：105 - 112，115.

［2］ 陈楠. DEM 分辨率与平均坡度的关系分析［J］. 地球信息科学学报，2014，16（4）：524 - 530.

［3］ 陈元芳，沙志贵，陈剑池，等. 具有历史洪水时 P - Ⅲ 分布线性矩法的研究［J］. 河海大学学
　　　报（自然科学版），2001，29（4）：76 - 80.

［4］ 程维明，周成虎，李炳元，等. 中国地貌区划理论与分区体系研究［J］. 地理科学，2019，
　　　74（5）：839 - 856.

［5］ 段书苏. 基于构造地貌学的山区孕灾环境分析及线路工程减灾策略［D］. 成都：西南交通大
　　　学，2016.

［6］ 郭良，丁留谦，孙东亚，等. 中国山洪灾害防御关键技术［J］. 水利学报，2018，49（9）：1123 -
　　　1136.

［7］ 郭生练，刘章君，熊立华. 设计洪水计算方法研究进展与评价［J］. 水利学报，2016，47（3）：
　　　302 - 314.

［8］ 国家防汛抗旱总指挥部，中华人民共和国水利部. 中国水旱灾害公报 2008［R］，2008.

［9］ 国家防汛抗旱总指挥部，中华人民共和国水利部. 中国水旱灾害公报 2014［R］，2014.

［10］ 国家统计局. 中国统计年鉴 2017［M］. 北京：中国统计出版社，2017.

［11］ 韩春，陈宁，孙杉，等. 森林生态系统水文调节功能及机制研究进展［J］. 生态学杂志，2019，
　　　38（7）：2191 - 2199.

［12］ 贺添，邵全琴. 基于 MOD16 产品的我国 2001—2010 年蒸散发时空格局变化分析［J］. 地球信息
　　　科学学报，2014，16（6）：979 - 988.

［13］ 洪文婷. 洪水灾害风险管理制度研究［D］. 武汉：武汉大学，2012.

［14］ 中国科学院中国植被图编辑委员会. 中国植被及其地理格局——中华人民共和国植被图（1：
　　　1000000）说明书［M］. 北京：地质出版社，2007.

［15］ 胡焕庸，张善余. 中国人口地理（上册）［M］. 上海：华东师大出版社，1985.

［16］ 胡焕庸，张善余. 中国人口地理（下册）［M］. 上海：华东师大出版社，1986.

［17］ 胡思明，王家祁. 中国设计暴雨的综合研究［J］. 水文，1990（3）：1 - 7.

［18］ 胡正刚. 大河流经处［J］. 中国三峡，2014（5）：26 - 37.

［19］ 黄汲清. 中国东部大地构造分区及其特点的新认识［J］. 地质学报，1959，39（2）：115 - 134.

［20］ 贾建颖. 中国东部夏季降水准两年振荡研究［D］. 南京：南京信息工程大学，2008.

［21］ 金光炎. 水文频率分析述评［J］. 水科学进展，1999，10（3）：319 - 327.

［22］ 李炳元，潘保田，程维明，等. 中国地貌区划新论［J］. 地理学报，2013，68（3）：291 - 306.

［23］ 李大鸣，林毅，徐亚男，等. 河道、滞洪区洪水演进数学模型［J］. 天津大学学报，2009，
　　　42（1）：47 - 55.

［24］ 李松仕. 几种频率分布线型对我国洪水资料适应性的研究［J］. 水文，1984（1）：1 - 7.

［25］ 李维乾. 动态贝叶斯网络在水文预报中的应用［D］. 西安：西安理工大学，2009.

［26］ 李炜. 水力计算手册［M］. 2 版. 北京：中国水利水电出版社，2006.

［27］ 李致家，李志龙，孔祥光，等. 沂沭河水系水文模型与洪水预报研究［J］. 水力发电，2005，
　　　31（7）：25 - 27.

[28] 李中锋，刘铁军. 长江和长江流域 [J]. 人与自然，2002 (12)：16-23.

[29] 廖远三，吴群. 浙江永嘉县小流域暴雨特性及山洪灾害防御措施 [J]. 中国防汛抗旱，2011，21 (1)：13-14，48.

[30] 刘纪远. 中国资源环境遥感宏观调查与动态研究 [M]. 北京：中国科学技术出版社，1996.

[31] 缪启龙. 地球科学概论 [M]. 北京：气象出版社，2001.

[32] 彭建兵，马润勇，邵铁全. 构造地质与工程地质的基本关系 [J]. 地学前缘 (中国地质大学，北京)，2004，11 (4)：535-549.

[33] 彭建兵. 中国活动构造与环境灾害研究中的若干重大问题 [J]. 工程地质学报，2006，14 (1)：5-12.

[34] 钱传海，张金艳，许力. 近30年我国暴雨时空分布特征 [C]. 推进气象科技创新加快气象事业发展——中国气象学会2004年年会论文集 (下册). 北京：气象出版社，2004：1-8.

[35] 邱大洪. 工程水文学 [M]. 4版. 北京：人民交通出版社，2011.

[36] 邱建军. 长江中下游和华南地区水土资源可持续利用及管理研究 [D]. 北京：中国农业科学研究院，1999.

[37] 冉启华，刘燕，王丰，等. 变坡度变雨强下坡面流阻力特性时空分布 [J]. 浙江大学学报 (工学版)，2018，52 (2)：297-306.

[38] 任国玉，任玉玉，战云健，等. 中国大陆降水时空变异规律——Ⅱ. 现代变化趋势 [J]. 水科学进展，2015，26 (4)：451-465.

[39] 芮孝芳，宫兴龙，张超，等. 流域产流分析及计算 [J]. 水力发电学报，2009，28 (6)：146-150.

[40] 芮孝芳，蒋成煜. 流域水文与地貌特征关系研究的回顾与展望 [J]. 水科学进展，2010，21 (4)：444-449.

[41] 芮孝芳，刘宁宁，凌哲，等. 单位线的发展及启示 [J]. 水利水电科技进展，2012，32 (2)：1-5.

[42] 芮孝芳. 利用地形地貌资料确定 Nash 模型参数的研究 [J]. 水文，1999 (3)：6-10.

[43] 芮孝芳. 水文学原理 [M]. 北京：中国水利水电出版社，2004.

[44] 芮孝芳. 线性时不变汇流系统的初步研究 [J]. 华东水利学院学报，1982 (2)：63-73.

[45] 芮孝芳. 由流路长度分布律和坡度分布律确定地貌单位线 [J]. 水科学进展，2003，14 (5)：602-606.

[46] 石朋. 网格型松散结构分布式水文模型及地貌瞬时单位线研究 [D]. 南京：河海大学，2006.

[47] 中华人民共和国水利部. 水工建筑物与堰槽测流规范：SL 537—2011 [S]. 北京：中国水利水电出版社，2011.

[48] 水利部，国土资源部，中国气象局，等. 全国山洪灾害防治规划 [R]. 北京：全国山洪灾害防治规划领导小组办公室，2004.

[49] 水利部水文局，南京水利科学研究院. 中国暴雨统计参数图集 [M]. 北京：中国水利水电出版社，2006.

[50] 汤川. 半干旱半湿润地区洪水预报模型的比较研究 [D]. 武汉：华中科技大学，2016.

[51] 汤国安，李发源，刘学军. 数字高程模型教程 [M]. 2版. 北京：科学出版社，2010.

[52] 王国安，贺顺德，李超群，等. 论广东省综合单位线的基本原理和适用条件 [J]. 人民黄河，2011，33 (3)：15-18.

[53] 王鸿祯，莫宣学. 中国地质构造述要 [J]. 中国地质，1996 (8)：4-9.

[54] 王家祁，骆承政. 中国暴雨和洪水特性的研究 [J]. 水文，2006，26 (3)：33-36.

[55] 王家祁. 中国暴雨 [M]. 北京：中国水利水电出版社，2002.

[56] 王家祁. 中国设计暴雨和暴雨特性的研究 [J]. 水科学进展，1999，10 (3)：328-336.

[57] 王静爱，左伟. 中国地理图集 [M]. 北京：中国地图出版社，2009.

[58] 水利部长江水利委员会. 长江流域水旱灾害 [M]. 北京：中国水利水电出版社，2002.

[59] 王政宇. 喇叭口地形对降水的作用 [J]. 气象，1982，(1)：17-18.

[60] 吴垠，王玲. 2010 年"7.18"岷江暴雨洪水浅析及预报实践 [J]. 人民长江，2011，42 (6)：18-20，52.

[61] 夏军. 水文非线性系统理论与方法 [M]. 武汉：武汉大学出版社，2002.

[62] 熊立华，郭生练. L-矩在区域洪水频率分析中的应用 [J]. 水力发电，2003，29 (3)：6-8.

[63] 熊怡，张家桢，等. 中国水文区划 [M]. 北京：科学出版社，1995.

[64] 杨涛，陈喜，杨红卫，等. 基于线性矩法的珠江三角洲区域洪水频率分析 [J]. 河海大学学报（自然科学版），2009，37 (6)：615-619.

[65] 叶殿秀，张存杰，周自江，等. 中国极端降水气候图集 [M]. 北京：气象出版社，2014.

[66] 詹道江，徐向阳，陈元芳. 工程水文学 [M]. 4 版. 北京：中国水利水电出版社，2010.

[67] 张景华，封志明，姜鲁光. 土地利用/土地覆被分类系统研究进展 [J]. 资源科学，2011，33 (6)：1195-1203.

[68] 张可刚，赵翔，邵学强. 河流生态系统健康评价研究 [J]. 水资源保护，2005，21 (6)：11-14.

[69] 赵人俊. 流域水文模拟——新安江模型与陕北模型 [M]. 北京：水利电力出版社，1984.

[70] 赵松乔. 我国山地环境的自然特点及开发利用 [J]. 山地研究，1983，1 (3)：1-9.

[71] 中国大百科全书总编辑委员会《地理学》编辑委员会. 中国大百科全书：地理学 [M]. 北京·上海：中国大百科全书出版社，1990.

[72] 中国科学院，地质研究所大地构造编图组. 中国大地构造基本特征及其发展的初步探讨 [J]. 地质科学，1974，9 (1)：1-17.

[73] 中华人民共和国水利部. 中国河流名称代码：SL 249—2012 [S]. 北京：中国水利水电出版社，2012.

[74] BOYD M J. A storage-routing model relating drainage basin hydrology and geomorphology [J]. Water Resources Research，1978，14 (5)：921-928.

[75] DAI Y J，SHANGGUAN W，DUAN Q Y，et al. Development of a China dataset of soil hydraulic parameters using pedotransfer functions for land surface modeling [J]. Journal of Hydrometeorology，2013，14 (3)：869-887.

[76] RODRIGUEZ-ITURBE I，VALDÉS J B. The geomorphologic structure of hydrologic response [J]. Water Resources Research，1979，15 (6)：1409-1420.

[77] ROSSO R. Nash model relation to Horton order ratios [J]. Water Resources Research，1984，20 (7)：914-920.

[78] SHANGGUAN W，DAI Y J，LIU B Y，et al. A China data set of soil properties for land surface modeling [J]. Journal of Advances in Modeling Earth Systems，2013，5 (2)：212-224.

[79] US Department of Agriculture-Soil Conservation Service. National Engineering Handbook，Section 4 Hydrology [R]. USDA-SCS，Washington，DC，1985.

[80] 童绩. 天然河道糙率的选用 [J]. 铁道工程学报，1989，(4)：172-175.

[81] 白玉川，杨燕华. 弯曲河流水流动力稳定性特征研究 [J]. 中国科学：技术科学，2011，41 (7)：971-980.

[82] 高思如. 震害预测中强震溃坝洪水灾害分析评估系统与坝——坝灾害链研究 [D]. 兰州：中国地震局兰州地震研究所，2011.

[83] 杨燕华. 弯曲河流水动力不稳定性及其蜿蜒过程研究 [D]. 天津：天津大学，2011.

[84] 中华人民共和国水利部. 水利工程代码编制规范：SL 213—2012 [S]. 北京：中国水利水电出版社，2012.

[85] DOOGE J C I. Linear theory of hydrologic systems [M]. Washington D. C.：United States Department of Agriculture，1973.

[86] ROSS C N. The calculation of flood discharges by the use of a time contour plan [J]. Transactions of the Institute of Engineers, Australia, 1921, 2: 85 – 92.

[87] CLARK C O. Storage and the unit hydrograph [J]. Transactions of the American Society of Civil Engineers, 1945, 110: 1419 – 1446.

[88] NASH J E. The form of the instantaneous unit hydrograph [J]. International Association of Scientific Hydrology, 1957, 45 (3): 114 – 121.

[89] SHERMAN L K. Stream flow from rainfall by the unit – graph method [J]. Engineering News Record, 1932, 108: 501 – 505.

[90] CHOW V T. Handbook of Applied Hydrology [M]. New York: McGraw – Hill, 1964.

[91] MAIDMENT D R, OLIVERA F, CALVER A, EATHERALL A, FRACZEK W. Unit hydrograph derived from a spatially distributed velocity field [J]. Hydrological Processes, 1996, 10 (6): 831 – 844.

附录 1 全国各水系小流域成果汇总表

附表 1.1

各水系小流域面积分布统计表

面积：km²

序号	水系编码	水系名称	流域面积	山丘区面积	平原区面积	小流域个数	平均面积	小流域总面积	<10km²		10~20km²		20~30km²		30~40km²		40~50km²		≥50km²	
									个数	面积	个数	面积	个数	面积	个数	面积	个数	面积	个数	面积
1	AAA	黑龙江水系	125006	96196	21989	7413	16	118185	1872	7196	3296	47108	1504	36563	546	18514	191	8432	4	373
2	AAB	松花江水系	493667	327832	166173	30175	16	494004	7641	29052	13031	187267	6322	154434	2239	76448	881	38960	61	7844
3	AAC	乌苏里江水系	62143	28146	31171	3954	15	59317	1088	3965	1819	25944	730	17667	244	8356	70	3085	3	299
4	AAD	绥芬河水系	10450	10247	8	642	16	10255	148	622	302	4367	138	3310	42	1422	12	534	0	0
5	AAE	图们江水系	23528	22570	255	1567	15	22826	433	1503	746	10707	294	7109	70	2423	24	1084	0	0
6	AAF	额尔古纳河水系	158485	104537	47524	7764	20	152061	1621	6253	2728	40370	2063	51514	926	31886	416	18575	10	3463
7	ABA	辽河干流水系	220923	120913	100277	13082	17	221189	2717	10334	6103	87769	2886	70612	940	32103	406	18048	30	2323
8	ABB	大凌河及辽西沿海诸河水系	36524	32612	3955	2390	15	36568	505	2034	1270	18273	494	11900	99	3295	20	873	2	193
9	ABC	辽东半岛诸河水系	24571	22097	2481	1841	13	24578	681	2973	805	11425	265	6317	60	2049	17	749	13	1064
10	ABD	鸭绿江水系	33158	32420	179	2216	15	32599	568	2185	1153	16481	397	9524	75	2556	19	849	4	1004
11	AKA	乌裕尔河内流区	27783	2408	25431	1567	18	27839	425	1369	539	7935	387	9528	137	4672	73	3256	6	1079
12	AKE	霍林河内流区	33250	9972	23388	1839	18	33360	391	1600	773	11154	414	10248	191	6574	63	2773	7	1011
13	AKF	内蒙古内流区	299120	107616	75125	11196	16	182741	2522	9640	5255	75282	2350	57125	780	26552	272	12009	17	2134
14	ACA	滦河水系	55070	45882	9286	3660	15	55168	779	2881	2019	28860	678	16308	135	4562	40	1775	9	782
15	ACB	潮白、北运、蓟运河水系	33451	26104	7293	2063	16	33396	428	1525	1032	14965	436	10564	123	4123	39	1708	5	511
16	ACC	永定河水系	50137	40257	9964	3266	15	50221	740	2593	1677	24314	640	15208	154	5293	51	2247	4	566
17	ACD	大清河水系	43090	20146	22655	2253	19	42802	413	1456	993	14187	494	12152	213	7354	101	4505	39	3148

续表

序号	水系编码	水系名称	流域面积	山丘区面积	平原区面积	小流域个数	平均面积	小流域总面积	<10km² 个数	<10km² 面积	10~20km² 个数	10~20km² 面积	20~30km² 个数	20~30km² 面积	30~40km² 个数	30~40km² 面积	40~50km² 个数	40~50km² 面积	≥50km² 个数	≥50km² 面积
18	ACE	子牙河水系	47679	29622	18076	2759	17	47698	534	2242	1425	20469	521	12634	150	5215	88	3874	41	3265
19	ACF	漳卫南运河水系	38855	24290	14360	2419	16	38850	518	2060	1262	17812	453	10917	116	3977	51	2265	19	1619
20	ACG	徒骇、马颊河水系	28960	0	28994	1047	28	28994	157	487	109	1644	321	8360	250	8559	165	7306	45	2638
21	ACH	黑龙港及运东地区诸河水系	22442	0	22431	409	55	22431	36	98	34	483	65	1696	74	2609	51	2292	149	15253
22	ADA	黄河干流水系 源头—刘家峡水库	566547	210997	9931	13224	17	220928	2974	11171	6050	86650	2887	70641	935	31809	354	15655	24	5002
		刘家峡水库—碛口县		68540	25653	6523	14	94194	1698	6540	3404	48544	1045	24972	270	9143	90	3973	16	1021
		碛口县—托克托县		42632	27626	4292	16	70258	936	3323	2093	29828	853	20736	276	9373	111	4975	23	2023
		托克托县—潼关		103931	6849	7855	14	110780	1644	6115	4743	67770	1289	30527	148	4991	30	1317	1	60
		潼关—花园口		44824	3335	3331	14	48159	740	2752	1904	27224	582	13767	88	2941	13	561	4	915
		花园口—渤海		8481	14167	1343	17	22648	352	1178	514	7592	322	7845	105	3567	44	1947	6	519
23	ADB	汾河水系	45634	37872	7773	3038	15	45644	676	2453	1631	23297	566	13737	124	4174	32	1409	9	575
24	ADC	渭河水系	134832	123994	10979	8817	15	134973	1750	7032	4953	70844	1691	40777	297	10157	101	4463	25	1699
25	AKG	鄂尔多斯内流区	47578	5032	16816	1318	17	21849	303	1148	606	8788	276	6767	94	3198	32	1430	7	518
26	AKH	河西走廊—阿拉善河内流区	480036	195425	134393	21982	15	329818	5492	19413	10971	156027	3975	95599	1078	36614	423	18789	43	3375
27	AKJ	柴达木内流区	316874	206752	63549	15704	17	270301	3660	13287	8381	116631	2267	54434	573	19566	274	12178	549	54206
28	AKK	准噶尔内流区	453536	229721	112888	18936	18	342610	4318	15797	8586	122902	3504	84968	1300	44540	536	23893	692	50510
29	AKL	塔里木内流区	1048500	520579	204751	44642	16	725330	10017	37330	21922	312597	8735	211310	2675	91253	1001	44411	292	28430
30	AJG	额尔齐斯河水系	51529	42042	8910	3079	17	50953	708	2948	1404	20068	646	15775	223	7625	92	4078	6	459

续表

序号	水系编码	水系名称	流域面积	山丘区面积	平原区面积	小流域个数	平均面积	小流域总面积	<10km²		10~20km²		20~30km²		30~40km²		40~50km²		≥50km²	
									个数	面积	个数	面积	个数	面积	个数	面积	个数	面积	个数	面积
31	AJF	伊犁、额敏河水系	78425	64107	15208	5082	16	79315	1150	4397	2589	36971	945	22893	280	9517	113	5050	5	486
32	AEA	淮河干流水系	162798	38583	124476	7529	22	163059	1597	5763	2887	41659	1476	36225	626	21453	314	13953	629	44005
33	AEB	沂沭泗河水系	72374	17063	55344	3071	24	72407	694	2187	894	13075	636	15906	354	12132	211	9418	282	19689
34	AEC	里下河水系	32488	320	32234	581	56	32554	46	186	31	475	28	712	18	639	43	1946	415	28595
35	ADD	山东半岛及沿海诸河水系	67356	33050	34410	4090	16	67460	1022	3819	1774	25503	843	20704	313	10726	112	4943	26	1764
36	AFA	长江干流水系　源头—丽江纳西族自治县	674154	254367	15742	16305	17	270108	3792	14871	7636	108825	3261	79259	989	33676	396	17431	231	16047
		丽江纳西族自治县—绥江县		77169	356	5216	15	77525	1080	4236	2937	41768	989	23407	171	5814	35	1530	4	770
		绥江县—宜昌市		150584	4615	10810	14	155199	2441	9649	6195	87559	1825	43279	269	9068	66	2878	14	2767
		宜昌市—湖口县		47109	27391	4759	16	74500	1313	5158	2293	32832	801	19211	212	7152	89	3950	51	6197
		湖口县—东海		48772	50274	5898	17	99046	1721	7055	2821	39937	860	20626	174	5915	117	5212	205	20301
37	AFB	雅砻江水系	128131	128408	393	7911	16	128801	1766	7071	3722	53040	1686	41302	529	18038	204	9046	4	305
38	AFC	岷江水系	135164	132124	3270	8294	16	135394	1710	6998	4112	58719	1729	42032	549	18691	187	8170	7	784
39	AFD	嘉陵江水系	158982	158765	301	10639	15	159066	2165	8904	5994	85670	2090	50022	313	10549	71	3116	6	806
40	AFE	乌江水系	87084	87191	2	6077	14	87194	1354	5150	3486	49743	1078	25783	132	4427	16	701	11	1389
41	AFF	洞庭湖水系	260845	241983	19057	17988	15	261041	4154	16076	10590	149420	2920	68677	255	8470	42	1857	27	16541
42	AFG	汉江水系	151147	128275	23015	10328	15	151290	2453	9794	5560	79363	1915	45678	300	10148	83	3666	51	2641
43	AFH	鄱阳湖水系	162108	145172	17042	11375	14	162215	2864	10974	6661	94380	1663	39180	146	4910	22	936	19	11834
44	AFJ	太湖水系	22790	6526	16339	1039	22	22865	280	941	369	5351	246	5980	93	3226	47	2100	4	5268
45	AJB	澜沧江—湄公河流域	166002	166952	132	11053	15	167084	2477	9881	5866	83798	2068	49577	494	16814	144	6297	4	718

续表

序号	水系编码	水系名称	流域面积	山丘区面积	平原区面积	小流域个数	平均面积	小流域总面积	<10km²		10~20km²		20~30km²		30~40km²		40~50km²		≥50km²	
									个数	面积	个数	面积	个数	面积	个数	面积	个数	面积	个数	面积
46	AJC	怒江—伊洛瓦底江流域	162126	159440	1186	10350	16	160626	2392	9253	5108	72469	2060	49872	606	20576	179	7908	5	547
47	AJD	雅鲁藏布江—布拉马普特拉河流域	371982	368998	3136	23171	16	372134	5307	20715	10994	156902	4680	113697	1610	54860	566	24948	14	1012
48	AJE	狮泉河—印度河流域	65331	65406	562	4291	15	65968	974	3873	2185	31186	836	20123	230	7746	62	2772	4	267
49	AKM	西藏内流区	652431	552946	81871	31133	20	634817	7140	25834	13369	191000	5656	137797	1992	68081	891	39625	2085	172480
50	AGA	钱塘江水系	51051	46070	5061	3528	14	51130	839	3354	2015	28780	578	13673	68	2267	17	736	11	2320
51	AGB	瓯江水系	18520	18228	343	1312	14	18571	295	1207	756	10712	239	5578	18	604	3	135	1	336
52	AGC	闽江水系	116750	114645	2062	8375	14	116707	1870	7083	5006	71011	1325	31260	121	4035	27	1213	26	2105
53	AGD	浙东、闽东沿海诸河及台湾沿海诸河系	20669	18443	2308	1546	13	20750	446	1754	816	11516	240	5730	32	1098	8	370	4	282
54	AHA	西江水系	341610	337342	4735	24388	14	342077	5826	22885	13815	196222	4050	96076	564	18905	105	4612	28	3377
55	AHB	北江水系	47126	46532	655	3362	14	47188	768	3079	1941	27583	589	14054	54	1797	7	318	3	357
56	AHC	东江水系	28306	27625	784	2062	14	28409	519	2091	1196	16895	324	7604	19	643	1	46	3	1131
57	AHD	珠江三角洲水系	30417	23115	7365	2100	15	30481	616	2444	1019	14585	339	8098	83	2855	20	891	23	1609
58	AHE	韩江水系	40632	38519	2404	3057	13	40923	767	2973	1790	25336	449	10612	37	1232	7	305	7	466
59	AJA	元江—红河水系	77665	76465	100	5151	15	76565	1163	4650	2765	39462	950	22629	217	7377	55	2394	1	53
60	AHF	粤、桂、琼沿海诸河水系	90795	71431	19452	6381	14	90883	1675	6890	3451	48806	994	23636	174	5877	58	2523	29	3153
		合计	9488316	6836414	1850260	535858	16	8686679	124161	473750	266176	3796131	100858	2436437	27792	946811	10501	465274	6370	568283

注　水系编码、名称源于《中国河流代码》（SL 249—2012）。

附表1.2

各水系小流域平均坡度分布统计表

面积：km²，占比：%

序号	水系编码	水系名称	小流域总面积	0°~2° 面积	0°~2° 个数	0°~2° 占比	2°~6° 面积	2°~6° 个数	2°~6° 占比	6°~25° 面积	6°~25° 个数	6°~25° 占比	25°~45° 面积	25°~45° 个数	25°~45° 占比	≥45° 面积	≥45° 个数	≥45° 占比
1	AAA	黑龙江水系	118185	21989	1694	18.6	51430	3091	43.5	44766	2628	37.9	0	0	0.0	0	0	0.0
2	AAB	松花江水系	494004	166173	10806	33.6	118712	7352	24.0	209063	12013	42.3	57	4	0.0	0	0	0.0
3	AAC	乌苏里江水系	59317	31171	2147	52.5	9001	618	15.2	19145	1189	32.3	0	0	0.0	0	0	0.0
4	AAD	绥芬河水系	10255	8	7	0.1	767	64	7.5	9480	571	92.4	0	0	0.0	0	0	0.0
5	AAE	图们江水系	22826	255	87	1.1	1318	125	5.8	21219	1345	93.0	34	10	0.1	0	0	0.0
6	AAF	额尔古纳河水系	152061	47524	2540	31.3	38498	2059	25.3	66039	3165	43.4	0	0	0.0	0	0	0.0
7	ABA	辽河干流水系	221189	100277	5595	45.3	39673	2482	17.9	80653	4968	36.5	586	37	0.3	0	0	0.0
8	ABB	大凌河及辽西沿海诸河水系	36568	3955	319	10.8	7414	515	20.3	24743	1533	67.7	455	23	1.2	0	0	0.0
9	ABC	辽东半岛诸河水系	24578	2481	285	10.1	6708	490	27.3	14991	1029	61.0	398	37	1.6	0	0	0.0
10	ABD	鸭绿江水系	32599	179	39	0.5	1393	109	4.3	28519	1900	87.5	2508	168	7.7	0	0	0.0
11	AKA	乌裕尔河内流区	27839	25431	1423	91.4	2408	144	8.6	0	0	0.0	0	0	0.0	0	0	0.0
12	AKE	霍林河内流区	33360	23388	1229	70.1	1798	151	5.4	8174	459	24.5	0	0	0.0	0	0	0.0
13	AKF	内蒙古内流区	182741	75125	5010	41.1	87382	5021	47.8	20235	1165	11.1	0	0	0.0	0	0	0.0
14	ACA	滦河水系	55168	9286	608	16.8	7974	514	14.5	31658	2139	57.4	6250	399	11.3	0	0	0.0
15	ACB	潮白、北运、蓟运河水系	33396	7293	370	21.8	2106	136	6.3	21183	1382	63.4	2814	175	8.4	0	0	0.0
16	ACC	永定河水系	50221	9964	765	19.8	8183	524	16.3	29991	1849	59.7	2083	128	4.1	0	0	0.0
17	ACD	大清河水系	42802	22655	896	52.9	1651	109	3.9	11625	797	27.2	6870	451	16.1	0	0	0.0
18	ACE	子牙河水系	47698	18076	751	37.9	2978	228	6.2	18267	1240	38.3	8377	540	17.6	0	0	0.0
19	ACF	漳卫南运河水系	38650	14360	740	37.2	2074	150	5.4	15912	1114	41.2	6304	415	16.3	0	0	0.0
20	ACG	徒骇、马颊河水系	28994	28994	1047	100.0	0	0	0.0	0	0	0.0	0	0	0.0	0	0	0.0
21	ACH	黑龙港及运东地区诸河水系	22431	22431	409	100.0	0	0	0.0	0	0	0.0	0	0	0.0	0	0	0.0

续表

序号	水系编码	水系	水系名称	小流域总面积	0°~2° 面积	0°~2° 个数	0°~2° 占比	2°~6° 面积	2°~6° 个数	2°~6° 占比	6°~25° 面积	6°~25° 个数	6°~25° 占比	25°~45° 面积	25°~45° 个数	25°~45° 占比	≥45° 面积	≥45° 个数	≥45° 占比
22	ADA	黄河干流水系	源头—刘家峡水库	220928	9931	876	4.5	33826	1966	15.3	145343	8451	65.8	31811	1930	14.4	17	1	0.0
			刘家峡水库—磴口县	94194	25653	1661	27.2	15497	1085	16.5	48623	3477	51.6	4406	299	4.7	15	1	0.0
			磴口县—托克托县	70258	27626	1572	39.3	15390	981	21.9	24831	1598	35.3	2411	141	3.4	0	0	0.0
			托克托县—潼关	110780	6849	493	6.2	11609	850	10.5	59829	4398	54.0	32493	2114	29.3	51	4	0.0
			潼关—花园口	48159	3335	326	6.9	3593	274	7.5	28089	1881	58.3	13142	850	27.3	0	0	0.0
			花园口—渤海	22648	14167	823	62.6	3063	172	13.5	5268	339	23.3	150	9	0.7	0	0	0.0
23	ADB		汾河水系	45644	7773	552	17.0	3907	284	8.6	30327	1969	66.4	3639	233	8.0	0	0	0.0
24	ADC		渭河水系	134973	10979	573	8.1	4455	278	3.3	88723	5951	65.7	30766	2011	22.8	50	4	0.0
25	AKG		鄂尔多斯内流区	21849	16816	1027	77.0	4227	242	19.3	805	49	3.7	0	0	0.0	0	0	0.0
26	AKH		河西走廊—阿拉善河内流区	329818	134393	9539	40.7	92502	6021	28.0	75590	4746	22.9	27282	1672	8.3	51	4	0.0
27	AKJ		柴达木内流区	270301	63549	4119	23.5	48343	2833	17.9	140748	7615	52.1	17661	1137	6.5	0	0	0.1
28	AKK		准噶尔内流区	342610	112888	6095	32.9	96981	4893	28.3	94432	5623	27.6	38024	2299	11.1	284	26	0.1
29	AKL		塔里木内流区	725330	204751	12626	28.2	121515	7248	16.8	221656	13870	30.6	173581	10590	23.9	3827	308	0.5
30	AJG		额尔齐斯河水系	50953	8910	564	17.5	7697	472	15.1	28185	1679	55.3	6160	364	12.1	0	0	0.0
31	AJF		伊犁、额敏河水系	79315	15208	1127	19.2	7017	487	8.8	33463	2084	42.2	23553	1380	29.7	74	4	0.1
32	AEA		淮河干流水系	163059	124476	5064	76.3	13016	821	8.0	22042	1419	13.5	3525	225	2.2	0	0	0.0
33	AEB		沂沭泗水系	72407	55344	2053	76.4	7460	438	10.3	9585	578	13.2	19	2	0.0	0	0	0.0
34	AEC		里下河水系	32554	32234	576	99.0	260	4	0.8	60	1	0.2	0	0	0.0	0	0	0.0
35	ADD		山东半岛及沿海诸河水系	67460	34410	1936	51.0	14702	969	21.8	17825	1155	26.4	524	30	0.8	0	0	0.0
36	AFA	长江干流水系	源头—丽江纳西族自治县	270108	15742	1534	5.8	44155	2525	16.3	128887	7295	47.7	80997	4920	30.0	327	31	0.1
			丽江纳西族自治县—绥江县	77525	356	48	0.5	1199	91	1.5	42581	2890	54.9	33324	2180	43.0	66	7	0.1
			绥江县—宜昌市	155199	4615	297	3.0	3766	409	2.4	100865	7100	65.0	45402	2964	29.3	551	40	0.4
			宜昌市—湖口县	74500	27391	1606	36.8	12471	883	16.7	32594	2141	43.8	2044	129	2.7	0	0	0.0
			湖口县—东海	99046	50274	2574	50.8	17372	1177	17.5	23199	1597	23.4	8201	550	8.3	0	0	0.0

续表

序号	水系编码	水系名称	小流域总面积	0～2°			2～6°			6～25°			25～45°			≥45°		
				面积	个数	占比	面积	个数	占比	面积	个数	占比	面积	个数	占比	面积	个数	占比
37	AFB	雅砻江水系	128801	393	151	0.3	4854	354	3.8	60672	3618	47.1	62502	3753	48.5	381	35	0.3
38	AFC	岷江水系	135394	3270	188	2.4	3125	247	2.3	42281	2786	31.2	86053	5018	63.6	665	55	0.5
39	AFD	嘉陵江水系	159066	301	52	0.2	2855	288	1.8	77957	5417	49.0	77839	4868	48.9	114	14	0.1
40	AFE	乌江水系	87194	2	21	0.0	220	42	0.3	63777	4366	73.1	23193	1646	26.6	2	2	0.0
41	AFF	洞庭湖水系	261041	19057	803	7.3	17168	1687	6.6	163660	11633	62.7	61155	3863	23.4	0.4	2	0.0
42	AFG	汉江水系	151290	23015	1681	15.2	10156	777	6.7	36805	2681	24.3	81303	5187	53.7	11	2	0.0
43	AFH	鄱阳湖水系	162215	17042	967	10.5	17216	1511	10.6	104942	7428	64.7	23014	1469	14.2	0	0	0.0
44	AFJ	太湖水系	22865	16339	604	71.5	1259	88	5.5	4752	313	20.8	515	34	2.3	0	0	0.0
45	AJB	澜沧江—湄公河流域	167084	132	91	0.1	1504	187	0.9	95122	6298	56.9	70299	4472	42.1	26	5	0.0
46	AJC	怒江—伊洛瓦底江流域	160626	1186	253	0.7	8978	641	5.6	74480	4871	46.4	75853	4568	47.2	129	17	0.1
47	AJD	雅鲁藏布江—布拉马普特拉河流域	372134	3136	716	0.8	8960	864	2.4	156164	9764	42.0	199104	11532	53.5	4770	295	1.3
48	AJE	狮泉河—印度河流域	65968	562	132	0.9	2184	219	3.3	48609	3057	73.7	14598	882	22.1	15	1	0.0
49	AKM	西藏内流区	634817	81871	5532	12.9	212268	8863	33.4	330206	16145	52.0	10408	587	1.6	63	6	0.0
50	AGA	钱塘江水系	51130	5061	443	9.9	3354	278	6.6	23390	1576	45.7	19326	1231	37.8	0	0	0.0
51	AGB	瓯江水系	18571	343	50	1.8	260	26	1.4	6095	450	32.8	11873	786	63.9	0	0	0.0
52	AGC	闽江水系	116707	2062	337	1.8	4819	381	4.1	84243	5984	72.2	25583	1673	21.9	0	0	0.0
53	AGD	浙东、闽东及台湾沿海诸河系	20750	2308	227	11.1	1589	123	7.7	12963	935	62.5	3890	261	18.7	0	0	0.0
54	AHA	西江水系	342077	4735	822	1.4	14225	1364	4.2	217364	15361	63.5	105747	6837	30.9	7	4	0.0
55	AHB	北江水系	47188	655	120	1.4	1840	211	3.9	36483	2513	77.3	8209	518	17.4	0	0	0.0
56	AHC	东江水系	28409	784	118	2.8	1533	156	5.4	24264	1668	85.4	1827	120	6.4	0	0	0.0
57	AHD	珠江三角洲水系	30481	7365	549	24.2	5775	392	18.9	16969	1134	55.7	372	25	1.2	0	0	0.0
58	AHE	韩江水系	40923	2404	279	5.9	2115	173	5.2	33468	2403	81.8	2937	202	7.2	63	6	0.0
59	AJA	元江—红河水系	76565	100	45	0.1	406	53	0.5	33065	2300	43.2	42994	2753	56.2	0	0	0.0
60	AHF	粤、桂、琼沿海诸河水系	90883	19452	1444	21.4	18591	1371	20.5	50702	3427	55.8	2138	139	2.4	0	0	0.0
		合计	8686679	1850260	110053		1320745	79581		3877646	244520		1626583	100840		11445	864	

注 "占比"为小流域面积占比。

附表 1.3

各水系特征参数统计表

水系编码	水系名称		流域面积/km²	河网密度/(km/km²)	河网频度/(×10⁻²条/km²)	河网发育系数	水系不均匀系数	湖沼率/%
AAA	黑龙江		118185	0.30	2.71	18.25	0.04	0.16
AAB	松花江	西流松花江	494004	0.31	2.63	150.72	2.83	1.06
		嫩江					0.40	
AAC	乌苏里江*		59317	0.33	2.86	40.35	4.84	7.07
AAD	绥芬河		10255	0.29	2.73	41.90	0.78	0.17
AAE	图们江		22826	0.28	2.71	11.54	0.43	0.28
AAF	额尔古纳河		152061	0.28	2.22	12.21	0.02	1.93
ABA	辽河干流	辽河*	221189	0.32	2.67	109.10	2.21	0.53
		大辽河				83.22	4.15	
ABB	大凌河及辽河西沿海诸河	大凌河	36568	0.32	2.67	20.66	4.89	0.15
		小凌河				7.43	0.61	
		六股河				4.92	0.41	
ABC	辽东半岛诸河	大洋河	24578	0.35	3.17	9.83	2.42	0.63
		碧流河				2.02	1.57	
		复州河				2.29	1.78	
ABD	鸭绿江（浑江）		32599	0.39	2.64	2.49	0.95	1.66
AKA	乌裕尔河内流区*		27839	0.29	2.48	6.21	3.29	2.99
AKE	霍林河内流区*		33360	0.29	2.38	8.89	0.53	1.79
AKF	内蒙古内流区	乌拉盖河	182741	0.33	2.66	9.69	6.51	0.59
		锡林河				11.08	1.74	
		塔布河				8.43	0.56	
ACA	滦河水系		55168	0.33	2.63	11.23	3.43	0.13
ACB	潮白、北运、蓟运河		33396	0.31	2.41	21.32	1.02	0.24

续表

水系编码	水系名称		流域面积 /km²	河网密度 /(km/km²)	河网频度 /(×10⁻²条/km²)	河网发育系数	水系不均匀系数	湖沼率 /%
ACC	永定河		50221	0.33	2.68	19.16	0.74	0.17
ACD	大清河*		42802	0.28	1.92	44.00	0.04	0.98
ACE	子牙河		47698	0.30	2.16	74.10	13.14	0.72
ACF	漳卫南运河		38650	0.31	2.47	36.29	8.95	0.23
ACG	徒骇、马颊河	马颊河*	28994	0.21	1.19	3.92	0.80	0.06
		徒骇河*				5.04	0.71	
ACH	黑龙港及运东地区诸河	北排水河*	22431	0.19	0.72	8.91	0.22	0.45
		南排水河*				27.82	0.47	
ADA	黄河干流水系	源头—刘家峡水库	220928	0.35	2.69	13.40	0.16	1.20
		刘家峡水库—碛口县	94194	0.32	2.57	37.05	0.19	0.34
		碛口县—托克托县	70258	0.34	2.45	32.89	57.29	0.46
		托克托县—潼关	110780	0.32	2.43	39.82	0.12	0.04
		潼关—花园口*	48159	0.38	2.72	7.86	0.69	0.15
		花园口—渤海	22648	0.33	2.67	7.71	0.02	1.52
ADB	汾河水系		45644	0.33	2.66	14.22	3.26	0.27
ADC	渭河水系		134973	0.31	2.50	45.70	0.73	0.04
AKG	鄂尔多斯内流区	摩林河*	21849	0.33	2.79	9.33	1.57	0.88
		陶赖沟*				7.50	0.23	
AKH	河西走廊—阿拉善河内流区	黑河	329818	0.40	2.79	39.96	122.07	0.88
		疏勒河				35.09	0.96	
		讨赖河				10.79	3.87	
		石羊河				31.40	0.62	

续表

水系编码	水系名称		流域面积/km²	河网密度/(km/km²)	河网频度/(×10⁻²条/km²)	河网发育系数	水系不均匀系数	湖沼率/%
AKJ	柴达木内流区	柴达木河	270301	0.36	1.93	23.93	0.20	4.44
		布哈河				29.01	1.48	
		素棱郭勒河				9.50	0.59	
		东台吉乃尔河				12.52	0.00	
AKK	准噶尔内流区	乌伦古河*	342610	0.36	2.35	10.99	1.72	0.72
		奎屯河*				19.35	0.73	
		博尔塔拉河				20.15	0.63	
		玛纳斯河				9.53	2.72	
		阿纳斯沟				23.77	74.04	
AKL	塔里木内流区	塔里木河	725330	0.36	2.60	73.43	2.93	0.87
		车尔臣河				21.40	3.90	
		开都河				11.74	1.02	
		孔雀河*				10.98	1.65	
		博斯坦托格拉克河				8.38	1.53	
		玉苏普阿勒克河				22.35	0.05	
		依协克帕提河				30.30	1.06	
AJG	额尔齐斯河		50953	0.30	2.51	21.43	0.90	0.41
AJF	伊犁、额敏河	伊犁河	79315	0.36	2.66	84.51	1.07	0.09
		额敏河*				24.28	1.75	
AEA	淮河干流*		163059	0.28	1.82	40.34	0.70	2.09
AEB	沂沭泗河	沂河*	72407	0.27	1.66	5.76	0.65	2.04
		梁济运河*					1.09	

续表

水系编码	水系名称	流域面积 /km²	河网密度 /(km/km²)	河网频度 /(×10⁻²条/km²)	河网发育系数	水系不均匀系数	湖沼率 /%
AEC	里下河*	32554	0.16	0.61	72.08	1.36	2.98
ADD	山东半岛及沿海诸河　支脉河*	67460	0.31	2.36	3.47	1.78	0.81
	小清河*				11.34	0.03	
	弥河*				4.12	1.02	
	潍河*				4.92	1.66	
	北胶莱河*				6.22	0.62	
	大沽河*				15.13	0.45	
	五龙河				7.51	1.22	
	大沽夹河				8.17	13.94	
AFA	长江干流　源头—丽江纳西族自治县	270108	0.31	2.74	26.10	2.07	0.39
	丽江纳西族自治县—绥江县	77525	0.34	2.56	28.45	0.11	0.97
	绥江县—宜昌市	155199	0.36	2.60	22.64	127.42	0.64
	宜昌市—湖口县	74500	0.28	2.64	32.02	0.61	3.38
	湖口县—东海	99046	0.38	2.74	37.99	1.16	3.75
AFB	雅砻江	128801	0.28	2.68	20.67	0.77	0.75
AFC	岷江	135394	0.29	2.60	49.96	0.00	0.11
AFD	嘉陵江	159066	0.34	2.68	45.08	0.01	0.35
AFE	乌江	87194	0.35	2.73	14.45	0.67	0.65
AFF	洞庭湖	261041	0.38	2.68	14.49	1.31	2.12
AFG	汉江	151290	0.37	2.71	11.38	1.14	2.20
AFH	鄱阳湖	162215	0.39	2.74	14.80	1.55	2.91
AFJ	太湖*	22865	0.34	2.01	19.36	0.01	11.69
AJB	澜沧江—湄公河流域	167084	0.31	2.80	21.47	5.96	0.55

续表

水系编码	水系 名 称		流域面积 /km²	河网密度 /(km/km²)	河网频度 /(×10⁻²条/km²)	河网发育 系数	水系不均匀 系数	湖沼率 /%
AJC	怒江—伊洛瓦底江流域		160626	0.29	2.77	26.08	0.24	0.22
AJD	雅鲁藏布江—布拉马普特拉河流域		372134	0.27	2.73	47.75	2.15	0.18
AJE	狮泉河—印度河流域	狮泉河	65968	0.31	2.78	39.00	1.05	0.11
		萨特累累河				22.00	0.83	
		羌臣摩河				17.00	0.31	
AKM	西藏内流区	扎嘎藏布	634817	0.31	2.25	10.45	0.00	4.84
		布多藏布				4.93	0.37	
AGA	钱塘江		51130	0.43	2.81	29.01	3.17	1.20
AGB	瓯江		18571	0.37	2.83	6.58	4.60	1.05
AGC	闽江		116707	0.37	2.80	34.57	0.74	0.25
AGD	浙东、闽东及台湾沿海诸河		20750	0.41	3.10	3.00	1.56	0.42
AHA	西江		342077	0.37	2.84	32.73	2.22	7.88
AHB	北江		47188	0.37	2.88	24.83	0.25	1.48
AHC	东江		28409	0.41	3.00	11.59	0.09	0.87
AHD	珠江三角洲	西江干流	30481	0.36	2.81	6.00	0.51	0.37
		顺德水道*				2.39	0.86	
		狮子洋				9.27	0.20	
AHE	韩江		40923	0.37	2.96	32.28	2.15	0.49
AJA	元江—红河		76565	0.32	2.72	34.45	3.63	0.06
AHF	粤、桂、琼沿海诸河		90883	0.39	2.88	68.59	0.75	0.84

* 为平原区水系。

280

附表 1.4

各水系土地利用与植被覆盖分布统计表

水系编码	水系名称	植 被 类 型 区	林地	草地	耕地、旱地	水域	其他
					面积占比/%		
AAA	黑龙江水系	南寒温带落叶针叶林地带	90.84	6.45	1.40	0.83	0.48
		温带北部针阔叶混交林地带	53.11	8.77	29.23	2.26	6.63
		东北西部森林草原地带	23.97	29.61	42.07	0.83	3.52
AAB	松花江水系	南寒温带落叶针叶林地带	77.21	16.37	5.92	0.16	0.34
		内蒙古高原、松辽平原典型草原地带	0.69	29.76	56.14	2.39	11.02
		温带北部针阔叶混交林地带	38.50	9.34	47.85	0.93	3.39
		温带南部针阔叶混交林地带	51.84	4.04	40.21	1.05	2.85
AAC	乌苏里江水系	温带北部针阔叶混交林地带	24.24	8.30	59.47	2.09	5.89
		温带南部针阔叶混交林地带	98.74	1.26	0.00	0.00	0.00
AAD	绥芬河水系	温带北部针阔叶混交林地带	77.98	7.40	13.50	0.09	1.03
		温带南部针阔叶混交林地带	77.79	5.07	16.37	0.16	0.61
AAE	图们江水系	温带北部针阔叶混交林地带	95.09	0.08	4.76	0.00	0.07
		温带南部针阔叶混交林地带	79.67	2.12	16.50	0.48	1.23
AAF	额尔古纳河水系	东北西部森林草原地带	32.34	54.12	11.42	0.24	1.89
		南寒温带落叶针叶林地带	81.42	14.63	3.49	0.25	0.21
		内蒙古高原、松辽平原典型草原地带	0.12	83.79	1.10	2.39	12.59
ABA	辽河干流水系	东北西部森林草原地带	4.01	42.28	50.06	0.28	3.37
		内蒙古高原、松辽平原典型草原地带	2.33	59.15	32.47	0.18	5.86
		暖温带北部落叶阔叶林地带	16.80	11.49	59.43	1.92	10.36
		温带南部针阔叶混交林地带	36.69	5.89	52.08	0.99	4.35
ABB	大凌河及辽西沿海诸河水系	东北西部森林草原地带	7.44	35.05	54.28	0.06	3.17
		内蒙古高原、松辽平原典型草原地带	0.27	34.93	61.20	0.42	3.18
		暖温带北部落叶阔叶林地带	10.35	30.03	52.71	1.15	5.76

续表

水系编码	水系名称	植被类型区	面积占比/%				
			林地	草地	耕地、旱地	水域	其他
ABC	辽东半岛诸河水系	暖温带北部落叶栎林地带	31.98	12.95	42.90	5.69	6.48
ABD	鸭绿江水系	暖温带北部落叶栎林地带	72.38	1.83	23.20	1.26	1.34
		温带南部针阔叶混交林地带	73.76	5.98	18.10	1.17	0.99
ACA	滦河水系	内蒙古高原、松辽平原典型草原地带	12.95	62.66	22.72	0.22	1.44
		暖温带北部落叶栎林地带	25.50	30.46	36.03	2.85	5.17
ACB	潮白、北运、蓟运河水系	内蒙古高原、松辽平原典型草原地带	12.98	53.87	32.72	0.00	0.43
		暖温带北部落叶栎林地带	29.73	20.74	38.58	1.52	9.42
ACC	永定河水系	黄土高原中部典型草原地带	2.96	22.21	71.41	0.12	3.30
		内蒙古高原、松辽平原典型草原地带	1.58	47.59	48.98	0.07	1.77
ACD	大清河水系	暖温带北部落叶栎林地带	20.11	21.60	50.98	1.03	6.28
		暖温带北部落叶栎林地带	27.28	6.08	54.96	0.92	10.75
ACE	子牙河水系	黄土高原中部典型草原地带	15.60	84.19	0.00	0.00	0.21
		暖温带北部落叶栎林地带	21.71	14.81	55.63	0.38	7.47
ACF	漳卫南运河水系	暖温带南部落叶栎林地带	24.87	18.90	50.17	0.52	5.55
		暖温带北部落叶栎林地带	20.59	4.68	64.40	0.12	10.21
ACG	徒骇、马颊河水系	暖温带北部落叶栎林地带	0.00	0.19	82.21	5.26	12.35
		暖温带南部落叶栎林地带	0.00	0.07	85.33	0.23	14.37
ACH	黑龙港及运东地区诸河水系	暖温带北部落叶栎林地带	0.00	0.01	86.26	2.59	11.13
ADA	黄河干流水系 源头—刘家峡水库	北亚热带常绿、落叶阔叶混交林地带	7.99	92.01	0.00	0.00	0.00
		川西、青南、藏东高寒灌丛、草甸地带	0.26	95.39	0.48	1.46	2.40
		高原山地寒温性针叶林地带	0.63	84.46	1.41	0.42	13.08
		黄土高原西部荒漠草原地带	0.00	61.08	34.29	0.00	4.63
		蒙古高原中部典型草原地带	2.31	68.85	27.02	0.54	1.28

续表

水系编码	水系名称	植被类型区	林地	草地	耕地、旱地	水域	其他
ADA（黄河干流水系）	源头—刘家峡水库	暖温带东部干旱半灌木、灌木荒漠地带	4.05	84.22	4.51	1.51	5.71
		暖温带南部落叶栎林地带	5.01	74.60	19.58	0.33	0.48
		青、藏高寒草原地带	0.00	81.71	0.39	0.31	17.60
	刘家峡水库—磴口县	黄土高原西部荒漠草原地带	1.21	58.83	26.98	0.68	12.29
		黄土高原中部典型草原地带	2.52	36.74	57.54	0.13	3.06
		暖温带东部干旱半灌木、灌木荒漠地带	0.27	48.67	10.80	0.54	39.72
	磴口县—托克托县	黄土高原西部荒漠草原地带	3.30	52.12	23.43	1.59	19.56
		黄土高原中部典型草原地带	5.89	47.02	35.90	0.69	10.50
		内蒙古高原、松辽平原典型草原地带	9.41	56.38	32.75	0.03	1.43
		暖温带东部干旱半灌木、灌木荒漠地带	1.80	15.32	39.49	0.92	42.46
	托克托县—潼关	乌兰察布高原荒漠草原地带	2.26	75.63	20.15	0.09	1.86
		黄土高原中部典型草原地带	6.39	55.35	35.42	0.32	2.52
		暖温带北部落叶栎林地带	43.04	27.00	29.47	0.16	0.32
		暖温带南部落叶栎林地带	25.85	5.74	56.83	3.47	8.10
	潼关—花园口	北亚热带常绿、落叶阔叶混交林地带	93.26	0.00	5.49	0.02	1.23
		暖温带北部落叶栎林地带	58.73	22.53	18.33	0.07	0.34
		暖温带南部落叶栎林地带	44.63	4.64	45.17	0.84	4.72
	花园口—渤海	暖温带北部落叶栎林地带	0.35	10.97	65.25	10.51	12.93
		暖温带南部落叶栎林地带	2.48	1.96	83.18	1.98	10.39
ADB	汾河水系	黄土高原中部典型草原地带	39.70	25.32	33.81	0.07	1.09
		暖温带北部落叶栎林地带	26.96	23.15	45.24	0.12	4.53
		暖温带南部落叶栎林地带	14.28	5.81	71.21	0.62	8.08

续表

水系编码	水系名称		植被类型区	面积占比/%					
				林地	草地	耕地、旱地	水域	其他
ADC	渭河水系		北亚热带常绿、落叶阔叶混交林地带	98.30	0.03	1.67	0.00	0.00
			黄土高原中部典型草原地带	7.91	41.19	50.33	0.07	0.50
			暖温带北部落叶栎林地带	50.69	17.01	31.19	0.12	0.99
			暖温带南部落叶栎林地带	28.73	10.55	56.01	0.25	4.46
ADD	山东半岛及沿海诸河水系		暖温带北部落叶栎林地带	0.00	1.91	67.66	11.15	19.28
			暖温带南部落叶栎林地带	3.06	4.23	75.08	5.61	12.02
AEA	淮河干流水系		北亚热带常绿、落叶阔叶混交林地带	22.35	2.25	65.52	2.49	7.39
			暖温带南部落叶栎林地带	4.61	0.33	76.84	3.08	15.13
AEB	沂沭泗水系		暖温带南部落叶栎林地带	1.38	0.71	80.68	3.14	14.09
AEC	里下河水系		北亚热带常绿、落叶阔叶混交林地带	0.29	0.35	82.77	10.63	5.95
			暖温带南部落叶栎林地带	0.06	0.05	84.78	9.67	5.43
AFA	长江干流水系	源头—丽江纳西族自治县	藏北高寒荒漠草原地带	11.62	2.73	0.00	2.01	83.63
			川西、青南、藏东高寒灌丛、草甸地带	0.68	72.33	0.10	1.13	25.77
			高原山地寒温性、温性针叶林、硬叶常绿阔叶林地带	75.54	21.38	1.51	0.78	0.78
			高原山地寒温性针叶林地带	18.23	80.01	1.15	0.53	0.08
			青、藏高寒草原地带	7.10	26.03	0.00	2.47	64.41
		丽江纳西族自治县—绥江县	中亚热带常绿阔叶林地带	64.06	14.44	18.91	0.61	1.98
			北亚热带常绿、落叶阔叶林地带	62.83	1.63	34.12	0.61	0.81
		绥江县—宜昌市	北亚热带常绿阔叶混交林地带	82.48	0.00	17.09	0.17	0.26
			中亚热带常绿阔叶林地带	45.02	2.84	50.13	1.10	0.91
		宜昌市—湖口县	北亚热带常绿、落叶阔叶混交林地带	42.62	2.01	51.44	2.51	1.42
			中亚热带常绿阔叶林地带	23.46	2.35	62.07	8.14	3.99
		湖口县—东海	北亚热带常绿、落叶阔叶混交林地带	19.73	2.05	62.35	8.63	7.24
			中亚热带常绿阔叶林地带	49.37	3.42	39.12	5.23	2.86

续表

水系编码	水系名称	植被类型区	面积占比/%				
			林地	草地	耕地、旱地	水域	其他
AFB	雅砻江水系	川西、青南、藏东高寒灌丛、草甸地带	1.40	98.11	0.04	0.23	0.22
		高原山地寒温性、温叶针叶林、硬叶常绿阔叶林地带	71.60	24.90	2.06	1.26	0.18
		高原山地寒温性针叶林地带	25.05	72.49	0.98	1.23	0.25
		中亚热带常绿阔叶林地带	70.94	6.76	20.30	1.01	0.99
AFC	岷江水系	北亚热带常绿、落叶阔叶混交林地带	14.71	84.64	0.64	0.01	0.00
		川西、青南、藏东高寒灌丛、草甸地带	0.82	98.96	0.01	0.14	0.06
		高原山地寒温性针叶林地带	42.09	54.82	2.00	1.01	0.08
		中亚热带常绿阔叶林地带	53.29	4.51	39.25	0.99	1.96
AFD	嘉陵江水系	北亚热带常绿、落叶阔叶混交林地带	56.36	25.43	17.84	0.26	0.13
		高原山地寒温性针叶林地带	23.18	75.02	1.69	0.03	0.08
		暖温带南部落叶栎林地带	45.16	25.93	28.51	0.05	0.34
		中亚热带常绿阔叶林地带	32.99	7.38	57.90	1.07	0.66
AFE	乌江水系	中亚热带常绿阔叶林地带	53.16	1.97	43.96	0.38	0.53
AFF	洞庭湖水系	中亚热带常绿阔叶林地带	55.53	4.80	37.27	1.32	1.08
AFG	汉江水系	北亚热带常绿、落叶阔叶混交林地带	66.13	0.87	29.37	1.21	2.42
		暖温带南部落叶栎林地带	87.49	3.16	8.93	0.03	0.39
		中亚热带常绿阔叶林地带	28.85	1.30	62.97	2.70	4.18
AFH	鄱阳湖水系	中亚热带常绿阔叶林地带	59.69	6.97	28.10	1.92	3.32
AFJ	太湖水系	北亚热带常绿、落叶阔叶混交林地带	0.81	1.28	30.61	15.46	51.84
		中亚热带常绿阔叶林地带	17.42	2.16	52.07	10.36	17.99
AGA	钱塘江水系	中亚热带常绿阔叶林地带	58.33	3.09	31.20	3.70	3.68
AGB	瓯江水系	中亚热带常绿阔叶林地带	74.26	3.26	18.90	1.70	1.87

续表

水系编码	水系名称	植被类型区	面积占比/%				
			林地	草地	耕地、旱地	水域	其他
AGC	闽江水系	南亚热带常绿阔叶林地带	46.97	6.24	33.67	6.06	7.08
		中亚热带常绿阔叶林地带	72.83	6.97	17.69	1.24	1.27
AGD	浙东、闽东及台湾沿海诸河系	中亚热带常绿阔叶林地带	44.93	6.62	34.39	6.63	7.43
AHA	西江水系	北热带半常绿季雨林、湿润雨林地带	57.98	3.26	36.47	1.21	1.08
		北热带季节雨林、半常绿雨林地带	88.82	0.00	11.11	0.00	0.07
		南亚热带常绿阔叶林地带	65.78	4.45	27.68	1.12	0.97
		中亚热带常绿阔叶林地带	70.18	1.64	26.79	0.71	0.69
AHB	北江水系	南亚热带常绿阔叶林地带	67.04	4.67	21.56	4.41	2.31
		中亚热带常绿阔叶林地带	75.92	1.80	20.76	0.71	0.81
AHC	东江水系	北热带半常绿季雨林、湿润雨林地带	73.18	6.05	1.06	0.42	19.28
		南亚热带常绿阔叶林地带	63.52	5.37	21.42	3.29	6.41
		中亚热带常绿阔叶林地带	69.84	12.33	16.72	0.56	0.55
AHD	珠江三角洲水系	北热带半常绿季雨林、湿润雨林地带	37.04	5.73	30.56	17.93	8.74
		南亚热带常绿阔叶林地带	43.22	5.55	28.24	9.97	13.02
		中亚热带常绿阔叶林地带	87.68	5.45	6.83	0.01	0.03
AHE	韩江水系	北热带半常绿季雨林、湿润雨林地带	25.40	10.89	43.29	12.62	7.80
		南亚热带常绿阔叶林地带	61.47	8.65	23.22	2.68	3.97
		中亚热带常绿阔叶林地带	74.34	10.68	12.71	0.52	1.75
AHF	粤、桂、琼沿海诸河水系	北热带半常绿季雨林、湿润雨林地带	56.73	1.01	33.96	5.22	3.07
		南亚热带常绿阔叶林地带	65.89	0.84	29.74	1.10	2.44
		中热带季雨林、湿润雨林地带	95.41	0.42	0.19	2.66	1.32

续表

水系编码	水系名称	植被类型区	面积占比/%				
			林地	草地	耕地·旱地	水域	其他
AJA	元江—红河水系	北热带半常绿季雨林、湿润雨林地带	89.11	0.35	10.51	0.02	0.00
		北热带季节雨林、半常绿季雨林地带	74.05	3.44	22.22	0.19	0.10
		南亚热带常绿阔叶林地带	61.48	7.14	30.91	0.23	0.23
		中亚热带常绿阔叶林地带	67.24	7.67	23.92	0.22	0.96
		北热带季节雨林、半常绿季雨林地带	64.64	5.67	29.23	0.18	0.28
AJB	澜沧江—湄公河流域	川西、青南、藏东高寒灌丛、草甸地带	0.01	91.30	0.06	0.61	8.03
		高原山地寒温性、温性针叶林、硬叶常绿阔叶林地带	46.45	45.60	0.57	5.27	2.11
		南亚热带常绿阔叶林地带	2.69	95.51	0.72	0.33	0.75
		南亚热带常绿阔叶林地带	69.79	2.82	26.80	0.34	0.25
		中亚热带常绿阔叶林地带	68.04	12.04	18.22	0.68	1.02
AJC	怒江—伊洛瓦底江流域	北热带季节雨林、半常绿季雨林地带	61.84	9.38	27.61	0.34	0.83
		藏南高原河谷、湖盆区温性草原地带	0.33	37.09	0.00	5.29	57.29
		川西、青南、藏东高寒灌丛、草甸地带	2.37	53.53	0.13	2.54	41.43
		高原山地寒温性、温性针叶林、硬叶常绿阔叶林地带	32.79	45.18	0.11	13.06	8.85
		高原山地寒温性、温性针叶林地带	4.51	85.86	1.18	5.21	3.24
		南亚热带常绿阔叶林地带	50.43	10.52	37.85	0.25	0.95
		中亚热带常绿阔叶林地带	84.41	5.53	7.09	0.43	2.55
AJD	雅鲁藏布江—布拉马普特拉河流域	北热带季节雨林、半常绿季雨林地带	84.10	6.14	4.41	0.80	4.55
		藏南高原河谷、湖盆区温性草原地带	4.23	37.89	1.16	3.86	52.87
		川西、青南、藏东高寒灌丛、草甸地带	6.39	45.86	0.41	10.20	37.14
		高原山地寒温性、温性针叶林、硬叶常绿阔叶林地带	49.84	16.04	0.07	16.91	17.13
		高原山地寒温性、温性针叶林地带	30.24	34.55	0.54	21.49	13.17
		青、藏高寒草原地带	1.38	19.42	0.00	0.80	78.40

续表

水系编码	水系名称	植被类型区	面积占比/%				
			林地	草地	耕地、旱地	水域	其他
AJE	狮泉河—印度河流域	阿里高原山谷温性荒漠地带	0.71	10.44	0.03	2.74	86.08
		藏北高原高寒荒漠草原地带	0.05	8.97	0.00	0.52	90.47
		昆仑山原、湖盆区温性草原地带	4.95	22.51	0.00	8.72	63.82
		昆仑山原、帕米尔高原高寒荒漠地带	0.06	19.82	0.00	8.49	71.62
		青、藏高寒草原地带	1.64	7.26	0.00	1.04	90.06
AJF	伊犁、额敏河水系	暖温带西部极端干灌木、半灌木荒漠地带	12.28	34.42	0.00	23.45	29.86
		温带干旱半灌木、小乔木荒漠地带	6.62	56.03	20.59	4.50	12.26
AJG	额尔齐斯河水系	温带干旱半灌木、小乔木荒漠地带	14.99	39.41	5.65	1.23	38.71
AKA	乌裕尔河内流区	东北西部森林草原地带	2.27	21.51	61.72	1.72	12.78
		内蒙古高原、松辽平原典型草原地带	2.45	26.82	36.76	20.70	13.28
		温带北部针阔叶混交林地带	6.27	13.52	75.65	0.67	3.88
AKE	霍林河内流区	东北西部森林草原地带	4.36	60.55	31.56	0.12	3.41
		内蒙古高原、松辽平原典型草原地带	0.10	32.63	49.79	2.44	15.04
		东北西部森林草原地带	1.35	91.49	5.48	0.14	1.54
AKF	内蒙古内流区	黄土高原中部典型草原地带	4.71	42.83	46.71	2.44	3.32
		内蒙古高原、松辽平原典型草原地带	1.28	78.93	17.04	0.26	2.50
		暖温带北部落叶栎林地带	15.20	43.13	39.79	0.00	1.88
		暖温带东部干旱半灌木、灌木荒漠地带	0.05	0.01	0.00	0.01	99.94
		乌兰察布高原荒漠草原地带	2.15	69.25	3.99	0.10	24.51
AKG	鄂尔多斯内流区	黄土高原西部荒漠草原地带	2.52	84.59	3.30	0.24	9.34
		黄土高原中部典型草原地带	2.31	69.85	20.76	0.41	6.67
		暖温带东部干旱半灌木、灌木荒漠地带	0.77	84.54	0.54	0.05	14.10

续表

水系编码	水系名称	植被类型区	面积占比/%				
			林地	草地	耕地、旱地	水域	其他
AKH	河西走廊—阿拉善河内流区	黄土高原西部荒漠草原地带	7.55	70.68	3.11	0.00	18.66
		暖温带东部干旱半灌木、灌木荒漠地带	1.41	17.59	5.33	0.47	75.20
		暖温带西部极端干旱灌木、半灌木荒漠地带	0.85	3.33	1.35	0.79	93.68
AKJ	柴达木内流区	藏北高寒荒漠草原地带	1.64	3.19	0.00	7.89	87.29
		川西、青南、藏东高寒灌丛、草甸地带	0.56	93.56	0.00	3.67	2.21
		黄土高原中部典型草原地带	0.35	78.12	3.02	8.79	9.72
		暖温带东部干旱半灌木、灌木荒漠地带	0.37	64.56	0.90	0.27	33.91
		暖温带西部极端干旱灌木、半灌木荒漠地带	0.49	2.68	0.00	1.64	95.19
		青、藏高寒草原地带	0.01	89.11	0.08	0.49	10.32
AKK	准噶尔内流区	暖温带东部干旱半灌木、灌木荒漠地带	0.00	0.00	0.00	0.00	100.00
		暖温带西部极端干旱灌木、半灌木荒漠地带	0.27	4.56	1.38	0.17	93.62
		温带干旱半灌木、小乔木荒漠地带	2.15	25.08	8.69	2.01	62.07
AKL	塔里木内流区	藏北高寒荒漠草原地带	3.39	0.00	0.18	8.81	87.61
		昆仑山原、帕米尔高原高寒荒漠地带	0.64	5.84	0.01	12.48	81.03
		暖温带东部干旱半灌木、灌木荒漠地带	0.00	0.00	0.00	0.00	100.00
		暖温带西部极端干旱灌木、半灌木荒漠地带	0.82	13.90	6.14	3.33	75.81
		温带干旱半灌木、小乔木荒漠地带	0.04	73.49	0.00	6.13	17.37
AKM	西藏内流区	阿里高原山谷温性荒漠地带	0.35	20.12	0.00	0.51	79.02
		藏北高寒荒漠草原地带	6.52	0.51	0.00	3.08	89.89
		川西、青南、藏南高原河谷、湖盆区温性草原地带	1.97	23.53	0.13	7.75	66.62
		昆仑山原、帕米尔高原高寒灌丛、草甸地带	6.96	24.57	0.00	3.30	65.17
		暖温带西部极端干旱灌木、半灌木荒漠地带	0.59	3.41	0.00	4.21	91.79
		青、藏高寒草原地带	4.81	0.00	0.00	1.18	94.01
		暖温带东部干旱半灌木、灌木荒漠地带	5.58	9.06	0.00	3.58	81.78

附表 1.5

各水系土壤质地类型分布统计表

水系编码	水系名称	土壤类型区	面积占比/%				
			水域	黏土	壤土	砂土	碎砾石、块石
AAA	黑龙江水系	东部湿润、半湿润土壤区域，黑土带，暗棕壤，三江平原暗色草甸土、白浆土、潜育土地区	0.55	81.93	14.99	2.53	0.00
		东部湿润、半湿润土壤区域，黑土带，暗棕壤，松辽平原东部黑土、白浆土地区	0.00	38.67	61.33	0.00	0.00
		东部湿润、半湿润土壤区域，黑土带，暗棕壤，兴安岭暗棕壤地区	0.08	40.12	59.77	0.03	0.00
		东部湿润、半湿润土壤区域，寒棕壤、漂灰土带，大兴安岭北端寒棕壤、漂灰土、潜育土地区	0.01	27.98	72.00	0.00	0.00
		东部湿润、半湿润土壤区域，黑土带，暗棕壤，辽河上游平原风沙土、潮土地区	3.28	8.65	82.34	5.72	0.00
AAB	松花江水系	东部湿润、半湿润土壤区域，黑土带，暗棕壤，三江平原暗色草甸土、白浆土、潜育土地区	0.86	72.59	24.43	2.11	0.00
		东部湿润、半湿润土壤区域，黑土带，暗棕壤，松辽平原东部黑土、白浆土地区	0.94	40.84	57.45	0.77	0.00
		东部湿润、半湿润土壤区域，黑土带，暗棕壤，松辽平原西部黑钙土、暗色草甸土地区	2.17	65.50	25.27	6.99	0.07
		东部湿润、半湿润土壤区域，黑土带，暗棕壤，兴安岭暗棕壤地区	0.11	27.27	72.07	0.55	0.00
		东部湿润、半湿润土壤区域，黑土带，暗棕壤，长白山山地暗棕壤、暗色草甸土地区	0.58	23.28	76.04	0.10	0.00
		东部湿润、半湿润土壤区域，寒棕壤、漂灰土带，大兴安岭北端寒棕壤、漂灰土地区	0.00	11.07	88.87	0.06	0.00
		东部湿润、半湿润土壤区域，棕壤、褐土带，胶东、辽东半岛棕壤地区	0.00	3.59	96.41	0.00	0.00
		蒙新干旱、半干旱土壤区域，黑钙土、栗钙土、黑垆土带，大兴安岭西部黑钙土、暗栗钙土地区	0.12	39.08	59.41	1.39	0.00
AAC	乌苏里江水系	东部湿润、半湿润土壤区域，黑土带，暗棕壤，三江平原暗色草甸土、白浆土、潜育土地区	0.54	72.19	26.70	0.57	0.00
		东部湿润、半湿润土壤区域，黑土带，暗棕壤，长白山暗色草甸土、白浆土地区	0.09	33.83	65.54	0.54	0.00

续表

水系编码	水系名称	土壤类型区	面积占比/%				
			水域	黏土	壤土	砂土	碎砾石、块石
AAD	绥芬河水系	东部湿润、半湿润土壤区域，暗棕壤、长白山暗棕壤，黑土带、白浆土、白浆土地区，暗色草甸	0.00	25.41	74.59	0.00	0.00
AAE	图们江水系	东部湿润、半湿润土壤区域，暗棕壤、长白山暗棕壤，黑土带、白浆土、白浆土地区，暗色草甸	0.16	10.07	89.68	0.09	0.00
AAF	额尔古纳河水系	东部湿润、半湿润土壤区域，暗棕壤，黑土带、兴安暗棕壤地区	0.02	60.71	39.27	0.00	0.00
		东部湿润、半湿润土壤区域，寒棕壤、漂灰土、潜育土地区，大兴安岭北端寒棕壤、漂灰土	0.00	23.63	76.35	0.02	0.00
		蒙新干旱、暗栗钙土地区，黑钙土、黑庐土带、栗钙土，大兴安岭西部黑钙土	0.04	52.69	47.26	0.00	0.00
		蒙新干旱、半干旱土壤区域，栗钙土、黑庐土带、内蒙古栗钙土，风沙土、盐碱土	5.13	6.64	88.12	0.00	0.10
ABA	辽河干流水系	东部湿润、半湿润土壤区域，暗棕壤，黑土带、辽河上游平原风沙土、潮土地区	0.83	28.47	36.14	34.56	0.00
		东部湿润、半湿润土壤区域，暗棕壤，黑土带、松辽平原东部黑土、白浆土地区	0.19	47.79	50.93	1.08	0.00
		东部湿润、半湿润土壤区域，暗棕壤，黑土带、松辽平原西部黑钙土，暗色草甸土地区	0.46	31.39	64.12	4.04	0.00
		东部湿润、半湿润土壤区域，暗棕壤，黑土带、长白山暗棕壤，暗色草甸土地区	1.59	3.12	95.29	0.00	0.00
		东部湿润、半湿润土壤区域，棕壤、褐土带、胶东、辽东半岛棕壤地区	1.37	8.94	87.65	2.03	0.00
		东部湿润、半湿润土壤区域，棕壤、褐土带、辽河下游平原潮土地区	1.14	27.88	69.60	1.38	0.00
		东部湿润、半湿润土壤区域，棕壤、褐土带、燕山褐土、山地棕壤，大行山褐土、山地棕壤地区	0.05	17.27	82.68	0.01	0.00
		蒙新干旱、半干旱土壤区域，黑钙土、黑庐土带、栗钙土，大兴安岭西部黑钙土、暗栗钙土地区	0.19	20.54	77.72	1.55	0.00

续表

水系编码	水系名称	土壤类型区	水域	黏土	壤土	砂土	碎砾石、块石
ABA	辽河干流水系	蒙新干旱、半干旱土壤区域、黑钙土、栗钙土、黑垆土带、吕梁山、恒山（栗）褐土、黄绵土地区	0.23	8.48	81.46	9.83	0.00
		蒙新干旱、半干旱土壤区域、黑钙土、栗钙土、黑垆土带、内蒙古、冀北栗钙土、盐碱土、灰褐土地区	0.00	0.00	100.00	0.00	0.00
		蒙新干旱、半干旱土壤区域、黑钙土、栗钙土、黑垆土带、内蒙古栗钙土、风沙土、盐碱土地区	0.00	29.30	68.85	1.84	0.00
ABB	大凌河及辽西沿海诸河水系	东部湿润、半湿润土壤区域、暗棕壤、黑土带、辽河上游平原风沙土、潮土地区	0.00	12.53	87.47	0.00	0.00
		东部湿润、半湿润土壤区域、棕壤、褐土带、辽河下游平原潮土地区	3.38	68.42	27.74	0.47	0.00
		东部湿润、半湿润土壤区域、褐土带、太行山、燕山褐土、山地棕壤地区	0.14	21.29	78.55	0.02	0.00
ABC	辽东半岛诸河水系	东部湿润、半湿润土壤区域、棕壤、褐土带、胶东、辽东半岛棕壤地区	0.67	20.50	76.97	1.85	0.01
ABD	鸭绿江水系	东部湿润、半湿润土壤区域、暗棕壤、褐土带、长白山暗棕壤、暗色草甸土、白浆土地区	1.04	4.12	94.84	0.00	0.00
		东部湿润、半湿润土壤区域、棕壤、褐土带、胶东、辽东半岛棕壤地区	0.49	16.76	82.73	0.00	0.02
		东部湿润、半湿润土壤区域、褐土带、黄淮海平原北部潮土、盐碱土地区	8.04	59.09	32.87	0.00	0.00
ACA	滦河水系	东部湿润、半湿润土壤区域、褐土带、冀鲁滨海平原盐土、盐潮土地区	0.02	53.58	46.40	0.00	0.00
		东部湿润、半湿润土壤区域、褐土带、太行山、燕山褐土、山地棕壤地区	0.53	14.73	84.58	0.16	0.00
		蒙新干旱、半干旱土壤区域、黑钙土、栗钙土、黑垆土带、吕梁山、恒山（栗）褐土、黄绵土地区	0.08	6.10	92.53	1.29	0.00
		蒙新干旱、半干旱土壤区域、黑钙土、栗钙土、黑垆土带、内蒙古、冀北栗钙土、盐碱土、灰褐土地区	0.14	1.92	96.53	1.41	0.00
		蒙新干旱、半干旱土壤区域、黑钙土、栗钙土、黑垆土带、内蒙古栗钙土、风沙土、盐碱土地区	0.22	0.00	97.55	2.23	0.00

注：面积占比/%

续表

水系编码	水系名称	土壤类型区	面积占比/%				
			水域	黏土	壤土	砂土	碎砾石、块石
ACB	潮白、北运、蓟运河水系	东部湿润、半湿润土壤区域，棕壤、黄淮海平原北部潮土、盐碱土地区	3.32	60.96	32.83	2.86	0.03
		东部湿润、半湿润土壤区域，棕壤、冀鲁滨海平原盐土、盐潮土地区	2.27	84.80	12.93	0.00	0.00
		东部湿润、半湿润土壤区域，棕壤、大行山、燕山褐土、山地棕壤地区	2.77	22.04	69.02	2.35	3.82
		蒙新干旱、半干旱土壤区域，黑钙土、栗钙土、黑垆土带，吕梁山、恒山（栗）褐土、黄绵土地区	0.01	28.50	69.78	1.15	0.56
		蒙新干旱、半干旱土壤区域，黑钙土、栗钙土、黑垆土带，内蒙古、冀北栗钙土、盐碱土、灰褐土地区	0.08	11.14	86.54	2.23	0.00
ACC	永定河水系	东部湿润、半湿润土壤区域，棕壤、黄淮海平原北部潮土、盐碱土地区	1.33	66.40	28.48	3.26	0.52
		东部湿润、半湿润土壤区域，棕壤、冀鲁滨海平原盐土、盐潮土地区	4.03	91.02	4.95	0.00	0.00
		东部湿润、半湿润土壤区域，棕壤、大行山、燕山褐土、山地棕壤地区	3.47	50.66	41.80	0.92	3.15
		蒙新干旱、半干旱土壤区域，黑钙土、栗钙土、黑垆土带，吕梁山、恒山（栗）褐土、黄绵土地区	0.31	12.38	86.96	0.34	0.01
		蒙新干旱、半干旱土壤区域，黑钙土、栗钙土、黑垆土带，内蒙古、冀北栗钙土、盐碱土、灰褐土地区	0.14	4.53	95.30	0.03	0.00
		蒙新干旱、半干旱土壤区域，黑钙土、栗钙土、黑垆土带（筍状）黄绵土地区，陕北黄土高原	0.00	0.00	100.00	0.00	0.00
ACD	大清河水系	东部湿润、半湿润土壤区域，棕壤、黄淮海平原北部潮土、盐碱土地区	0.76	68.20	30.61	0.27	0.16
		东部湿润、半湿润土壤区域，棕壤、冀鲁滨海平原盐土、盐潮土地区	11.23	81.26	7.51	0.00	0.00

续表

水系编码	水系名称	土壤类型区	水域	面积占比/%				碎砾石、块石
				黏土	壤土	砂土		
ACD	大清河水系	东部湿润、半湿润土壤区域，褐土、棕壤、大行山、燕山褐土、山地棕壤地区	0.79	15.14	82.63	0.01		1.43
		蒙新干旱、半干旱土壤区域，黑钙土、栗钙土、黄绵土地区（栗）褐土、吕梁山、恒山	0.00	20.00	80.00	0.00		0.00
		东部湿润、半湿润土壤区域，褐土、棕壤、黄淮海平原北部潮土、盐碱土地区	0.00	78.71	21.29	0.00		0.00
ACE	子牙河水系	东部湿润、半湿润土壤区域，褐土、棕壤、冀鲁滨海平原盐土、盐潮土地区	20.24	47.43	32.33	0.00		0.00
		东部湿润、半湿润土壤区域，褐土、棕壤、大行山、燕山褐土、山地棕壤地区	0.79	21.54	77.67	0.00		0.00
		蒙新干旱、半干旱土壤区域，黑钙土、栗钙土、黄绵土地区（栗）褐土、吕梁山、恒山	0.00	21.33	78.67	0.00		0.00
ACF	漳卫南运河水系	东部湿润、半湿润土壤区域，褐土、棕壤、黄淮海平原北部潮土、盐碱土地区	0.17	66.63	31.97	1.22		0.00
		东部湿润、半湿润土壤区域，褐土、棕壤、冀鲁滨海平原盐土、盐潮土地区	0.61	52.07	32.26	15.06		0.00
		东部湿润、半湿润土壤区域，褐土、棕壤、大行山、燕山褐土、山地棕壤地区	0.23	35.84	63.80	0.12		0.00
ACG	徒骇、马颊河水系	东部湿润、半湿润土壤区域，褐土、棕壤、黄淮海平原北部潮土、盐碱土地区	0.12	80.77	17.91	1.20		0.00
		东部湿润、半湿润土壤区域，褐土、棕壤、黄淮海平原南部砂姜黑土、潮土地区	0.52	98.26	1.22	0.00		0.00
		东部湿润、半湿润土壤区域，褐土、棕壤、冀鲁滨海平原盐土、盐潮土地区	0.51	42.92	8.22	48.35		0.00
		东部湿润、半湿润土壤区域，褐土、棕壤、鲁中南山地丘陵棕壤、褐土地区	2.73	84.06	13.21	0.00		0.00

续表

水系编码	水系名称	土壤类型区	面积占比/%				
			水域	黏土	壤土	砂土	碎砾石、块石
ACH	黑龙港及运东地区诸河水系	东部湿润、半湿润土壤区域，棕壤、褐壤土带，黄淮海平原北部潮土、盐碱土地区	0.20	91.45	8.35	0.00	0.00
		东部湿润、半湿润土壤区域，棕壤、褐壤土带，冀鲁滨海平原盐、盐潮土地区	0.18	78.44	20.09	1.28	0.00
		东部湿润、半湿润土壤区域，棕壤、褐壤土带，太行山、燕山褐土、山地棕壤地区	0.00	86.78	13.22	0.00	0.00
ADA	黄河干流水系（源头—刘家峡水库）	蒙新干旱、半干旱土壤区域，灰钙土、棕钙土带，黄土高原西部灰钙土、黄绵土地区	0.00	11.44	88.56	0.00	0.00
		蒙新干旱、半干旱土壤区域，棕钙土、灰钙土带，青海高原东南部栗钙土、灰钙土地区	0.21	12.01	87.30	0.48	0.00
		蒙新干旱、半干旱土壤区域，棕漠土带，祁连山高山草甸土、黑钙土、栗钙土地区	0.02	17.47	79.88	2.63	0.00
		青藏高寒土壤区域，高山草甸土带	1.89	4.50	91.77	1.62	0.23
		青藏高寒土壤区域，高山草原土带	0.20	8.50	91.31	0.00	0.00
		青藏高寒土壤区域，亚高山草甸土及高山草甸土地区，甘孜藏族自治州，昌都高原亚高山草甸谷褐土地区	0.09	32.74	67.18	0.00	0.00
		青藏高寒土壤区域，亚高山草甸土带，松潘，马尔康高原亚高山草甸土壤、棕壤、潜育土壤	0.02	25.43	74.54	0.00	0.00
ADA	黄河干流水系（刘家峡水库—磴口县）	蒙新干旱、半干旱土壤区域，栗钙土带，黑护土带，陇东黄土高原（源状）黑护土地区	0.00	8.44	91.56	0.00	0.00
		蒙新干旱、半干旱土壤区域，栗钙土带，黑钙土带，鄂尔多斯高原风沙土、栗钙土地区	0.04	17.57	82.38	0.01	0.00
		蒙新干旱、半干旱土壤区域，黑钙土、栗钙土带，河套、银川平原灌淤土、盐灌淤土地区	1.28	5.98	88.57	4.18	0.00
		蒙新干旱、半干旱土壤区域，栗钙土带，黑护土带，陕北黄土高原（峁状）黄绵土地区	0.00	3.13	96.87	0.00	0.00

续表

水系编码	水系名称	土壤类型区	面积占比/%				
			水域	黏土	壤土	砂土	碎砾石、块石
ADA	黄河干流水系（刘家峡水库—循化县）	蒙新干旱、半干旱土壤区域，灰钙土、棕钙土带，黄土高原西部灰钙土、黄绵土地区	0.00	32.67	66.27	1.07	0.00
		蒙新干旱、半干旱土壤区域，灰钙土、棕钙土带，内蒙古高原西部棕钙土地区	17.68	3.41	42.59	36.32	0.00
		蒙新干旱、半干旱土壤区域，黑垆土、栗钙土带，陇东黄土高原（原状）黑垆土、黄绵土地区	0.00	2.37	97.63	0.00	0.00
ADA	黄河干流水系（循化县—托克托县）	蒙新干旱、半干旱土壤区域，黑垆土、栗钙土带，鄂尔多斯高原风沙土、栗钙土、棕钙土地区	0.08	11.74	87.65	0.54	0.00
		蒙新干旱、半干旱土壤区域，黑垆土、栗钙土带，河套、银川平原灌淤土、盐碱土地区	3.35	51.82	40.24	4.59	0.00
		蒙新干旱、半干旱土壤区域，黑垆土、栗钙土带，内蒙古、冀北栗钙土、盐碱土、灰褐土地区	0.10	32.95	65.28	1.66	0.00
		蒙新干旱、半干旱土壤区域，灰钙土、棕钙土带，内蒙古高原西部棕钙土地区	0.29	20.99	76.35	2.37	0.00
		东部湿润、半湿润土壤区域，棕壤、褐土带，汾渭河谷地褐土、潮土、盐碱土地区	12.52	0.00	85.87	1.62	0.00
		蒙新干旱、半干旱土壤区域，黑垆土、栗钙土带，鄂尔多斯高原风沙土、栗钙土、棕钙土地区	0.07	4.20	93.94	1.79	0.00
		蒙新干旱、半干旱土壤区域，黑垆土、栗钙土带，河套、银川平原灌淤土、盐碱土地区	0.00	0.00	100.00	0.00	0.00
ADA	黄河干流水系（托克托县—潼关）	蒙新干旱、半干旱土壤区域，黑钙土带，吕梁山、恒山（栗）褐土、黄绵土地区	1.04	7.96	90.72	0.27	0.00
		蒙新干旱、半干旱土壤区域，黑钙土带，内蒙古、冀北栗钙土、盐碱土、灰褐土地区	0.14	4.78	93.41	1.68	0.00
		蒙新干旱、半干旱土壤区域，黑钙土带，陕北黄土高原（峁状）黄绵土地区	0.06	2.07	97.29	0.58	0.00
		蒙新干旱、半干旱土壤区域，黑钙土带，陕中黄土高原（梁状）黄绵土、黑垆土地区	0.04	21.55	78.41	0.00	0.00

续表

水系编码	水系名称	土壤类型区	面积占比/%				
			水域	黏土	壤土	砂土	碎砾石、块石
ADA	黄河干流水系（潼关—花园口）	东部湿润、半湿润土壤区域，棕壤、褐土带，汾渭河谷地褐土、潮土、盐碱土地区	2.56	31.58	65.86	0.00	0.00
		东部湿润、半湿润土壤区域，棕壤、褐土带，黄淮海平原北部潮土、盐碱土地区	9.78	77.98	0.00	12.24	0.00
		东部湿润、半湿润土壤区域，棕壤、褐土带，秦岭、伏牛山褐土、棕壤、山地暗棕壤地区	1.56	33.16	65.28	0.00	0.00
		东部湿润、半湿润土壤区域，棕壤、褐土带，太行山、燕山褐土、棕壤、山地棕壤地区	0.61	19.94	78.96	0.50	0.00
		东部湿润、半湿润土壤区域，棕壤、褐土带，盐碱土地区	2.12	85.88	8.68	3.31	0.00
ADA	黄河干流水系（花园口—渤海）	东部湿润、半湿润土壤区域，棕壤、褐土带，黄淮海平原北部潮土、潮土地区	11.97	37.24	49.68	1.11	0.00
		东部湿润、半湿润土壤区域，棕壤、褐土带，黄淮海平原南部砂姜黑土、冀鲁滨海平原盐土地区	3.60	8.92	50.50	36.97	0.00
		东部湿润、半湿润土壤区域，棕壤、褐土带，鲁中南山地丘陵棕壤、褐土地区	1.01	3.25	93.81	1.93	0.00
		东部湿润、半湿润土壤区域，棕壤、褐土带，秦岭、伏牛山褐土、棕壤、山地暗棕壤地区	21.44	73.48	2.20	2.87	0.00
ADB	汾河水系	东部湿润、半湿润土壤区域，棕壤、褐土带，汾渭河谷地褐土、潮土、盐碱土地区	0.70	5.95	93.03	0.31	0.00
		东部湿润、半湿润土壤区域，棕壤、褐土带，太行山、燕山褐土、棕壤、山地棕壤地区	0.58	23.67	75.75	0.00	0.00
		蒙新干旱、半干旱土壤区域，黄绵土、（栗）褐土，黑钙土、栗钙土带，吕梁山、恒山地区	0.26	21.81	77.94	0.00	0.00
		蒙新干旱、半干旱土壤区域，黄绵土、（卵状）黑垆土，黑钙土、栗钙土带，陕北黄土高原地区	0.00	22.76	77.24	0.00	0.00

续表

水系编码	水系名称	土壤类型区	面积占比/%				
			水域	黏土	壤土	砂土	碎砾石、块石
ADC	渭河水系	东部湿润、半湿润土壤区域,褐土、汾渭河谷地褐土、潮土、盐碱土地区	0.39	11.46	88.15	0.01	0.00
		东部湿润、半湿润土壤区域,褐土、棕壤、伏牛山褐土、秦岭、棕壤、山地暗棕壤地区	0.00	59.12	40.88	0.00	0.00
		蒙新干旱、栗钙土、棕钙土、黑钙土、栗钙土带、鄂尔多斯高原风沙土地区	0.00	2.04	97.96	0.00	0.00
		蒙新干旱、栗钙土、棕钙土、黑钙土、栗钙土带、陕北黄土高原(卯状)黄绵土地区	0.00	0.45	99.55	0.00	0.00
		蒙新干旱、半干旱土壤区域,黑钙土、栗钙土带、陕中黄土高原(梁状)黄绵土、黑垆土地区	0.00	6.58	93.42	0.00	0.00
		青藏高寒土壤区域,亚高山草甸土带、松潘、马尔康高原亚高山草甸土、棕壤、潜育土地区	0.00	29.96	66.76	3.27	0.00
		蒙新干旱、半干旱土壤区域,黑钙土、栗钙土带、陇东黄土高原(塬状)黑垆土、黄绵土地区	0.00	12.85	87.15	0.00	0.00
ADD	山东半岛及沿海诸河水系	东部湿润、半湿润土壤区域,棕壤、褐土带、黄淮海平原北部潮土、盐碱土地区	1.25	83.98	9.70	5.07	0.00
		东部湿润、半湿润土壤区域,棕壤、褐土带、黄淮海平原南部砂姜黑土、潮土地区	1.82	6.42	91.76	0.00	0.00
		东部湿润、半湿润土壤区域,棕壤、褐土带、冀鲁海滨平原盐土、盐潮土地区	0.52	39.81	15.54	44.13	0.00
		东部湿润、半湿润土壤区域,棕壤、褐土带、辽河下游平原潮土地区	0.72	13.31	81.53	4.43	0.01
		东部湿润、半湿润土壤区域,棕壤、褐土带、鲁中南山地丘陵棕壤、褐土地区	0.84	15.71	82.30	1.15	0.00
AEA	淮河干流水系	东部湿润、半湿润土壤区域,黄棕壤、黄褐土壤、大别山、大洪山黄棕壤、黄褐土,水稻土地区	1.77	42.32	47.42	0.28	8.22
		东部湿润、半湿润土壤区域,黄褐土带、江淮丘陵黄棕壤、水稻土地区	8.20	38.47	49.35	1.03	2.95

续表

水系编码	水系名称	土壤类型区	面积占比/%				
			水域	黏土	壤土	砂土	碎砾石、块石
AEA	淮河干流水系	东部湿润、半湿润土壤区域、黄褐土带、苏北滨海盐土、盐潮土地区	0.00	60.34	35.34	4.32	0.00
		东部湿润、半湿润土壤区域、黄褐土带、长江中下游平原水稻土地区	0.00	2.57	97.43	0.00	0.00
		东部湿润、半湿润土壤区域、棕壤、褐土带、黄淮海平原南部砂姜黑土、潮土地区	1.50	52.85	42.35	3.28	0.03
		东部湿润、半湿润土壤区域、棕壤、褐土带、秦岭、伏牛山褐土、棕壤、山地暗棕壤地区	1.10	66.36	31.83	0.70	0.00
		东部湿润、半湿润土壤区域、棕壤、褐土带、黄淮海平原南部砂姜黑土、潮土地区	3.92	13.28	79.82	2.98	0.00
AEB	沂沭泗水系	东部湿润、半湿润土壤区域、棕壤、褐土带、辽河下游平原潮土地区	0.68	14.97	79.19	5.16	0.00
		东部湿润、半湿润土壤区域、棕壤、褐土带、鲁中南山地丘陵棕壤、褐土地区	0.84	9.53	87.37	2.25	0.00
		东部湿润、半湿润土壤区域、黄棕壤、黄褐土带、江淮丘陵黄棕壤、水稻土地区	12.38	19.94	67.68	0.00	0.00
AEC	里下河水系	东部湿润、半湿润土壤区域、黄棕壤、黄褐土带、苏北滨海盐土、盐潮土地区	0.00	22.89	59.00	18.11	0.00
		东部湿润、半湿润土壤区域、黄棕壤、黄褐土带、长江中下游平原水稻土地区	2.91	32.29	64.80	0.00	0.00
AFA	长江干流水系（源头—丽江纳西族自治县）	东部湿润、半湿润土壤区域、红壤、黄壤带、横断山中段红壤地区	0.20	43.51	56.29	0.00	0.00
		青藏高寒土壤区域、高山草甸土带	0.16	8.79	90.31	0.00	0.75
		青藏高寒土壤区域、高山草原土带	0.96	6.79	87.28	3.91	1.05
		青藏高寒土壤区域、亚高山草甸土带、甘孜藏族自治州、昌都高原亚高山草甸土及峡谷褐土地区	0.15	14.37	84.10	1.14	0.25

续表

水系编码	水系名称	土壤类型区	面积占比/%				
			水域	黏土	壤土	砂土	碎砾石、块石
AFA	长江干流水系（丽江纳西族自治县—绥江县）	东部湿润、半湿润土壤区域、红壤、黄壤带、滇中高原山原红壤、水稻土地区	1.52	70.03	28.45	0.00	0.00
		东部湿润、半湿润土壤区域、红壤、黄壤带、横断山中段红壤地区	0.31	53.48	46.21	0.00	0.00
		东部湿润、半湿润土壤区域、红壤、黄壤带、四川盆地四周、黔北、湘西黄壤、石灰（岩）土、水稻土地区	0.31	53.02	46.67	0.00	0.00
		东部湿润、半湿润土壤区域、红壤、黄壤带、四川盆地紫色土、黄壤、水稻土地区	0.00	41.38	58.62	0.00	0.00
		东部湿润、半湿润土壤区域、红壤、黄壤带、成都平原水稻土地区	0.01	68.74	31.25	0.00	0.00
		东部湿润、半湿润土壤区域、红壤、黄壤带、洞庭湖平原水稻土地区	25.10	61.93	12.97	0.00	0.00
AFA	长江干流水系（绥江县—宜昌市）	东部湿润、半湿润土壤区域、红壤、黄壤带、四川盆地四周、黔北、湘西黄壤、石灰（岩）土、水稻土地区	0.31	45.33	54.36	0.00	0.00
		东部湿润、半湿润土壤区域、红壤、黄壤带、四川盆地紫色土、黄壤、水稻土地区	2.11	24.44	73.45	0.00	0.00
		东部湿润、半湿润土壤区域、黄棕壤、黄褐土带、江汉平原水稻土、灰潮土地区	4.89	21.69	73.42	0.00	0.00
		东部湿润、半湿润土壤区域、黄棕壤、黄褐土带、襄樊谷底、南阳盆地黄褐土、黄棕壤、水稻土地区	1.23	29.92	68.85	0.00	0.00
		东部湿润、半湿润土壤区域、红壤、黄壤带、洞庭湖平原水稻土地区	14.81	39.81	45.38	0.00	0.00
AFA	长江干流水系（宜昌市—湖口县）	东部湿润、半湿润土壤区域、红壤、黄壤带、江南丘陵红壤、水稻土地区	9.21	31.15	59.21	0.43	0.00
		东部湿润、半湿润土壤区域、红壤、黄壤带、皖浙赣边境丘陵低山黄壤、红壤地区	14.76	27.81	46.67	10.75	0.00
		东部湿润、半湿润土壤区域、黄棕壤、黄褐土壤带、大别山、大洪山黄棕壤、红壤、水稻土地区	1.31	10.74	87.91	0.00	0.04
		东部湿润、半湿润土壤区域、黄棕壤、黄褐土带、江汉平原水稻土、灰潮土地区	6.32	30.77	62.92	0.00	0.00

续表

水系编码	水系名称	土壤类型区	面积占比/%				
			水域	黏土	壤土	砂土	碎砾石、块石
AFA	长江干流水系（宜昌市—湖口县）	东部湿润、半湿润土壤区域、黄棕壤、黄褐土带，襄樊谷底、南阳盆地黄褐土、黄棕壤，水稻土地区	0.00	17.95	82.05	0.00	0.00
		东部湿润、半湿润土壤区域、黄褐土带，长江中下游平原水稻土地区	0.28	78.57	21.15	0.00	0.00
AFA	长江干流水系（湖口县—东海）	东部湿润、半湿润土壤区域、红壤、黄壤带，江南丘陵红壤、水稻土地区	6.06	46.03	47.91	0.00	0.00
		东部湿润、半湿润土壤区域、红壤、黄壤带，皖浙赣边境丘陵低山黄壤、红壤地区	3.00	56.35	34.57	0.37	5.71
		东部湿润、半湿润土壤区域、黄棕壤、黄褐土带，大别山、大洪山黄棕壤、黄褐土，水稻土地区	1.74	32.87	37.55	0.00	27.84
		东部湿润、半湿润土壤区域、黄棕壤、黄褐土带，江淮丘陵黄棕壤、水稻土地区	5.70	36.28	55.41	0.00	2.61
		东部湿润、半湿润土壤区域、黄棕壤、黄褐土带，苏北滨海盐土、盐潮土地区	0.00	0.00	95.73	4.27	0.00
		东部湿润、半湿润土壤区域、黄棕壤、黄褐土带，长江中下游平原水稻土地区	9.53	30.36	58.81	0.49	0.81
		东部湿润、半湿润土壤区域、红壤、黄壤带，横断山中段红壤地区	0.79	41.63	57.58	0.00	0.00
		东部湿润、半湿润土壤区域、红壤、黄壤带，四川盆地四周、黔北、湘西黄壤、石灰（岩）土，水稻土地区	4.10	31.32	64.59	0.00	0.00
AFB	雅砻江水系	青藏高寒土壤区域、高山草甸土带	0.05	8.89	91.06	0.00	0.13
		青藏高寒土壤区域、亚高山草甸土带，甘孜藏族自治州，昌都高原亚高山草甸土及峡谷褐土地区	0.03	29.35	70.49	0.00	0.00
		青藏高寒土壤区域、亚高山草甸土带，松潘、马尔康高原亚高山草甸土，棕壤、潜育水稻土地区	1.05	44.80	54.15	0.00	0.00
AFC	岷江水系	东部湿润、半湿润土壤区域、红壤、黄壤带，成都平原水稻土地区	1.78	70.81	27.41	0.00	0.00
		东部湿润、半湿润土壤区域、红壤、黄壤带，四川盆地四周、黔北、湘西黄壤、石灰（岩）土，水稻土地区	0.56	39.33	60.11	0.00	0.00

续表

水系编码	水系名称	土壤类型区	面积占比/%				
			水域	黏土	壤土	砂土	碎砾石、块石
AFC	岷江水系	东部湿润、半湿润土壤区域、红壤、黄壤、四川盆地紫色、黄壤、水稻土地区	1.51	52.85	45.65	0.00	0.00
		青藏高寒土壤区域、高山草甸土地区	0.00	0.00	100.00	0.00	0.00
		青藏高寒土壤区域、亚高山草甸土及峡谷褐土地带、甘孜藏族自治州、昌都高原亚高山草甸土地区	0.01	21.01	78.82	0.00	0.16
		青藏高寒土壤区域、亚高山草甸土带、松潘、马尔康高原亚高山草甸土、棕壤、潜育土地区	0.49	20.36	78.42	0.00	0.73
		东部湿润、半湿润土壤区域、红壤、黄壤、黔北、湘西黄壤、石灰（岩）土、水稻土地区	0.00	36.68	63.32	0.00	0.00
		东部湿润、半湿润土壤区域、红壤、黄壤、四川盆地紫色、黄壤、水稻土地区	0.46	24.70	74.84	0.00	0.00
AFD	嘉陵江水系	东部湿润、半湿润土壤区域、红壤、黄棕壤、黄褐土带、安康、汉中盆地黄棕壤、黄褐土、山地棕壤地区	0.00	28.21	71.79	0.00	0.00
		东部湿润、半湿润土壤区域、褐土、棕壤、汾渭河谷地褐土、潮土、盐碱土地区	0.00	45.47	54.53	0.00	0.00
		东部湿润、半湿润土壤区域、褐土、棕壤、秦岭、伏牛山褐土、棕壤、山地暗棕壤地区	0.00	30.22	69.78	0.00	0.00
		蒙新干旱、半干旱土壤区域、灰钙土、棕钙土带、青海高原东部栗钙土、灰钙土地区	0.00	0.00	100.00	0.00	0.00
		青藏高寒土壤区域、亚高山草甸土带、松潘、马尔康高原亚高山草甸土、棕壤、潜育土地区	0.00	23.29	74.68	2.03	0.00
		新干旱、半干旱土壤区域、黑钙土、栗钙土、黑垆土带、陇东黄土高原（塬状）黑垆土、黄绵土地区	0.00	60.41	39.59	0.00	0.00
AFE	乌江水系	东部湿润、半湿润土壤区域、红壤、黄壤带、滇中高原山原红壤、水稻土地区	3.51	49.14	47.35	0.00	0.00
		东部湿润、半湿润土壤区域、红壤、黄壤带、桂中、黔南石灰（岩）土、红壤、水稻土地区	3.71	31.37	64.92	0.00	0.00

续表

水系编码	水系名称	土壤类型区	水域	黏土	壤土	砂土	碎砾石、块石
					面积占比/%		
AFE	乌江水系	东部湿润、半湿润土壤区域，四川盆地四周、黔北、湘西黄壤、石灰（岩）土，水稻土地区	0.73	38.90	60.37	0.00	0.00
		东部湿润、半湿润土壤区域，四川盆地四周、黄壤带、黄壤、水稻土地区	0.02	29.11	70.87	0.00	0.00
AFF	洞庭湖水系	东部湿润、半湿润土壤区域，红壤、黄壤带，洞庭湖平原水稻土地区	15.20	33.60	51.21	0.00	0.00
		东部湿润、半湿润土壤区域，红壤、黄壤带，桂中、黔南石灰（岩）土，红壤、水稻土地区	0.31	32.56	67.13	0.00	0.00
		东部湿润、半湿润土壤区域，红壤、黄壤带，江南丘陵红壤、水稻土地区	0.72	42.05	57.23	0.00	0.00
		东部湿润、半湿润土壤区域，红壤、黄壤带，南岭、武夷山地黄壤、红壤、水稻土地区	0.35	22.73	76.93	0.00	0.00
		东部湿润、半湿润土壤区域，红壤、黄壤带，四川盆地四周、黔北、湘西黄壤、石灰（岩）土，水稻土地区	0.43	33.43	66.15	0.00	0.00
		东部湿润、半湿润土壤区域，红壤、黄壤带，四川盆地四周、黔北、湘西黄壤、石灰（岩）土，水稻土地区	0.00	33.98	66.02	0.00	0.00
AFG	汉江水系	东部湿润、半湿润土壤区域，黄棕壤、黄褐土带，安康、汉中盆地黄棕壤、山地棕壤地区	0.22	21.33	77.82	0.63	0.00
		东部湿润、半湿润土壤区域，黄棕壤、黄褐土带，大别山、大洪山黄棕壤、水稻土地区	1.33	38.69	59.98	0.00	0.00
		东部湿润、半湿润土壤区域，黄棕壤、黄褐土带，江汉平原水稻土、灰潮土地区	4.67	44.70	50.63	0.00	0.00
		东部湿润、半湿润土壤区域，黄棕壤、黄褐土带，襄樊谷底、南阳盆地黄褐土、黄棕壤、水稻土地区	2.98	47.53	49.38	0.11	0.00
		东部湿润、半湿润土壤区域，褐土带，汾渭河谷地褐土、潮土、盐碱土地区	0.00	56.55	43.45	0.00	0.00
		东部湿润、半湿润土壤区域，褐土带，秦岭、伏牛山褐土、棕壤、山地暗棕壤地区	0.38	45.84	53.77	0.00	0.00
		青藏高寒土壤区域，亚高山草甸土带，松潘、马尔康高原亚高山草甸土、棕壤、潜育土地区	0.00	17.12	82.88	0.00	0.00

续表

水系编码	水系名称	土壤类型区	面积占比/%				
			水域	黏土	壤土	砂土	碎砾石、块石
AFH	鄱阳湖水系	东部湿润、半湿润土壤区域、红壤、黄壤带、江南丘陵区红壤、水稻土地区	1.49	66.90	31.24	0.37	0.00
		东部湿润、半湿润土壤区域、红壤、黄壤带、南岭、武夷山地黄壤、红壤地区	0.63	74.73	24.54	0.10	0.00
		东部湿润、半湿润土壤区域、红壤、黄壤带、鄱阳湖平原水稻土、红壤地区	19.44	26.64	52.69	1.23	0.00
		东部湿润、半湿润土壤区域、红壤、黄壤带、皖浙赣边境丘陵低山黄壤、红壤地区	0.38	57.49	41.03	0.20	0.90
AFJ	太湖水系	东部湿润、半湿润土壤区域、红壤、黄壤带、皖浙赣边境丘陵低山黄壤、红壤地区	0.97	41.81	57.19	0.00	0.03
		东部湿润、半湿润土壤区域、黄棕壤、黄褐土带、长江中下游平原水稻土地区	18.41	24.12	55.89	1.58	0.00
AGA	钱塘江水系	东部湿润、半湿润土壤区域、红壤、黄壤带、江南丘陵区红壤、水稻土地区	0.71	51.74	47.55	0.00	0.00
		东部湿润、半湿润土壤区域、红壤、黄壤带、闽浙沿海低山丘陵平原红壤、水稻土地区	0.33	42.47	57.21	0.00	0.00
		东部湿润、半湿润土壤区域、红壤、黄壤带、南岭、武夷山地黄壤、红壤地区	0.00	44.71	55.29	0.00	0.00
		东部湿润、半湿润土壤区域、红壤、黄壤带、皖浙赣边境丘陵低山黄壤、红壤地区	3.26	53.08	40.89	0.07	2.70
AGB	瓯江水系	东部湿润、半湿润土壤区域、红壤、黄壤带、江南丘陵区红壤、水稻土地区	0.00	3.67	96.33	0.00	0.00
		东部湿润、半湿润土壤区域、红壤、黄壤带、闽浙沿海低山丘陵平原红壤、水稻土地区	0.85	48.75	50.41	0.00	0.00
		东部湿润、半湿润土壤区域、红壤、黄壤带、南岭、武夷山地黄壤、红壤地区	0.00	14.78	85.22	0.00	0.00
AGC	闽江水系	东部湿润、半湿润土壤区域、红壤、黄壤带、华南低山丘陵赤红壤、黄壤、水稻土地区	0.83	33.58	64.34	1.26	0.00
		东部湿润、半湿润土壤区域、红壤、黄壤带、江南丘陵区红壤、水稻土地区	0.00	2.26	97.74	0.00	0.00

续表

水系编码	水系名称	土壤类型区	面积占比/%				
			水域	黏土	壤土	砂土	碎砾石、块石
AGC	闽江水系	东部湿润、半湿润土壤区域，红壤、黄壤带，闽浙沿海低山丘陵平原红壤、水稻土地区	1.73	15.85	82.40	0.02	0.00
		东部湿润、半湿润土壤区域，红壤、黄壤带，南岭、武夷山地黄壤、红壤、水稻土地区	0.59	2.98	96.44	0.00	0.00
AGD	浙东、闽东及台湾沿海诸河系	东部湿润、半湿润土壤区域，红壤、黄壤带，江南丘陵红壤、水稻土地区	0.00	29.24	70.76	0.00	0.00
		东部湿润、半湿润土壤区域，红壤、黄壤带，闽浙沿海低山丘陵平原红壤、水稻土地区	0.77	51.16	48.04	0.02	0.00
		东部湿润、半湿润土壤区域，红壤、黄壤带，皖浙赣边境低山黄壤、红壤地区	0.00	100.00	0.00	0.00	0.01
AHA	西江水系	东部湿润、半湿润土壤区域，红壤、黄壤带，华南低山丘陵赤红壤带，稻田地区	2.00	69.04	28.96	0.00	0.01
		东部湿润、半湿润土壤区域，红壤、黄壤带，德保低山丘陵石灰（岩）土、黄壤地区	4.63	84.55	10.82	0.00	0.00
		东部湿润、半湿润土壤区域，赤红壤带，珠江三角洲水稻土、赤红壤地区	5.83	49.60	44.57	0.00	0.00
		东部湿润、半湿润土壤区域，红壤、黄壤带，滇中高原山原红壤、水稻土地区	1.85	70.21	27.93	0.00	0.00
		东部湿润、半湿润土壤区域，红壤、黄壤带，桂中、黔南石灰（岩）土、红壤地区	3.34	71.38	25.28	0.00	0.00
		东部湿润、半湿润土壤区域，红壤、黄壤带，横断山中段红壤地区	0.00	93.58	6.42	0.00	0.00
		东部湿润、半湿润土壤区域，红壤、黄壤带，南岭、武夷山地黄壤、红壤、水稻土地区	0.35	75.41	24.24	0.00	0.00
		东部湿润、半湿润土壤区域，黄壤、石灰（岩）土，水稻土地区，四川盆地四周、黔北、湘西地区	0.13	43.43	56.44	0.00	0.00
		东部湿润、半湿润土壤区域，红壤、黄壤带，华南低山丘陵赤红壤带，稻田地区	0.05	78.28	21.68	0.00	0.00
AHB	北江水系	东部湿润、半湿润土壤区域，红壤、黄壤带，赤红壤带，珠江三角洲水稻土、赤红壤地区	3.54	53.90	42.56	0.00	0.00
		东部湿润、半湿润土壤区域，红壤、黄壤带，南岭、武夷山地黄壤、红壤、水稻土地区	0.26	61.99	37.75	0.00	0.00

续表

水系编码	水系名称	土壤类型区	面积占比/%				
			水域	黏土	壤土	砂土	碎砾石、块石
AHC	东江水系	东部湿润、半湿润土壤区域，华南低山丘陵赤红壤、黄壤，水稻土地区	2.03	72.65	25.32	0.00	0.00
		东部湿润、半湿润土壤区域，珠江三角洲水稻土、赤红壤地区	4.00	49.71	46.29	0.00	0.00
		东部湿润、半湿润土壤区域，南岭、武夷山地黄壤、红壤，水稻土地区	2.67	79.09	18.24	0.00	0.00
AHD	珠江三角洲水系	东部湿润、半湿润土壤区域，华南低山丘陵赤红壤、黄壤，水稻土地区	1.23	73.08	24.23	1.46	0.00
		东部湿润、半湿润土壤区域，珠江三角洲水稻土、赤红壤地区	4.81	41.13	48.82	5.25	0.00
AHE	韩江水系	东部湿润、半湿润土壤区域，华南低山丘陵赤红壤、黄壤，水稻土地区	0.85	59.21	39.12	0.82	0.00
		东部湿润、半湿润土壤区域，南岭、武夷山地黄壤、红壤，水稻土地区	0.09	25.27	74.64	0.00	0.00
AHF	粤、桂、琼沿海诸河水系	东部湿润、半湿润土壤区域，华南低山丘陵赤红壤、黄壤，水稻土地区	1.22	72.10	26.54	0.15	0.00
		东部湿润、半湿润土壤区域，珠江三角洲水稻土、赤红壤地区	1.27	81.07	17.67	0.00	0.00
		东部湿润、半湿润土壤区域，琼北丘陵、雷州半岛红壤，水稻土地区	1.12	39.84	57.06	1.97	0.00
		东部湿润、半湿润土壤区域，琼南山地丘陵砖红壤，砖红壤地区	0.91	13.27	84.09	1.73	0.00
		东部湿润、半湿润土壤区域，河口、西双版纳低山丘陵砖红壤地区	0.00	94.35	5.65	0.00	0.00
		东部湿润、半湿润土壤区域，横断山南段山地峡谷赤红壤、燥红土地区	0.00	72.91	27.09	0.00	0.00
AJA	元江—红河水系	东部湿润、半湿润土壤区域，文山、德保低山丘陵石灰（岩）土、黄壤，水稻土地区	0.08	89.16	10.77	0.00	0.00
		东部湿润、半湿润土壤区域，滇中高原山原红壤，红壤，黄壤，水稻土地区	0.00	97.20	2.80	0.00	0.00
		东部湿润、半湿润土壤区域，横断山中段红壤土壤地区	0.05	37.33	62.62	0.00	0.00

续表

水系编码	水系名称	土壤类型区	面积占比/%				
			水域	黏土	壤土	砂土	碎砾石、块石
AJB	澜沧江—湄公河流域	东部湿润、半湿润土壤区域，河口、西双版纳低山丘陵砖红壤、砖红壤带、水稻土地区	0.00	95.54	4.46	0.00	0.00
		东部湿润、半湿润土壤区域，横断山南段山地峡谷赤红壤、燥红土地区	0.00	85.29	14.70	0.01	0.00
		东部湿润、半湿润土壤区域，红壤、黄壤带，横断山中段土壤地区	1.02	41.16	57.83	0.00	0.00
		青藏高寒土壤区域，高山草甸土带	0.15	3.09	94.50	0.67	1.59
		青藏高寒土壤区域，甘孜藏族自治州，昌都高原亚高山草甸土及峡谷褐土地区	0.01	2.20	97.57	0.21	0.01
AJC	怒江—伊洛瓦底江流域	东部湿润、半湿润土壤区域，赤红壤、黄壤带，横断山南段山地峡谷赤红壤、燥红土地区	0.00	89.19	10.81	0.00	0.00
		东部湿润、半湿润土壤区域，红壤、黄壤带，东喜马拉雅山南侧红壤、黄壤地区	0.00	32.58	67.42	0.00	0.00
		东部湿润、半湿润土壤区域，红壤、黄壤带，横断山中段红壤地区	0.14	77.21	22.65	0.00	0.00
		青藏高寒土壤区域，高山草甸土带	1.44	0.14	94.42	3.30	0.71
		青藏高寒土壤区域，甘孜藏族自治州，昌都高原亚高山草甸土及峡谷褐土地区	0.35	1.07	96.15	1.22	1.22
		青藏高寒土壤区域，亚高山草原土带，中喜马拉雅山北侧亚高山草原土地区	0.00	0.00	100.00	0.00	0.00
AJD	雅鲁藏布江—布拉马普特拉河流域	东部湿润、半湿润土壤区域，红壤、黄壤带，东喜马拉雅山南侧红壤地区	2.55	20.59	76.72	0.00	0.14
		青藏高寒土壤区域，高山草甸土带	2.14	0.03	89.95	0.36	7.52
		青藏高寒土壤区域，高山草原土带	1.00	0.34	95.06	3.01	0.59
		青藏高寒土壤区域，甘孜藏族自治州，昌都高原亚高山草甸土及峡谷褐土地区	4.76	0.26	86.04	0.37	8.57
		青藏高寒土壤区域，亚高山草原土带，雅鲁藏布江河谷山地灌丛草原土地区	0.74	7.76	86.86	4.45	0.19
		青藏高寒土壤区域，亚高山草原土带，中喜马拉雅山北侧亚高山草原土地区	1.46	3.88	85.59	3.52	5.55

续表

水系编码	水系名称	土 壤 类 型 区	面积占比/%				
			水域	黏土	壤土	砂土	碎砾石、块石
AJE	狮泉河—印度河流域	青藏高寒土壤区域，高山草原土带	0.35	0.00	99.12	0.50	0.03
		青藏高寒土壤区域，高山漠土带	0.00	0.00	71.25	12.23	16.52
		青藏高寒土壤区域，亚高山草原土带、西喜马拉雅山北侧表聚碳酸盐亚高山草原土地区	4.84	0.00	85.45	8.14	1.56
		青藏高寒土壤区域，亚高山漠土带	0.03	1.85	96.02	1.19	0.91
AJF	伊犁、额敏河水系	蒙新干旱、半干旱土壤区域，灰漠土带、布尔津、塔城栗钙土、棕钙土、灰棕漠土地区	0.00	47.70	52.30	0.00	0.00
		蒙新干旱、半干旱土壤区域，灰漠土带、天山北麓、伊宁盆地灰钙土、灰漠土、灌淤土地区	0.00	46.09	52.03	1.36	0.51
		蒙新干旱、半干旱土壤区域，灰漠土带、天山灰褐土、亚高山高山草甸土地区	0.00	25.99	61.24	0.00	12.78
AJG	额尔齐斯河水系	蒙新干旱、半干旱土壤区域，灰漠土带、阿尔泰山灰黑土（灰色森林土）、亚高山草甸土地区	0.25	47.56	50.20	0.00	1.99
		蒙新干旱、半干旱土壤区域，灰漠土带、布尔津、塔城栗钙土、棕钙土、灰棕漠土地区	0.13	25.38	65.82	8.55	0.13
AKA	乌裕尔河内流区	东部湿润、半湿润土壤区域，暗棕壤、松辽平原东部黑土、白浆土地区	0.24	42.53	57.23	0.00	0.00
		东部湿润、半湿润土壤区域，暗棕壤、松辽平原西部黑土地区	3.01	83.23	6.55	7.20	0.00
		东部湿润、半湿润土壤区域，暗棕壤、兴安岭暗棕壤地区	0.00	12.87	87.13	0.00	0.00
		东部湿润、半湿润土壤区域，暗棕壤、辽河上游平原风沙土、潮土地区	1.68	10.13	81.03	7.16	0.00
AKE	霍林河内流区	东部湿润、半湿润土壤区域，暗棕壤、松辽平原西部黑钙土、色草甸土地区	2.64	23.45	70.90	3.01	0.00
		东部湿润、半湿润土壤区域，暗棕壤、兴安岭暗棕壤地区	0.00	0.00	100.00	0.00	0.00
		蒙新干旱、半干旱土壤区域，黑钙土、暗栗钙土、黑垆土、栗钙土、大兴安岭西部黑钙土地区	0.00	19.58	76.48	3.94	0.00

续表

水系编码	水系名称	土壤类型区	面积占比/%				
			水域	黏土	壤土	砂土	碎砾石、块石
AKF	内蒙古内流区	蒙新干旱、半干旱土壤区域，黑钙土、栗钙土、黑垆土带，大兴安岭西部黑钙土、暗栗钙土地区	0.18	31.83	67.99	0.00	0.00
		蒙新干旱、半干旱土壤区域，黑钙土、栗钙土、黑垆土带，内蒙古、冀北栗钙土、盐碱土、灰褐土地区	0.94	16.19	81.64	0.22	1.01
		蒙新干旱、半干旱土壤区域，黑钙土、栗钙土、黑垆土带，内蒙古栗钙土、风沙土、盐碱土地区	1.09	10.22	88.30	0.23	0.15
		蒙新干旱、半干旱土壤区域，灰钙土、棕钙土带，内蒙古高原西部棕钙土地区	0.43	4.64	94.85	0.00	0.09
		蒙新干旱、半干旱土壤区域，灰钙土、棕钙土带，阿拉善高原灰漠土、灰棕漠土、风沙土地区	0.00	2.69	76.29	21.02	0.00
AKG	鄂尔多斯内流区	蒙新干旱、半干旱土壤区域，黑钙土、栗钙土、黑垆土带，鄂尔多斯高原风沙土、栗钙土地区	0.47	13.34	79.30	6.89	0.00
AKH	河西走廊—阿拉善河内流区	蒙新干旱、半干旱土壤区域，灰钙土、棕钙土带，黄土高原西部灰钙土、黄绵土地区	0.00	26.97	47.75	25.28	0.00
		蒙新干旱、半干旱土壤区域，灰钙土、棕钙土带，内蒙古高原西部棕钙土地区	0.00	8.21	62.68	29.12	0.00
		蒙新干旱、半干旱土壤区域，灰钙土、棕钙土带，青海高原东南部栗钙土、灰钙土地区	0.00	47.27	52.73	0.00	0.00
		蒙新干旱、半干旱土壤区域，灰漠土带、阿拉善高原棕漠土、灰棕漠土、风沙土地区	0.43	13.27	57.52	28.79	0.00
		蒙新干旱、半干旱土壤区域，灰漠土带，准噶尔盆地风沙土、灰漠土、灰棕漠土地区	0.06	15.28	81.73	2.92	0.01
		蒙新干旱、半干旱土壤区域，棕漠土带，河西走廊棕漠土、灌淤土地区	0.08	23.42	65.52	10.97	0.01
		蒙新干旱、半干旱土壤区域，棕漠土带，祁连山高山草甸、黑钙土、栗钙土地区	0.19	8.15	89.99	0.98	0.70
		蒙新干旱、半干旱土壤区域，棕漠土带，塔里木盆地边缘及天山山间盆地灌淤土、棕漠土、盐土地区	0.00	28.92	45.11	25.97	0.00

续表

水系编码	水系名称	土壤类型区	面积占比/%				
			水域	黏土	壤土	砂土	碎砾石、块石
AKJ	柴达木内流区	蒙新干旱、半干旱土壤区域，灰钙土、棕钙土带，青海高原东南部栗钙土、灰钙土地区	0.00	0.00	100.00	0.00	0.00
		蒙新干旱、半干旱土壤区域，柴达木盆地棕漠土、盐土地区	0.55	10.55	71.15	17.75	0.00
		蒙新干旱、半干旱土壤区域，祁连山高山草甸土、黑钙土、栗钙土地区	10.02	16.38	69.01	4.59	0.00
		蒙新干旱、半干旱土壤区域，塔里木盆地边缘及天山山间盆地灌淤土、棕漠土、盐土地区	0.00	0.00	100.00	0.00	0.00
		青藏高寒土壤区域，高山草甸土带	2.44	3.21	94.36	0.00	0.00
		青藏高寒土壤区域，高山草原土带	0.89	11.32	85.01	1.23	1.55
		青藏高寒土壤区域，高山漠土带	0.02	6.50	90.15	2.90	0.43
		蒙新干旱、半干旱土壤区域，阿尔泰山灰黑土（灰色森林土）、亚高山草甸土地区	0.24	48.89	50.87	0.00	0.00
AKK	准噶尔内流区	蒙新干旱、半干旱土壤区域，灰漠土带，布尔津、塔城栗钙土、棕钙土、灰棕漠土地区	1.81	27.54	69.33	1.30	0.01
		蒙新干旱、半干旱土壤区域，灰漠土带，天山北麓、伊宁盆地灰钙土、灰漠土地区	1.31	33.29	62.40	1.98	1.01
		蒙新干旱、半干旱土壤区域，灰漠土带，天山灰褐土、亚高山高山草甸土地区	0.00	7.93	71.81	0.00	20.26
		蒙新干旱、半干旱土壤区域，灰漠土带，准噶尔盆地风沙土、灰漠土、棕漠土地区	0.10	18.95	78.94	2.01	0.00
		蒙新干旱、半干旱土壤区域，塔里木盆地边缘及天山山间盆地灌淤土、棕漠土、盐土地区	0.01	16.80	81.75	1.44	0.00
AKL	塔里木内流区	蒙新干旱、半干旱土壤区域，灰漠土带，天山灰褐土、亚高山高山草甸土地区	0.00	9.90	77.10	0.00	13.00
		蒙新干旱、半干旱土壤区域，灰漠土带，准噶尔盆地风沙土、灰漠土、棕漠土地区	0.00	8.70	91.30	0.00	0.00

续表

水系编码	水系名称	土壤类型区	面积占比/%				
			水域	黏土	壤土	砂土	碎砾石、块石
		蒙新干旱、半干旱土壤区域，棕漠土、柴达木盆地棕漠土、盐土地区	1.36	14.80	72.69	11.16	0.00
		蒙新干旱、半干旱土壤区域，棕漠土、河西走廊棕漠土、灌淤土地区	0.00	1.58	98.42	0.00	0.00
		蒙新干旱、半干旱土壤区域，棕漠土、祁连山高山草甸土、黑钙土、栗钙土地区	0.00	0.00	100.00	0.00	0.00
AKL	塔里木内流区	蒙新干旱、半干旱土壤区域，棕漠土、塔里木盆地边缘及天山山间盆地灌淤土、棕漠土、盐土地区	0.71	25.26	65.96	6.82	1.24
		蒙新干旱、半干旱土壤区域，棕漠土、塔里木盆地风沙土地区	2.33	24.39	11.35	61.93	0.00
		青藏高寒土壤区域，高山草原土带	2.00	5.92	81.42	0.54	10.12
		青藏高寒土壤区域，高山漠土带	0.58	7.70	72.56	11.58	7.59
		青藏高寒土壤区域，亚高山漠土带	0.04	0.24	99.72	0.00	0.00
		青藏高寒土壤区域，高山草甸土带	4.78	0.60	80.04	13.96	0.61
		青藏高寒土壤区域，高山草原土带	4.13	3.01	89.73	2.60	0.54
		青藏高寒土壤区域，高山漠土带	0.00	1.99	90.30	0.00	7.71
AKM	西藏内流区	青藏高寒土壤区域，亚高山草原土带、西喜马拉雅山北侧表聚碳酸盐亚高山草原土地区	2.85	0.00	89.87	7.28	0.00
		青藏高寒土壤区域，亚高山草原土带、雅鲁藏布江河谷山地灌丛草原土地区	17.85	2.57	75.42	1.24	2.92
		青藏高寒土壤区域，亚高山草原土带、中喜马拉雅山北侧亚高山草原土地区	7.05	1.83	86.43	1.94	2.76
		青藏高寒土壤区域，亚高山漠土带	2.56	2.55	91.18	1.07	2.64

附录 2 全国山洪预报预警分区小流域成果汇总图表

附表 2.1

山洪预报预警分区基本属性统计表

分区序号	面积/km²	周长/km	二级分区数	平均高程/m	相对高差/m	最长河长/km	最长河长比降‰	河网密度/(km/km²)	河网频度/(×10⁻²条/km²)	河网发育系数	水系不均匀系数	湖沼率/%	径流系数	干旱指数
1	62990	1592	41	3767	560	1168	975	1.08	0.28	2.77	24.60	0.28	0.00	0.41
2	63428	3786	33	3646	261	685	1291	0.33	0.31	2.67	14.77	0.03	0.25	0.37
3	42967	1618	35	2836	604	2002	385	2.70	0.39	2.75	3.18	1.42	1.08	0.51
4	33002	1235	24	2118	228	697	507	0.54	0.31	2.68	24.92	41.79	1.31	0.22
5	214745	4186	134	12067	466	1322	1316	0.54	0.29	2.53	16.49	0.71	0.80	0.26
6	165686	3551	108	10830	250	1360	1255	0.29	0.31	2.72	50.35	3.81	0.92	0.33
7	37310	1555	26	2323	541	1256	668	1.32	0.36	2.66	3.90	1.20	1.04	0.44
8	62545	2405	43	3954	173	976	1105	0.65	0.33	2.87	40.51	4.54	0.66	0.35
9	10738	696	8	642	557	1120	293	2.89	0.29	2.70	6.08	0.78	0.10	0.33
10	24652	1457	18	1567	533	1401	559	2.95	0.28	2.71	11.46	0.40	0.28	0.35
11	163166	3616	90	7764	761	1485	1901	0.60	0.27	2.22	41.37	0.00	1.39	0.24
12	220867	3680	108	13082	445	1829	1542	1.22	0.32	2.41	24.51	4.31	0.57	0.15
13	36534	1431	29	2390	313	962	580	1.06	0.32	2.67	17.95	4.82	0.30	0.17
14	24591	1761	27	1841	146	665	625	0.23	0.35	3.17	47.40	3.50	0.95	0.47
15	35608	1872	30	2216	523	2208	669	3.25	0.40	2.61	2.55	0.94	1.36	0.55
16	55071	2081	40	3661	756	1960	1067	1.74	0.33	2.63	11.30	3.43	0.34	0.19
17	15400	812	9	1044	958	1700	297	5.14	0.32	2.73	9.63	0.68	0.62	0.17
18	22747	910	10	1223	95	957	360	3.07	0.28	2.04	6.97	15.64	0.80	0.19
19	45389	1862	30	3059	1218	2279	669	2.40	0.34	2.78	15.70	0.74	0.32	0.13
20	22942	1214	24	1510	636	2202	327	6.05	0.32	2.54	23.41	1.44	0.51	0.24
21	32466	1660	31	2249	879	2543	457	3.13	0.33	2.72	13.68	0.61	0.43	0.24
22	19430	929	15	1389	1042	1692	334	3.36	0.31	2.72	15.03	0.09	0.61	0.20

续表

分区序号	面积/km²	周长/km	二级分区数	平均高程/m	相对高差/m	最长河长/km	最长河长比降/‰	河网密度/(km/km²)	河网频度/(×10⁻²条/km²)	河网发育系数	水系不均匀系数	湖沼率/%	径流系数	干旱指数
23	8744	576	9	595	444	1489	223	5.36	0.36	2.89	22.08	4.32	0.21	0.17
24	97009	2484	6	3142	26	283	712	0.15	0.22	1.09	4.16	0.12	0.74	0.08
25	132315	3431	83	7573	4063	2874	1695	1.42	0.32	2.52	9.35	0.78	1.39	0.29
26	24711	946	18	1576	3112	2936	302	8.95	0.33	2.66	9.85	0.29	0.83	0.41
27	25616	1264	18	1662	3045	2331	720	2.96	0.32	2.71	9.99	0.01	0.19	0.30
28	32887	1422	21	2063	3169	2841	679	4.35	0.30	2.64	24.37	4.80	0.09	0.30
29	60240	1887	38	4472	1887	2642	752	3.64	0.36	2.76	34.56	0.28	0.17	0.05
30	40456	1599	28	2495	1344	1711	569	1.10	0.33	2.57	36.00	0.13	0.43	0.02
31	50597	2004	34	3131	1275	1149	605	0.12	0.35	2.48	27.71	66.84	0.48	0.07
32	129632	3770	83	8947	1234	2115	1163	1.61	0.32	2.61	43.65	0.16	0.17	0.12
33	45630	1996	22	3038	1053	1966	753	2.21	0.33	2.66	14.24	3.26	0.35	0.10
34	134900	2641	100	8817	1379	3045	938	2.18	0.31	2.50	45.88	0.73	0.09	0.14
35	15335	1142	17	1006	664	1875	340	3.92	0.45	2.66	2.30	0.71	1.24	0.20
36	18887	1163	11	1378	744	1924	460	3.77	0.37	2.90	11.03	9.70	0.36	0.27
37	13833	978	8	940	951	2075	538	2.78	0.33	2.56	7.35	2.52	0.15	0.14
38	10203	793	3	528	63	46	407	0.18	0.28	2.32	6.14	22.60	0.00	0.13
39	13425	1464	5	834	174	877	490	0.48	0.35	2.51	4.64	0.01	2.23	0.24
40	67015	3339	64	4085	89	699	682	-0.01	0.31	2.35	17.67	1.14	1.54	0.25
41	40889	1525	34	2465	118	998	477	0.63	0.34	2.50	28.47	1.89	1.23	0.33
42	15309	837	9	907	163	1307	295	4.12	0.40	2.51	66.30	0.00	4.09	0.30
43	36121	1874	24	2002	172	1603	756	1.72	0.31	2.29	17.65	0.19	0.55	0.26
44	74325	2430	10	2225	33	156	867	0.14	0.21	0.99	11.77	0.13	3.52	0.16

续表

分区序号	面积/km²	周长/km	二级分区数	平均高程/m	相对高差/m	最长河长/km	最长河长比降/‰	河网密度/(km/km²)	河网频度/(×10⁻²条/km²)	河网发育系数	水系不均匀系数	湖沼率/%	径流系数	干旱指数
45	38340	1390	3	1678	59	365	414	0.18	0.27	1.68	4.93	3.90	3.13	0.25
46	17592	1117	21	1074	189	655	332	1.23	0.31	2.55	6.08	0.19	1.58	0.51
47	12060	768	4	241	12	159	252	0.15	0.17	0.67	4.33	2.61	2.64	0.20
48	6297	562	2	106	18	138	140	0.57	0.16	0.65	4.96	1.15	16.70	0.21
49	26964	1387	4	487	10	199	519	0.01	0.17	0.60	8.25	0.89	0.03	0.20
50	141465	3055	86	8230	4756	2228	1220	2.19	0.29	2.56	33.12	2.55	0.55	0.32
51	117687	3509	92	7393	3650	3999	1658	2.48	0.27	2.70	18.74	0.99	0.26	0.45
52	128143	3552	82	7911	3817	4037	1710	2.46	0.28	2.68	20.69	0.77	0.15	0.55
53	86695	2860	70	5898	2017	3317	974	2.51	0.31	2.76	32.74	0.18	0.78	0.49
54	135180	3161	97	8294	2948	5629	1233	3.48	0.29	2.60	49.95	0.00	0.15	0.63
55	26676	1759	24	1911	607	1673	621	2.28	0.36	2.68	23.15	0.42	0.35	0.57
56	27825	1529	20	1943	542	3617	688	5.60	0.41	2.70	17.50	1.01	0.74	0.43
57	18878	1161	15	1290	1071	1631	465	3.76	0.33	2.66	12.36	0.61	0.11	0.47
58	87113	2833	67	6077	1130	2302	948	2.61	0.35	2.73	11.93	0.67	0.46	0.43
59	159003	3569	121	10639	1270	4123	1276	2.72	0.34	2.68	45.14	0.01	0.47	0.46
60	51005	2037	39	3665	805	2224	743	0.85	0.36	2.78	8.62	2.78	0.60	0.59
61	17297	1233	10	1050	1038	1822	297	4.00	0.49	2.72	1.23	0.74	0.82	0.61
62	31432	1623	21	1853	198	1525	819	1.91	0.33	2.32	13.70	8.61	3.15	0.40
63	9176	848	12	582	132	754	173	2.78	0.38	2.70	4.65	0.40	6.20	0.42
64	260845	4031	196	17988	424	1863	1021	1.31	0.38	2.68	10.64	1.31	2.09	0.57
65	94581	2312	64	6386	1010	2895	868	2.19	0.37	2.67	7.98	1.77	0.49	0.43
66	23991	1043	21	1701	236	1574	362	3.98	0.39	2.88	20.00	4.91	1.30	0.31

续表

分区序号	面积/km²	周长/km	二级分区数	平均高程/m	相对高差/m	最长河长/km	最长河长比降/‰	河网密度/(km/km²)	河网频度/(×10⁻²条/km²)	河网发育系数	水系不均匀系数	湖沼率/%	径流系数	干旱指数
67	32599	1577	32	2241	318	2435	862	3.17	0.36	2.68	17.47	0.15	2.25	0.35
68	33836	1474	46	2426	148	979	538	0.66	0.37	2.87	7.24	5.52	2.25	0.41
69	12752	892	14	825	134	883	254	2.59	0.42	2.82	62.61	0.04	7.76	0.45
70	162118	3191	134	11375	248	1661	851	0.84	0.39	2.74	7.85	1.55	3.10	0.56
71	41884	1729	30	2703	94	1248	268	0.32	0.39	2.83	7.57	1.16	5.94	0.36
72	42720	1851	23	2872	122	1216	582	0.29	0.36	2.82	25.75	0.00	2.99	0.44
73	20858	1386	12	954	56	934	285	2.92	0.35	1.98	1.41	0.01	12.97	0.41
74	14097	1248	5	333	12	235	343	0.11	0.17	1.10	7.00	0.66	2.18	0.26
75	10412	623	4	622	380	901	253	3.31	0.66	2.60	0.98	1.24	4.64	0.54
76	41104	1989	37	2993	280	1193	469	1.51	0.36	2.90	20.96	0.16	0.88	0.55
77	37549	2606	44	2859	363	1435	497	1.05	0.37	2.85	14.00	2.53	0.95	0.59
78	52447	1626	42	3771	536	1382	443	1.24	0.36	2.80	29.37	0.73	0.56	0.62
79	63095	4141	49	4603	432	1483	708	1.47	0.38	2.79	20.79	0.82	0.56	0.62
80	49452	2203	36	3376	1702	1674	709	2.14	0.35	2.79	15.18	0.24	1.54	0.37
81	55730	2101	48	3862	1235	2047	611	3.41	0.35	2.78	38.76	0.59	0.68	0.48
82	93053	2307	71	6594	480	1644	910	1.28	0.37	2.80	29.35	4.85	0.65	0.59
83	79611	2978	60	5741	480	1774	1177	1.11	0.39	2.90	20.18	2.63	1.03	0.43
84	64367	2178	51	4818	294	1569	702	2.59	0.38	2.92	57.31	7.01	0.78	0.59
85	47117	1546	34	3362	367	1431	520	2.38	0.37	2.88	24.82	0.25	0.81	0.66
86	99599	3409	68	7239	240	1408	641	0.60	0.38	2.93	16.78	0.59	1.24	0.59
87	56010	4528	44	4010	107	1282	1143	0.14	0.39	2.88	41.61	0.60	1.39	0.63
88	33981	1518	27	2348	193	1247	689	1.16	0.39	2.89	7.31	1.05	1.72	0.49

续表

分区序号	面积/km²	周长/km	二级分区数	平均高程/m	相对高差/m	最长河长/km	最长河长比降/‰	河网密度/(km/km²)	河网频度/(×10⁻²条/km²)	河网发育系数	水系不均匀系数	湖沼率/%	径流系数	干旱指数
89	79076	3543	52	5151	1498	2810	751	2.85	0.32	2.72	34.68	3.48	0.23	0.52
90	77320	2610	65	4965	4497	2802	1072	3.01	0.27	2.70	22.80	0.73	0.06	0.42
91	89367	3588	78	6088	1768	5325	1258	3.54	0.34	2.88	20.73	12.03	0.53	0.44
92	110132	3372	82	6883	4618	5749	1583	2.60	0.27	2.69	14.46	0.18	0.25	0.42
93	54498	2963	42	3449	1661	3790	610	5.31	0.31	2.95	16.50	0.85	0.17	0.51
94	291854	7373	204	18069	4461	7812	1807	1.72	0.28	2.78	51.75	1.18	0.21	0.59
95	84751	2709	59	5120	3487	5808	799	6.44	0.27	2.58	20.22	6.31	0.07	0.55
96	2962	363	2	146	4996	1563	67	15.73	0.33	2.57	7.32	0.80	0.00	1.00
97	10084	694	4	582	4937	2105	117	21.51	0.50	2.59	14.33	0.85	10.89	0.46
98	640039	6698	200	31650	5030	6376	649	0.58	0.31	2.26	9.60	0.83	4.56	0.35
99	62364	2388	45	3868	4815	6615	479	3.02	0.31	2.80	19.59	0.49	0.11	0.53
100	7955	1254	4	423	4962	6437	102	16.62	0.31	2.76	13.34	1.11	0.00	0.27
101	59007	1822	36	3719	2023	4358	598	6.58	0.35	2.63	24.23	1.99	0.22	0.42
102	21389	970	9	1363	1114	2727	274	6.74	0.39	2.73	29.60	1.75	0.04	0.14
103	52126	1695	30	3079	1434	3458	679	4.05	0.29	2.53	21.36	0.90	0.40	0.36
104	27781	1268	13	1568	195	287	703	0.40	0.29	2.48	6.21	3.26	3.17	0.08
105	33235	1788	18	1839	334	1143	598	1.92	0.28	2.38	8.90	0.53	2.04	0.05
106	299025	4914	93	11196	1191	2039	678	1.21	0.33	2.66	45.01	0.35	0.36	0.04
107	32928	2031	2	804	1373	660	111	0.01	0.33	2.85	17.92	0.71	0.55	0.04
108	14633	980	2	514	1252	631	176	3.21	0.33	2.69	16.45	4.21	0.10	0.03
109	87612	2114	50	6038	2397	4291	920	3.96	0.44	2.82	38.64	1.27	0.04	0.17
110	96282	2785	41	6454	2055	3952	687	4.89	0.37	2.74	52.15	122.07	0.15	0.20

续表

分区序号	面积 /km²	周长 /km	二级分区数	平均高程 /m	相对高差 /m	最长河长 /km	最长河长比降 /‰	河网密度 /(km/km²)	河网频度 /(×10⁻²条/km²)	河网发育系数	水系不均匀系数	湖沼率 /%	径流系数	干旱指数
111	23349	1214	18	1494	2359	3035	246	11.10	0.37	2.65	67.00	0.62	0.19	0.13
112	64374	1975	12	1749	1455	1973	478	2.21	0.43	2.84	16.46	1.03	0.25	0.00
113	8803	—	—	—	1070	292	—	—	—	—	—	—	0.00	0.02
114	65113	2255	36	3972	1242	2312	390	1.37	0.39	2.73	57.64	2.41	0.05	0.03
115	77028	1712	2	887	1231	937	426	2.00	0.43	3.04	42.60	0.57	0.00	0.02
116	57117	1417	5	1368	1442	1486	243	2.97	0.40	3.09	37.25	1.70	0.00	0.04
117	29668	1145	17	1444	3718	1522	313	4.05	0.43	2.29	1.20	1.31	14.51	0.29
118	94117	2369	38	6389	3580	2583	428	5.40	0.38	2.86	19.25	0.13	1.43	0.17
119	125612	3449	57	7321	4061	3361	837	5.20	0.42	2.45	10.15	0.04	1.91	0.21
120	67462	2301	3	550	2941	2264	303	2.78	0.51	1.23	28.39	0.80	0.00	0.10
121	64760	2627	35	4094	1050	3355	779	3.77	0.38	2.77	9.48	1.00	1.89	0.16
122	89953	—	—	—	628	2866	—	—	—	—	—	—	0.00	0.05
123	82883	2613	49	5070	1520	4494	385	10.51	0.37	2.52	11.73	1.06	1.52	0.39
124	81124	2494	46	4062	1240	3853	340	4.67	0.35	2.05	20.65	1.03	0.10	0.17
125	135173	2599	64	5710	1255	4339	406	4.26	0.35	2.18	16.52	4.41	0.13	0.15
126	90593	2207	13	2892	1364	3518	283	3.39	0.40	2.43	5.33	0.99	0.00	0.05
127	146568	3464	41	8021	1763	5953	1136	2.14	0.37	2.58	5.67	1.10	0.80	0.35
128	205177	4226	75	13226	2709	6435	1536	3.67	0.34	2.67	44.79	2.71	0.43	0.33
129	48502	3135	10	2519	1007	3679	1488	0.38	0.36	2.20	11.59	3.73	0.95	0.16
130	95418	3556	30	5946	3571	5328	1193	5.96	0.33	2.57	13.76	1.26	0.13	0.35
131	165802	3163	58	10471	4170	5259	574	5.90	0.37	2.72	11.72	1.02	1.18	0.27
132	297436	5591	—	322	1122	1562	322	1.55	0.40	2.01	7.41	0.80	0.05	0.15

续表

分区序号	气候分区	地形分区	地貌亚区	主要土地利用类型	主要土壤质地类型
1	寒温带季风性针叶林气候	第二阶梯	大兴安岭中山	有林地	黏壤土
2	中温带季风性针叶、阔叶混交气候	第三阶梯	小兴安岭低山	有林地	砂黏壤土、砂黏土
3	中温带季风性针叶、阔叶混交林气候	第三阶梯	长白山中低山地	有林地	黏壤土
4	中温带季风性森林草原气候	第三阶梯	松辽低平原	耕地	黏壤土、砂黏土
5	中温带季风性森林草原气候	第三阶梯	大兴安岭中山	耕地、有林地	砂黏壤土、砂黏土
6	中温带季风性森林草原气候	第三阶梯	小兴安岭低山	耕地、有林地	砂黏壤土、砂黏土
7	中温带季风性针叶、阔叶混交林气候	第三阶梯	三江低平原	有林地	砂黏壤土
8	中温带季风性针叶、阔叶混交林气候	第三阶梯	三江低平原	耕地	砂黏壤土、砂黏土
9	中温带季风性针叶、阔叶混交林气候	第三阶梯	长白山中低山地	有林地	砂黏壤土
10	中温带季风性针叶、阔叶混交林气候	第三阶梯	长白山中低山地	有林地	砂黏壤土、黏壤土
11	中温带大陆性草原气候	第二阶梯	大兴安岭中山	有林地、草地	黏壤土、砂黏壤土
12	中温带季风性森林草原气候	第三阶梯	松辽低平原	耕地、草地	砂壤土、砂黏壤土、黏壤土
13	暖温带季风性落叶阔叶林气候	第三阶梯	燕山—辽西中低山地	耕地	黏壤土
14	暖温带季风性落叶阔叶林气候	第三阶梯	长白山中低山地	耕地、有林地	砂壤土、砂黏壤土、粉黏壤土
15	中温带季风性针叶、阔叶混交林气候	第三阶梯	长白山中低山地	有林地	砂壤土
16	暖温带季风性落叶阔叶林气候	第二阶梯	燕山—辽西中低山地	耕地、草地	砂壤土、砂黏壤土、壤黏土
17	暖温带季风性落叶阔叶林气候	第二阶梯	大兴安岭中山	有林地、草地	砂壤土、砂黏壤土、砂黏土
18	暖温带季风性落叶阔叶林气候	第三阶梯	华北、华东低平原	耕地	砂壤土、砂黏壤土、粉壤土
19	暖温带季风性森林草原气候	第二阶梯	山西中山盆地	耕地	砂壤土
20	暖温带季风性森林气候	第二阶梯	山西中山盆地	有林地	砂壤土、壤土、黏壤土
21	暖温带季风性森林草原气候	第二阶梯	山西中山盆地	耕地、有林地	砂壤土、砂黏壤土、砂黏土
22	暖温带季风性森林草原气候	第二阶梯	山西中山盆地	耕地、有林地	壤土、砂黏土
23	暖温带季风性落叶阔叶林气候	第三阶梯	山西中山中山盆地	耕地	壤土、粉壤土、砂黏土

续表

分区序号	气候分区	地形分区	地貌亚区	主要土地利用类型	主要土壤质地类型
24	暖温带季风性落叶阔叶林气候	第三阶梯	华北、华东低平原	耕地	粉壤土
25	温带草原气候	第一阶梯	昆仑山极大、大起伏极高山高山	草地	砂壤土、黏壤土
26	温带森林草原气候	第一阶梯	柴达木—黄湟高中盆地	草地	壤土、黏壤土
27	温带森林草原气候	第一阶梯	柴达木—黄湟高中盆地	草地	壤土、黏壤土
28	温带草原气候	第一阶梯	阿尔金山祁连山高山山川高原	草地	壤土、黏壤土
29	暖温带大陆性草原气候	第二阶梯	黄土高原	耕地、草地	壤土、黏壤土、砂黏土
30	中温带大陆性荒漠草原气候	第二阶梯	河套、鄂尔多斯中平原	草地	砂壤土
31	中温带大陆性草原气候	第二阶梯	河套、鄂尔多斯中平原	耕地、草地	砂壤土、砂黏壤土、砂黏土
32	暖温带大陆性草原气候	第二阶梯	黄土高原	草地	砂壤土、壤土
33	暖温带森林草原气候	第二阶梯	山西中山盆地	耕地	砂壤土、壤土
34	暖温带大陆性草原气候	第二阶梯	黄土高原	耕地、有林地	壤土
35	暖温带季风性落叶阔叶林气候	第二阶梯	山西中山盆地	耕地、有林地	砂壤土
36	暖温带季风性落叶阔叶林气候	第二阶梯	华北、华东低平原	有林地	砂壤土、砂黏土
37	暖温带森林草原气候	第二阶梯	山西中山盆地	耕地、有林地	砂壤土、壤土
38	暖温带季风性落叶阔叶林气候	第三阶梯	华北、华东低平原	耕地	砂黏壤土、砂黏土
39	暖温带季风性落叶阔叶林气候	第三阶梯	鲁东低山丘陵	耕地	黏壤土、砂黏土
40	暖温带季风性落叶阔叶林气候	第三阶梯	鲁东低山丘陵	耕地	粉壤土、砂黏壤土
41	北亚热带季风性落叶阔叶、常绿阔叶林气候	第三阶梯	华北、华东低平原	耕地	粉黏壤土、砂黏壤土、壤黏土
42	北亚热带季风性落叶阔叶、常绿阔叶林气候	第三阶梯	华北、华东低平原	耕地	砂黏壤土、粉黏壤土、壤土
43	暖温带季风性落叶阔叶林气候	第三阶梯	华北、华东低平原	耕地	砂黏壤土、砂黏土
44	暖温带季风性落叶阔叶林气候	第三阶梯	鲁东低山丘陵	耕地	粉壤土、砂黏壤土、砂黏土
45	暖温带季风性落叶阔叶林气候	第三阶梯	华北、华东低平原	耕地	砂黏土
46	暖温带季风性落叶阔叶林气候	第三阶梯	鲁东低山丘陵	耕地	砂壤土、砂黏壤土

续表

分区序号	气候分区	地形分区	地貌亚区	主要土地利用类型	主要土壤质地类型
47	暖温带季风性落叶阔叶林气候	第三阶梯	华北、华东低平原	耕地	粉黏壤土
48	北亚热带季风性落叶阔叶、常绿阔叶林气候	第三阶梯	华北、华东低平原	耕地	黏黏壤土、水域
49	北亚热带季风性落叶阔叶、常绿阔叶林气候	第三阶梯	华北、华东低平原	耕地	粉黏壤土、砂黏土
50	亚寒带草原气候	第一阶梯	江河源丘状高山原	草地	砂壤土、黏壤土
51	温带落叶阔叶林气候	第一阶梯	横断山极大、大起伏高山	有林地、草地	砂壤土、黏壤土、砂黏土
52	温带森林草原气候	第一阶梯	横断山极大、大起伏高山	草地	砂黏土、黏壤土
53	中亚热带季风性常绿阔叶林气候	第二阶梯	川西南、滇中中高山盆地	有林地	黏壤土、砂黏土
54	温带落叶阔叶林气候	第一阶梯	横断山极大、大起伏高山	有林地、草地	黏壤土、砂黏土
55	中亚热带季风性常绿阔叶林气候	第二阶梯	四川低盆地	耕地	黏壤土、砂黏土
56	中亚热带季风性常绿阔叶林气候	第二阶梯	四川低盆地	耕地	黏壤土
57	中亚热带季风性常绿阔叶林气候	第二阶梯	鄂黔滇中山	有林地	黏壤土、砂黏土
58	中亚热带季风性常绿阔叶林气候	第二阶梯	鄂黔滇中山	有林地	壤土、黏壤土
59	北亚热带季风性落叶阔叶、常绿阔叶林气候	第二阶梯	四川低盆地	耕地、有林地	黏壤土、砂黏土
60	中亚热带季风性常绿阔叶林气候	第二阶梯	鄂黔滇中山	耕地、有林地	黏壤土、砂黏土
61	中亚热带季风性常绿阔叶林气候	第二阶梯	鄂黔滇中山	有林地	壤土、黏壤土、砂黏土
62	北亚热带季风性落叶阔叶、常绿阔叶林气候	第三阶梯	长江中游平原、低山	耕地	黏壤土
63	中亚热带季风性常绿阔叶林气候	第三阶梯	长江中游平原、低山	耕地、有林地	黏壤土、砂黏土
64	中亚热带季风性常绿阔叶林气候	第三阶梯	鄂黔滇中山	有林地	黏壤土、砂黏土
65	北亚热带季风性落叶阔叶、常绿阔叶林气候	第二阶梯	秦岭大巴山高中山	有林地	黏壤土、砂黏土
66	北亚热带季风性落叶阔叶、常绿阔叶林气候	第三阶梯	淮阳低山	耕地	砂壤土、壤土
67	北亚热带季风性落叶阔叶、常绿阔叶林气候	第三阶梯	淮阳低山	耕地	黏壤土、砂黏土
68	北亚热带季风性落叶阔叶、常绿阔叶林气候	第三阶梯	长江中游平原、低山	耕地	砂壤土、黏壤土
69	北亚热带季风性落叶阔叶、常绿阔叶林气候	第三阶梯	长江中游平原、低山	耕地、有林地	壤黏土、壤黏土

续表

分区序号	气候分区	地形分区	地貌亚区	主要土地利用类型	主要土壤质地类型
70	中亚热带季风性常绿阔叶林气候	第三阶梯	长江中游平原、低山	有林地	砂黏土
71	北亚热带季风性落叶阔叶、常绿阔叶林气候	第三阶梯	宁镇平原丘陵	耕地	黏壤土、粉黏壤土、壤黏土
72	北亚热带季风性落叶阔叶、常绿阔叶林气候	第三阶梯	宁镇平原丘陵	有林地	黏壤土、砂黏壤土、壤黏土
73	北亚热带季风性落叶阔叶、常绿阔叶林气候	第三阶梯	华北、华东平原	耕地、房屋建筑（区）	壤土、黏壤土、粉黏土
74	北亚热带季风性落叶阔叶、常绿阔叶林气候	第三阶梯	华北、华东低平原	耕地	砂壤土、粉黏壤土
75	中亚热带季风性常绿阔叶林气候	第三阶梯	浙闽低山	有林地	砂壤土、壤黏土
76	中亚热带季风性常绿阔叶林气候	第三阶梯	浙闽低中山	有林地	砂壤土、砂黏土
77	中亚热带季风性常绿阔叶林气候	第三阶梯	浙闽低中山	有林地	黏壤土、砂黏土
78	中亚热带季风性常绿阔叶林气候	第三阶梯	浙闽低中山	有林地	黏壤土
79	中亚热带季风性常绿阔叶林气候	第三阶梯	浙闽低中山	有林地	砂壤土
80	中亚热带季风性常绿阔叶林气候	第二阶梯	川西南、滇中中高山盆地	耕地、有林地	砂黏土、黏土
81	中亚热带季风性常绿阔叶林气候	第二阶梯	鄂黔滇中山	有林地	黏壤土、砂黏土
82	中亚热带季风性常绿阔叶林气候	第二阶梯	鄂黔滇中山	有林地	砂壤土
83	南亚热带季风雨林气候	第三阶梯	粤桂低山平原	有林地	砂黏土
84	南亚热带季风雨林气候	第三阶梯	桂湘低中山地	有林地	砂黏土
85	中亚热带季风性常绿阔叶林气候	第三阶梯	桂湘赣低山丘地	有林地	砂黏土
86	南亚热带季风雨林气候	第三阶梯	浙闽低中山	有林地	砂黏土
87	热带雨林、季风雨林气候	第三阶梯	粤桂低山平原	有林地	砂黏土
88	热带雨林、季风雨林气候	第三阶梯	粤桂低山平原	有林地	砂壤土
89	南亚热带季风雨林气候	第二阶梯	川西南、滇中中高山盆地	有林地	黏壤土、砂黏土
90	温带草原气候	第一阶梯	江河上游中、大起伏高山谷地	草地	砂壤土
91	南亚热带季风雨林气候	第二阶梯	滇西南高中山	有林地	黏壤土、砂黏土

续表

分区序号	气候分区	地形分区	地貌亚区	主要土地利用类型	主要土壤质地类型
92	温带森林草原气候	第一阶梯	江河上游中、大起伏高山谷地	草地	砂壤土
93	南亚热带季风雨林气候	第二阶梯	滇西南高中山	有林地	砂黏土
94	温带草原气候	第一阶梯	喜马拉雅山极大、大起伏高山极高山	草地、其他土地	砂壤土
95	北亚热带季风性阔叶落叶林、常绿阔叶林气候	第一阶梯	喜马拉雅山极大、大起伏高山极高山	有林地、草地	砂壤土、砂黏壤土、黏壤土
96	温带草原气候	第一阶梯	喜马拉雅山极大、大起伏高山极高山	其他土地	砂黏壤土、黏壤土
97	温带草原气候	第一阶梯	喜马拉雅山极大、大起伏高山极高山	其他土地	砂壤土
98	寒带草原气候	第一阶梯	羌塘高原湖盆	其他土地	砂黏壤土
99	温带草原气候	第一阶梯	喜马拉雅山极大、大起伏高山极高山	其他土地	砂壤土、砂黏壤土
100	寒带荒漠气候	第一阶梯	喀喇昆仑山大、极大起伏高山	其他土地	黏壤土
101	寒带荒漠气候	第二阶梯	天山高山盆地	草地、其他土地	粉壤土、黏壤土、砂黏土
102	中温带大陆性荒漠气候	第二阶梯	准噶尔低低盆地	草地	黏壤土、砂黏土
103	中温带大陆性荒漠气候	第二阶梯	准噶尔低低盆地	耕地	砂壤土、粉黏壤土、砂黏土
104	中温带季风性森林草原气候	第三阶梯	松辽低平原	耕地	砂黏土
105	中温带季风性森林草原气候	第三阶梯	松辽低平原	耕地、草地	砂壤土、砂黏壤土、粉黏壤土
106	中温带大陆性草原气候	第二阶梯	内蒙古中平原	草地	砂壤土、砂黏壤土
107	中温带大陆性草原气候	第二阶梯	河套、鄂尔多斯中平原	草地	砂壤土
108	中温带大陆性荒漠草原气候	第二阶梯	河套、鄂尔多斯中平原	草地	砂壤土、粉黏壤土
109	暖温带大陆性荒漠气候	第二阶梯	新甘中平原	其他土地	砂壤土、壤土、黏壤土
110	暖温带大陆性荒漠气候	第二阶梯	新甘中平原	其他土地	砂壤土、壤土
111	暖温带大陆性荒漠气候	第二阶梯	新甘中平原	耕地、草地	壤土、砂黏土
112	中温带大陆性荒漠草原气候	第二阶梯	新甘中平原	其他土地	砂土或壤砂土、壤土
113	中温带大陆性荒漠草原气候	第二阶梯	河套、鄂尔多斯中平原	其他土地	砂土或壤砂土

续表

分区序号	气候分区	地形分区	地貌亚区	主要土地利用类型	主要土壤质地类型
114	中温带大陆性荒漠气候	第二阶梯	新甘中平原	其他土地	砂土或壤砂土、壤土
115	中温带大陆性荒漠气候	第二阶梯	新甘中平原	其他土地	壤土
116	中温带大陆性荒漠气候	第二阶梯	新甘中平原	其他土地	黏壤土
117	温带草原气候	第一阶梯	阿尔金山祁连山高山山原	草地	砂壤土、黏壤土
118	温带荒漠气候	第一阶梯	阿尔金山祁连山高山山原	草地	砂壤土、黏壤土
119	温带荒漠气候	第一阶梯	昆仑山极大、大起伏极高山高山	其他土地	砂壤土
120	温带荒漠气候	第一阶梯	柴达木—黄湟高中盆地	其他土地	砂壤土
121	中温带大陆性荒漠气候	第二阶梯	准噶尔低盆地	其他土地	黏壤土、粉黏壤土
122	中温带大陆性荒漠气候	第二阶梯	准噶尔低盆地	其他土地	砂土或壤砂土
123	中温带大陆性荒漠气候	第二阶梯	准噶尔低盆地	其他土地、草地	砂壤土、黏壤土、砂黏土
124	暖温带大陆性荒漠气候	第二阶梯	天山高山盆地	其他土地	粉壤土、砂黏土
125	暖温带大陆性荒漠气候	第二阶梯	新甘中平原	其他土地	砂黏壤土
126	暖温带大陆性荒漠气候	第二阶梯	塔里木盆地	其他土地	砂黏壤土
127	暖温带大陆性荒漠气候	第二阶梯	天山高山盆地	其他土地	粉壤土、砂黏壤土
128	暖温带大陆性荒漠气候	第二阶梯	塔里木盆地	其他土地	粉壤土、砂黏壤土、黏壤土
129	暖温带大陆性荒漠气候	第二阶梯	塔里木盆地	其他土地	砂土或壤砂土、砂黏土
130	温带草原气候	第一阶梯	昆仑山极大、大起伏极高山高山	其他土地	砂壤土、砂黏壤土、黏壤土
131	温带荒漠气候	第一阶梯	昆仑山极大、大起伏极高山高山	草地	砂壤土、砂黏壤土
132	暖温带大陆性荒漠气候	第二阶梯	塔里木盆地	其他土地	砂土或壤砂土

注　沙漠分区根据时令河流进与河流域划分和属性提取；"径流系数"为各分区多年平均径流深与多年平均降水量的比值；"干旱指数"为各分区多年平均潜在蒸散发与多年平均降水量的比值；"主要土地利用类型""主要土壤质地类型"在各分区内的面积占比均不少于 50%。

附表 2.2

山洪预报预警分区小流域基本属性统计表

a) 小流域基本属性均值分布。

分区序号	平均坡度	加权平均坡度	小流域不均匀系数	平均汇流路径长度 /km	最长汇流路径长度 /km	最长汇流路径比降 /‰	单位面积最长汇流路径长度 /(km/km²)	平均坡长 /m	最大坡长 /m	溪沟总长度 /km	溪沟平均比降 /‰	河段长度 /m	河段比降 /‰	河段弯曲率	单位洪峰模数 /[m³/(s·km²)]	汇流时间 /h
全国	0.25	0.34	1.08	5.0	9.4	30.3	1.07	770	2193	17.1	77.8	5089	18.9	1.26	2.9	1.14
1	0.12	0.20	1.11	4.6	8.3	16.1	1.06	862	2142	14.1	32.3	4654	7.5	1.26	2.5	1.21
2	0.06	0.17	1.09	4.8	8.8	7.9	1.44	803	2172	14.8	19.6	5013	4.3	1.28	2.4	1.34
3	0.16	0.24	1.09	4.5	8.4	16.6	0.99	780	1825	14.6	33.0	4605	7.5	1.23	2.5	1.28
4	0.06	0.25	1.08	4.8	8.7	5.0	1.25	766	2334	15.5	12.0	4623	2.5	1.23	2.2	1.44
5	0.09	0.23	1.10	5.0	9.0	10.5	1.00	817	2174	16.2	22.1	4866	4.9	1.27	2.4	1.35
6	0.07	0.24	1.09	4.8	8.7	8.2	1.12	785	2267	14.8	21.6	4749	3.7	1.28	2.3	1.38
7	0.17	0.24	1.08	4.7	8.6	20.6	0.89	819	1902	14.6	46.0	4842	9.9	1.23	2.4	1.28
8	0.06	0.21	1.08	4.8	8.9	7.6	1.43	808	2517	14.7	21.1	4900	3.4	1.27	2.3	1.43
9	0.19	0.27	1.09	4.7	8.5	23.7	0.88	837	1772	14.7	54.0	4674	12.3	1.25	2.5	1.23
10	0.23	0.35	1.09	4.4	8.0	28.0	1.47	813	1852	14.1	57.1	4219	12.7	1.21	2.7	1.16
11	0.09	0.19	1.09	5.3	9.7	11.7	1.07	819	2418	18.5	24.6	5125	5.6	1.30	2.4	1.27
12	0.11	0.21	1.08	5.1	9.6	10.6	1.01	739	2274	17.2	31.7	5268	6.0	1.25	2.3	1.39
13	0.16	0.25	1.09	4.7	8.7	12.3	0.99	719	1991	15.8	27.5	4846	6.9	1.24	2.3	1.31
14	0.17	0.30	1.10	4.3	7.8	12.1	1.23	770	1823	13.4	28.5	4502	5.5	1.23	2.7	1.17
15	0.30	0.30	1.10	4.5	8.2	24.7	1.30	823	1695	14.6	54.7	4673	9.9	1.26	2.6	1.20
16	0.25	0.25	1.09	4.7	8.6	19.1	0.98	771	1992	15.2	43.1	4808	9.6	1.27	2.6	1.22
17	0.33	0.35	1.11	4.5	8.2	33.0	0.88	775	1739	15.0	71.8	4610	16.9	1.26	2.7	1.11
18	0.12	0.30	1.07	5.5	10.2	8.4	1.35	738	2725	18.3	19.1	5166	3.9	1.23	2.2	1.48
19	0.18	0.29	1.07	5.0	9.4	24.4	1.13	714	2467	17.1	53.3	4871	14.3	1.23	2.3	1.39
20	0.33	0.33	1.09	4.8	8.8	32.2	0.91	765	2113	15.8	74.9	4818	16.4	1.29	2.5	1.24

续表

分区序号	平均坡度	加权平均坡度	小流域不均匀系数	平均汇流路径长度/km	最长汇流路径长度/km	最长汇流路径比降/‰	单位面积最长汇流路径长度/(km/km²)	平均坡长/m	最大坡长/m	溪沟总长度/km	溪沟平均比降/‰	河段长度/m	河段比降/‰	河段弯曲率	单位洪峰模数/[s·km²]	汇流时间/h
21	0.31	0.31	1.09	4.7	8.6	29.8	0.96	746	2107	15.5	67.3	4629	16.7	1.24	2.5	1.25
22	0.31	0.26	1.10	4.4	8.0	25.0	0.81	760	1785	14.5	63.4	4257	13.6	1.24	2.5	1.21
23	0.25	0.31	1.08	5.1	9.5	20.8	1.25	811	2360	16.1	62.3	5229	12.8	1.28	2.2	1.45
24	0.00	0.17	1.05	7.0	13.2	0.4	1.07	803	3467	26.9	2.2	6644	0.3	1.17	1.7	2.00
25	0.21	0.31	1.09	5.1	9.4	28.8	1.00	786	2191	17.5	56.1	5186	14.7	1.30	2.8	1.11
26	0.37	0.40	1.07	4.8	9.1	60.9	0.97	785	1983	16.1	104.9	4892	37.3	1.22	2.9	1.09
27	0.38	0.38	1.09	4.7	8.7	40.8	0.88	820	1726	15.1	81.6	4910	22.0	1.25	2.8	1.12
28	0.33	0.43	1.08	4.9	9.1	45.7	1.08	797	2119	16.0	81.4	4829	26.4	1.20	2.8	1.14
29	0.26	0.30	1.07	4.8	9.0	23.4	1.12	736	2032	14.7	45.7	4842	13.5	1.23	2.6	1.24
30	0.08	0.19	1.05	5.4	10.3	11.0	1.23	699	2715	17.9	25.8	5266	7.1	1.21	2.4	1.34
31	0.10	0.26	1.06	5.2	9.8	10.7	1.17	692	2290	17.4	30.3	5372	7.5	1.21	2.6	1.27
32	0.31	0.31	1.09	4.6	8.4	20.4	0.97	786	1838	14.8	73.0	4636	11.5	1.24	2.5	1.23
33	0.26	0.38	1.07	5.0	9.3	25.3	1.20	729	2371	16.4	61.5	4977	15.1	1.21	2.3	1.36
34	0.36	0.35	1.09	4.7	8.6	29.4	0.90	811	2004	15.2	98.0	4726	15.8	1.24	2.4	1.29
35	0.33	0.35	1.06	4.9	9.2	33.4	1.10	756	2073	16.8	87.7	5140	18.5	1.24	2.4	1.35
36	0.34	0.36	1.07	4.7	8.8	28.2	1.15	777	1907	15.0	92.7	4940	15.5	1.27	2.4	1.31
37	0.30	0.31	1.10	4.7	8.5	22.8	0.92	736	1740	15.2	59.5	4830	13.0	1.32	2.4	1.27
38	0.00	0.29	1.07	5.5	10.2	0.3	1.50	800	2706	17.5	3.0	5379	0.2	1.15	2.0	1.66
39	0.12	0.30	1.07	4.9	9.2	10.0	1.27	780	2419	15.9	22.1	5260	4.8	1.18	3.1	1.07
40	0.08	0.30	1.07	5.0	9.3	6.4	1.23	731	2434	16.7	17.9	5006	3.4	1.20	2.4	1.37
41	0.10	0.23	1.08	5.1	9.5	6.7	1.16	716	2115	17.1	22.0	5256	3.0	1.32	2.1	1.50
42	0.14	0.26	1.09	5.1	9.4	12.1	1.08	713	1960	17.2	28.7	5407	6.2	1.36	2.2	1.45

续表

分区序号	平均坡度	加权平均坡度	小流域不均匀系数	平均汇流路径长度/km	最长汇流路径长度/km	最长汇流路径比降/‰	单位面积最长汇流路径长度/(km/km²)	平均坡长/m	最大坡长/m	溪沟总长度/km	溪沟平均比降/‰	河段长度/m	河段比降/‰	河段弯曲率	单位洪峰模数/[m³·(s·km²)]	汇流时间/h
43	0.09	0.27	1.06	5.5	10.3	7.9	1.42	719	2501	18.7	27.7	5552	4.2	1.24	2.1	1.58
44	0.01	0.13	1.06	6.9	13.0	1.0	0.78	830	2945	29.5	4.2	6795	0.5	1.21	1.7	1.89
45	0.03	0.24	1.06	5.9	11.1	2.2	1.52	761	3208	21.0	6.1	5447	1.1	1.13	1.9	1.79
46	0.10	0.22	1.08	4.8	8.8	7.9	1.01	752	2207	16.0	21.2	4810	3.6	1.18	2.1	1.44
47	0.00	0.22	1.06	8.4	15.8	0.3	1.01	860	3595	42.0	4.3	8367	0.1	1.22	1.6	2.07
48	0.01	0.01	1.06	9.5	17.7	0.6	0.52	802	4225	55.5	1.7	9401	0.3	1.26	1.3	2.41
49	0.00	0.06	1.10	9.4	17.1	0.1	0.55	834	3264	47.1	1.1	9257	0.0	1.28	1.3	2.46
50	0.16	0.29	1.08	5.1	9.4	23.0	1.06	746	2076	18.1	55.6	4933	11.5	1.22	3.3	0.97
51	0.49	0.57	1.08	4.4	8.1	90.3	0.86	947	2013	14.4	222.6	4254	61.7	1.19	3.0	1.03
52	0.44	0.55	1.09	4.5	8.3	73.3	0.94	944	1967	14.6	183.3	4470	47.0	1.20	3.0	1.03
53	0.42	0.43	1.08	4.4	8.2	62.8	0.86	855	1909	14.4	141.8	4452	41.2	1.26	2.7	1.14
54	0.51	0.52	1.09	4.6	8.4	63.3	0.80	963	1972	14.8	178.4	4604	54.0	1.24	3.1	1.04
55	0.33	0.30	1.08	4.7	8.6	31.2	0.87	759	1761	14.4	77.4	5047	14.7	1.42	2.4	1.31
56	0.20	0.19	1.09	5.3	9.8	6.6	0.91	676	1864	16.1	25.2	5856	6.0	1.55	1.9	1.63
57	0.46	0.41	1.08	4.5	8.3	53.4	0.78	838	1765	14.4	97.2	4780	26.7	1.32	2.5	1.21
58	0.39	0.44	1.08	4.5	8.3	44.7	1.00	824	1730	14.3	103.6	4750	23.2	1.32	2.5	1.26
59	0.43	0.42	1.09	4.6	8.5	46.4	0.85	873	1701	14.2	101.2	5026	24.0	1.37	2.6	1.24
60	0.43	0.43	1.08	4.4	8.1	58.4	0.92	859	1831	13.9	189.8	4559	28.9	1.33	2.6	1.21
61	0.45	0.47	1.06	4.6	8.7	70.2	0.85	887	1836	16.2	115.7	4796	41.4	1.26	2.6	1.20
62	0.15	0.27	1.06	5.1	9.6	13.9	1.14	762	2115	17.0	34.4	5229	6.8	1.23	2.2	1.49
63	0.18	0.28	1.08	4.5	8.4	8.3	1.05	706	1803	16.5	32.3	4825	3.5	1.25	2.4	1.30
64	0.31	0.33	1.09	4.7	8.7	22.5	1.01	750	1721	14.7	79.9	5066	10.3	1.39	2.4	1.31

续表

分区序号	平均坡度	加权平均坡度	小流域不均匀系数	平均汇流路径长度/km	最长汇流路径长度/km	最长汇流路径比降/‰	单位面积最长汇流路径长度/(km/km²)	平均坡长/m	最大坡长/m	溪沟总长度/km	溪沟平均比降/‰	河段长度/m	河段比降/‰	河段弯曲率	单位洪峰模数/[m³/(s·km²)]	汇流时间/h
65	0.53	0.47	1.10	4.6	8.5	52.2	0.90	868	1711	14.7	145.5	4954	24.8	1.36	2.7	1.16
66	0.12	0.23	1.07	5.0	9.4	9.9	1.15	708	2080	15.6	35.5	5299	4.9	1.29	2.2	1.46
67	0.20	0.33	1.07	4.8	9.0	17.9	1.19	742	1883	15.0	48.5	5113	9.0	1.28	2.4	1.38
68	0.16	0.29	1.08	4.5	8.3	10.7	1.13	709	1769	14.6	34.8	4738	4.1	1.25	2.4	1.32
69	0.21	0.39	1.08	4.5	8.2	12.6	1.23	727	1891	16.2	45.8	4593	4.2	1.22	2.5	1.25
70	0.27	0.30	1.10	4.6	8.5	15.5	1.05	725	1739	14.4	42.2	4956	6.4	1.37	2.5	1.25
71	0.11	0.27	1.09	4.7	8.6	8.3	1.19	720	1919	15.8	21.1	4730	3.7	1.24	2.3	1.36
72	0.19	0.32	1.09	4.7	8.5	9.8	1.27	753	2002	15.2	27.1	4805	3.6	1.28	2.7	1.20
73	0.12	0.27	1.08	4.9	9.1	7.1	1.20	820	2282	16.0	31.8	4765	2.9	1.18	2.5	1.32
74	0.00	0.06	1.07	7.5	14.0	0.2	0.80	854	3642	38.9	2.0	7321	0.0	1.23	2.5	1.35
75	0.48	0.37	1.10	4.9	9.1	24.8	0.83	805	1683	17.0	64.5	5736	10.0	1.46	2.4	1.29
76	0.30	0.36	1.09	4.6	8.5	19.3	1.07	784	1866	14.6	44.7	4812	7.9	1.29	2.5	1.25
77	0.36	0.45	1.10	4.7	8.6	29.7	1.18	794	1832	14.1	67.3	5087	12.2	1.37	2.7	1.19
78	0.40	0.34	1.09	4.5	8.3	34.1	0.85	792	1743	14.1	134.9	4797	14.9	1.39	2.6	1.17
79	0.33	0.48	1.09	4.7	8.7	33.8	1.14	769	1802	14.7	121.6	5173	16.0	1.40	2.6	1.20
80	0.29	0.33	1.07	4.6	8.7	31.9	0.94	776	1760	14.9	57.4	4871	18.1	1.29	2.4	1.31
81	0.42	0.38	1.08	4.6	8.6	38.8	0.88	837	1682	14.4	86.6	5019	20.8	1.34	2.4	1.28
82	0.40	0.37	1.09	4.8	8.9	24.0	0.97	780	1708	14.9	62.3	5202	11.5	1.42	2.4	1.31
83	0.33	0.32	1.09	4.9	9.0	17.6	1.13	742	1645	15.0	48.3	5281	9.0	1.44	2.3	1.37
84	0.33	0.34	1.10	4.7	8.6	19.9	1.04	737	1720	14.5	48.9	4973	8.0	1.43	2.5	1.25
85	0.32	0.33	1.09	4.7	8.7	26.0	0.98	730	1773	14.9	59.1	5009	12.9	1.38	2.5	1.24
86	0.25	0.33	1.09	4.7	8.7	16.4	1.09	724	1848	14.9	52.8	5005	7.0	1.35	2.5	1.24

续表

分区序号	平均坡度	加权平均坡度	小流域不均匀系数	平均汇流路径长度/km	最长汇流路径长度/km	最长汇流路径比降/‰	单位面积最长汇流路径长度/(km/km²)	平均坡长/m	最大坡长/m	溪沟总长度/km	溪沟平均比降/‰	河段长度/m	河段比降/‰	河段弯曲率	单位洪峰模数/[m³/(s·km²)]	汇流时间/h
87	0.17	0.32	1.09	4.9	9.0	8.1	1.17	690	1789	15.5	24.8	5309	3.4	1.37	2.4	1.36
88	0.15	0.24	1.09	4.8	9.0	14.8	1.00	709	1820	15.3	30.5	5198	6.8	1.35	2.5	1.25
89	0.46	0.47	1.09	4.6	8.5	65.5	0.91	869	1773	14.5	144.7	4845	36.0	1.31	2.6	1.22
90	0.43	0.44	1.09	4.4	7.9	63.6	0.80	922	1876	14.2	163.7	4264	38.8	1.19	3.3	0.92
91	0.44	0.45	1.09	4.6	8.4	63.3	0.96	858	1821	14.3	146.1	4755	36.4	1.31	2.7	1.18
92	0.44	0.52	1.09	4.5	8.2	68.2	0.87	941	2045	14.3	170.8	4352	49.1	1.19	3.6	0.85
93	0.41	0.48	1.08	4.5	8.4	64.2	1.17	842	1918	14.5	147.6	4616	44.4	1.24	2.8	1.13
94	0.41	0.52	1.09	4.7	8.5	66.6	1.05	849	2235	15.6	134.8	4386	43.9	1.20	3.7	0.84
95	0.69	0.71	1.08	4.7	8.6	39.4	0.94	951	2479	16.1	227.2	4468	80.8	1.23	3.4	0.92
96	0.17	0.22	1.08	5.6	10.3	31.6	0.95	683	2590	21.7	61.5	5236	17.8	1.19	4.0	0.78
97	0.24	0.36	1.08	4.9	9.1	36.4	1.10	715	2279	17.8	66.3	4774	18.4	1.24	3.9	0.79
98	0.14	0.30	1.08	5.5	10.1	22.9	1.08	706	2401	22.7	47.0	5107	11.4	1.18	3.9	0.34
99	0.32	0.43	1.07	4.9	9.1	54.0	1.04	741	2217	16.3	93.4	4765	35.4	1.21	4.4	0.70
100	0.42	0.40	1.08	4.7	8.8	56.5	0.85	756	2084	15.5	83.1	4809	28.6	1.27	4.2	0.73
101	0.34	0.42	1.06	5.4	10.2	62.8	1.14	744	2455	18.5	197.2	5340	41.6	1.20	3.0	1.15
102	0.17	0.19	1.04	6.1	11.7	32.4	1.43	600	3018	21.3	122.1	6013	21.8	1.20	2.2	1.51
103	0.23	0.30	1.07	5.0	9.4	46.9	0.97	793	2376	17.1	95.3	4844	28.9	1.24	3.2	1.00
104	0.01	0.17	1.07	5.0	9.4	2.3	1.30	816	2680	16.5	6.9	4882	1.3	1.24	2.2	1.49
105	0.06	0.16	1.08	5.0	9.3	5.8	1.01	780	2399	17.7	15.9	4939	3.3	1.20	2.3	1.35
106	0.05	0.14	1.06	5.2	9.8	7.6	1.08	721	2403	17.3	20.1	5268	5.1	1.24	2.5	1.26
107	0.03	0.17	1.06	5.2	9.7	6.0	1.17	715	2468	18.1	67.6	5061	3.8	1.19	2.3	1.33
108	0.02	0.16	1.04	5.4	10.2	6.1	1.00	705	2496	18.4	14.4	5471	4.5	1.20	2.5	1.25
109	0.14	0.40	1.05	6.3	12.2	25.9	1.49	604	2788	22.3	47.8	6418	18.2	1.17	3.8	0.85
110	0.16	0.32	1.05	5.6	10.8	29.0	1.40	671	2689	19.4	52.9	5542	18.8	1.18	3.4	0.98

续表

分区序号	平均坡度	加权平均坡度	小流域不均匀系数	平均汇流路径长度 /km	最长汇流路径长度 /km	最长汇流路径比降 /‰	单位面积最长汇流路径长度 /(km·km²)	平均坡长 /m	最大坡长 /m	溪沟总长度 /km	溪沟平均比降 /‰	河段长度 /m	河段比降 /‰	河段弯曲率	单位洪峰模数 /[m³/(s·km²)]	汇流时间 /h
111	0.23	0.31	1.05	5.7	11.0	34.3	1.20	685	2733	19.6	63.2	5695	22.1	1.22	2.7	1.23
112	0.07	0.23	1.04	6.3	12.0	11.7	1.74	626	3522	20.9	30.6	6512	8.7	1.26	3.6	0.88
113	—	—	—	—	—	—	—	—	—	—	—	—	—	—	—	—
114	0.05	0.12	1.04	5.8	11.2	9.2	1.22	646	2959	19.2	18.0	5994	7.0	1.17	3.8	0.81
115	0.05	0.26	1.05	5.6	10.7	8.7	1.62	602	2654	18.5	21.6	6003	6.2	1.23	4.1	0.76
116	0.06	0.20	1.05	5.2	9.9	8.7	1.30	574	2182	17.2	18.5	5274	6.4	1.16	4.2	0.72
117	0.18	0.30	1.08	5.2	9.6	27.9	1.00	754	2470	16.9	51.3	5123	15.5	1.22	2.7	1.14
118	0.16	0.31	1.06	5.7	10.7	27.8	1.33	652	3068	19.1	58.4	5639	17.9	1.18	3.7	0.87
119	0.20	0.31	1.07	5.6	10.4	31.7	1.11	693	2741	20.6	79.9	5932	19.6	1.20	3.9	0.83
120	0.17	0.33	1.06	7.6	14.8	27.3	1.11	597	2964	40.5	72.0	7379	17.9	1.16	3.7	0.88
121	0.11	0.23	1.05	5.7	10.8	20.8	1.37	644	2859	20.0	53.5	5633	14.3	1.19	3.6	0.91
122	—	—	—	—	—	—	—	—	—	—	—	—	—	—	—	—
123	0.29	0.33	1.05	5.8	11.2	44.6	1.27	694	3036	21.1	140.8	5723	37.6	1.19	3.1	1.14
124	0.13	0.60	1.04	7.3	14.0	23.1	1.37	587	3235	30.8	63.4	6914	18.2	1.16	3.4	1.01
125	0.15	0.32	1.05	6.9	13.2	29.3	1.22	609	2787	27.6	70.7	6862	22.5	1.16	3.6	0.89
126	0.12	0.57	1.05	6.2	11.9	20.3	1.22	618	2436	24.6	50.5	6192	15.6	1.17	4.0	0.81
127	0.23	0.50	1.06	5.6	10.7	34.2	1.22	715	2886	20.2	96.5	5505	24.1	1.22	3.8	0.86
128	0.34	0.42	1.07	5.2	9.8	43.8	1.12	771	2477	18.1	147.3	5146	34.3	1.21	4.0	0.85
129	0.04	0.17	1.06	6.3	11.8	3.7	1.06	692	2640	21.3	14.9	6798	2.8	1.38	3.4	0.98
130	0.38	0.45	1.07	5.4	10.1	55.8	1.06	788	2366	18.5	175.7	5248	42.7	1.20	4.6	0.72
131	0.22	0.39	1.07	5.6	10.5	32.9	1.23	661	2345	20.0	81.1	5433	21.7	1.19	3.8	0.83
132	0.04	0.15	1.05	6.9	13.1	2.3	0.98	575	2133	22.8	5.4	7354	2.0	1.42	3.1	1.01

注　"单位洪峰模数"和"汇流时间"为时段长10min降雨量30mm条件下10mm净雨单位线统计结果。

b) 小流域基本属性离差系数分布。

分区序号	平均坡度	加权平均坡度	小流域不均匀系数	平均汇流路径长度	最长汇流路径长度	最长汇流路径比降	单位面积汇流路径长度	平均坡长	最大坡长	溪沟总长度	溪沟平均比降	河段长度	河段比降	河段弯曲率	单位洪峰模数	汇流时间
全国	0.87	4.02	0.10	0.51	0.52	1.71	2.07	0.66	0.46	1.23	1.63	0.76	1.75	0.23	0.48	0.43
1	0.54	1.91	0.09	0.41	0.40	0.68	3.06	0.57	0.24	0.63	0.61	0.60	0.86	0.17	0.39	0.28
2	0.94	2.72	0.09	0.45	0.44	0.99	3.82	0.46	0.32	0.66	1.19	0.67	1.27	0.22	0.47	0.34
3	0.57	2.94	0.09	0.52	0.54	0.93	1.83	0.57	0.40	1.30	0.76	0.82	1.05	0.21	0.48	0.37
4	1.24	3.95	0.10	0.49	0.48	1.46	1.83	0.68	0.41	0.82	3.34	0.71	1.54	0.24	0.54	0.36
5	0.83	3.40	0.09	0.46	0.47	0.98	1.99	0.62	0.35	0.86	1.21	0.75	1.06	0.22	0.48	0.36
6	1.17	3.43	0.10	0.47	0.46	1.49	1.69	0.82	0.38	0.70	6.31	0.69	1.71	0.25	0.51	0.36
7	0.49	2.44	0.09	0.47	0.48	0.81	1.49	0.52	0.25	0.94	0.75	0.74	1.14	0.20	0.44	0.36
8	1.20	4.18	0.11	0.51	0.50	1.39	2.64	0.74	0.39	0.72	2.07	0.80	1.65	0.30	0.52	0.39
9	0.37	3.47	0.08	0.42	0.43	0.62	1.85	0.52	0.26	0.60	0.42	0.67	0.88	0.18	0.46	0.31
10	0.44	2.71	0.09	0.43	0.43	0.80	3.35	0.56	0.27	0.64	0.51	0.64	0.93	0.19	0.44	0.31
11	0.76	3.59	0.10	0.45	0.45	0.90	2.97	0.73	0.39	3.46	1.42	0.74	1.04	0.25	0.44	0.31
12	1.08	3.40	0.10	0.46	0.46	1.20	1.88	0.59	0.41	0.64	1.78	0.71	1.32	0.20	0.47	0.37
13	0.69	2.84	0.09	0.45	0.44	0.71	1.91	0.35	0.36	0.60	0.78	0.67	0.83	0.29	0.44	0.31
14	0.79	2.84	0.09	0.64	0.68	1.10	1.96	0.58	0.32	0.90	1.03	1.11	1.28	0.38	0.46	0.38
15	0.39	1.39	0.08	0.53	0.58	0.86	5.45	0.51	0.21	1.46	0.63	0.91	0.99	0.22	0.44	0.41
16	0.71	2.15	0.09	0.45	0.45	0.89	1.88	0.67	0.37	0.65	0.87	0.70	1.01	0.27	0.44	0.35
17	0.42	1.65	0.08	0.36	0.37	0.56	1.85	0.38	0.20	0.59	0.48	0.54	0.67	0.22	0.36	0.25
18	1.12	2.85	0.12	0.51	0.50	1.81	2.16	0.42	0.49	0.68	1.72	0.88	2.05	0.24	0.54	0.42
19	0.79	2.34	0.11	0.47	0.46	0.80	1.71	0.82	0.52	0.75	0.83	0.70	0.97	0.17	0.50	0.37
20	0.62	1.63	0.09	0.42	0.42	0.95	1.41	0.29	0.56	0.66	0.82	0.61	1.06	0.21	0.43	0.35
21	0.63	2.25	0.09	0.40	0.39	0.80	2.01	0.43	0.47	0.58	0.75	0.58	0.95	0.19	0.41	0.32

续表

分区序号	平均坡度	加权平均坡度	小流域不均匀系数	平均汇流路径长度	最长汇流路径长度	最长汇流路径比降	单位面积汇流路径长度	平均坡长	最大坡长	溪沟总长度	溪沟平均比降	河段长度	河段比降	河段弯曲率	单位洪峰模数	汇流时间
22	0.55	1.04	0.08	0.35	0.35	0.89	1.22	0.54	0.28	0.55	0.77	0.53	1.04	0.19	0.39	0.27
23	1.12	2.25	0.11	0.52	0.51	1.48	1.78	1.51	0.42	0.68	1.32	0.77	1.78	0.24	0.52	0.40
24	4.54	5.46	0.13	0.64	0.60	2.83	2.32	0.41	0.47	0.85	3.94	1.16	3.23	0.18	0.62	0.50
25	0.72	3.27	0.10	0.51	0.50	1.04	1.73	0.65	0.49	1.39	1.91	0.78	1.29	0.24	0.43	0.34
26	0.39	2.09	0.09	0.46	0.45	0.66	1.65	0.36	0.37	0.74	0.48	0.65	0.85	0.13	0.43	0.33
27	0.40	1.41	0.09	0.43	0.43	0.71	1.49	0.65	0.28	0.62	0.51	0.61	0.87	0.17	0.43	0.32
28	0.53	2.64	0.09	0.45	0.44	0.66	2.10	0.35	0.48	0.63	0.60	0.65	0.85	0.12	0.44	0.34
29	0.57	3.21	0.09	0.46	0.46	0.72	1.54	0.81	0.54	0.64	1.04	0.67	0.82	0.17	0.50	0.36
30	1.67	4.54	0.11	0.49	0.47	1.29	2.06	0.51	0.52	0.68	8.12	0.74	1.36	0.16	0.51	0.35
31	1.25	3.53	0.10	0.50	0.48	1.03	1.76	0.53	0.41	0.91	1.51	0.75	1.14	0.18	0.49	0.40
32	0.57	2.91	0.09	0.42	0.43	0.82	1.74	0.57	0.47	0.59	0.80	0.60	0.90	0.17	0.45	0.31
33	0.66	3.88	0.11	0.47	0.45	0.78	2.13	0.55	0.59	0.63	0.76	0.69	0.95	0.16	0.50	0.36
34	0.46	1.82	0.09	0.43	0.43	0.94	1.72	0.46	0.64	0.64	0.80	0.62	1.11	0.17	0.46	0.34
35	0.67	1.88	0.10	0.49	0.50	0.90	1.74	0.73	0.37	1.25	0.79	0.78	0.97	0.16	0.53	0.39
36	0.66	1.63	0.09	0.44	0.44	0.88	1.46	1.06	0.34	0.61	0.75	0.64	0.98	0.19	0.52	0.33
37	0.47	3.14	0.08	0.44	0.44	0.75	2.12	0.29	0.34	0.52	0.60	0.72	0.79	0.28	0.40	0.34
38	0.87	3.75	0.12	0.55	0.54	1.28	1.93	0.70	0.30	0.66	4.60	0.96	2.70	0.11	0.62	0.41
39	1.09	3.81	0.10	0.56	0.56	1.20	1.94	0.80	0.46	0.80	1.24	0.89	1.42	0.29	0.44	0.49
40	1.26	4.36	0.11	0.54	0.53	1.24	2.10	0.67	0.52	0.68	1.28	0.86	1.63	0.35	0.53	0.40
41	1.34	3.64	0.10	0.50	0.49	1.76	1.65	0.82	0.37	0.86	1.54	0.69	2.01	0.25	0.54	0.37
42	1.34	2.65	0.09	0.48	0.48	1.79	1.76	0.28	0.32	1.16	1.45	0.74	2.11	0.24	0.52	0.37
43	1.74	3.91	0.11	0.57	0.55	1.80	1.84	0.70	0.38	0.78	1.77	0.87	2.69	0.21	0.58	0.43

续表

分区序号	平均坡度	加权平均坡度	小流域不均匀系数	平均汇流路径长度	最长汇流路径长度	最长汇流路径比降	单位面积汇流路径长度	平均坡长	最大坡长	溪沟总长度	溪沟平均比降	河段长度	河段比降	河段弯曲率	单位洪峰模数	汇流时间
44	2.19	7.14	0.11	0.55	0.53	1.86	2.86	0.69	0.43	0.72	3.91	0.96	3.21	0.23	0.59	0.43
45	2.03	3.06	0.13	0.57	0.53	1.83	1.73	0.49	0.43	0.95	1.97	0.97	2.24	0.18	0.63	0.43
46	0.99	2.38	0.09	0.48	0.47	1.12	1.71	0.57	0.40	0.70	0.98	0.72	1.34	0.23	0.47	0.34
47	3.54	6.19	0.11	0.43	0.42	1.92	3.71	0.26	0.36	0.52	6.04	0.73	2.35	0.15	0.74	0.36
48	1.85	1.75	0.11	0.32	0.29	1.11	2.71	0.30	0.55	0.43	1.40	0.54	1.46	0.19	0.58	0.31
49	0.56	5.14	0.11	0.43	0.41	2.40	2.00	0.15	0.28	0.48	4.07	0.73	10.71	0.23	0.66	0.34
50	0.89	6.36	0.09	0.51	0.50	1.13	1.79	0.56	0.29	0.84	0.96	0.74	1.23	0.17	0.40	0.37
51	0.35	2.88	0.08	0.41	0.40	1.10	2.08	0.46	0.31	0.64	0.50	0.60	1.02	0.14	0.39	0.33
52	0.46	2.67	0.09	0.44	0.43	1.21	2.11	0.62	0.25	0.64	0.64	0.64	1.15	0.12	0.39	0.31
53	0.40	1.43	0.09	0.40	0.40	1.26	1.56	0.52	0.23	0.70	0.65	0.59	1.33	0.19	0.42	0.31
54	0.43	1.59	0.08	0.42	0.43	1.90	1.63	0.53	0.32	0.65	0.68	0.62	1.11	0.19	0.40	0.40
55	0.45	1.02	0.08	0.41	0.40	1.07	1.09	0.32	0.17	0.54	0.89	0.57	1.55	0.25	0.48	0.33
56	0.77	3.59	0.09	0.43	0.45	5.61	1.18	0.61	0.70	0.62	2.15	0.58	3.01	0.29	0.54	0.37
57	0.30	0.93	0.08	0.38	0.37	0.69	1.40	0.29	0.18	0.52	0.51	0.54	1.06	0.17	0.42	0.29
58	0.33	2.60	0.08	0.43	0.43	1.10	1.96	0.63	0.20	0.67	0.80	0.62	1.64	0.19	0.49	0.32
59	0.49	1.37	0.08	0.41	0.41	1.39	1.49	0.54	0.23	0.60	0.85	0.59	1.49	0.25	0.47	0.38
60	0.45	0.96	0.08	0.46	0.46	0.96	1.33	0.59	0.20	0.83	0.75	0.67	1.51	0.21	0.49	0.37
61	0.35	1.38	0.08	0.54	0.59	0.92	1.71	0.90	0.21	1.73	0.66	0.99	1.44	0.20	0.45	0.43
62	1.29	3.02	0.10	0.51	0.51	1.98	1.73	0.82	0.38	0.91	2.37	0.80	2.31	0.32	0.58	0.41
63	0.86	3.58	0.09	0.46	0.47	1.36	2.02	0.26	0.31	1.26	1.39	0.71	2.59	0.32	0.50	0.35
64	0.55	2.00	0.08	0.45	0.51	1.20	1.55	0.66	0.21	0.82	1.05	0.71	1.69	0.24	0.49	0.35
65	0.31	1.02	0.08	0.42	0.42	0.78	1.58	0.56	0.19	1.40	0.63	0.61	1.09	0.22	0.43	0.32

续表

分区序号	平均坡度	加权平均坡度	小流域不均匀系数	平均汇流路径长度	最长汇流路径长度	最长汇流路径比降	单位面积汇流路径长度	平均坡长	最大坡长	溪沟总长度	溪沟平均比降	河段长度	河段比降	河段弯曲率	单位洪峰模数	汇流时间
66	1.42	3.41	0.09	0.48	0.47	1.92	1.56	0.92	0.34	0.68	1.60	0.68	2.19	0.27	0.53	0.37
67	1.08	3.08	0.10	0.50	0.49	1.76	1.76	0.41	0.33	0.68	6.10	0.71	2.33	0.32	0.55	0.39
68	0.81	4.17	0.09	0.46	0.46	1.54	1.86	0.38	0.25	0.81	1.25	0.65	2.06	0.30	0.50	0.35
69	0.80	3.33	0.09	0.49	0.49	1.38	1.78	0.58	0.28	1.74	1.39	0.75	2.19	0.31	0.49	0.33
70	0.61	2.43	0.09	0.44	0.51	1.23	1.60	0.53	0.21	0.85	0.92	0.74	1.75	0.25	0.47	0.36
71	1.34	3.94	0.10	0.49	0.49	1.90	1.95	0.65	0.32	1.51	1.65	0.75	2.49	0.26	0.50	0.36
72	1.10	3.14	0.10	0.54	0.52	1.55	2.01	0.58	0.45	1.02	1.51	0.77	2.06	0.23	0.49	0.38
73	1.37	3.08	0.11	0.49	0.72	2.03	2.01	1.00	0.43	0.70	13.74	1.20	2.44	0.21	0.51	0.46
74	2.64	4.39	0.11	0.54	0.53	2.30	2.98	0.56	0.39	0.90	5.18	0.87	5.64	0.19	0.47	0.47
75	0.34	0.85	0.09	0.38	0.50	0.90	1.21	0.38	0.16	3.34	0.63	0.76	1.12	0.27	0.42	0.37
76	0.70	2.47	0.09	0.44	0.44	1.09	1.61	0.71	0.35	0.71	0.96	0.63	1.43	0.24	0.46	0.33
77	0.56	2.67	0.09	0.51	0.52	1.03	2.11	0.72	0.26	0.73	0.78	0.79	1.56	0.38	0.45	0.34
78	0.26	0.88	0.08	0.39	0.39	0.72	1.32	0.56	0.16	0.59	0.63	0.56	1.22	0.20	0.42	0.28
79	0.49	2.82	0.09	0.59	0.59	0.88	2.08	0.54	0.22	0.71	0.79	0.91	1.46	0.40	0.47	0.37
80	0.50	2.44	0.09	0.43	0.43	0.97	1.54	0.44	0.29	0.85	0.76	0.63	1.43	0.23	0.50	0.33
81	0.33	1.60	0.08	0.41	0.42	1.06	1.48	0.65	0.18	0.59	0.79	0.59	1.66	0.21	0.48	0.32
82	0.45	1.57	0.08	0.43	0.43	1.05	1.58	0.49	0.19	0.62	0.99	0.60	1.74	0.25	0.49	0.32
83	0.51	2.02	0.08	0.46	0.46	1.28	3.20	0.55	0.19	0.67	1.08	0.63	1.76	0.26	0.53	0.34
84	0.46	2.07	0.08	0.44	0.44	1.09	1.50	0.52	0.21	0.60	0.80	0.61	1.62	0.26	0.49	0.32
85	0.46	1.85	0.09	0.42	0.42	0.94	1.58	0.34	0.19	0.60	0.79	0.59	1.63	0.24	0.45	0.30
86	0.60	3.05	0.10	0.50	0.49	1.13	1.75	0.68	0.28	0.90	0.98	0.74	1.70	0.29	0.48	0.34
87	0.80	3.98	0.09	0.57	0.56	1.65	2.07	0.73	0.23	0.83	1.29	0.87	2.35	0.39	0.51	0.37

续表

分区序号	平均坡度	加权平均坡度	小流域不均匀系数	平均汇流路径长度	最长汇流路径长度	最长汇流路径比降	单位面积汇流路径长度	平均坡长	最大坡长	溪沟总长度	溪沟平均比降	河段长度	河段比降	河段弯曲率	单位洪峰模数	汇流时间
88	0.90	3.47	0.09	0.52	0.53	1.37	1.66	0.34	0.26	0.85	1.16	0.83	1.86	0.38	0.46	0.35
89	0.28	1.85	0.08	0.42	0.42	0.75	1.80	0.57	0.21	0.60	0.54	0.60	1.11	0.18	0.45	0.34
90	0.38	1.10	0.08	0.40	0.40	1.15	1.67	0.44	0.21	0.60	0.55	0.58	1.16	0.11	0.34	0.26
91	0.29	1.46	0.09	0.45	0.44	1.06	1.68	0.55	0.22	0.77	0.58	0.63	1.19	0.19	0.45	0.33
92	0.51	3.85	0.08	0.42	0.41	1.45	2.05	0.41	0.24	0.68	0.68	0.63	1.26	0.12	0.32	0.27
93	0.42	1.71	0.09	0.46	0.44	1.26	2.46	0.47	0.22	0.62	0.63	0.65	1.15	0.15	0.44	0.35
94	0.52	4.25	0.09	0.44	0.43	1.18	2.46	0.54	0.28	0.65	0.79	0.66	1.15	0.13	0.34	0.32
95	0.41	1.92	0.09	0.40	0.39	4.30	3.82	0.47	0.23	0.62	0.45	0.59	0.93	0.11	0.36	0.31
96	0.85	0.99	0.11	0.54	0.51	1.12	0.96	0.24	0.33	1.97	0.81	0.86	1.23	0.23	0.30	0.27
97	0.52	3.72	0.10	0.66	0.62	0.88	1.81	0.35	0.35	2.59	0.77	1.09	1.25	0.19	0.28	0.39
98	0.84	6.30	0.11	0.55	0.54	0.99	1.82	0.69	0.37	2.07	1.11	0.84	1.31	0.19	0.35	0.47
99	0.52	4.02	0.09	0.44	0.43	0.98	1.83	0.54	0.25	0.62	0.70	0.64	1.14	0.12	0.27	0.23
100	0.41	1.17	0.07	0.37	0.37	0.82	1.39	0.28	0.18	0.56	0.70	0.54	1.06	0.13	0.28	0.26
101	0.72	2.88	0.10	0.51	0.50	1.01	1.87	0.75	0.43	0.72	0.83	0.76	1.13	0.15	0.50	0.49
102	1.00	2.03	0.11	0.54	0.53	1.01	2.37	0.54	0.60	0.79	4.72	0.81	1.41	0.13	0.55	0.50
103	0.77	2.32	0.10	0.46	0.46	1.00	1.71	0.81	0.48	0.68	1.01	0.70	1.32	0.18	0.40	0.38
104	1.21	3.98	0.11	0.54	0.53	1.47	1.86	0.55	0.37	1.04	4.35	0.87	1.36	0.28	0.56	0.38
105	1.38	5.65	0.10	0.44	0.44	1.43	2.47	0.60	0.38	1.00	5.36	0.71	1.54	0.20	0.47	0.35
106	0.87	5.65	0.10	0.47	0.46	0.73	2.07	0.75	0.45	0.75	9.97	0.72	0.89	0.22	0.46	0.34
107	1.35	4.96	0.11	0.47	0.45	0.97	1.98	1.06	0.39	0.70	21.51	0.72	1.23	0.20	0.48	0.33
108	0.70	4.55	0.10	0.46	0.44	0.43	1.50	0.62	0.31	0.65	1.41	0.70	0.65	0.15	0.45	0.30
109	1.22	5.32	0.13	0.62	0.61	1.25	1.64	1.09	0.41	0.87	3.89	0.88	1.12	0.12	0.37	0.39
110	1.35	3.39	0.11	0.54	0.53	1.62	3.20	0.81	0.43	0.83	1.41	0.80	1.53	0.13	0.42	0.47

续表

分区序号	平均坡度	加权平均坡度	小流域不均匀系数	平均汇流路径长度	最长汇流路径长度	最长汇流路径比降	单位面积汇流路径长度	平均坡长	最大坡长	溪沟总长度	溪沟平均比降	河段长度	河段比降	河段弯曲率	单位洪峰模数	汇流时间
111	0.87	4.98	0.11	0.52	0.51	0.97	1.68	0.91	0.59	0.73	1.25	0.74	1.03	0.18	0.47	0.51
112	1.49	4.48	0.13	0.52	0.49	1.07	1.89	1.18	0.53	0.76	8.19	0.79	1.26	0.48	0.36	0.33
113	—	—	—	—	—	—	—	—	—	—	—	—	—	—	—	—
114	1.53	5.10	0.11	0.49	0.48	0.90	1.72	0.95	0.52	0.67	2.78	0.75	0.95	0.12	0.31	0.29
115	0.80	4.48	0.11	0.54	0.54	0.60	1.91	1.30	0.42	0.69	1.63	0.85	0.88	0.54	0.29	0.25
116	0.84	3.54	0.10	0.48	0.47	0.61	1.68	0.58	0.26	0.60	0.90	0.72	0.80	0.09	0.26	0.20
117	0.60	5.12	0.10	0.46	0.53	0.63	1.80	0.38	0.49	0.67	0.61	0.88	0.79	0.14	0.40	0.34
118	0.96	4.75	0.12	0.57	0.55	0.91	1.64	0.83	0.62	1.10	1.11	0.80	1.06	0.13	0.36	0.38
119	0.95	4.30	0.11	0.59	0.58	1.05	1.51	0.98	0.61	1.20	1.29	0.80	1.21	0.14	0.36	0.37
120	0.79	3.95	0.12	0.61	0.79	0.86	1.60	0.85	0.40	1.08	1.08	1.40	1.04	0.15	0.37	0.49
121	1.13	3.79	0.12	0.55	0.53	1.06	1.98	0.82	0.56	1.29	1.89	0.83	1.20	0.16	0.38	0.38
122	—	—	—	—	—	—	—	—	—	—	—	—	—	—	—	—
123	0.95	2.59	0.12	0.54	0.54	1.76	1.95	0.69	0.67	1.43	1.19	0.81	1.24	0.17	0.50	0.53
124	1.23	7.38	0.12	0.61	0.60	1.35	2.19	1.20	0.66	1.00	1.92	0.91	1.33	0.12	0.43	0.56
125	1.24	7.93	0.11	0.61	0.60	1.37	1.77	1.19	0.50	0.98	1.56	0.87	1.23	0.11	0.38	0.39
126	1.40	3.55	0.11	0.59	0.60	1.00	1.37	0.82	0.38	2.88	2.79	0.83	1.00	0.11	0.34	0.39
127	1.13	7.70	0.11	0.52	0.51	1.66	1.85	1.00	0.58	1.71	1.38	0.82	1.44	0.19	0.36	0.45
128	0.87	3.79	0.11	0.51	0.50	1.84	1.91	0.69	0.39	0.83	1.07	0.77	1.30	0.16	0.39	0.51
129	2.71	6.75	0.10	0.53	0.52	5.17	1.95	0.45	0.40	0.68	4.32	0.84	5.26	0.32	0.40	0.47
130	0.80	3.44	0.10	0.53	0.54	1.55	1.92	0.50	0.37	0.73	0.95	0.77	1.20	0.14	0.33	0.38
131	1.00	7.64	0.11	0.54	0.54	1.25	1.64	0.86	0.39	1.32	1.29	0.79	1.22	0.16	0.35	0.37
132	0.65	5.20	0.10	0.41	0.41	0.79	1.20	0.17	0.30	0.55	2.39	0.65	0.98	0.19	0.35	0.39

注　"单位洪峰模数"和"汇流时间"为时段长 10min 降雨量 30mm 条件下、降雨历时 10min 净雨单位线统计结果。

附表2.3

山洪预报预警分区小流域水文特征统计表

分区编码	统计指标	A/km²	S	S'	L_{av}/km	L/km	J/‰	K_a	L/A/(km/km²)	L_h/km	L_{hm}/km	L_w/km	J_w/‰	L_r/km	J_r/‰
								几何特征							
全国 A_s: 868.67 ΔZ: 8844 N: 535858	平均值	16.21	0.25	0.34	5.05	9.36	34	1.54	1.07	0.77	2.19	17.77	79	5.09	22
	上限	45.07	1.09	0.94	11.60	21.51	124	2.41	1.73	1.30	4.11	46.96	318	15.08	72
	上五分位数	22.77	0.46	0.42	6.61	12.27	52	1.71	0.98	0.88	2.60	24.30	133	7.36	30
	中位数	14.30	0.21	0.22	4.82	8.92	18	1.40	0.64	0.73	1.92	15.38	44	4.33	10
	下五分位数	7.90	0.03	0.07	3.29	6.10	5	1.24	0.47	0.59	1.59	9.19	10	2.21	2
	下限	2.00	0.00	0.00	0.03	0.03	0	1.00	0.02	0.17	0.09	0.03	0	0.03	0
1: AA23A100 A_s: 6.05 ΔZ: 1168 N: 3767	平均值	16.06	0.12	0.20	4.62	8.28	16	1.52	0.52	0.86	2.14	14.42	33	4.65	8
	上限	48.44	0.32	0.43	10.19	18.01	48	2.43	0.52	1.23	3.71	40.86	90	13.44	30
	上五分位数	24.08	0.17	0.22	6.02	10.70	24	1.71	0.37	0.93	2.52	21.10	47	6.81	14
	中位数	14.64	0.11	0.14	4.55	8.15	14	1.39	0.30	0.82	2.06	13.06	31	4.11	8
	下五分位数	7.43	0.06	0.08	3.24	5.80	8	1.23	0.26	0.72	1.72	7.83	17	2.31	3
	下限	2.00	0.00	0.00	0.14	0.25	0	1.07	0.17	0.41	0.57	0.03	0	0.03	0
2: AA23A300 A_s: 6.34 ΔZ: 685 N: 3646	平均值	15.82	0.06	0.17	4.81	8.79	8	1.64	0.55	0.80	2.17	15.23	20	5.01	6
	上限	49.63	0.25	0.38	11.04	20.10	32	2.57	0.79	1.18	4.33	44.42	76	14.84	21
	上五分位数	24.37	0.10	0.18	6.36	11.61	13	1.78	0.47	0.88	2.70	22.52	32	7.32	9
	中位数	14.27	0.05	0.09	4.68	8.50	7	1.41	0.31	0.77	2.01	13.67	16	4.28	4
	下五分位数	6.30	0.00	0.04	3.18	5.88	1	1.25	0.24	0.67	1.61	7.70	2	2.27	1
	下限	2.00	0.00	0.00	0.14	0.23	0	1.06	0.11	0.37	0.23	0.03	0	0.03	0
3: AB22A500 A_s: 4.30 ΔZ: 2002 N: 2836	平均值	15.16	0.16	0.24	4.53	8.36	17	1.47	0.78	0.78	1.83	15.18	33	4.61	8
	上限	43.11	0.49	0.46	10.08	18.73	52	2.24	1.19	1.09	2.81	40.70	110	13.07	29
	上五分位数	21.40	0.24	0.24	5.87	10.77	25	1.64	0.66	0.83	2.01	21.23	52	6.51	13
	中位数	13.96	0.15	0.16	4.44	8.11	13	1.37	0.42	0.74	1.68	13.72	29	3.92	6
	下五分位数	6.77	0.07	0.09	2.99	5.45	6	1.23	0.30	0.66	1.47	8.17	12	2.07	2
	下限	2.00	0.00	0.01	0.08	0.11	0	1.07	0.12	0.41	0.66	0.04	0	0.03	0

续表

分区编码	统计指标	A/km²	S	S'	L_{av}/km	L/km	J/‰	几何特征 K_a	L/A/(km/km²)	L_h/km	L_{hm}/km	L_w/km	J_w/‰	L_r/km	J_r/‰
4: AB22A400 A_s: 3.31 ΔZ: 697 N: 2118	平均值	15.61	0.06	0.25	4.75	8.74	5	1.54	0.78	0.77	2.33	16.49	12	4.62	3
	上限	48.79	0.28	0.44	11.88	21.65	17	2.32	1.29	1.12	5.29	47.51	43	14.49	11
	上五分位数	23.77	0.11	0.19	6.49	11.92	8	1.69	0.81	0.81	3.06	23.87	19	6.92	5
	中位数	14.19	0.02	0.09	4.68	8.66	3	1.40	0.59	0.71	2.09	14.76	7	4.02	2
	下五分位数	5.20	0.00	0.03	2.82	5.32	1	1.26	0.48	0.61	1.57	8.05	2	1.85	1
	下限	2.00	0.00	0.00	0.07	0.11	0	1.02	0.29	0.31	0.16	0.04	0	0.03	0
5: AB15A200 A_s: 21.49 ΔZ: 1322 N: 12067	平均值	17.81	0.09	0.23	4.98	8.99	11	1.52	0.80	0.82	2.17	16.84	22	4.87	6
	上限	53.44	0.39	0.48	11.77	20.97	40	2.40	1.21	1.17	4.16	49.87	80	15.63	22
	上五分位数	27.01	0.17	0.22	6.66	11.97	18	1.69	0.74	0.88	2.64	25.00	35	7.40	10
	中位数	16.02	0.08	0.12	4.82	8.70	8	1.38	0.54	0.78	2.00	15.02	18	4.10	4
	下五分位数	7.32	0.02	0.05	3.25	5.94	3	1.23	0.42	0.68	1.62	8.28	5	1.89	1
	下限	2.00	0.00	0.00	0.04	0.05	0	1.02	0.26	0.39	0.10	0.03	0	0.03	0
6: AB23A700 A_s: 16.58 ΔZ: 1360 N: 10830	平均值	15.31	0.07	0.24	4.76	8.74	9	1.59	0.80	0.78	2.27	15.48	22	4.75	5
	上限	47.74	0.37	0.51	11.22	20.42	32	2.49	1.38	1.19	4.57	44.17	77	14.40	16
	上五分位数	22.79	0.15	0.22	6.34	11.61	14	1.75	0.80	0.85	2.81	22.39	32	6.99	7
	中位数	14.09	0.03	0.11	4.66	8.60	4	1.42	0.56	0.73	2.04	13.95	9	4.13	2
	下五分位数	6.14	0.00	0.03	3.07	5.72	1	1.26	0.42	0.62	1.64	7.86	2	2.05	1
	下限	2.00	0.00	0.00	0.06	0.08	0	1.03	0.17	0.28	0.11	0.03	0	0.03	0
7: AB23A500 A_s: 3.73 ΔZ: 1256 N: 2323	平均值	16.06	0.17	0.24	4.67	8.63	21	1.53	0.80	0.82	1.90	15.03	47	4.84	11
	上限	44.28	0.42	0.45	10.24	18.69	71	2.35	1.38	1.18	3.19	39.69	162	13.59	40
	上五分位数	22.97	0.24	0.25	6.04	11.08	32	1.68	0.71	0.89	2.21	21.00	74	6.81	18
	中位数	14.49	0.18	0.17	4.53	8.36	17	1.38	0.38	0.78	1.82	13.61	41	4.21	8
	下五分位数	8.76	0.09	0.11	3.19	5.92	7	1.24	0.27	0.69	1.55	8.52	16	2.29	3
	下限	2.00	0.00	0.00	0.07	0.11	0	1.08	0.15	0.42	0.65	0.04	0	0.03	0

续表

分区编码	统计指标	A /km²	S	S'	L_{av} /km	L /km	J /‰	K_a	L/A /(km/km²)	L_h /km	L_{km} /km	L_w /km	J_w /‰	L_r /km	J_r /‰
								几何特征							
8: AC23A600 A_s: 5.96 ΔZ: 976 N: 3954	平均值	15.00	0.07	0.21	4.82	8.93	8	1.60	0.81	0.81	2.52	15.32	23	4.90	5
	上限	47.77	0.33	0.43	11.05	20.20	39	2.58	1.30	1.26	5.73	43.85	109	14.55	22
	上五分位数	22.53	0.15	0.18	6.32	11.63	16	1.78	0.80	0.88	3.34	22.19	44	7.04	9
	中位数	13.75	0.02	0.09	4.64	8.61	4	1.40	0.59	0.75	2.29	13.68	8	4.12	2
	下五分位数	5.68	0.00	0.00	3.08	5.88	0	1.24	0.47	0.62	1.70	7.72	1	1.97	0
	下限	2.00	0.00	0.00	0.05	0.08	0	1.02	0.17	0.25	0.12	0.03	0	0.03	0
9: AD23A500 A_s: 1.03 ΔZ: 1120 N: 642	平均值	15.97	0.19	0.27	4.66	8.52	24	1.51	0.83	0.84	1.77	15.20	54	4.67	13
	上限	45.52	0.39	0.38	10.33	18.86	62	2.43	1.31	1.13	2.94	39.76	122	13.61	43
	上五分位数	23.55	0.25	0.24	6.13	11.23	32	1.72	0.84	0.88	2.06	21.69	71	7.03	20
	中位数	15.02	0.19	0.18	4.59	8.36	21	1.39	0.64	0.79	1.69	14.23	54	3.98	11
	下五分位数	7.86	0.13	0.14	3.25	5.99	13	1.23	0.51	0.70	1.46	8.96	37	2.13	4
	下限	2.00	0.00	0.04	0.06	0.10	1	1.08	0.06	0.46	0.59	0.06	0	0.04	0
10: AE22A500 A_s: 2.28 ΔZ: 1401 N: 1567	平均值	14.57	0.23	0.35	4.35	7.96	28	1.47	0.85	0.81	1.85	14.85	58	4.22	13
	上限	44.85	0.53	0.50	9.78	18.11	80	2.21	1.35	1.15	3.03	39.56	151	12.60	49
	上五分位数	21.83	0.31	0.30	5.79	10.52	40	1.62	0.82	0.87	2.13	20.96	80	6.22	22
	中位数	13.77	0.24	0.22	4.44	8.09	25	1.36	0.60	0.77	1.76	13.82	58	3.75	11
	下五分位数	5.57	0.15	0.16	2.96	5.33	13	1.22	0.47	0.68	1.51	8.35	32	1.97	4
	下限	2.00	0.00	0.00	0.07	0.10	0	1.03	0.21	0.43	0.62	0.04	0	0.04	0
11: AF15A200 A_s: 15.21 ΔZ: 1485 N: 7764	平均值	19.59	0.09	0.19	5.29	9.66	12	1.53	0.85	0.82	2.42	19.08	25	5.13	6
	上限	56.92	0.32	0.43	12.20	21.89	41	2.45	1.35	1.26	4.94	51.98	87	16.29	24
	上五分位数	28.77	0.15	0.19	7.04	12.71	19	1.72	0.84	0.90	3.01	26.54	39	7.76	10
	中位数	18.04	0.08	0.11	5.12	9.38	10	1.38	0.63	0.77	2.20	17.32	20	4.34	5
	下五分位数	9.36	0.02	0.03	3.59	6.58	3	1.23	0.48	0.66	1.73	9.55	6	2.04	1
	下限	2.00	0.00	0.00	0.07	0.11	0	1.02	0.31	0.30	0.16	0.03	0	0.03	0

续表

分区编码	统计指标	A/km²	S	S'	L_{av}/km	L/km	J/‰	K_a	L/A/(km/km²)	L_h/km	L_{hm}/km	L_w/km	J_w/‰	L_r/km	J_r/‰
								几何特征							
12: BA15G200 A_s: 22.12 ΔZ: 1829 N: 13082	平均值	16.91	0.11	0.21	5.15	9.56	11	1.55	0.85	0.74	2.27	17.72	32	5.27	7
	上限	48.53	0.53	0.55	11.68	21.77	45	2.39	1.31	1.09	4.52	48.77	133	15.75	27
	上五分位数	25.09	0.22	0.23	6.76	12.60	19	1.71	0.81	0.80	2.78	25.50	54	7.69	12
	中位数	15.36	0.05	0.11	4.96	9.21	7	1.41	0.60	0.70	2.01	16.27	14	4.53	4
	下五分位数	9.46	0.01	0.02	3.48	6.43	1	1.25	0.46	0.60	1.63	9.89	2	2.30	1
	下限	2.00	0.00	0.00	0.04	0.06	0	1.02	0.15	0.31	0.06	0.03	0	0.03	0
13: BB21B400 A_s: 3.66 ΔZ: 962 N: 2390	平均值	15.30	0.16	0.25	4.73	8.68	12	1.51	0.85	0.72	1.99	16.32	28	4.85	7
	上限	40.90	0.55	0.46	9.94	18.58	37	2.23	1.31	1.01	3.40	42.30	83	13.42	25
	上五分位数	21.91	0.26	0.24	6.01	11.15	18	1.64	0.83	0.78	2.30	22.86	40	6.82	12
	中位数	14.50	0.15	0.15	4.67	8.50	11	1.38	0.63	0.69	1.81	15.39	23	4.39	7
	下五分位数	9.18	0.06	0.09	3.35	6.19	5	1.25	0.51	0.62	1.56	9.88	11	2.40	2
	下限	2.00	0.00	0.00	0.10	0.16	0	1.02	0.18	0.39	0.48	0.10	0	0.04	0
14: BC21B100 A_s: 2.46 ΔZ: 665 N: 1841	平均值	13.35	0.17	0.30	4.25	7.76	12	1.61	0.86	0.77	1.82	14.13	29	4.50	7
	上限	41.94	0.61	0.53	10.00	17.94	43	2.55	1.37	1.10	3.06	40.37	107	12.89	24
	上五分位数	19.70	0.31	0.27	5.53	9.99	19	1.76	0.83	0.82	2.11	20.22	47	6.21	10
	中位数	11.98	0.14	0.16	4.10	7.36	8	1.39	0.59	0.73	1.72	12.39	19	3.63	4
	下五分位数	4.73	0.04	0.08	2.54	4.60	3	1.24	0.47	0.64	1.48	5.79	7	1.74	1
	下限	2.00	0.00	0.00	0.08	0.13	0	1.08	0.10	0.38	0.59	0.04	0	0.03	0
15: BD22A500 A_s: 3.26 ΔZ: 2208 N: 2216	平均值	14.71	0.31	0.30	4.49	8.17	25	1.61	0.86	0.82	1.70	14.96	55	4.67	11
	上限	41.14	0.69	0.57	9.69	18.05	71	2.51	1.28	1.15	2.57	38.32	170	12.94	37
	上五分位数	20.73	0.41	0.34	5.83	10.50	35	1.77	0.76	0.88	1.91	20.59	84	6.51	17
	中位数	13.65	0.31	0.25	4.43	8.04	20	1.42	0.55	0.78	1.65	13.50	49	4.11	9
	下五分位数	6.73	0.21	0.19	3.04	5.45	11	1.26	0.42	0.70	1.46	8.31	26	2.20	3
	下限	2.00	0.00	0.00	0.10	0.17	0	1.08	0.14	0.44	0.79	0.04	0	0.07	0

续表

分区编码	统计指标	A/km²	S	S'	L_{av}/km	L/km	J/‰	几何特征							
								K_a	L/A/(km/km²)	L_h/km	L_{hm}/km	L_w/km	J_w/‰	L_r/km	J_r/‰
16: CA13B400 A_s: 5.52 ΔZ: 1960 N: 3661	平均值	15.07	0.25	0.25	4.69	8.59	20	1.53	0.87	0.77	1.99	15.81	43	4.81	10
	上限	39.13	0.75	0.62	10.19	18.64	69	2.36	1.32	1.15	3.32	40.14	161	13.64	39
	上五分位数	21.19	0.41	0.30	6.06	11.12	31	1.69	0.78	0.84	2.26	21.89	71	6.83	17
	中位分位数	14.22	0.27	0.21	4.58	8.38	16	1.39	0.55	0.73	1.79	14.81	39	4.29	8
	下五分位数	9.05	0.05	0.07	3.29	6.01	5	1.24	0.42	0.63	1.55	9.66	10	2.29	2
	下限	2.00	0.00	0.00	0.07	0.09	0	1.01	0.14	0.32	0.50	0.04	0	0.03	0
17: CB13B400 A_s: 1.54 ΔZ: 1700 N: 1044	平均值	14.74	0.33	0.35	4.50	8.17	33	1.51	0.87	0.78	1.74	15.48	72	4.61	17
	上限	35.19	0.71	0.59	8.90	16.15	84	2.33	1.40	1.07	2.55	37.60	182	12.29	53
	上五分位数	20.17	0.44	0.37	5.64	10.20	45	1.68	0.87	0.85	1.94	21.17	99	6.50	26
	中位分位数	14.23	0.33	0.29	4.55	8.14	30	1.38	0.65	0.76	1.71	14.70	68	4.25	15
	下五分位数	10.15	0.19	0.23	3.44	6.23	19	1.24	0.51	0.67	1.52	10.19	43	2.61	7
	下限	2.00	0.00	0.05	0.15	0.29	2	1.08	0.27	0.47	0.97	0.07	0	0.11	0
18: CB11B400 A_s: 2.27 ΔZ: 957 N: 1223	平均值	18.58	0.12	0.30	5.48	10.20	10	1.67	0.88	0.74	2.73	19.48	20	5.17	6
	上限	54.05	0.54	0.75	13.00	24.54	42	2.44	1.36	1.17	5.99	53.86	83	16.57	23
	上五分位数	28.60	0.22	0.31	7.33	13.75	17	1.74	0.85	0.84	3.47	27.83	34	7.74	9
	中位分位数	17.54	0.10	0.12	5.23	9.87	2	1.44	0.63	0.72	2.38	18.60	2	4.40	2
	下五分位数	7.82	0.00	0.02	3.51	6.50	0	1.26	0.50	0.61	1.76	10.35	1	1.80	0
	下限	2.00	0.00	0.00	0.11	0.18	0	1.02	0.13	0.26	0.24	0.06	0	0.03	0
19: CC14B400 A_s: 4.55 ΔZ: 2279 N: 3059	平均值	14.86	0.18	0.29	5.00	9.35	24	1.43	0.88	0.71	2.47	17.84	54	4.87	15
	上限	39.71	0.68	0.65	11.79	21.90	82	2.04	1.29	1.17	5.39	46.82	194	14.86	56
	上五分位数	20.96	0.31	0.32	6.69	12.56	38	1.54	0.79	0.79	3.13	24.81	87	7.23	25
	中位分位数	14.24	0.16	0.19	4.84	9.16	20	1.34	0.57	0.66	2.00	16.40	43	4.20	12
	下五分位数	8.45	0.03	0.09	3.29	6.26	8	1.22	0.46	0.53	1.61	9.95	15	2.09	3
	下限	2.00	0.00	0.00	0.07	0.10	0	1.05	0.16	0.22	0.18	0.03	0	0.03	0

续表

分区编码	统计指标	几何特征													
		A /km²	s	s'	L_{av} /km	L /km	J /‰	K_a	L/A /(km/km²)	L_h /km	L_{hm} /km	L_w /km	J_w /‰	L_r /km	J_r /‰
20：CD13B400 A_s：2.30 ΔZ：2202 N：1510	平均值	15.21	0.33	0.33	4.77	8.80	32	1.52	0.88	0.77	2.11	16.34	75	4.82	17
	上限	36.49	0.84	0.83	9.80	18.48	117	2.32	1.39	1.15	3.06	37.46	294	13.17	68
	上五分位数	20.96	0.54	0.43	6.05	11.27	51	1.69	0.82	0.86	2.17	21.51	127	6.74	29
	中位数	14.10	0.33	0.29	4.62	8.55	26	1.42	0.57	0.74	1.80	15.03	65	4.37	12
	下五分位数	10.24	0.13	0.15	3.52	6.43	7	1.27	0.44	0.64	1.58	10.45	15	2.42	3
	下限	2.00	0.00	0.00	0.09	0.16	0	1.04	0.28	0.35	0.71	0.10	0	0.03	0
21：CE14B400 A_s：3.25 ΔZ：2543 N：2249	平均值	14.46	0.31	0.31	4.65	8.55	30	1.46	0.88	0.75	2.11	15.93	67	4.63	17
	上限	35.05	0.82	0.73	9.56	18.01	99	2.18	1.39	1.19	3.43	38.72	240	12.90	60
	上五分位数	19.88	0.49	0.37	5.95	10.98	46	1.62	0.84	0.84	2.32	21.77	111	6.61	27
	中位数	13.94	0.32	0.24	4.57	8.37	25	1.37	0.60	0.72	1.82	14.97	57	4.22	13
	下五分位数	9.71	0.10	0.13	3.45	6.28	10	1.25	0.46	0.61	1.58	10.06	21	2.38	4
	下限	2.00	0.00	0.00	0.07	0.10	0	1.03	0.16	0.26	0.54	0.06	0	0.03	0
22：CF14B400 A_s：1.95 ΔZ：1692 N：1389	平均值	14.03	0.31	0.26	4.36	7.96	25	1.50	0.89	0.76	1.78	14.79	64	4.26	14
	上限	33.04	0.77	0.63	8.87	16.09	73	2.24	1.38	1.11	2.74	35.53	192	11.40	48
	上五分位数	19.54	0.45	0.34	5.55	10.08	35	1.66	0.83	0.84	1.99	20.42	92	5.99	22
	中位数	13.29	0.29	0.22	4.43	7.98	20	1.41	0.58	0.72	1.68	13.96	57	3.94	11
	下五分位数	9.86	0.16	0.14	3.32	5.96	10	1.26	0.46	0.64	1.48	9.71	25	2.36	4
	下限	2.00	0.00	0.00	0.14	0.26	0	1.09	0.16	0.35	0.73	0.03	0	0.09	0
23：CF41B200 A_s：0.88 ΔZ：1489 N：595	平均值	14.73	0.25	0.31	5.12	9.51	22	1.56	0.90	0.81	2.36	16.88	64	5.23	15
	上限	41.35	0.98	0.94	12.70	22.77	86	2.36	1.39	1.33	5.32	44.81	301	15.75	55
	上五分位数	20.98	0.56	0.42	7.09	12.80	35	1.70	0.84	0.87	3.10	24.03	128	7.86	22
	中位数	13.87	0.11	0.20	4.78	9.06	10	1.41	0.61	0.72	2.04	15.73	24	4.08	6
	下五分位数	6.49	0.00	0.04	3.17	5.75	1	1.24	0.48	0.54	1.58	8.94	1	2.11	1
	下限	2.00	0.00	0.00	0.06	0.10	0	1.06	0.06	0.30	0.19	0.04	0	0.03	0

续表

分区编码	统计指标	几何特征													
		A/km²	S	S'	L_{av}/km	L/km	J/‰	K_a	L/A/(km/km²)	L_h/km	L_{hm}/km	L_w/km	J_w/‰	L_r/km	J_r/‰
24：CG13B200 A_s：9.67 ΔZ_s：283 N：3142	平均值	30.79	0.00	0.17	7.00	13.25	1	1.63	0.90	0.80	3.47	27.80	2	6.64	1
	上限	82.27	0.00	0.29	15.71	28.94	1	2.55	1.35	1.36	7.02	67.90	2	22.03	1
	上五分位数	41.16	0.00	0.12	8.97	16.77	1	1.75	0.82	0.94	4.25	36.25	1	9.69	1
	中位分位数	27.83	0.00	0.03	6.30	12.16	0	1.40	0.60	0.81	3.08	24.79	0	5.07	0
	下五分位数	13.57	0.00	0.00	4.38	8.63	0	1.22	0.47	0.65	2.39	14.44	0	1.40	0
	下限	2.00	0.00	0.00	0.06	0.07	0	1.02	0.19	0.23	0.13	0.03	0	0.03	0
25：DA63J200 A_s：13.23 ΔZ_s：2874 N：7573	平均值	17.48	0.21	0.31	5.13	9.35	29	1.53	0.91	0.79	2.19	18.13	57	5.19	16
	上限	51.95	0.77	0.73	12.42	22.42	101	2.37	1.51	1.25	4.21	51.31	205	16.05	56
	上五分位数	25.82	0.35	0.35	6.93	12.60	45	1.69	0.96	0.87	2.61	25.99	93	7.72	25
	中位分位数	15.48	0.18	0.21	4.95	9.03	20	1.39	0.72	0.75	1.88	16.02	43	4.33	10
	下五分位数	7.80	0.07	0.10	3.25	6.00	8	1.23	0.58	0.62	1.55	8.99	17	2.13	3
	下限	2.00	0.00	0.00	0.06	0.10	0	1.02	0.24	0.27	0.19	0.03	0	0.03	0
26：DA63J900 A_s：2.47 ΔZ_s：2936 N：1576	平均值	15.70	0.37	0.40	4.84	9.05	61	1.42	0.91	0.79	1.98	16.80	106	4.89	39
	上限	43.96	0.80	0.76	11.15	20.42	169	2.05	1.30	1.20	3.36	45.09	266	14.04	127
	上五分位数	22.31	0.50	0.44	6.37	11.97	87	1.56	0.81	0.87	2.28	23.69	147	7.04	60
	中位分位数	14.45	0.38	0.33	4.80	8.99	53	1.33	0.61	0.75	1.83	15.06	100	4.31	31
	下五分位数	7.82	0.25	0.22	3.15	5.97	31	1.22	0.48	0.65	1.55	9.35	62	2.26	15
	下限	2.00	0.00	0.03	0.07	0.10	0	1.05	0.16	0.35	0.46	0.05	0	0.07	0
27：DA62J200 A_s：2.56 ΔZ_s：2331 N：1662	平均值	15.42	0.38	0.38	4.72	8.67	41	1.49	0.91	0.82	1.73	15.64	82	4.91	23
	上限	40.54	0.90	0.73	10.41	19.12	112	2.26	1.42	1.19	2.77	40.27	218	13.80	76
	上五分位数	21.90	0.51	0.43	6.16	11.33	57	1.65	0.85	0.90	1.96	21.84	116	7.01	35
	中位分位数	14.40	0.38	0.32	4.68	8.58	34	1.38	0.60	0.79	1.62	14.36	75	4.37	19
	下五分位数	9.05	0.25	0.22	3.31	6.01	20	1.24	0.47	0.68	1.42	9.38	48	2.45	8
	下限	2.00	0.00	0.02	0.08	0.16	0	1.10	0.28	0.42	0.64	0.03	0	0.10	0

续表

分区编码	统计指标	A /km²	S	S'	L_{av} /km	L /km	J /‰	K_a	L/A /(km/km²)	L_h /km	L_{hm} /km	L_w /km	J_w /‰	L_r /km	J_r /‰
									几 何 特 征						
28: DA63H800 A_s: 3.29 ΔZ: 2841 N: 2063	平均值	15.96	0.33	0.43	4.91	9.09	46	1.40	0.92	0.80	2.12	16.70	82	4.83	27
	上限	45.07	0.92	0.76	11.14	20.50	137	1.98	1.31	1.24	3.74	45.13	251	14.66	94
	上五分位数	23.43	0.48	0.42	6.50	12.15	68	1.53	0.81	0.89	2.42	23.83	123	7.17	43
	中位数	14.72	0.33	0.29	4.79	8.96	39	1.31	0.59	0.77	1.83	15.21	74	4.18	22
	下五分位数	8.97	0.17	0.19	3.34	6.23	20	1.21	0.48	0.65	1.54	9.62	37	2.17	9
	下限	2.00	0.00	0.01	0.06	0.10	0	1.03	0.29	0.32	0.26	0.11	0	0.04	0
29: DA62B500 A_s: 6.02 ΔZ: 2642 N: 4472	平均值	13.47	0.26	0.30	4.79	8.96	23	1.41	0.92	0.74	2.03	15.42	46	4.84	14
	上限	38.54	0.70	0.56	11.06	20.70	62	2.02	1.54	1.13	3.37	40.56	129	14.54	43
	上五分位数	19.32	0.37	0.29	6.35	11.94	32	1.53	0.91	0.80	2.25	21.72	64	7.12	21
	中位数	13.04	0.27	0.21	4.76	8.89	20	1.32	0.63	0.69	1.75	14.49	40	4.30	12
	下五分位数	6.47	0.12	0.12	3.20	5.97	12	1.21	0.49	0.58	1.50	8.82	21	2.09	6
	下限	2.00	0.00	0.00	0.06	0.09	0	1.03	0.16	0.26	0.37	0.03	0	0.03	0
30: DA64G400 A_s: 4.05 ΔZ: 1711 N: 2495	平均值	16.22	0.08	0.19	5.38	10.27	11	1.44	0.94	0.70	2.72	18.68	26	5.27	9
	上限	50.03	0.22	0.41	12.94	24.71	31	2.06	1.47	1.14	5.82	52.59	63	17.43	26
	上五分位数	24.21	0.10	0.18	7.24	13.86	15	1.55	0.89	0.78	3.39	26.82	28	8.16	12
	中位数	14.78	0.03	0.05	5.28	10.14	8	1.33	0.64	0.64	2.31	17.44	12	4.47	6
	下五分位数	6.86	0.01	0.02	3.40	6.61	3	1.21	0.50	0.54	1.78	9.45	5	1.91	2
	下限	2.00	0.00	0.00	0.07	0.10	0	1.02	0.09	0.20	0.17	0.07	0	0.03	0
31: DA15G400 A_s: 5.07 ΔZ: 1149 N: 3131	平均值	16.18	0.10	0.26	5.21	9.81	11	1.52	0.94	0.69	2.29	18.19	31	5.37	9
	上限	46.74	0.43	0.55	12.21	23.38	39	2.17	1.34	1.11	4.75	49.31	118	16.97	30
	上五分位数	23.59	0.18	0.24	6.88	13.13	17	1.61	0.79	0.77	2.89	25.92	49	8.11	13
	中位数	14.51	0.05	0.10	5.05	9.59	9	1.37	0.57	0.65	2.00	16.92	19	4.51	7
	下五分位数	7.97	0.00	0.04	3.31	6.28	2	1.24	0.43	0.55	1.64	10.04	2	2.14	2
	下限	2.00	0.00	0.00	0.07	0.10	0	1.03	0.22	0.26	0.14	0.05	0	0.03	0

续表

分区编码	统计指标	A/km²	S	S'	L_{av}/km	L/km	J/‰	K_a	L/A/(km/km²)	L_h/km	L_{hm}/km	L_w/km	J_w/‰	L_r/km	J_r/‰
32: DA61B500 A_s: 12.96 ΔZ: 2115 N: 8947	平均值	14.49	0.31	0.31	4.59	8.43	21	1.46	0.94	0.79	1.84	15.30	74	4.64	12
	上限	35.96	0.70	0.59	9.77	17.91	57	2.13	1.35	1.13	2.78	37.95	240	12.89	41
	上五分位数	20.08	0.48	0.32	5.91	10.81	29	1.59	0.79	0.85	1.98	20.94	112	6.59	19
	中位数	13.98	0.34	0.25	4.56	8.29	17	1.37	0.55	0.75	1.64	14.42	63	4.25	10
	下五分位数	9.40	0.11	0.14	3.33	6.07	10	1.24	0.42	0.66	1.44	9.56	26	2.37	4
	下限	2.00	0.00	0.00	0.06	0.09	0	1.04	0.21	0.37	0.64	0.03	0	0.03	0
33: DB14B400 A_s: 4.56 ΔZ: 1966 N: 3038	平均值	15.02	0.26	0.38	4.98	9.32	26	1.40	0.95	0.73	2.37	17.15	63	4.98	17
	上限	41.74	0.78	0.62	11.44	21.92	82	2.00	1.81	1.15	5.36	44.99	212	14.92	57
	上五分位数	21.86	0.40	0.32	6.56	12.50	39	1.53	1.02	0.81	3.05	24.04	97	7.32	26
	中位数	14.11	0.30	0.23	4.83	9.12	23	1.32	0.68	0.70	1.82	15.89	59	4.31	14
	下五分位数	8.40	0.05	0.12	3.29	6.18	9	1.21	0.47	0.58	1.52	9.97	19	2.17	4
	下限	2.00	0.00	0.00	0.04	0.05	0	1.03	0.08	0.26	0.23	0.04	0	0.03	0
34: DC62B500 A_s: 13.50 ΔZ: 3045 N: 8817	平均值	15.31	0.36	0.35	4.69	8.65	30	1.44	0.96	0.81	2.00	15.61	98	4.73	17
	上限	38.11	0.82	0.56	9.85	18.46	73	2.13	1.50	1.17	3.07	39.19	290	12.99	50
	上五分位数	21.26	0.48	0.36	5.99	11.10	38	1.58	0.89	0.88	2.09	21.36	142	6.68	23
	中位数	14.35	0.37	0.29	4.60	8.38	22	1.35	0.62	0.79	1.66	14.26	76	4.23	13
	下五分位数	10.01	0.25	0.22	3.41	6.18	14	1.22	0.48	0.69	1.43	9.46	44	2.47	5
	下限	2.00	0.00	0.02	0.07	0.11	0	1.04	0.10	0.41	0.46	0.04	0	0.03	0
35: DA41B400 A_s: 1.53 ΔZ: 1875 N: 1006	平均值	15.23	0.33	0.35	4.90	9.24	34	1.48	0.96	0.76	2.07	17.46	90	5.14	21
	上限	39.44	0.88	0.79	10.94	20.49	105	2.11	1.41	1.15	3.97	42.43	319	14.46	71
	上五分位数	20.93	0.53	0.41	6.43	12.02	50	1.60	0.85	0.83	2.52	23.41	146	7.19	33
	中位数	13.97	0.33	0.28	4.74	9.02	29	1.36	0.62	0.70	1.85	15.86	81	4.42	17
	下五分位数	8.38	0.11	0.14	3.39	6.32	12	1.25	0.48	0.59	1.56	10.15	24	2.32	6
	下限	2.00	0.00	0.00	0.07	0.10	0	1.06	0.15	0.24	0.22	0.05	0	0.03	0

几何特征

续表

分区编码	统计指标	A/km²	S	S'	L_{av}/km	L/km	J/‰	几何特征							
								K_a	L/A/(km/km²)	L_h/km	L_{hm}/km	L_w/km	J_w/‰	L_r/km	J_r/‰
36: DA41B600 A_s: 1.89 ΔZ: 1924 N: 1378	平均值	13.71	0.34	0.36	4.73	8.85	29	1.45	0.97	0.78	1.91	15.88	95	4.94	17
	上限	38.25	0.84	0.80	10.70	20.19	86	2.06	1.40	1.14	3.02	39.83	327	14.78	59
	上五分位数	19.61	0.57	0.41	6.24	11.77	42	1.57	0.85	0.82	2.14	22.22	155	7.31	27
	中位数	13.53	0.35	0.29	4.80	9.01	23	1.36	0.61	0.70	1.77	15.04	82	4.59	13
	下五分位数	6.88	0.11	0.14	3.26	6.04	12	1.24	0.48	0.61	1.55	10.06	31	2.20	5
	下限	2.00	0.00	0.01	0.14	0.25	0	1.06	0.21	0.32	0.68	0.03	0	0.06	0
37: DA14B400 A_s: 1.38 ΔZ: 2075 N: 940	平均值	14.72	0.30	0.31	4.70	8.55	23	1.48	0.97	0.74	1.74	15.51	60	4.83	14
	上限	34.73	0.65	0.49	9.45	16.99	57	2.16	1.69	0.99	2.47	37.58	148	12.87	43
	上五分位数	20.57	0.38	0.30	5.87	10.62	30	1.61	0.95	0.79	1.86	21.21	80	6.72	21
	中位数	14.04	0.32	0.23	4.56	8.34	21	1.37	0.62	0.72	1.61	14.63	58	4.21	12
	下五分位数	10.21	0.19	0.17	3.49	6.32	12	1.24	0.45	0.65	1.43	10.22	34	2.55	5
	下限	2.00	0.00	0.00	0.06	0.08	0	1.04	0.17	0.46	1.01	0.08	0	0.05	0
38: DA41B200 A_s: 1.00 ΔZ: 46 N: 528	平均值	18.97	0.00	0.29	5.52	10.24	0	1.59	0.97	0.80	2.71	18.89	3	5.38	0
	上限	49.67	0.00	0.48	13.90	26.02	1	2.53	1.48	1.27	4.86	47.28	2	18.76	1
	上五分位数	28.40	0.00	0.20	7.58	14.23	1	1.77	0.91	0.90	3.32	27.93	1	8.30	1
	中位数	19.09	0.00	0.04	5.25	9.78	0	1.41	0.67	0.77	2.66	18.48	1	4.17	0
	下五分位数	5.99	0.00	0.00	3.07	5.70	0	1.24	0.53	0.62	2.10	9.36	0	1.28	0
	下限	2.00	0.00	0.00	0.12	0.20	0	1.07	0.14	0.23	0.29	0.04	0	0.03	0
39: DA37B200 A_s: 1.33 ΔZ: 877 N: 834	平均值	15.98	0.12	0.30	4.93	9.19	10	1.52	0.97	0.78	2.42	16.76	23	5.26	6
	上限	50.14	0.51	0.55	11.51	21.48	37	2.20	1.45	1.14	5.07	44.75	88	14.67	19
	上五分位数	23.83	0.23	0.26	6.43	12.09	16	1.64	0.88	0.83	3.02	24.34	37	7.20	8
	中位数	14.62	0.07	0.13	4.69	8.62	7	1.38	0.63	0.72	2.03	15.61	14	4.22	3
	下五分位数	6.25	0.01	0.06	3.01	5.70	2	1.25	0.49	0.62	1.64	8.29	3	2.00	1
	下限	2.00	0.00	0.00	0.07	0.10	0	1.05	0.14	0.33	0.37	0.04	0	0.03	0

续表

分区编码	统计指标	A/km²	S	S'	L_{av}/km	L/km	J/‰	K_a	L/A/(km/km²)	L_h/km	L_{hm}/km	L_w/km	J_w/‰	L_r/km	J_r/‰
40: DD37B100 A_s: 6.73 ΔZ: 699 N: 4085	平均值	16.47	0.08	0.30	4.97	9.27	7	1.60	0.98	0.73	2.43	17.55	18	5.01	4
	上限	51.27	0.36	0.51	11.45	21.83	25	2.40	1.47	1.11	5.33	49.61	73	14.82	15
	上五分位数	25.07	0.15	0.22	6.48	12.24	11	1.71	0.90	0.80	3.10	25.49	31	7.16	7
	中位数	14.75	0.04	0.10	4.70	8.76	5	1.39	0.66	0.69	2.00	15.78	12	4.12	3
	下五分位数	7.11	0.00	0.04	3.14	5.83	1	1.24	0.52	0.59	1.61	9.16	2	1.99	1
	下限	2.00	0.00	0.00	0.06	0.09	0	1.02	0.17	0.28	0.12	0.04	0	0.03	0
41: EA41B300 A_s: 4.10 ΔZ: 998 N: 2465	平均值	16.65	0.10	0.23	5.11	9.45	7	1.64	0.98	0.72	2.11	18.00	23	5.26	4
	上限	47.36	0.56	0.58	12.10	22.09	25	2.59	1.45	1.07	3.99	47.87	101	15.67	13
	上五分位数	22.99	0.23	0.25	6.76	12.55	10	1.83	0.86	0.78	2.55	24.68	41	7.68	6
	中位数	14.02	0.03	0.10	5.03	9.28	2	1.50	0.60	0.67	1.88	15.60	6	4.77	2
	下五分位数	6.69	0.00	0.02	3.20	6.05	1	1.32	0.47	0.58	1.59	8.98	1	2.23	0
	下限	2.00	0.00	0.00	0.07	0.11	0	1.04	0.20	0.29	0.26	0.04	0	0.03	0
42: EA34C200 A_s: 1.53 ΔZ: 1307 N: 907	平均值	16.87	0.14	0.26	5.13	9.44	13	1.68	0.98	0.71	1.96	18.05	30	5.41	8
	上限	40.30	0.60	0.77	11.05	20.55	54	2.69	1.65	1.05	3.23	42.23	162	15.23	28
	上五分位数	22.09	0.38	0.33	6.66	12.17	22	1.88	1.02	0.79	2.25	23.43	68	7.69	12
	中位数	14.63	0.03	0.11	4.97	9.13	2	1.51	0.76	0.69	1.80	15.55	7	4.77	2
	下五分位数	9.92	0.01	0.02	3.58	6.59	1	1.33	0.58	0.60	1.58	10.55	2	2.42	1
	下限	2.00	0.00	0.00	0.09	0.17	0	1.06	0.35	0.38	0.60	0.12	0	0.03	0
43: EA41B400 A_s: 3.62 ΔZ: 1603 N: 2002	平均值	18.07	0.09	0.27	5.48	10.28	8	1.57	0.99	0.72	2.50	19.91	28	5.55	5
	上限	53.78	0.44	0.71	13.24	24.70	34	2.39	1.39	1.16	5.24	52.81	106	17.59	19
	上五分位数	25.33	0.18	0.29	7.30	13.74	14	1.71	0.84	0.80	3.16	27.33	43	8.31	8
	中位数	15.15	0.01	0.10	5.17	9.75	2	1.40	0.60	0.67	2.27	17.13	5	4.56	2
	下五分位数	6.35	0.00	0.01	3.30	6.41	0	1.26	0.47	0.56	1.76	10.29	1	2.06	0
	下限	2.00	0.00	0.00	0.05	0.06	0	1.05	0.19	0.20	0.06	0.05	0	0.03	0

表头"几何特征"为 A、S、S'、L_{av}、L、J、K_a、L/A、L_h、L_{hm}、L_w、J_w、L_r、J_r 各列之总标题。

续表

分区编码	统计指标	A /km²	S	S'	L_{av} /km	L /km	J /‰	几何特征 K_a	L/A /(km/km²)	L_h /km	L_{hm} /km	L_w /km	J_w /‰	L_r /km	J_r /‰
44: EA34B300 A_s: 7.45 ΔZ: 156 N: 2225	平均值	33.47	0.01	0.13	6.88	12.95	1	1.72	0.99	0.83	2.95	30.08	4	6.80	1
	上限	105.67	0.03	0.19	16.05	30.35	5	2.76	1.57	1.25	6.19	86.36	11	22.64	4
	上五分位数	50.87	0.01	0.08	9.08	17.15	2	1.89	0.91	0.91	3.69	43.84	5	10.30	2
	中位数	29.05	0.00	0.01	6.20	11.82	0	1.49	0.60	0.80	2.75	25.86	0	5.32	0
	下五分位数	13.64	0.00	0.00	4.28	8.24	0	1.31	0.46	0.68	1.96	14.38	0	2.06	0
	下限	2.00	0.00	0.00	0.05	0.06	0	1.01	0.11	0.33	0.14	0.04	0	0.03	0
45: EB37B300 A_s: 3.85 ΔZ: 365 N: 1678	平均值	22.92	0.03	0.24	5.93	11.11	3	1.66	1.00	0.76	3.21	22.39	6	5.45	2
	上限	75.60	0.10	0.52	14.29	27.02	11	2.51	1.71	1.29	7.09	60.55	21	19.18	7
	上五分位数	35.54	0.04	0.23	7.88	15.03	5	1.73	0.96	0.90	4.11	31.83	9	8.47	3
	中位数	21.77	0.00	0.07	5.57	10.75	1	1.37	0.63	0.75	3.02	21.55	1	4.36	1
	下五分位数	4.70	0.00	0.02	3.60	6.88	0	1.21	0.46	0.59	2.08	10.22	0	1.25	0
	下限	2.00	0.00	0.00	0.09	0.13	0	1.02	0.02	0.13	0.12	0.08	0	0.03	0
46: EB37B100 A_s: 1.76 ΔZ: 655 N: 1074	平均值	16.38	0.10	0.22	4.77	8.85	8	1.51	1.00	0.75	2.21	16.64	22	4.81	4
	上限	46.78	0.47	0.45	9.85	19.32	29	2.24	1.68	1.09	4.39	44.55	88	13.63	15
	上五分位数	24.15	0.20	0.22	6.12	11.47	13	1.65	0.94	0.81	2.72	23.46	37	6.89	7
	中位数	14.82	0.07	0.13	4.62	8.65	5	1.39	0.60	0.72	1.91	15.03	16	4.25	3
	下五分位数	8.66	0.01	0.05	3.37	6.18	2	1.26	0.44	0.63	1.61	9.34	3	2.28	1
	下限	2.00	0.00	0.00	0.14	0.27	0	1.04	0.07	0.36	0.27	0.04	0	0.03	0
47: EB32B300 A_s: 1.21 ΔZ: 159 N: 241	平均值	50.13	0.00	0.22	8.41	15.77	0	1.72	1.00	0.86	3.59	43.61	4	8.37	1
	上限	100.42	0.00	0.19	18.55	30.91	1	2.64	1.39	1.12	6.78	91.15	3	24.69	1
	上五分位数	73.73	0.00	0.08	11.28	20.74	1	1.87	0.85	0.94	4.29	60.99	1	12.85	0
	中位数	54.54	0.00	0.00	8.64	16.33	0	1.51	0.62	0.85	3.37	46.61	0	7.30	0
	下五分位数	22.78	0.00	0.00	5.35	10.47	0	1.28	0.49	0.75	2.62	23.45	0	2.98	0
	下限	2.00	0.00	0.00	0.08	0.17	0	1.06	0.12	0.47	0.48	0.27	0	0.03	0

续表

分区编码	统计指标	A/km²	S	S'	L_{av}/km	L/km	J/‰	几何特征 K_a	L/A/(km/km²)	L_h/km	L_{km}/km	L_w/km	J_w/‰	L_r/km	J_r/‰
48: EC32C400 A_s: 0.63 ΔZ: 138 N: 106	平均值	59.53	0.01	0.01	9.48	17.75	1	1.51	1.00	0.80	4.22	56.06	2	9.40	1
	上限	99.10	0.03	0.03	16.28	31.54	3	1.99	1.71	1.00	9.84	102.30	7	22.24	2
	上五分位数	79.63	0.01	0.01	11.80	21.95	1	1.59	0.98	0.89	5.78	77.59	3	13.96	1
	中位数	59.93	0.00	0.00	9.33	17.77	1	1.38	0.65	0.76	3.50	56.13	1	9.05	0
	下五分位数	46.98	0.00	0.00	7.27	13.96	0	1.27	0.48	0.68	2.35	36.53	0	4.91	0
	下限	2.00	0.00	0.00	0.97	2.88	0	1.15	0.20	0.49	1.65	0.14	0	0.04	0
49: EC32C300 A_s: 2.70 ΔZ: 199 N: 487	平均值	55.50	0.00	0.06	9.43	17.08	0	1.98	1.00	0.83	3.26	47.92	1	9.26	1
	上限	128.69	0.00	0.09	19.71	36.02	0	3.58	1.65	1.11	5.83	112.12	1	25.12	0
	上五分位数	77.46	0.00	0.04	12.01	22.06	0	2.26	0.91	0.92	3.89	65.91	0	13.03	0
	中位数	56.79	0.00	0.00	9.16	16.65	0	1.64	0.55	0.84	3.14	48.37	0	8.04	0
	下五分位数	36.14	0.00	0.00	6.61	12.48	0	1.38	0.41	0.76	2.58	32.94	0	4.23	0
	下限	2.00	0.00	0.00	0.25	0.59	0	1.11	0.10	0.52	0.62	0.29	0	0.03	0
50: FA63J100 A_s: 14.23 ΔZ: 2228 N: 8230	平均值	17.30	0.16	0.29	5.12	9.45	23	1.47	1.00	0.75	2.08	18.88	56	4.93	13
	上限	52.09	0.57	0.62	12.54	22.71	70	2.20	1.64	1.22	3.70	52.73	198	15.44	40
	上五分位数	25.11	0.25	0.29	6.91	12.64	32	1.62	0.97	0.84	2.47	26.43	89	7.37	18
	中位数	14.81	0.11	0.15	4.92	9.11	16	1.37	0.66	0.69	1.98	15.99	40	4.07	9
	下五分位数	7.07	0.04	0.07	3.15	5.93	7	1.24	0.51	0.58	1.65	8.84	16	1.98	3
	下限	2.00	0.00	0.00	0.04	0.05	0	1.07	0.17	0.30	0.41	0.03	0	0.03	0
51: FA51J500 A_s: 11.85 ΔZ: 3999 N: 7393	平均值	16.03	0.49	0.57	4.37	8.06	106	1.47	1.01	0.95	2.01	14.84	224	4.25	66
	上限	45.61	1.03	1.03	9.58	17.58	318	2.24	1.08	1.48	3.35	41.63	601	11.90	261
	上五分位数	23.55	0.63	0.61	5.67	10.44	156	1.64	0.59	1.06	2.34	21.56	319	6.05	113
	中位数	14.63	0.51	0.48	4.40	8.02	93	1.38	0.31	0.91	1.95	13.46	218	3.78	45
	下五分位数	8.83	0.35	0.33	3.06	5.67	48	1.24	0.24	0.78	1.67	8.15	124	2.14	14
	下限	2.00	0.00	0.00	0.05	0.08	0	1.06	0.15	0.37	0.68	0.03	0	0.04	0

续表

分区编码	统计指标	几何特征													
		A /km²	S	S'	L_{av} /km	L /km	J /‰	K_a	L/A /(km/km²)	L_h /km	L_{hm} /km	L_w /km	J_w /‰	L_r /km	J_r /‰
52：FB51J500 A_s：12.88 ΔZ：4037 N：7911	平均值	16.28	0.44	0.55	4.53	8.30	85	1.47	1.01	0.94	1.97	15.10	185	4.47	50
	上限	48.10	1.11	1.06	10.15	18.46	286	2.23	1.43	1.45	3.28	42.57	595	12.97	204
	上五分位数	24.43	0.61	0.59	5.93	10.84	132	1.63	0.84	1.04	2.28	21.99	285	6.49	87
	中位数	14.79	0.46	0.43	4.50	8.22	69	1.38	0.58	0.89	1.89	13.66	170	3.95	29
	下五分位数	8.63	0.26	0.28	3.11	5.75	29	1.23	0.45	0.77	1.61	8.22	73	2.14	9
	下限	2.00	0.00	0.00	0.06	0.09	0	1.04	0.13	0.36	0.61	0.03	0	0.03	0
53：FA53E400 A_s：8.68 ΔZ：3317 N：5898	平均值	14.72	0.42	0.43	4.39	8.16	72	1.56	1.01	0.85	1.91	14.83	144	4.45	46
	上限	37.29	0.99	0.95	9.34	17.26	252	2.51	1.43	1.33	3.14	37.85	453	12.38	179
	上五分位数	20.62	0.57	0.53	5.65	10.49	114	1.77	0.83	0.95	2.21	20.69	218	6.35	76
	中位数	13.96	0.43	0.37	4.44	8.19	54	1.46	0.57	0.80	1.84	14.01	132	4.04	25
	下五分位数	9.37	0.28	0.24	3.17	5.92	22	1.28	0.43	0.69	1.59	9.21	61	2.29	7
	下限	2.00	0.00	0.00	0.08	0.13	0	1.07	0.09	0.37	0.65	0.04	0	0.03	0
54：FC51J400 A_s：13.54 ΔZ：5629 N：8294	平均值	16.32	0.51	0.52	4.56	8.40	92	1.49	1.01	0.96	1.97	15.17	180	4.60	57
	上限	45.32	1.17	1.21	9.94	18.36	345	2.36	1.55	1.64	3.30	42.16	620	13.13	248
	上五分位数	23.89	0.70	0.65	5.92	10.90	151	1.68	0.90	1.10	2.27	21.89	284	6.64	103
	中位数	14.88	0.53	0.49	4.53	8.27	78	1.39	0.60	0.93	1.87	13.94	174	4.09	34
	下五分位数	9.59	0.32	0.28	3.24	5.91	22	1.23	0.46	0.74	1.58	8.38	59	2.31	7
	下限	2.00	0.00	0.00	0.07	0.10	0	1.04	0.13	0.32	0.56	0.03	0	0.03	0
55：FA51E300 A_s：2.67 ΔZ：1673 N：1911	平均值	13.95	0.34	0.30	4.66	8.61	31	1.77	1.01	0.76	1.76	14.89	79	5.05	18
	上限	34.63	0.82	0.79	10.21	18.89	125	2.97	1.50	1.20	2.59	37.22	301	13.89	71
	上五分位数	19.49	0.46	0.40	6.07	11.29	55	2.02	0.92	0.86	1.97	20.52	134	7.22	30
	中位数	13.51	0.33	0.26	4.65	8.59	19	1.61	0.67	0.72	1.74	14.33	58	4.62	8
	下五分位数	8.88	0.19	0.15	3.30	6.17	6	1.38	0.53	0.61	1.56	9.34	21	2.64	2
	下限	2.00	0.00	0.03	0.12	0.22	0	1.12	0.03	0.45	0.94	0.10	0	0.09	0

续表

分区编码	统计指标	A/km²	S	S'	L_{av}/km	L/km	J/‰	K_a	L/A/(km/km²)	L_h/km	L_{hm}/km	L_w/km	J_w/‰	L_r/km	J_r/‰
56: FA51E600 A_s: 2.78 ΔZ: 3617 N: 1943	平均值	14.31	0.20	0.19	5.31	9.79	10	1.81	1.04	0.68	1.86	16.32	25	5.86	7
	上限	35.84	0.39	0.38	11.46	21.17	16	3.07	1.65	0.93	2.43	40.09	51	16.00	13
	上五分位数	19.69	0.23	0.20	6.87	12.61	7	2.08	0.95	0.71	1.83	22.06	24	8.25	6
	中位分位数	13.56	0.17	0.11	5.25	9.51	4	1.69	0.64	0.62	1.59	15.24	11	5.35	3
	下五分位数	8.82	0.12	0.07	3.65	6.64	2	1.42	0.48	0.56	1.40	10.02	5	3.03	1
	下限	2.00	0.00	0.00	0.06	0.08	0	1.05	0.21	0.35	0.81	0.04	0	0.03	0
57: FA52E200 A_s: 1.89 ΔZ: 1631 N: 1290	平均值	14.64	0.46	0.41	4.49	8.34	53	1.59	1.04	0.84	1.77	14.69	99	4.78	30
	上限	35.57	0.82	0.75	9.12	17.24	151	2.53	1.61	1.24	2.69	36.31	248	12.80	111
	上五分位数	20.38	0.55	0.47	5.69	10.63	76	1.80	0.97	0.92	1.99	20.30	139	6.75	48
	中位分位数	14.04	0.45	0.37	4.48	8.40	48	1.49	0.69	0.81	1.74	13.94	98	4.41	21
	下五分位数	10.14	0.37	0.29	3.37	6.18	26	1.31	0.54	0.71	1.52	9.60	57	2.61	7
	下限	2.00	0.11	0.08	0.09	0.16	0	1.08	0.20	0.44	0.94	0.05	0	0.04	0
58: FE52E200 A_s: 8.72 ΔZ: 2302 N: 6077	平均值	14.35	0.39	0.44	4.46	8.30	45	1.67	1.05	0.82	1.73	14.87	105	4.75	28
	上限	37.22	0.80	0.76	9.71	17.94	136	2.69	1.60	1.17	2.65	37.71	325	13.15	93
	上五分位数	20.12	0.49	0.44	5.80	10.73	63	1.88	0.95	0.88	1.96	20.67	155	6.75	40
	中位分位数	13.77	0.39	0.32	4.54	8.45	33	1.53	0.66	0.77	1.71	14.10	89	4.36	15
	下五分位数	8.69	0.29	0.22	3.19	5.89	15	1.34	0.53	0.68	1.50	9.23	41	2.44	5
	下限	2.00	0.01	0.02	0.06	0.09	0	1.10	0.03	0.41	0.82	0.03	0	0.03	0
59: FD51C100 A_s: 15.91 ΔZ: 4123 N: 10639	平均值	14.95	0.43	0.42	4.64	8.47	50	1.63	1.05	0.87	1.70	14.57	103	5.03	27
	上限	37.85	1.10	1.10	9.93	18.34	207	2.70	1.58	1.48	2.82	37.61	417	13.91	110
	上五分位数	20.96	0.64	0.56	6.01	10.99	86	1.86	0.89	1.00	1.97	20.43	179	7.15	46
	中位分位数	14.19	0.42	0.37	4.61	8.39	32	1.49	0.59	0.84	1.66	13.75	86	4.52	12
	下五分位数	9.69	0.22	0.18	3.33	6.05	6	1.29	0.44	0.67	1.40	8.94	19	2.63	3
	下限	2.00	0.00	0.01	0.07	0.09	0	1.07	0.15	0.39	0.57	0.03	0	0.06	0

几 何 特 征

续表

分区编码	统计指标	A /km²	S	S'	L_{av} /km	L /km	J /‰	几何特征 K_a	L/A /(km/km²)	L_h /km	L_{hm} /km	L_w /km	J_w /‰	L_r /km	J_r /‰
60: FA50E200 A_s: 5.11 ΔZ: 2224 N: 3665	平均值	13.94	0.43	0.43	4.37	8.12	59	1.64	1.05	0.86	1.83	14.43	197	4.56	36
	上限	39.05	1.02	0.99	10.01	18.29	212	2.60	1.43	1.38	2.94	37.68	675	12.82	135
	上五分位数	19.78	0.57	0.54	5.78	10.67	95	1.84	0.87	0.96	2.11	20.22	314	6.53	57
	中位数	13.39	0.42	0.38	4.44	8.25	44	1.52	0.62	0.79	1.81	13.79	183	4.14	20
	下五分位数	6.89	0.27	0.24	2.95	5.50	16	1.32	0.49	0.67	1.56	8.32	60	2.31	4
	下限	2.00	0.00	0.00	0.10	0.19	0	1.08	0.11	0.36	0.74	0.04	0	0.08	0
61: FA42E100 A_s: 1.73 ΔZ: 1822 N: 1050	平均值	16.48	0.45	0.47	4.58	8.66	71	1.62	1.06	0.89	1.84	16.54	120	4.80	51
	上限	38.53	0.92	0.96	9.31	18.17	244	2.56	1.57	1.32	2.85	40.76	375	12.88	185
	上五分位数	21.67	0.57	0.55	5.81	11.05	112	1.81	0.88	0.95	2.08	21.95	186	6.66	79
	中位数	14.22	0.43	0.40	4.52	8.58	53	1.48	0.55	0.79	1.79	14.30	110	4.19	29
	下五分位数	10.00	0.33	0.28	3.35	6.20	20	1.30	0.42	0.70	1.57	9.14	53	2.34	8
	下限	2.00	0.00	0.00	0.09	0.14	0	1.09	0.23	0.44	0.83	0.03	0	0.04	0
62: FA42C500 A_s: 3.15 ΔZ: 1525 N: 1853	平均值	16.98	0.15	0.27	5.09	9.57	16	1.81	1.06	0.76	2.12	17.68	36	5.23	11
	上限	51.15	0.85	0.85	12.17	23.37	67	2.75	1.77	1.19	4.14	49.58	180	16.53	42
	上五分位数	25.32	0.36	0.36	6.94	12.86	27	1.88	0.98	0.84	2.60	25.25	72	7.88	17
	中位数	14.85	0.04	0.12	4.95	9.38	3	1.49	0.63	0.71	1.87	15.87	7	4.36	4
	下五分位数	6.26	0.00	0.03	3.05	5.84	0	1.29	0.46	0.60	1.56	8.50	1	1.97	0
	下限	2.00	0.00	0.00	0.06	0.10	0	1.02	0.10	0.25	0.30	0.03	0	0.03	0
63: FA42C400 A_s: 0.92 ΔZ: 754 N: 582	平均值	15.80	0.18	0.28	4.55	8.45	9	1.73	1.06	0.71	1.80	17.19	34	4.83	6
	上限	37.69	0.62	0.62	10.12	18.92	33	2.76	1.91	1.02	2.80	39.09	140	13.86	17
	上五分位数	20.06	0.33	0.29	5.89	11.05	15	1.91	1.05	0.78	2.04	21.56	60	6.92	7
	中位数	13.48	0.13	0.14	4.50	8.35	4	1.53	0.66	0.68	1.72	14.60	15	4.43	2
	下五分位数	7.01	0.04	0.06	3.06	5.59	1	1.34	0.47	0.61	1.52	9.16	2	2.11	1
	下限	2.00	0.00	0.00	0.07	0.11	0	1.12	0.17	0.40	0.85	0.22	0	0.04	0

续表

分区编码	统计指标	A/km²	S	S'	L_{av}/km	L/km	J/‰	几何特征 K_a	L/A/(km/km²)	L_h/km	L_{hm}/km	L_w/km	J_w/‰	L_r/km	J_r/‰
64: FF43D100 A_s: 26.10 ΔZ: 1863 N: 17988	平均值	14.51	0.31	0.33	4.72	8.72	23	1.71	1.07	0.75	1.72	15.23	81	5.07	12
	上限	36.48	0.89	0.79	10.46	19.30	82	2.76	1.59	1.09	2.58	38.30	305	14.10	42
	上五分位数	19.39	0.47	0.39	6.16	11.36	35	1.92	0.94	0.81	1.93	21.04	132	7.19	18
	中位数	13.36	0.32	0.26	4.73	8.72	15	1.56	0.65	0.70	1.69	14.50	57	4.62	6
	下五分位数	7.99	0.14	0.13	3.28	6.07	4	1.36	0.50	0.62	1.49	9.51	17	2.57	2
	下限	2.00	0.00	0.00	0.07	0.10	0	1.05	0.19	0.34	0.84	0.03	0	0.03	0
65: FG61C100 A_s: 9.47 ΔZ: 2895 N: 6386	平均值	14.82	0.53	0.47	4.63	8.45	52	1.56	1.07	0.87	1.71	15.20	147	4.95	27
	上限	37.63	0.98	0.85	9.90	18.20	161	2.52	1.86	1.33	2.52	38.72	422	13.70	95
	上五分位数	20.69	0.66	0.53	5.97	10.94	77	1.78	1.03	0.96	1.91	21.06	212	7.04	42
	中位数	14.19	0.56	0.44	4.62	8.44	43	1.45	0.64	0.84	1.69	14.21	136	4.46	20
	下五分位数	9.33	0.43	0.32	3.34	6.09	21	1.28	0.47	0.71	1.50	9.24	71	2.57	7
	下限	2.00	0.08	0.00	0.07	0.10	0	1.07	0.09	0.35	0.89	0.03	0	0.04	0
66: FG41C100 A_s: 2.40 ΔZ: 1574 N: 1701	平均值	14.11	0.12	0.23	5.01	9.40	10	1.51	1.07	0.71	2.08	16.19	36	5.30	5
	上限	40.00	0.58	0.60	11.91	21.84	26	2.24	1.56	1.02	3.68	43.18	121	15.25	14
	上五分位数	20.26	0.23	0.26	6.68	12.59	11	1.68	0.86	0.75	2.45	22.74	50	7.69	6
	中位数	13.42	0.03	0.11	4.91	9.23	3	1.42	0.54	0.65	1.90	15.16	12	4.69	2
	下五分位数	6.41	0.00	0.03	3.19	5.98	1	1.27	0.40	0.57	1.63	8.60	3	2.48	1
	下限	2.00	0.00	0.00	0.08	0.13	0	1.07	0.05	0.30	0.43	0.04	0	0.04	0
67: FG42C100 A_s: 3.26 ΔZ: 2435 N: 2241	平均值	14.56	0.20	0.33	4.81	8.98	19	1.66	1.07	0.74	1.88	15.73	50	5.11	12
	上限	43.84	0.95	0.94	12.00	22.35	69	2.64	1.53	1.23	3.08	44.57	215	15.12	38
	上五分位数	21.12	0.42	0.40	6.56	12.23	29	1.82	0.81	0.85	2.14	22.56	89	7.45	16
	中位数	13.19	0.10	0.16	4.78	8.92	6	1.46	0.46	0.70	1.73	14.60	16	4.44	4
	下五分位数	5.93	0.01	0.05	2.89	5.45	1	1.28	0.33	0.58	1.50	7.83	3	2.21	1
	下限	2.00	0.00	0.00	0.06	0.08	0	1.06	0.11	0.23	0.55	0.09	0	0.03	0

续表

| 分区编码 | 统计指标 | A/km² | S | S' | L_{av}/km | L/km | J/‰ | 几何特征 | | | | | | | |
								K_a	L/A/(km/km²)	L_h/km	L_{hm}/km	L_w/km	J_w/‰	L_r/km	J_r/‰
68：FA42C200 A_s：3.39 ΔZ：979 N：2426	平均值	13.99	0.16	0.29	4.49	8.31	11	1.66	1.08	0.71	1.77	15.27	36	4.74	6
	上限	39.74	0.62	0.57	10.61	19.03	41	2.57	1.44	1.01	2.65	41.00	142	13.52	18
	上五分位数	19.67	0.28	0.27	5.98	10.97	17	1.82	0.89	0.77	1.97	21.11	61	6.75	8
	中位数	13.12	0.14	0.14	4.54	8.32	5	1.50	0.64	0.68	1.71	14.07	20	4.24	3
	下五分位数	6.16	0.03	0.06	2.86	5.44	2	1.32	0.50	0.60	1.51	7.85	5	2.22	1
	下限	2.00	0.00	0.00	0.06	0.06	0	1.06	0.10	0.36	0.84	0.06	0	0.04	0
69：FA42C300 A_s：1.28 ΔZ：883 N：825	平均值	15.50	0.21	0.39	4.47	8.22	14	1.74	1.08	0.73	1.89	17.25	49	4.59	7
	上限	39.37	0.69	0.70	10.28	18.51	52	2.62	1.84	1.05	2.97	39.76	187	13.24	21
	上五分位数	19.47	0.37	0.35	5.88	10.68	22	1.85	1.00	0.79	2.14	21.38	78	6.66	9
	中位数	13.09	0.19	0.22	4.47	8.28	8	1.51	0.62	0.68	1.81	14.82	29	4.12	3
	下五分位数	5.81	0.04	0.09	2.82	5.26	2	1.32	0.44	0.60	1.57	8.13	5	1.99	1
	下限	2.00	0.00	0.00	0.08	0.12	0	1.08	0.03	0.35	0.80	0.06	0	0.05	0
70：FH36D200 A_s：16.22 ΔZ：1661 N：11375	平均值	14.26	0.28	0.30	4.62	8.46	16	1.68	1.08	0.73	1.74	14.93	44	4.96	8
	上限	37.15	0.84	0.65	10.35	18.92	59	2.66	1.71	1.03	2.60	37.74	168	13.86	28
	上五分位数	19.00	0.43	0.32	6.04	11.07	25	1.88	0.98	0.78	1.95	20.56	73	7.03	12
	中位数	13.16	0.29	0.21	4.69	8.55	9	1.54	0.65	0.69	1.71	14.28	34	4.57	4
	下五分位数	6.87	0.10	0.11	3.13	5.75	3	1.35	0.49	0.61	1.51	9.07	9	2.48	1
	下限	2.00	0.00	0.00	0.06	0.09	0	1.06	0.10	0.36	0.86	0.04	0	0.04	0
71：FA34C200 A_s：4.19 ΔZ：1248 N：2703	平均值	15.50	0.11	0.27	4.70	8.64	9	1.67	1.08	0.72	1.92	16.55	22	4.73	6
	上限	40.46	0.48	0.69	10.81	19.89	26	2.41	1.53	1.06	3.07	41.49	86	14.20	16
	上五分位数	20.20	0.20	0.29	6.19	11.37	11	1.74	0.89	0.78	2.16	21.66	36	6.91	7
	中位数	13.03	0.04	0.11	4.61	8.51	3	1.44	0.62	0.68	1.79	14.33	7	4.16	2
	下五分位数	6.55	0.01	0.02	3.09	5.63	1	1.29	0.46	0.59	1.56	8.37	2	2.02	1
	下限	2.00	0.00	0.00	0.04	0.05	0	1.08	0.26	0.32	0.65	0.03	0	0.03	0

续表

分区编码	统计指标	几何特征													
		A/km²	S	S'	L_{av}/km	L/km	J/‰	K_a	L/A/(km/km²)	L_h/km	L_{hm}/km	L_w/km	J_w/‰	L_r/km	J_r/‰
72: FA34C300 A_s: 4.28 ΔZ: 1216 N: 2872	平均值	14.89	0.19	0.32	4.65	8.54	11	1.75	1.09	0.75	2.00	16.01	29	4.81	6
	上限	41.39	0.95	0.85	11.05	20.03	43	2.70	1.62	1.14	3.25	43.32	134	14.32	20
	上五分位数	19.97	0.41	0.36	6.14	11.27	18	1.86	0.96	0.82	2.22	21.61	55	6.91	9
	中位数	12.66	0.09	0.17	4.48	8.22	6	1.48	0.67	0.70	1.78	13.84	12	4.05	3
	下五分位数	5.45	0.01	0.04	2.86	5.27	1	1.31	0.52	0.61	1.53	7.12	2	1.92	1
	下限	2.00	0.00	0.00	0.04	0.04	0	1.00	0.08	0.29	0.54	0.04	0	0.03	0
73: FJ33D100 A_s: 2.11 ΔZ: 934 N: 954	平均值	22.14	0.12	0.27	4.86	9.07	9	1.81	1.10	0.82	2.28	16.96	33	4.76	6
	上限	55.20	0.66	0.77	11.97	22.30	35	2.88	1.61	1.29	4.46	48.57	80	15.37	24
	上五分位数	25.88	0.27	0.31	6.79	12.33	15	1.93	0.95	0.89	2.77	24.91	32	7.27	10
	中位数	15.34	0.01	0.12	4.75	8.85	3	1.49	0.67	0.75	2.02	15.99	3	4.07	3
	下五分位数	5.41	0.00	0.00	2.74	5.32	0	1.29	0.51	0.62	1.64	7.60	0	1.65	0
	下限	2.00	0.00	0.00	0.06	0.10	0	1.02	0.12	0.23	0.32	0.03	0	0.03	0
74: FA32C300 A_s: 1.41 ΔZ: 235 N: 333	平均值	42.47	0.00	0.06	7.51	14.01	0	1.78	1.10	0.85	3.64	39.42	2	7.32	1
	上限	142.13	0.10	0.10	18.38	34.02	1	3.19	1.66	1.33	7.86	130.45	1	23.08	0
	上五分位数	65.35	0.00	0.04	10.12	18.53	0	2.10	0.96	0.93	4.65	59.68	1	11.07	0
	中位数	35.35	0.00	0.00	7.02	13.16	0	1.56	0.65	0.83	3.43	31.69	0	5.73	0
	下五分位数	12.61	0.00	0.00	4.21	7.96	0	1.33	0.49	0.66	2.50	11.76	0	2.37	0
	下限	2.00	0.00	0.00	0.16	0.34	0	1.04	0.09	0.33	0.34	0.07	0	0.04	0
75: GA34D100 A_s: 1.04 ΔZ: 901 N: 622	平均值	16.75	0.48	0.37	4.93	9.09	25	1.68	1.11	0.80	1.68	17.39	65	5.74	11
	上限	32.54	0.73	0.75	10.45	19.14	90	2.76	2.16	1.23	2.50	34.04	193	14.80	38
	上五分位数	20.11	0.62	0.45	6.30	11.47	41	1.92	1.17	0.90	1.89	20.57	103	7.86	17
	中位数	14.15	0.53	0.37	4.94	9.01	19	1.51	0.70	0.78	1.66	14.86	60	5.13	8
	下五分位数	10.10	0.36	0.23	3.52	6.31	7	1.35	0.50	0.68	1.48	9.66	26	3.07	3
	下限	2.00	0.00	0.01	0.19	0.31	0	1.13	0.08	0.46	0.96	0.06	0	0.19	0

续表

分区编码	统计指标	A/km²	S	S'	L_{av}/km	L/km	J/‰	几何特征							
								K_a	L/A/(km/km²)	L_h/km	L_{hm}/km	L_w/km	J_w/‰	L_r/km	J_r/‰
76: GA33D200 A_s: 4.25 ΔZ: 1193 N: 2993	平均值	14.19	0.31	0.36	4.65	8.53	20	1.71	1.11	0.78	1.87	15.25	46	4.81	10
	上限	38.23	0.79	0.83	10.39	18.89	79	2.55	2.22	1.19	2.89	38.62	191	13.91	37
	上五分位数	19.86	0.51	0.41	6.09	11.15	34	1.81	1.13	0.86	2.08	20.92	81	7.00	16
	中位数	13.56	0.32	0.28	4.62	8.44	15	1.49	0.67	0.74	1.72	14.16	36	4.33	6
	下五分位数	7.40	0.06	0.13	3.19	5.89	4	1.31	0.40	0.63	1.52	9.12	6	2.38	2
	下限	2.00	0.00	0.00	0.07	0.10	0	1.05	0.05	0.31	0.73	0.03	0	0.04	0
77: GB33D200 A_s: 3.93 ΔZ: 1435 N: 2859	平均值	13.76	0.36	0.45	4.68	8.56	31	2.04	1.12	0.79	1.83	14.72	69	5.09	16
	上限	38.63	0.83	0.81	10.35	18.76	119	2.98	1.88	1.22	2.84	38.22	248	14.05	63
	上五分位数	19.65	0.55	0.46	6.05	11.02	51	1.99	1.03	0.89	2.07	20.62	118	7.11	26
	中位数	13.21	0.39	0.34	4.54	8.22	23	1.53	0.62	0.78	1.75	13.83	64	4.31	8
	下五分位数	6.88	0.16	0.21	3.16	5.83	4	1.33	0.47	0.66	1.55	8.78	15	2.37	2
	下限	2.00	0.00	0.00	0.06	0.09	0	1.02	0.14	0.32	0.79	0.03	0	0.03	0
78: GC35D200 A_s: 5.25 ΔZ: 1382 N: 3771	平均值	13.92	0.40	0.34	4.53	8.32	34	1.65	1.12	0.79	1.74	14.54	138	4.80	18
	上限	32.89	0.69	0.61	9.40	17.17	106	2.63	1.90	1.06	2.55	34.55	414	12.86	64
	上五分位数	19.17	0.47	0.39	5.81	10.65	51	1.87	1.08	0.84	1.95	19.71	204	6.75	28
	中位数	13.53	0.41	0.31	4.57	8.39	29	1.53	0.71	0.76	1.74	13.99	130	4.44	12
	下五分位数	9.77	0.33	0.24	3.37	6.20	14	1.36	0.54	0.69	1.55	9.78	61	2.64	4
	下限	2.00	0.12	0.02	0.10	0.18	0	1.12	0.10	0.47	0.96	0.04	0	0.06	0
79: GC35D300 A_s: 6.42 ΔZ: 1483 N: 4603	平均值	13.95	0.33	0.48	4.69	8.66	35	1.96	1.12	0.77	1.80	15.35	124	5.17	19
	上限	37.53	0.79	0.71	10.00	18.50	123	2.87	1.91	1.10	2.71	37.71	455	13.54	78
	上五分位数	19.66	0.46	0.42	5.88	10.85	55	1.97	1.06	0.83	2.03	20.76	202	6.86	32
	中位数	13.43	0.37	0.32	4.55	8.37	30	1.57	0.66	0.74	1.78	14.26	111	4.45	11
	下五分位数	7.46	0.18	0.22	3.11	5.71	9	1.37	0.49	0.65	1.57	9.43	31	2.38	2
	下限	2.00	0.00	0.00	0.04	0.05	0	1.03	0.12	0.38	0.87	0.03	0	0.03	0

续表

分区编码	统计指标	A/km²	S	S'	L_{av}/km	L/km	J/‰	K_a	L/A/(km/km²)	L_h/km	L_{hm}/km	L_w/km	J_w/‰	L_r/km	J_r/‰
80：HA53E400 A_s: 4.95 ΔZ: 1674 N: 3376	平均值	14.65	0.29	0.33	4.65	8.68	32	1.67	1.13	0.78	1.76	15.44	59	4.87	22
	上限	39.70	0.82	0.69	10.44	19.40	108	2.71	1.84	1.13	2.72	39.97	196	14.20	82
	上五分位数	20.59	0.43	0.37	6.10	11.38	49	1.89	1.04	0.84	1.97	21.42	92	7.05	35
	中位分位数	13.63	0.29	0.25	4.70	8.74	24	1.53	0.67	0.73	1.68	14.14	51	4.37	13
	下五分位数	7.76	0.16	0.16	3.18	6.00	10	1.34	0.50	0.65	1.47	9.03	22	2.29	4
	下限	2.00	0.00	0.00	0.08	0.11	0	1.05	0.14	0.37	0.72	0.06	0	0.04	0
81：HA52E500 A_s: 5.58 ΔZ: 2047 N: 3862	平均值	14.45	0.42	0.38	4.64	8.64	39	1.72	1.13	0.84	1.68	14.77	90	5.02	26
	上限	37.43	0.84	0.72	10.12	19.03	124	2.86	1.65	1.20	2.50	37.46	313	13.94	84
	上五分位数	20.18	0.52	0.43	6.05	11.28	57	1.95	0.99	0.90	1.89	20.56	144	7.15	37
	中位分位数	14.04	0.44	0.34	4.66	8.68	27	1.56	0.70	0.79	1.65	14.20	76	4.53	15
	下五分位数	8.63	0.31	0.24	3.30	6.09	12	1.35	0.55	0.70	1.47	9.10	29	2.60	5
	下限	2.00	0.00	0.00	0.07	0.10	0	1.08	0.16	0.43	0.86	0.03	0	0.04	0
82：HA45E600 A_s: 9.32 ΔZ: 1644 N: 6594	平均值	14.14	0.40	0.37	4.84	8.91	24	1.81	1.13	0.78	1.71	15.45	64	5.20	15
	上限	38.23	0.98	0.75	10.95	20.21	87	3.08	1.69	1.14	2.51	40.06	246	14.70	51
	上五分位数	20.03	0.55	0.42	6.38	11.75	38	2.08	0.98	0.85	1.91	21.60	107	7.46	22
	中位分位数	13.65	0.43	0.32	4.83	8.88	17	1.64	0.65	0.75	1.69	14.75	45	4.74	8
	下五分位数	7.88	0.23	0.19	3.31	6.10	5	1.41	0.50	0.66	1.51	9.23	15	2.63	2
	下限	2.00	0.00	0.00	0.08	0.15	0	1.06	0.14	0.38	0.91	0.03	0	0.03	0
83：HA45E500 A_s: 7.93 ΔZ: 1774 N: 5741	平均值	13.81	0.33	0.32	4.90	9.00	18	1.79	1.14	0.74	1.64	15.68	50	5.28	11
	上限	37.90	0.85	0.70	11.33	20.84	63	2.97	1.57	1.11	2.40	40.54	202	15.41	40
	上五分位数	19.56	0.48	0.37	6.51	11.95	27	2.03	0.93	0.81	1.84	21.90	87	7.68	17
	中位分位数	13.29	0.37	0.28	4.91	9.03	11	1.63	0.64	0.71	1.63	14.83	32	4.76	6
	下五分位数	7.00	0.16	0.14	3.26	5.98	4	1.40	0.51	0.61	1.46	9.44	11	2.52	2
	下限	2.00	0.00	0.00	0.05	0.06	0	1.08	0.17	0.33	0.90	0.04	0	0.04	0

几 何 特 征

续表

分区编码	统计指标	A/km²	S	S'	L_{av}/km	L/km	J/‰	K_a	L/A/(km/km²)	L_h/km	L_{hm}/km	L_w/km	J_w/‰	L_r/km	J_r/‰
								几何特征							
84：HA45D200 A_s：6.43 ΔZ：1569 N：4818	平均值	13.36	0.33	0.34	4.73	8.63	20	1.74	1.14	0.74	1.72	15.09	50	4.97	10
	上限	37.03	0.83	0.66	10.90	19.57	69	2.82	1.93	1.04	2.59	38.80	177	14.48	34
	上五分位数	19.13	0.45	0.36	6.27	11.38	31	1.97	1.08	0.79	1.94	21.11	80	7.24	15
	中位数	12.95	0.35	0.25	4.73	8.70	13	1.60	0.68	0.69	1.70	14.39	42	4.52	6
	下五分位数	7.09	0.20	0.17	3.17	5.86	5	1.39	0.50	0.62	1.50	9.16	15	2.41	2
	下限	2.00	0.00	0.00	0.07	0.10	0	1.08	0.16	0.36	0.87	0.03	0	0.05	0
85：HB44D200 A_s：4.72 ΔZ：1431 N：3362	平均值	14.04	0.32	0.33	4.74	8.72	26	1.70	1.14	0.73	1.77	15.44	60	5.01	16
	上限	36.94	0.81	0.65	10.38	19.03	100	2.71	2.00	1.04	2.64	39.04	213	13.74	60
	上五分位数	19.82	0.45	0.36	6.14	11.31	44	1.90	1.08	0.79	1.99	21.48	98	7.11	25
	中位数	13.67	0.34	0.26	4.72	8.72	19	1.56	0.65	0.70	1.76	14.75	51	4.53	8
	下五分位数	8.21	0.19	0.17	3.32	6.13	6	1.37	0.46	0.62	1.55	9.74	19	2.66	2
	下限	2.00	0.00	0.01	0.09	0.15	0	1.05	0.08	0.40	0.89	0.06	0	0.08	0
86：HE44D300 A_s：10.02 ΔZ：1408 N：7239	平均值	13.84	0.26	0.33	4.71	8.67	17	1.78	1.15	0.72	1.85	15.50	55	5.01	9
	上限	38.33	0.68	0.59	10.68	19.61	68	2.80	1.74	1.02	2.77	40.42	228	14.08	36
	上五分位数	19.39	0.40	0.32	6.12	11.31	29	1.95	1.03	0.78	2.04	21.32	96	7.07	15
	中位数	13.20	0.29	0.23	4.67	8.58	12	1.57	0.68	0.69	1.76	14.58	46	4.42	5
	下五分位数	6.64	0.09	0.13	3.08	5.71	3	1.37	0.53	0.61	1.55	8.53	7	2.37	1
	下限	2.00	0.00	0.00	0.05	0.03	0	1.00	0.26	0.36	0.83	0.03	0	0.03	0
87：HF44D400 A_s：5.65 ΔZ：1282 N：4010	平均值	14.09	0.17	0.32	4.91	9.03	8	1.79	1.15	0.69	1.79	16.14	25	5.31	13
	上限	38.35	0.67	0.59	10.87	19.88	26	2.84	1.86	0.97	2.70	40.84	91	14.49	36
	上五分位数	19.56	0.29	0.28	6.23	11.46	11	1.96	1.08	0.74	2.00	21.74	39	7.22	6
	中位数	13.13	0.15	0.15	4.72	8.69	4	1.57	0.71	0.65	1.74	14.77	14	4.44	2
	下五分位数	6.87	0.03	0.07	3.13	5.79	1	1.37	0.55	0.58	1.54	8.99	5	2.35	1
	下限	2.00	0.00	0.00	0.05	0.06	0	1.04	0.15	0.35	0.88	0.04	0	0.04	0

续表

分区编码	统计指标	A /km²	S	S'	L_av /km	L /km	J /‰	几何特征 K_a	L/A /(km/km²)	L_h /km	L_hm /km	L_w /km	J_w /‰	L_r /km	J_r /‰
88：HF46D500 A_s：3.40 ΔZ：1247 N：2348	平均值	14.48	0.15	0.24	4.85	8.95	15	1.72	1.16	0.71	1.82	15.76	31	5.20	8
	上限	41.04	0.62	0.60	10.69	19.97	57	2.74	1.83	1.01	2.88	42.38	122	14.66	25
	上五分位数	20.71	0.29	0.27	6.26	11.53	24	1.91	1.03	0.77	2.06	22.28	52	7.28	11
	中位分位数	13.40	0.10	0.14	4.67	8.67	6	1.54	0.66	0.68	1.73	14.47	17	4.41	4
	下五分位数	7.08	0.03	0.05	3.16	5.84	2	1.35	0.49	0.61	1.52	8.72	6	2.26	1
	下限	2.00	0.00	0.00	0.06	0.09	0	1.08	0.11	0.37	0.70	0.05	0	0.04	0
89：JA53E400 A_s：7.66 ΔZ：2810 N：5151	平均值	14.86	0.46	0.47	4.59	8.46	66	1.60	1.17	0.87	1.77	14.93	147	4.84	40
	上限	40.58	0.82	0.79	10.09	18.85	211	2.53	1.76	1.27	2.76	39.40	411	13.35	148
	上五分位数	21.20	0.56	0.50	5.95	11.05	100	1.80	1.01	0.94	2.01	21.04	212	6.85	64
	中位分位数	14.02	0.48	0.41	4.57	8.40	56	1.48	0.67	0.82	1.74	13.98	144	4.34	28
	下五分位数	8.22	0.37	0.31	3.20	5.82	26	1.31	0.50	0.72	1.51	8.72	79	2.51	8
	下限	2.00	0.10	0.02	0.08	0.12	0	1.05	0.11	0.40	0.77	0.03	0	0.05	0
90：JB63J300 A_s：7.89 ΔZ：2802 N：4965	平均值	15.89	0.43	0.44	4.35	7.95	71	1.49	1.17	0.92	1.88	14.57	164	4.26	41
	上限	42.82	0.94	0.84	9.19	16.84	206	2.30	1.69	1.33	2.94	38.54	420	11.57	142
	上五分位数	22.74	0.56	0.51	5.56	10.18	102	1.67	0.96	1.00	2.14	20.49	224	6.02	63
	中位分位数	14.76	0.44	0.40	4.35	7.90	58	1.39	0.63	0.88	1.83	13.41	153	3.84	25
	下五分位数	9.35	0.30	0.29	3.14	5.72	32	1.25	0.48	0.78	1.60	8.40	93	2.26	10
	下限	2.00	0.00	0.01	0.07	0.11	0	1.09	0.24	0.46	0.79	0.04	1	0.04	0
91：JB53F200 A_s：8.82 ΔZ：5325 N：6088	平均值	14.49	0.44	0.45	4.59	8.42	69	1.57	1.17	0.86	1.82	14.73	148	4.75	41
	上限	40.09	0.77	0.76	10.27	18.74	216	2.52	1.71	1.35	2.90	38.96	389	13.25	156
	上五分位数	20.60	0.53	0.48	5.98	10.98	103	1.78	1.01	0.95	2.09	20.68	206	6.76	67
	中位分位数	13.72	0.44	0.38	4.60	8.45	56	1.46	0.68	0.80	1.78	13.91	134	4.29	26
	下五分位数	7.61	0.36	0.29	3.10	5.79	28	1.29	0.53	0.69	1.55	8.49	84	2.34	7
	下限	2.00	0.11	0.02	0.07	0.11	0	1.06	0.12	0.42	0.74	0.03	0	0.05	0

续表

分区编码	统计指标	A/km²	S	S'	L_{av}/km	L/km	J/‰	K_a	L/A/(km/km²)	L_h/km	L_{hm}/km	L_w/km	J_w/‰	L_r/km	J_r/‰
92：JC54J300 A_s：11.11 ΔZ：5749 N：6883	平均值	16.14	0.44	0.52	4.46	8.17	84	1.47	1.17	0.94	2.04	14.70	171	4.35	51
	上限	45.78	1.22	1.11	9.77	17.88	280	2.24	1.76	1.49	3.41	41.19	556	12.49	200
	上五分位数	23.93	0.62	0.59	5.79	10.62	129	1.64	1.01	1.06	2.38	21.39	262	6.30	85
	中位数	14.58	0.47	0.43	4.43	8.08	65	1.39	0.66	0.91	1.98	13.23	157	3.79	27
	下五分位数	9.17	0.21	0.24	3.12	5.74	27	1.24	0.50	0.77	1.68	8.18	64	2.15	8
	下限	2.00	0.00	0.00	0.05	0.08	0	1.03	0.13	0.34	0.65	0.04	0	0.03	0
93：JC53F200 A_s：4.94 ΔZ：3790 N：3449	平均值	14.31	0.41	0.48	4.53	8.39	77	1.51	1.18	0.84	1.92	15.11	151	4.62	51
	上限	42.68	0.87	0.90	10.65	19.47	233	2.27	1.83	1.36	3.02	40.92	395	13.33	205
	上五分位数	20.89	0.53	0.52	6.04	11.14	113	1.67	1.03	0.95	2.19	21.46	207	6.69	88
	中位数	13.47	0.41	0.38	4.54	8.39	66	1.41	0.63	0.79	1.89	14.15	138	4.06	36
	下五分位数	6.31	0.30	0.27	2.95	5.54	32	1.27	0.49	0.67	1.64	8.34	82	2.19	9
	下限	2.00	0.00	0.00	0.06	0.09	0	1.04	0.18	0.25	0.81	0.04	0	0.03	0
94：JD54J700 A_s：28.78 ΔZ：7812 N：18069	平均值	15.93	0.41	0.52	4.66	8.54	77	1.50	1.19	0.85	2.24	16.10	137	4.39	48
	上限	47.90	1.11	1.00	10.61	19.21	250	2.32	1.81	1.42	3.93	45.69	427	12.89	186
	上五分位数	23.79	0.58	0.54	6.13	11.21	117	1.68	1.03	0.96	2.64	23.43	205	6.38	80
	中位数	14.50	0.42	0.40	4.62	8.48	65	1.42	0.69	0.81	2.16	14.68	128	3.83	31
	下五分位数	7.70	0.22	0.24	3.14	5.86	29	1.26	0.51	0.66	1.78	8.59	58	2.03	9
	下限	2.00	0.00	0.00	0.04	0.05	0	1.03	0.18	0.20	0.50	0.03	0	0.03	0
95：JD54J600 A_s：8.45 ΔZ：5808 N：5120	平均值	16.50	0.69	0.71	4.67	8.60	130	1.58	1.19	0.95	2.48	16.54	230	4.47	86
	上限	46.36	1.21	1.10	10.08	18.38	342	2.41	1.70	1.50	4.19	46.15	546	12.45	327
	上五分位数	24.18	0.81	0.74	6.08	11.10	180	1.77	0.98	1.05	2.91	23.92	307	6.38	143
	中位数	15.06	0.69	0.62	4.67	8.52	119	1.50	0.66	0.89	2.46	14.87	230	3.97	68
	下五分位数	9.26	0.54	0.48	3.33	6.24	69	1.34	0.50	0.76	2.05	9.09	147	2.32	21
	下限	2.00	0.14	0.11	0.06	0.07	0	1.05	0.06	0.32	0.78	0.05	1	0.04	0

几何特征

续表

| 分区编码 | 统计指标 | 几何特征 |||||||||||||
		A/km²	S	S'	L_{av}/km	L/km	J/‰	K_a	L/A/(km/km²)	L_h/km	L_{hm}/km	L_w/km	J_w/‰	L_r/km	J_r/‰
96: KM54J900 A_s: 0.30 ΔZ: 1563 N: 146	平均值	20.29	0.18	0.22	5.62	10.29	36	1.40	1.20	0.68	2.59	22.48	69	5.24	26
	上限	45.24	0.58	0.57	12.62	24.16	137	2.02	2.01	1.17	4.69	52.41	199	15.03	84
	上五分位数	25.57	0.27	0.33	7.60	13.92	61	1.56	1.13	0.80	3.10	26.97	109	8.34	38
	中位数	16.44	0.14	0.17	5.37	10.27	28	1.30	0.75	0.68	2.50	18.51	60	4.26	21
	下五分位数	7.27	0.05	0.09	3.49	6.63	9	1.21	0.54	0.55	1.97	9.49	27	1.81	7
	下限	2.00	0.00	0.00	0.36	0.71	0	1.11	0.25	0.34	0.71	0.66	0	0.11	0
97: KM54J700 A_s: 1.01 ΔZ: 2105 N: 582	平均值	17.37	0.24	0.36	4.89	9.06	38	1.57	1.20	0.72	2.28	18.49	70	4.77	23
	上限	42.06	0.58	0.58	10.66	19.48	120	2.32	1.95	1.16	3.72	40.99	206	13.71	76
	上五分位数	21.66	0.32	0.33	6.32	11.69	58	1.71	1.05	0.81	2.59	22.72	101	6.77	34
	中位数	13.90	0.23	0.23	4.70	8.91	31	1.45	0.60	0.68	2.15	14.94	59	3.97	18
	下五分位数	7.72	0.15	0.15	3.32	6.29	15	1.29	0.42	0.57	1.82	9.03	28	2.11	6
	下限	2.00	0.00	0.00	0.09	0.14	0	1.07	0.03	0.32	0.72	0.11	1	0.09	0
98: KM54K200 A_s: 64.00 ΔZ: 6376 N: 31650	平均值	20.27	0.14	0.30	5.49	10.12	23	1.45	1.08	0.71	2.40	22.68	47	5.11	12
	上限	45.05	0.43	0.47	11.66	20.95	65	1.97	1.49	1.05	4.06	50.37	138	13.90	37
	上五分位数	26.77	0.23	0.27	7.47	13.64	35	1.60	1.00	0.79	2.90	29.78	75	7.76	18
	中位数	15.25	0.11	0.15	5.11	9.49	17	1.35	0.62	0.65	2.26	16.90	36	4.12	8
	下五分位数	7.96	0.04	0.08	3.35	6.34	6	1.22	0.44	0.54	1.80	8.47	14	1.84	0
	下限	2.00	0.00	0.00	0.03	0.05	0	1.03	0.03	0.27	0.57	0.30	0	0.30	0
99: JE54J800 A_s: 5.95 ΔZ: 6615 N: 3868	平均值	15.39	0.32	0.43	4.88	9.11	58	1.52	1.22	0.74	2.22	16.92	95	4.76	39
	上限	42.91	0.85	0.79	10.99	20.41	176	2.30	2.03	1.24	3.69	45.93	287	14.04	133
	上五分位数	22.20	0.46	0.43	6.43	12.02	85	1.69	1.15	0.84	2.58	24.04	140	6.94	59
	中位数	14.24	0.31	0.29	4.82	9.01	47	1.44	0.77	0.70	2.17	15.65	85	4.20	26
	下五分位数	8.30	0.18	0.19	3.38	6.35	24	1.29	0.57	0.57	1.83	9.44	41	2.19	10
	下限	2.00	0.00	0.00	0.08	0.12	0	1.05	0.17	0.30	0.71	0.04	0	0.04	0

续表

分区编码	统计指标	A /km²	S	S'	L_{av} /km	L /km	J /‰	几何特征 K_a	L/A /(km/km²)	L_h /km	L_{hm} /km	L_w /km	J_w /‰	L_r /km	J_r /‰
100: JE65K200 A_s: 0.64 ΔZ: 6437 N: 423	平均值	15.21	0.42	0.40	4.75	8.82	57	1.69	1.22	0.76	2.08	15.82	84	4.81	30
	上限	36.62	0.92	0.80	9.64	17.70	157	2.64	2.06	1.08	3.07	41.25	260	12.31	86
	上五分位数	21.79	0.57	0.50	6.21	11.40	76	1.90	1.14	0.84	2.38	22.66	125	7.02	42
	中位数	14.87	0.42	0.36	4.78	8.97	43	1.58	0.72	0.73	2.09	15.25	73	4.20	21
	下五分位数	8.84	0.27	0.25	3.51	6.59	23	1.41	0.52	0.63	1.82	9.01	34	2.55	11
	下限	2.00	0.07	0.08	0.08	0.15	1	1.15	0.04	0.44	1.05	0.11	2	0.08	0
101: JF65H400 A_s: 5.84 ΔZ: 4358 N: 3719	平均值	15.70	0.34	0.42	5.38	10.21	66	1.38	1.22	0.74	2.46	19.17	198	5.34	43
	上限	43.22	1.10	1.10	12.51	23.86	254	1.98	2.40	1.48	4.80	51.10	782	16.18	173
	上五分位数	22.73	0.57	0.52	7.11	13.62	110	1.51	1.30	0.90	2.98	26.74	338	7.81	74
	中位数	14.45	0.34	0.34	5.07	9.58	53	1.30	0.80	0.70	2.12	16.94	187	4.38	26
	下五分位数	8.85	0.05	0.12	3.49	6.59	14	1.20	0.57	0.51	1.77	10.15	26	2.23	7
	下限	2.00	0.00	0.00	0.06	0.09	0	1.04	0.05	0.16	0.12	0.03	0	0.04	0
102: JF65H200 A_s: 2.09 ΔZ: 2727 N: 1363	平均值	15.35	0.17	0.19	6.10	11.68	32	1.31	1.22	0.60	3.02	22.07	122	6.01	23
	上限	45.07	0.71	0.69	15.26	28.52	116	1.84	2.38	1.16	7.47	62.00	470	18.89	85
	上五分位数	22.19	0.31	0.30	8.36	15.88	52	1.43	1.27	0.73	4.06	31.28	196	8.95	37
	中位数	13.95	0.12	0.12	5.62	10.77	24	1.26	0.77	0.57	2.33	18.64	56	4.78	17
	下五分位数	6.91	0.01	0.02	3.72	7.13	8	1.16	0.53	0.42	1.78	10.74	13	2.28	5
	下限	2.00	0.00	0.00	0.09	0.13	0	1.02	0.11	0.15	0.17	0.05	0	0.03	0
103: JG65H100 A_s: 5.10 ΔZ: 3458 N: 3079	平均值	16.55	0.23	0.30	4.99	9.36	47	1.47	1.23	0.79	2.38	17.59	97	4.84	31
	上限	49.57	0.77	0.91	11.37	21.54	181	2.26	1.67	1.36	4.38	49.59	394	14.57	117
	上五分位数	25.00	0.41	0.41	6.56	12.37	79	1.65	0.97	0.90	2.77	25.41	167	7.08	50
	中位数	14.80	0.21	0.23	4.88	9.08	34	1.38	0.64	0.73	2.06	15.90	79	4.19	18
	下五分位数	8.26	0.04	0.06	3.33	6.24	10	1.24	0.50	0.60	1.70	9.20	16	2.08	5
	下限	2.00	0.00	0.00	0.07	0.11	0	1.04	0.06	0.23	0.11	0.03	0	0.03	0

续表

分区编码	统计指标	A/km²	S	S'	L_{av}/km	L/km	J/‰	几何特征 K_a	L/A/(km/km²)	L_h/km	L_{hm}/km	L_w/km	J_w/‰	L_r/km	J_r/‰
104: KA23G100 A_s: 2.78 ΔZ: 287 N: 1568	平均值	17.75	0.01	0.17	4.99	9.36	2	1.62	1.23	0.82	2.68	17.40	7	4.88	2
	上限	49.98	0.06	0.30	12.27	22.69	10	2.52	1.92	1.38	5.84	51.33	22	15.65	7
	上五分位数	26.72	0.02	0.12	6.69	12.60	4	1.75	1.06	0.93	3.48	25.11	9	7.38	3
	中位分位数	16.04	0.01	0.04	4.84	9.10	2	1.39	0.63	0.78	2.54	15.45	4	3.95	1
	下五分位数	4.88	0.00	0.00	2.97	5.54	0	1.23	0.47	0.62	1.85	7.28	1	1.77	0
	下限	2.00	0.00	0.00	0.07	0.11	0	1.06	0.18	0.17	0.12	0.06	0	0.03	0
105: KE22G200 A_s: 3.34 ΔZ: 1143 N: 1839	平均值	18.14	0.06	0.16	5.03	9.34	6	1.57	1.23	0.78	2.40	18.27	17	4.94	5
	上限	52.99	0.32	0.36	11.54	21.31	33	2.50	2.22	1.13	5.09	51.23	66	15.93	23
	上五分位数	26.92	0.13	0.15	6.67	12.36	14	1.75	1.20	0.84	3.05	26.76	27	7.65	10
	中位分位数	16.03	0.01	0.01	4.93	9.14	1	1.42	0.73	0.73	2.17	16.01	1	4.25	2
	下五分位数	9.31	0.00	0.00	3.34	6.31	0	1.25	0.52	0.64	1.67	9.24	0	2.07	0
	下限	2.00	0.00	0.00	0.05	0.06	0	1.06	0.05	0.35	0.15	0.03	0	0.03	0
106: KF15G300 A_s: 18.27 ΔZ: 2039 N: 11196	平均值	16.32	0.05	0.14	5.21	9.76	8	1.45	1.23	0.72	2.40	17.86	21	5.27	6
	上限	48.28	0.17	0.22	12.12	22.55	23	2.16	1.78	1.06	4.73	49.96	43	16.37	19
	上五分位数	24.28	0.08	0.10	6.90	12.91	11	1.59	0.98	0.77	2.91	25.69	20	7.87	9
	中位分位数	14.82	0.04	0.04	5.03	9.47	7	1.34	0.61	0.67	2.11	16.06	11	4.50	5
	下五分位数	8.25	0.02	0.02	3.41	6.47	3	1.22	0.45	0.57	1.70	9.48	5	2.17	2
	下限	2.00	0.00	0.00	0.05	0.08	0	1.02	0.15	0.29	0.10	0.03	0	0.03	0
107: KG15G400 A_s: 1.30 ΔZ: 660 N: 804	平均值	16.22	0.04	0.17	5.16	9.74	6	1.45	1.23	0.71	2.47	18.91	72	5.06	5
	上限	47.18	0.09	0.25	12.29	22.32	23	2.10	2.03	0.99	4.59	52.08	44	16.41	17
	上五分位数	23.55	0.04	0.11	7.05	13.11	10	1.58	1.12	0.73	2.94	26.79	20	7.95	8
	中位分位数	14.99	0.02	0.03	4.96	9.47	5	1.35	0.71	0.63	2.24	17.24	8	4.27	4
	下五分位数	7.22	0.01	0.01	3.33	6.50	2	1.21	0.51	0.55	1.84	9.67	2	1.97	1
	下限	2.00	0.00	0.00	0.09	0.15	0	1.04	0.18	0.29	0.28	0.03	0	0.03	0

续表

分区编码	统计指标	A/km²	S	S'	L_{av}/km	L/km	J/‰	K_a	L/A/(km/km²)	L_h/km	L_{hm}/km	L_w/km	J_w/‰	L_r/km	J_r/‰
108: KG15G500 A_s: 0.88 ΔZ: 631 N: 514	平均值	17.14	0.02	0.16	5.37	10.24	6	1.36	1.25	0.71	2.50	18.98	15	5.47	5
	上限	49.60	0.06	0.28	12.74	23.79	13	1.85	2.00	1.04	4.64	53.05	30	17.62	14
	上五分位数	25.81	0.03	0.12	7.26	13.68	8	1.46	1.11	0.76	3.03	27.24	16	8.37	7
	中位分位数	15.55	0.02	0.03	5.17	10.11	6	1.29	0.67	0.65	2.29	17.36	9	4.86	5
	下五分位数	9.00	0.01	0.02	3.54	6.79	4	1.20	0.51	0.56	1.92	9.93	6	2.14	2
	下限	2.00	0.00	0.00	0.29	0.48	0	1.04	0.22	0.36	0.70	0.09	0	0.06	0
109: KH62HA00 A_s: 8.90 ΔZ: 4291 N: 6038	平均值	14.73	0.14	0.40	6.34	12.16	27	1.32	1.25	0.60	2.79	23.57	48	6.42	19
	上限	45.20	0.61	0.80	17.51	33.02	94	1.86	2.13	1.24	6.66	67.20	170	21.40	70
	上五分位数	21.72	0.25	0.35	9.05	17.18	42	1.43	1.13	0.72	3.77	33.18	74	9.82	31
	中位分位数	13.66	0.06	0.13	5.72	11.01	16	1.25	0.62	0.54	2.53	19.31	25	4.92	12
	下五分位数	5.97	0.01	0.05	3.37	6.57	7	1.14	0.46	0.37	1.83	10.46	10	2.06	5
	下限	2.00	0.00	0.00	0.06	0.09	0	1.03	0.12	0.11	0.12	0.03	0	0.03	0
110: KH62H800 A_s: 9.78 ΔZ: 3952 N: 6454	平均值	15.15	0.17	0.32	5.65	10.77	31	1.36	1.27	0.67	2.69	20.31	54	5.54	21
	上限	45.61	0.86	0.92	14.18	27.18	123	1.90	1.90	1.36	6.09	58.11	231	17.75	77
	上五分位数	22.19	0.35	0.39	7.73	14.80	51	1.46	1.06	0.82	3.53	29.11	96	8.32	32
	中位分位数	14.01	0.05	0.12	5.29	10.13	12	1.27	0.62	0.59	2.36	17.73	20	4.50	9
	下五分位数	6.57	0.01	0.03	3.39	6.50	3	1.17	0.46	0.45	1.81	9.77	5	2.00	3
	下限	2.00	0.00	0.00	0.06	0.10	0	1.02	0.14	0.14	0.16	0.03	0	0.03	0
111: KH62H900 A_s: 2.34 ΔZ: 3035 N: 1494	平均值	15.66	0.23	0.31	5.72	10.96	35	1.37	1.27	0.68	2.73	20.35	64	5.70	23
	上限	42.50	0.76	0.85	13.54	25.80	127	2.00	2.22	1.24	6.36	54.74	236	17.22	79
	上五分位数	22.22	0.43	0.37	7.63	14.50	56	1.51	1.21	0.79	3.55	28.22	103	8.38	35
	中位分位数	14.55	0.19	0.20	5.42	10.39	25	1.30	0.74	0.63	2.10	18.26	49	4.83	17
	下五分位数	8.60	0.02	0.04	3.60	6.88	8	1.17	0.53	0.48	1.67	10.49	13	2.22	6
	下限	2.00	0.00	0.00	0.05	0.09	0	1.02	0.06	0.07	0.27	0.03	0	0.03	0

几何特征

续表

分区编码	统计指标	A/km²	S	S'	L_{av}/km	L/km	J/‰	几 何 特 征 K_a	L/A/(km/km²)	L_h/km	L_{hm}/km	L_w/km	J_w/‰	L_r/km	J_r/‰
112: KH151400 A_s: 2.67 ΔZ: 1973 N: 1749	平均值	15.24	0.07	0.23	6.27	12.05	12	1.42	1.27	0.63	3.52	22.00	32	6.51	11
	上限	46.08	0.22	0.47	15.96	29.49	37	1.96	1.86	1.12	9.06	61.05	82	22.35	36
	上五分位数	22.39	0.10	0.20	8.66	16.28	17	1.48	1.05	0.69	4.87	31.36	37	10.22	16
	中位分位数	14.00	0.03	0.06	5.98	11.71	9	1.25	0.67	0.53	3.05	19.86	15	5.32	8
	下五分位数	5.96	0.01	0.02	3.76	7.46	4	1.15	0.51	0.40	1.97	11.52	7	2.01	3
	下限	2.00	0.00	0.00	0.07	0.11	0	1.02	0.11	0.08	0.13	0.04	0	0.03	0
113: KH15G400 ΔZ: 292		—	—	—	—	—	—	—	—	—	—	—	—	—	—
114: KH151800 A_s: 6.22 ΔZ: 2312 N: 3972	平均值	15.65	0.05	0.12	5.82	11.17	10	1.34	1.30	0.65	2.96	19.91	18	5.99	8
	上限	45.24	0.13	0.24	14.25	26.94	27	1.82	1.56	0.99	6.64	55.28	44	19.22	24
	上五分位数	22.72	0.06	0.11	7.89	15.02	14	1.43	0.91	0.69	3.79	28.81	21	9.15	12
	中位分位数	14.37	0.03	0.04	5.58	10.71	8	1.27	0.59	0.58	2.49	18.13	12	4.95	7
	下五分位数	7.62	0.01	0.02	3.61	7.01	4	1.18	0.46	0.48	1.87	10.45	6	2.26	3
	下限	2.00	0.00	0.00	0.05	0.08	0	1.01	0.21	0.18	0.09	0.03	0	0.03	0
115: KH151700 A_s: 1.25 ΔZ: 937 N: 887	平均值	14.10	0.05	0.26	5.57	10.67	9	1.47	1.30	0.60	2.65	19.59	22	6.00	8
	上限	43.64	0.14	0.31	13.65	25.69	24	1.93	2.08	0.95	6.02	53.52	51	18.85	21
	上五分位数	20.95	0.07	0.14	7.49	14.23	13	1.49	1.21	0.65	3.48	27.50	26	8.92	11
	中位分位数	13.22	0.04	0.05	5.41	10.31	8	1.28	0.81	0.55	2.37	17.82	15	5.02	7
	下五分位数	5.50	0.02	0.02	3.27	6.38	5	1.19	0.60	0.43	1.78	10.07	9	2.17	4
	下限	2.00	0.00	0.00	0.05	0.09	0	1.04	0.33	0.11	0.21	0.03	0	0.04	0
116: KH151500 A_s: 1.79 ΔZ: 1486 N: 1368	平均值	13.12	0.06	0.20	5.17	9.89	9	1.36	1.30	0.57	2.18	18.24	19	5.27	7
	上限	34.84	0.19	0.33	12.19	23.09	24	1.83	2.40	0.87	3.61	46.87	51	16.87	21
	上五分位数	18.65	0.09	0.16	7.09	13.37	13	1.46	1.22	0.62	2.53	25.46	26	8.05	11
	中位分位数	12.92	0.05	0.07	5.11	9.93	8	1.29	0.59	0.53	2.12	17.81	15	4.53	7
	下五分位数	7.36	0.02	0.03	3.35	6.63	5	1.20	0.42	0.45	1.81	11.16	9	2.05	3
	下限	2.00	0.00	0.00	0.11	0.20	0	1.06	0.12	0.21	0.74	0.06	0	0.04	0

续表

分区编码	统计指标	几何特征													
		A/km²	S	S'	L_{av}/km	L/km	J/‰	K_a	L/A/(km/km²)	L_h/km	L_{hm}/km	L_w/km	J_w/‰	L_r/km	J_r/‰
117: KJ63H800 A_s: 2.97 ΔZ: 1522 N: 1444	平均值	20.54	0.18	0.30	5.22	9.64	28	1.39	1.33	0.75	2.47	17.42	52	5.12	16
	上限	48.76	0.56	0.56	11.95	21.29	79	1.98	2.43	1.28	4.79	50.43	156	14.91	51
	上五分位数	24.75	0.27	0.30	6.90	12.48	40	1.52	1.31	0.88	2.94	25.67	77	7.32	24
	中位分位数	15.36	0.17	0.20	5.06	9.31	26	1.31	0.78	0.73	2.11	15.71	50	4.37	14
	下五分位数	8.64	0.08	0.12	3.47	6.45	13	1.21	0.56	0.59	1.69	9.09	23	2.17	6
	下限	2.00	0.00	0.00	0.08	0.13	0	1.06	0.06	0.26	0.39	0.05	0	0.07	0
118: KJ63I700 A_s: 9.43 ΔZ: 2583 N: 6389	平均值	14.75	0.16	0.31	5.66	10.66	28	1.35	1.35	0.65	3.07	19.99	60	5.65	20
	上限	41.13	0.72	0.72	14.32	26.37	98	1.88	2.01	1.25	7.18	54.65	217	18.65	69
	上五分位数	20.39	0.30	0.33	7.72	14.41	45	1.45	1.08	0.77	3.98	27.54	95	8.66	31
	中位分位数	13.16	0.11	0.17	5.20	9.85	22	1.27	0.59	0.58	2.52	17.20	40	4.57	15
	下五分位数	6.54	0.02	0.07	3.32	6.38	9	1.17	0.43	0.44	1.85	9.46	14	2.00	5
	下限	2.00	0.00	0.00	0.05	0.06	0	1.01	0.14	0.11	0.20	0.03	0	0.03	0
119: KJ63H700 A_s: 12.63 ΔZ: 3361 N: 7321	平均值	17.25	0.20	0.31	5.57	10.41	32	1.39	1.37	0.69	2.74	21.31	81	5.95	21
	上限	39.49	0.78	0.82	13.46	25.46	129	2.02	2.35	1.26	5.91	49.64	296	18.20	77
	上五分位数	20.75	0.38	0.38	7.41	13.94	55	1.52	1.27	0.80	3.40	25.69	124	8.65	33
	中位分位数	13.11	0.14	0.20	4.97	9.24	22	1.30	0.76	0.64	2.20	15.78	47	4.82	13
	下五分位数	8.22	0.01	0.08	3.36	6.24	5	1.19	0.54	0.50	1.73	9.62	9	2.28	3
	下限	2.00	0.00	0.00	0.06	0.11	0	1.02	0.06	0.11	0.15	0.03	0	0.03	0
120: KJ631600 A_s: 2.01 ΔZ: 2264 N: 550	平均值	36.53	0.18	0.33	7.65	14.75	29	1.40	1.37	0.60	2.96	41.75	75	7.38	22
	上限	112.74	0.57	0.56	21.49	38.48	87	1.97	2.44	0.95	6.23	146.54	241	24.86	76
	上五分位数	52.51	0.31	0.28	11.24	20.62	41	1.51	1.31	0.65	3.80	68.14	108	11.24	34
	中位分位数	19.12	0.16	0.17	6.71	12.63	28	1.31	0.79	0.54	2.73	28.29	52	5.04	22
	下五分位数	8.59	0.03	0.09	4.09	7.49	8	1.20	0.55	0.43	2.03	12.41	19	1.97	4
	下限	2.00	0.00	0.00	0.08	0.14	0	1.02	0.09	0.16	0.15	0.06	0	0.05	0

续表

分区编码	统计指标	A /km²	S	S'	L_{av} /km	L /km	J /‰	几何特征 K_a	L/A /(km/km²)	L_h /km	L_{hm} /km	L_w /km	J_w /‰	L_r /km	J_r /‰
121: KK65I700 A_s: 6.43 ΔZ: 3355 N: 4094	平均值	15.71	0.11	0.23	5.69	10.83	21	1.37	1.40	0.64	2.86	20.86	55	5.63	16
	上限	45.81	0.44	0.54	14.23	26.91	66	1.95	2.35	1.17	6.18	56.32	182	18.24	53
	上五分位数	22.48	0.19	0.23	7.77	14.75	30	1.48	1.26	0.74	3.58	28.67	79	8.49	24
	中位分位数	14.17	0.05	0.08	5.31	10.27	14	1.28	0.77	0.58	2.37	18.39	26	4.48	11
	下五分位数	6.91	0.02	0.03	3.44	6.64	6	1.17	0.54	0.45	1.84	10.11	10	1.97	5
	下限	2.00	0.00	0.00	0.06	0.09	0	1.02	0.11	0.09	0.19	0.04	0	0.03	0
122: KK65I100 ΔZ: 2866		—			—		—	—		—	—		—		—
123: KK65H300 A_s: 8.30 ΔZ: 4494 N: 5070	平均值	16.36	0.29	0.33	5.83	11.18	55	1.34	1.42	0.69	3.04	22.01	142	5.72	40
	上限	45.90	1.32	1.20	14.50	28.29	227	1.92	2.11	1.55	6.85	59.08	646	18.23	144
	上五分位数	23.48	0.57	0.51	7.98	15.40	97	1.46	1.13	0.89	3.84	30.15	268	8.58	62
	中位分位数	14.38	0.21	0.20	5.35	10.15	31	1.27	0.66	0.62	2.29	18.22	86	4.60	23
	下五分位数	8.51	0.02	0.03	3.57	6.76	9	1.16	0.48	0.44	1.82	10.60	15	2.09	7
	下限	2.00	0.00	0.00	0.06	0.09	0	1.01	0.17	0.10	0.13	0.03	0	0.03	0
124: KK65I800 A_s: 8.21 ΔZ: 3853 N: 4062	平均值	20.22	0.13	0.60	7.26	14.04	24	1.30	1.43	0.59	3.23	32.18	65	6.91	20
	上限	60.01	0.54	0.95	20.32	39.76	70	1.81	2.41	1.14	7.62	105.07	202	23.64	55
	上五分位数	28.96	0.23	0.40	10.49	20.50	32	1.41	1.32	0.69	4.15	49.33	88	10.70	26
	中位分位数	16.42	0.06	0.10	6.36	12.28	15	1.24	0.80	0.53	2.58	23.11	27	5.02	12
	下五分位数	8.21	0.02	0.03	3.91	7.52	8	1.13	0.58	0.38	1.83	12.14	12	2.06	6
	下限	2.00	0.00	0.00	0.06	0.09	0	1.02	0.31	0.11	0.16	0.03	0	0.03	0
125: KK65I200 A_s: 11.32 ΔZ: 4339 N: 5710	平均值	19.83	0.16	0.32	6.93	13.20	31	1.32	1.43	0.61	2.79	28.59	72	6.86	24
	上限	55.56	0.68	0.84	18.93	35.94	106	1.86	2.21	1.17	6.09	86.30	246	23.30	75
	上五分位数	27.18	0.29	0.36	9.88	18.77	47	1.43	1.16	0.71	3.55	41.21	107	10.65	34
	中位分位数	15.42	0.06	0.09	6.05	11.56	17	1.25	0.63	0.54	2.36	20.86	29	5.22	15
	下五分位数	8.24	0.03	0.04	3.79	7.29	8	1.15	0.46	0.41	1.85	11.16	13	2.19	6
	下限	2.00	0.00	0.00	0.05	0.08	0	1.01	0.17	0.09	0.08	0.03	0	0.03	0

续表

分区编码	统计指标	A /km²	S	S'	几 何 特 征											
					L_{av} /km	L /km	J /‰	K_a	L/A /(km/km²)	L_h /km	L_{hm} /km	L_w /km	J_w /‰	L_r /km	J_r /‰
126: KK651300 A_s: 5.07 ΔZ: 3518 N: 2892	平均值	17.54	0.12	0.57	6.23	11.89	21	1.36	1.44	0.62	2.44	25.53	52	6.19	17
	上限	49.06	0.45	1.43	16.71	31.26	69	1.91	1.83	1.09	4.81	66.07	140	19.60	60
	上五分位数	23.59	0.19	0.59	8.71	16.43	32	1.47	1.00	0.70	3.00	32.61	63	9.22	27
	中位数	14.46	0.05	0.14	5.67	10.93	14	1.28	0.59	0.56	2.24	19.52	26	4.91	12
	下五分位数	6.55	0.02	0.03	3.37	6.49	7	1.18	0.44	0.43	1.79	10.20	12	2.25	5
	下限	2.00	0.00	0.00	0.09	0.12	0	1.04	0.17	0.18	0.14	0.04	0	0.03	0
127: KL65H300 A_s: 13.20 ΔZ: 5953 N: 8021	平均值	16.46	0.23	0.50	5.64	10.66	38	1.42	1.47	0.71	2.89	20.98	98	5.50	27
	上限	46.64	1.13	1.27	13.86	25.96	148	2.08	1.81	1.47	6.50	57.45	454	17.68	92
	上五分位数	23.56	0.49	0.53	7.66	14.42	64	1.55	0.99	0.87	3.68	29.13	189	8.31	39
	中位数	14.49	0.10	0.17	5.33	10.11	19	1.31	0.59	0.62	2.29	18.05	36	4.48	14
	下五分位数	8.13	0.02	0.04	3.53	6.67	7	1.19	0.45	0.47	1.80	10.14	12	2.06	5
	下限	2.00	0.00	0.00	0.05	0.06	0	1.01	0.24	0.10	0.15	0.03	0	0.03	0
128: KL65H500 A_s: 20.58 ΔZ: 6435 N: 13226	平均值	15.56	0.35	0.42	5.23	9.83	56	1.43	1.49	0.77	2.48	18.80	149	5.15	37
	上限	43.08	1.46	1.34	12.15	23.00	245	2.12	2.88	1.58	5.09	51.91	681	15.46	154
	上五分位数	22.35	0.64	0.57	6.93	13.03	100	1.57	1.52	0.94	3.13	26.59	277	7.49	63
	中位数	14.26	0.33	0.32	4.93	9.26	36	1.34	0.88	0.73	2.24	16.45	102	4.25	22
	下五分位数	8.52	0.01	0.04	3.41	6.38	3	1.21	0.61	0.52	1.81	9.67	6	2.17	3
	下限	2.00	0.00	0.00	0.05	0.07	0	1.03	0.24	0.12	0.06	0.03	0	0.03	0
129: KL651700 A_s: 4.86 ΔZ: 3679 N: 2519	平均值	19.31	0.04	0.17	6.25	11.85	4	1.80	1.50	0.69	2.64	21.92	16	6.80	4
	上限	53.59	0.06	0.31	15.45	28.50	4	3.45	2.20	1.20	5.85	63.76	9	22.67	5
	上五分位数	28.74	0.03	0.13	8.53	15.90	2	2.14	1.14	0.80	3.43	31.97	4	10.44	2
	中位数	17.92	0.01	0.02	5.77	11.04	1	1.54	0.57	0.67	2.36	20.15	1	5.42	1
	下五分位数	9.56	0.00	0.00	3.84	7.33	0	1.26	0.41	0.54	1.79	10.42	0	2.25	0
	下限	2.00	0.00	0.00	0.05	0.05	0	1.03	0.21	0.17	0.10	0.05	0	0.03	0

续表

分区编码	统计指标	A/km²	S	S'	L_{av}/km	L/km	J/‰	几何特征 K_a	L/A/(km/km²)	L_h/km	L_{hm}/km	L_w/km	J_w/‰	L_r/km	J_r/‰
130: KL65H600 A_s: 9.54 ΔZ: 5328 N: 5946	平均值	16.20	0.38	0.45	5.35	10.05	68	1.41	1.06	0.79	2.37	18.49	176	5.25	43
	上限	37.93	1.28	1.24	10.50	20.09	229	1.92	1.53	1.51	3.92	45.09	660	12.94	136
	上五分位数	23.59	0.69	0.63	6.98	13.13	118	1.55	1.03	1.00	2.85	26.54	316	7.52	74
	中位数	14.76	0.37	0.36	4.97	9.19	49	1.32	0.64	0.75	2.16	16.18	129	4.31	24
	下五分位数	9.57	0.03	0.08	3.47	6.36	13	1.19	0.47	0.54	1.77	8.98	20	2.23	6
	下限	2.00	0.00	0.00	0.06	0.07	0	1.03	0.20	0.15	0.59	0.04	0	0.03	0
131: KL65H900 A_s: 16.58 ΔZ: 5259 H: 10471	平均值	15.86	0.22	0.39	5.61	10.46	35	1.40	1.62	0.66	2.34	20.93	82	5.43	24
	上限	44.05	0.90	0.86	13.83	25.53	112	2.04	2.41	1.25	4.66	55.75	297	16.91	73
	上五分位数	22.06	0.38	0.39	7.60	14.08	51	1.53	1.35	0.78	2.89	28.56	131	8.03	33
	中位数	13.98	0.14	0.17	5.25	9.84	22	1.31	0.80	0.60	2.12	17.76	48	4.45	16
	下五分位数	7.34	0.04	0.08	3.44	6.45	10	1.19	0.59	0.46	1.71	10.32	20	2.11	7
	下限	2.00	0.00	0.00	0.05	0.08	0	1.01	0.28	0.11	0.13	0.03	0	0.03	0
132: KL65I300 A_s: 0.59 ΔZ: 1562 N: 322	平均值	18.40	0.04	0.15	6.89	13.11	2	1.62	1.74	0.58	2.13	23.27	5	7.35	2
	上限	46.34	0.09	0.43	14.34	26.27	5	2.47	2.84	0.82	3.65	57.82	8	20.35	6
	上五分位数	25.97	0.06	0.19	8.76	16.94	3	1.80	1.51	0.63	2.55	31.74	4	10.37	3
	中位数	16.57	0.03	0.03	6.82	12.87	2	1.50	0.87	0.56	1.97	21.62	2	6.42	2
	下五分位数	11.27	0.01	0.01	4.95	9.51	1	1.35	0.60	0.50	1.69	13.97	2	3.50	1
	下限	2.00	0.00	0.01	0.17	0.36	0	1.16	0.11	0.37	0.48	0.44	0	0.04	0

续表

分区编码	统计指标	汇流特征		土壤水力特征												
		K_m/[m³/(s·km²)]	H_p/h	θ_{s1}/%	θ_{a1}/%	θ_{w1}/%	θ_{s2}/%	θ_{a2}/%	θ_{w2}/%	θ_{s3}/%	θ_{a3}/%	θ_{w3}/%	θ_{s4}/%	θ_{a4}/%	θ_{w4}/%
全国 A_s: 868.67 ΔZ: 8844 N: 535858	平均值	2.9	1.1	47	11	22	46	11	21	44	10	20	42	9	20
	上限	6.4	2.7	64	14	35	57	14	32	53	15	30	47	14	31
	上四分位数	4.0	1.5	51	12	25	49	12	24	46	12	23	43	11	23
	中位数	2.6	1.0	46	11	22	45	11	21	43	10	21	41	10	20
	下四分位数	1.8	0.7	42	10	18	43	10	18	41	9	18	40	8	17
	下限	0.1	0.5	37	8	8	37	8	10	37	5	11	36	4	9
1: AA23A100 A_s: 6.05 ΔZ: 1168 N: 3767	平均值	2.5	1.2	59	12	32	53	10	29	47	9	25	44	8	24
	上限	4.7	2.2	62	13	39	56	12	34	50	10	28	47	7	27
	上四分位数	3.0	1.5	60	12	34	54	11	30	48	9	26	45	8	25
	中位数	2.3	1.2	59	12	32	53	11	29	47	9	26	44	8	24
	下四分位数	1.8	1.0	58	11	30	52	10	27	46	8	24	43	8	23
	下限	0.7	0.5	56	10	27	50	9	25	44	7	22	41	9	21
2: AA23A300 A_s: 6.34 ΔZ: 685 N: 3646	平均值	2.4	1.3	58	12	31	53	11	28	48	9	26	45	8	25
	上限	4.8	2.5	63	14	36	56	12	31	51	11	29	48	10	28
	上四分位数	2.9	1.7	59	13	32	54	11	29	49	10	27	46	9	26
	中位数	2.1	1.3	57	12	30	53	11	28	48	9	26	45	8	25
	下四分位数	1.6	1.0	56	12	29	52	10	27	47	9	25	44	8	24
	下限	0.6	0.5	52	11	26	50	9	25	45	8	23	42	7	22
3: AB22A500 A_s: 4.30 ΔZ: 2002 N: 2836	平均值	2.5	1.3	52	11	28	49	11	25	45	9	24	42	8	23
	上限	4.8	2.2	63	13	36	56	12	28	48	11	25	43	10	24
	上四分位数	2.9	1.5	55	12	31	51	11	26	46	10	24	42	9	23
	中位数	2.2	1.2	52	11	27	49	11	25	45	9	23	42	8	23
	下四分位数	1.7	1.0	49	11	26	47	10	24	44	9	23	41	8	22
	下限	0.2	0.5	45	10	24	45	9	23	42	8	22	40	7	21

续表

分区编码	统计指标	汇流特征		土壤水力特征											
		K_m/[m³/(s·km²)]	H_p/h	θ_{s1}/%	θ_{a1}/%	θ_{w1}/%	θ_{s2}/%	θ_{a2}/%	θ_{w2}/%	θ_{s3}/%	θ_{a3}/%	θ_{w3}/%	θ_{s4}/%	θ_{a4}/%	θ_{w4}/%
4：AB22A400 A_s：3.31 ΔZ：697 N：2118	平均值	2.2	1.4	48	10	26	47	10	24	44	9	24	42	9	23
	上限	4.8	3.0	55	12	31	50	9	26	47	11	26	44	10	25
	上互分位数	2.8	1.8	50	11	27	48	10	25	45	10	25	43	9	24
	中位数	1.9	1.5	48	10	26	47	10	25	44	9	24	42	8	23
	下互分位数	1.4	1.0	46	10	24	46	10	24	43	9	23	42	8	23
	下限	0.5	0.5	43	9	20	44	11	23	42	8	21	41	7	22
5：AB15A200 A_s：21.49 ΔZ：1322 N：12067	平均值	2.4	1.4	53	12	27	50	11	25	46	10	23	44	9	23
	上限	4.8	2.5	64	15	37	57	14	33	52	12	29	49	11	28
	上互分位数	2.8	1.7	58	13	30	53	12	28	48	11	25	45	10	24
	中位数	2.1	1.3	54	12	28	51	11	26	47	10	24	44	9	23
	下互分位数	1.5	1.0	47	10	23	46	10	22	44	10	22	42	9	21
	下限	0.1	0.5	41	8	15	41	8	15	40	9	18	38	8	17
6：AB23A700 A_s：16.58 ΔZ：1360 N：10830	平均值	2.3	1.4	54	12	28	51	11	26	47	10	25	44	9	24
	上限	4.9	3.0	63	13	34	58	10	32	50	11	28	47	10	27
	上互分位数	2.9	1.8	56	12	30	53	11	28	48	10	26	45	9	25
	中位数	2.0	1.3	54	12	28	51	11	26	47	10	25	44	9	24
	下互分位数	1.5	1.0	51	11	27	49	11	25	46	9	24	43	8	23
	下限	0.5	0.5	44	10	23	44	12	21	44	8	22	41	7	21
7：AB23A500 A_s：3.73 ΔZ：1256 N：2323	平均值	2.4	1.3	54	11	29	50	11	26	46	10	24	43	9	23
	上限	4.9	2.2	63	13	38	53	10	27	49	11	27	46	10	26
	上互分位数	2.9	1.5	56	12	31	51	11	26	47	10	25	44	9	24
	中位数	2.2	1.2	53	11	27	49	11	25	46	10	24	43	9	23
	下互分位数	1.7	1.0	51	11	26	49	11	25	45	9	23	42	8	22
	下限	0.2	0.5	46	10	24	47	12	24	43	8	22	41	8	21

续表

分区编码	统计指标	汇流特征		土壤水力特征											
		K_m/[m³/(s·km²)]	H_p/h	θ_{s1}/%	θ_{a1}/%	θ_{w1}/%	θ_{s2}/%	θ_{a2}/%	θ_{w2}/%	θ_{s3}/%	θ_{a3}/%	θ_{w3}/%	θ_{s4}/%	θ_{a4}/%	θ_{w4}/%
8：AC23A600 A_s：5.96 ΔZ：976 N：3954	平均值	2.3	1.4	55	12	29	51	11	27	47	9	26	44	8	25
	上限	4.7	3.0	64	13	35	57	12	33	50	11	29	50	10	28
	上五分位数	2.8	1.8	57	12	31	53	11	29	48	10	27	46	9	26
	中位数	2.0	1.3	55	12	29	52	11	27	47	9	26	44	8	25
	下五分位数	1.4	1.0	52	11	28	50	10	26	46	9	25	43	8	24
	下限	0.3	0.5	48	10	25	47	9	24	44	8	23	41	7	22
9：AD23A500 A_s：1.03 ΔZ：1120 N：642	平均值	2.5	1.2	53	11	28	49	11	25	45	10	23	42	9	22
	上限	4.7	2.2	60	13	35	52	10	28	46	11	25	43	10	25
	上五分位数	2.9	1.5	55	12	30	50	11	26	45	10	24	42	9	23
	中位数	2.3	1.2	53	11	28	49	11	25	45	10	23	42	9	22
	下五分位数	1.7	1.0	51	11	26	48	11	24	44	9	23	41	8	21
	下限	0.7	0.5	46	10	22	46	12	22	43	9	22	40	8	20
10：AE22A500 A_s：2.28 ΔZ：1401 N：1567	平均值	2.7	1.2	52	11	27	49	11	24	44	10	22	42	9	21
	上限	5.1	2.5	60	13	34	56	13	29	50	9	25	43	8	24
	上五分位数	3.3	1.5	55	12	30	51	12	25	46	10	23	42	9	22
	中位数	2.4	1.2	52	11	27	48	11	24	44	10	22	41	9	21
	下五分位数	1.9	0.8	49	11	24	47	11	22	43	10	21	41	9	20
	下限	1.0	0.5	43	10	20	43	10	19	41	11	19	40	10	18
11：AF15A200 A_s：15.21 ΔZ：1485 N：7764	平均值	2.4	1.3	55	11	29	51	11	27	46	11	24	44	9	23
	上限	4.7	2.2	64	13	38	58	12	35	52	11	31	48	11	28
	上五分位数	2.9	1.5	60	12	33	54	11	29	48	10	26	45	10	24
	中位数	2.2	1.2	55	12	30	51	11	27	46	10	25	44	9	23
	下五分位数	1.7	1.0	50	11	26	48	10	24	45	9	22	42	8	21
	下限	0.4	0.5	44	10	19	44	9	19	41	8	18	39	6	17

续表

分区编码	统计指标	汇流特征		土 壤 水 力 特 征											
		K_m/[m³/(s·km²)]	H_p/h	θ_{s1}/%	θ_{a1}/%	θ_{w1}/%	θ_{s2}/%	θ_{a2}/%	θ_{w2}/%	θ_{s3}/%	θ_{a3}/%	θ_{w3}/%	θ_{s4}/%	θ_{a4}/%	θ_{w4}/%
12：BA15G200 A_s：22.12 ΔZ：1829 N：13082	平均值	2.3	1.4	44	11	20	44	11	20	42	10	19	41	10	19
	上限	4.7	2.5	54	12	30	51	12	28	45	12	26	44	11	25
	上四分位数	2.8	1.7	47	11	23	46	11	22	43	11	22	42	10	21
	中位数	2.0	1.3	43	11	19	43	11	19	42	10	19	41	10	19
	下四分位数	1.5	1.0	42	10	17	42	10	17	41	10	17	40	9	17
	下限	0.4	0.5	39	9	13	40	9	13	40	9	13	39	8	13
13：BB21B400 A_s：3.66 ΔZ：962 N：2390	平均值	2.3	1.3	43	11	20	43	11	19	42	10	19	40	10	19
	上限	4.4	2.5	49	12	25	46	12	24	43	9	23	42	11	22
	上四分位数	2.7	1.7	45	11	21	44	11	21	42	10	21	41	10	21
	中位数	2.1	1.3	43	11	20	43	11	20	42	10	20	40	10	20
	下四分位数	1.6	1.0	42	10	18	42	10	18	41	10	18	40	9	18
	下限	0.6	0.5	40	10	14	41	10	14	40	11	14	39	9	14
14：BC21B100 A_s：2.46 ΔZ：665 N：1841	平均值	2.7	1.2	44	10	20	43	10	20	41	10	19	40	9	19
	上限	5.0	2.3	51	12	26	46	12	25	44	11	25	41	8	22
	上四分位数	3.4	1.5	46	11	22	44	11	21	42	10	21	40	9	20
	中位数	2.4	1.2	43	10	20	43	10	19	41	10	20	40	9	19
	下四分位数	1.8	0.8	42	10	18	42	10	18	40	9	18	39	9	18
	下限	0.4	0.5	40	9	16	40	9	16	39	8	16	38	10	17
15：BD22A500 A_s：3.26 ΔZ：2208 N：2216	平均值	2.6	1.2	51	11	26	48	11	24	44	10	22	42	9	21
	上限	5.1	2.5	62	13	36	55	10	31	50	11	28	43	8	24
	上四分位数	3.1	1.5	54	12	29	50	11	26	46	10	24	42	9	22
	中位数	2.3	1.2	51	11	26	48	11	24	44	10	22	41	9	21
	下四分位数	1.8	0.8	48	11	24	46	11	22	43	9	21	41	9	20
	下限	0.2	0.5	43	10	19	43	12	18	41	8	18	40	10	18

续表

分区编码	统计指标	汇流特征		土 壤 水 力 特 征												
		$K_m/[\mathrm{m^3}/(\mathrm{s \cdot km^2})]$	H_p/h	$\theta_{s1}/\%$	$\theta_{a1}/\%$	$\theta_{w1}/\%$	$\theta_{s2}/\%$	$\theta_{a2}/\%$	$\theta_{w2}/\%$	$\theta_{s3}/\%$	$\theta_{a3}/\%$	$\theta_{w3}/\%$	$\theta_{s4}/\%$	$\theta_{a4}/\%$	$\theta_{w4}/\%$
16: CA13B400 A_s: 5.52 ΔZ: 1960 N: 3661	平均值	2.6	1.2	46	12	20	45	11	20	43	11	19	41	10	19
	上限	5.0	2.2	55	13	26	50	13	22	46	12	22	43	12	22
	上互分位数	3.1	1.5	48	12	22	46	12	20	44	11	20	42	11	20
	中位数	2.3	1.2	46	11	20	45	11	19	43	11	19	41	10	19
	下互分位数	1.8	1.0	43	11	19	43	11	18	42	10	18	41	10	18
	下限	0.4	0.5	41	10	15	41	10	16	41	9	16	40	9	16
17: CB13B400 A_s: 1.54 ΔZ: 1700 N: 1044	平均值	2.7	1.1	47	12	21	46	12	20	44	11	19	42	11	19
	上限	5.0	2.0	53	14	26	49	13	21	47	13	22	44	12	20
	上互分位数	3.2	1.3	49	13	22	47	12	20	45	12	20	43	11	19
	中位数	2.5	1.2	47	12	20	46	12	19	43	11	19	42	11	19
	下互分位数	2.0	0.8	46	12	19	45	11	19	43	11	18	41	10	18
	下限	0.9	0.5	42	11	16	43	11	18	41	10	16	40	9	17
18: CB11B400 A_s: 2.27 ΔZ: 957 N: 1223	平均值	2.2	1.5	44	11	20	44	11	19	42	11	19	41	10	19
	上限	4.9	3.3	49	13	25	45	13	22	41	12	22	40	12	22
	上互分位数	2.8	2.0	45	12	21	44	12	20	42	11	20	41	11	20
	中位数	1.9	1.3	43	11	19	43	11	19	42	11	19	41	10	19
	下互分位数	1.3	1.0	42	11	18	43	11	18	42	10	18	41	10	18
	下限	0.3	0.5	42	10	17	42	10	17	43	9	17	42	9	17
19: CC14B400 A_s: 4.55 ΔZ: 2279 N: 3059	平均值	2.3	1.4	44	12	18	44	12	18	42	11	18	41	11	18
	上限	4.8	2.5	54	14	24	51	11	24	48	13	21	44	12	21
	上互分位数	2.8	1.7	47	13	20	46	12	20	44	12	19	42	11	19
	中位数	2.0	1.3	43	12	18	43	12	18	42	11	18	41	11	18
	下互分位数	1.5	1.0	42	12	17	42	12	17	41	11	17	40	10	17
	下限	0.5	0.5	40	11	15	40	13	15	39	10	15	38	9	15

续表

分区编码	统计指标	汇流特征		土壤水力特征											
		K_m/[m³/(s·km²)]	H_p/h	θ_{s1}/%	θ_{a1}/%	θ_{w1}/%	θ_{s2}/%	θ_{a2}/%	θ_{w2}/%	θ_{s3}/%	θ_{a3}/%	θ_{w3}/%	θ_{s4}/%	θ_{a4}/%	θ_{w4}/%
20: CD13B400 A_s: 2.30 ΔZ: 2202 N: 1510	平均值	2.5	1.2	45	12	20	45	12	19	43	11	19	41	10	19
	上限	4.8	2.2	52	13	25	50	13	22	46	10	22	43	12	21
	上五分位数	3.0	1.5	47	12	21	46	12	20	44	11	20	42	11	20
	中位数	2.3	1.2	45	12	19	44	12	19	42	11	19	41	10	19
	下五分位数	1.7	1.0	43	11	18	43	11	18	42	11	18	41	10	18
	下限	0.5	0.5	41	11	16	42	11	16	41	12	16	40	9	16
21: CE14B400 A_s: 3.25 ΔZ: 2543 N: 2249	平均值	2.5	1.2	45	12	20	44	12	19	42	11	19	41	10	19
	上限	4.8	2.2	52	13	25	47	13	22	45	12	22	42	12	22
	上五分位数	2.9	1.5	47	12	21	45	12	20	43	11	20	41	11	20
	中位数	2.3	1.2	45	12	20	44	12	19	42	11	19	41	10	19
	下五分位数	1.7	1.0	43	11	18	43	11	18	41	10	18	40	10	18
	下限	0.6	0.5	41	10	15	41	10	16	40	10	16	39	9	16
22: CF14B400 A_s: 1.95 ΔZ: 1692 N: 1389	平均值	2.5	1.2	45	12	20	44	12	20	42	11	20	41	10	20
	上限	4.5	2.2	50	13	24	47	13	22	45	12	22	42	11	21
	上五分位数	2.9	1.5	47	12	22	45	12	21	43	11	21	41	11	20
	中位数	2.3	1.2	45	12	20	44	12	20	42	11	20	41	10	19
	下五分位数	1.8	1.0	43	11	19	43	11	19	41	10	19	40	10	19
	下限	0.8	0.5	41	11	17	42	11	18	40	10	18	39	9	18
23: CF41B200 A_s: 0.88 ΔZ: 1489 N: 595	平均值	2.2	1.5	45	11	21	44	11	21	42	10	21	41	10	21
	上限	4.9	3.0	49	13	25	47	12	23	44	12	23	43	11	22
	上五分位数	2.8	1.8	47	12	23	46	12	22	43	11	22	42	10	21
	中位数	2.0	1.3	44	11	21	44	11	21	42	10	21	40	10	21
	下五分位数	1.4	1.0	43	11	20	43	11	20	42	10	20	40	9	20
	下限	0.6	0.5	42	10	18	42	10	18	41	9	18	39	9	19

续表

分区编码	统计指标	汇流特征		土壤水力特征												
		K_m/[m³/(s·km²)]	H_p/h	θ_{s1}/%	θ_{a1}/%	θ_{w1}/%	θ_{s2}/%	θ_{a2}/%	θ_{w2}/%	θ_{s3}/%	θ_{a3}/%	θ_{w3}/%	θ_{s4}/%	θ_{a4}/%	θ_{w4}/%
24：CG13B200 A_s：9.67 ΔZ：283 N：3142	平均值	1.7	2.0	43	11	19	43	12	19	42	11	19	40	10	19
	上限	3.4	4.2	44	13	21	44	13	21	43	10	21	42	12	21
	上五分位数	2.0	2.5	43	12	20	43	12	20	42	11	20	41	11	20
	中位数	1.4	1.8	43	11	20	43	12	19	42	11	19	40	10	19
	下五分位数	1.0	1.3	42	11	19	42	11	19	41	11	19	40	10	19
	下限	0.2	0.5	41	10	18	41	10	18	40	12	18	39	9	18
25：DA63J200 A_s：13.23 ΔZ：2874 N：7573	平均值	2.8	1.1	51	13	22	50	13	22	47	12	21	45	11	20
	上限	5.1	2.0	57	16	28	56	15	27	53	14	26	48	13	25
	上五分位数	3.5	1.3	54	14	24	53	14	23	49	13	22	46	12	21
	中位数	2.6	1.0	51	13	23	51	13	22	47	12	21	45	11	20
	下五分位数	1.9	0.8	48	12	20	48	13	20	46	12	19	44	11	18
	下限	0.3	0.5	40	10	15	41	12	16	42	11	15	42	10	15
26：DA63J900 A_s：2.47 ΔZ：2936 N：1576	平均值	2.9	1.1	49	13	22	48	13	21	46	12	21	44	11	20
	上限	5.1	2.0	57	14	29	55	14	25	50	11	24	47	10	23
	上五分位数	3.4	1.3	53	13	25	52	13	23	48	12	22	45	11	21
	中位数	2.6	1.0	49	13	22	49	13	22	46	12	21	44	11	20
	下五分位数	1.9	0.8	45	12	19	45	12	19	43	12	19	42	11	19
	下限	0.6	0.5	41	11	15	42	12	16	41	13	16	39	12	17
27：DA62J200 A_s：2.56 ΔZ：2331 N：1662	平均值	2.8	1.1	51	13	24	50	13	22	47	12	21	44	11	20
	上限	5.1	2.0	58	14	29	56	12	26	51	11	25	48	10	22
	上五分位数	3.4	1.3	54	13	26	53	13	24	49	12	23	46	11	21
	中位数	2.5	1.0	51	13	24	51	13	23	48	12	22	44	11	21
	下五分位数	1.9	0.8	46	12	21	46	13	21	44	12	20	42	11	20
	下限	0.7	0.5	40	11	16	42	14	17	41	13	17	40	12	19

续表

分区编码	统计指标	汇流特征		土 壤 水 力 特 征											
		K_m/[m³/(s·km²)]	H_p/h	θ_{s1}/%	θ_{a1}/%	θ_{w1}/%	θ_{s2}/%	θ_{a2}/%	θ_{w2}/%	θ_{s3}/%	θ_{a3}/%	θ_{w3}/%	θ_{s4}/%	θ_{a4}/%	θ_{w4}/%
28: DA63H800 A_s: 3.29 ΔZ: 2841 N: 2063	平均值	2.8	1.1	50	13	22	49	13	21	46	12	21	44	11	20
	上限	5.1	2.5	57	15	28	55	12	25	50	11	23	48	13	22
	上五分位数	3.4	1.5	53	14	24	52	13	23	48	12	22	45	12	21
	中位数	2.5	1.2	50	13	23	50	13	22	47	12	21	44	11	20
	下五分位数	1.8	0.8	45	13	20	45	13	19	43	12	19	42	11	19
	下限	0.9	0.5	40	12	16	41	14	17	40	13	17	39	10	17
29: DA62B500 A_s: 6.02 ΔZ: 2642 N: 4472	平均值	2.6	1.2	42	12	17	42	12	18	42	12	18	40	11	18
	上限	5.0	2.5	47	13	23	48	14	23	47	13	21	43	13	21
	上五分位数	3.2	1.5	43	12	19	44	13	19	43	12	19	41	12	19
	中位数	2.2	1.2	41	12	17	42	12	18	41	12	18	40	11	18
	下五分位数	1.7	0.8	40	11	16	41	12	16	40	11	17	39	11	17
	下限	0.5	0.5	38	11	12	39	11	13	39	11	15	38	10	15
30: DA64G400 A_s: 4.05 ΔZ: 1711 N: 2495	平均值	2.4	1.3	40	11	15	41	12	16	40	11	16	39	11	16
	上限	4.8	2.5	43	13	20	44	13	21	42	13	19	41	10	19
	上五分位数	2.9	1.7	41	12	16	42	12	17	41	12	17	40	11	17
	中位数	2.0	1.3	39	11	14	40	12	15	40	11	16	39	11	16
	下五分位数	1.5	1.0	39	11	13	40	11	14	40	11	15	39	11	15
	下限	0.6	0.5	37	10	11	39	10	12	39	10	13	38	12	13
31: DA15G400 A_s: 5.07 ΔZ: 1149 N: 3131	平均值	2.6	1.3	41	12	16	41	12	17	41	11	17	40	11	17
	上限	5.1	2.8	44	13	19	44	13	20	42	12	20	41	12	20
	上五分位数	3.4	1.7	42	12	17	42	12	18	41	12	18	40	11	18
	中位数	2.2	1.2	41	12	16	41	12	16	41	11	17	40	11	17
	下五分位数	1.6	0.8	40	11	15	40	11	16	40	11	16	39	10	16
	下限	0.5	0.5	38	10	13	39	10	14	39	10	14	38	9	14

续表

分区编码	统计指标	汇流特征 K_m/[m³/(s·km²)]	汇流特征 H_p/h	θ_{s1}/%	θ_{a1}/%	θ_{w1}/%	θ_{s2}/%	θ_{a2}/%	θ_{w2}/%	θ_{s3}/%	θ_{a3}/%	θ_{w3}/%	θ_{s4}/%	θ_{a4}/%	θ_{w4}/%
32: DA61B500 A_s: 12.96 ΔZ: 2115 N: 8947	平均值	2.5	1.2	43	12	18	43	12	18	41	11	18	40	11	17
	上限	4.6	2.2	50	11	23	48	11	23	47	13	23	43	10	22
	上五分位数	2.9	1.5	45	12	19	44	12	19	43	12	19	41	11	19
	中位数	2.2	1.2	43	12	17	43	12	17	41	11	17	40	11	17
	下五分位数	1.8	1.0	41	12	16	41	12	16	40	11	16	39	11	16
	下限	0.7	0.5	38	13	12	39	13	13	39	10	13	38	12	14
33: DB14B400 A_s: 4.56 ΔZ: 1966 N: 3038	平均值	2.3	1.4	45	12	20	44	12	20	42	11	19	41	11	19
	上限	4.8	2.5	52	13	23	50	13	21	45	10	21	42	12	22
	上五分位数	2.8	1.7	47	12	21	46	12	20	43	11	20	41	11	20
	中位数	2.0	1.3	44	12	20	44	12	19	42	11	19	41	10	19
	下五分位数	1.5	1.0	43	11	19	43	11	19	41	11	19	40	10	18
	下限	0.6	0.5	40	10	17	40	10	18	39	12	18	39	9	16
34: DC62B500 A_s: 13.50 ΔZ: 3045 N: 8817	平均值	2.4	1.3	45	12	21	45	12	20	43	11	20	41	10	20
	上限	4.6	2.2	52	11	26	47	13	23	44	13	23	44	12	23
	上五分位数	2.8	1.5	47	12	22	45	12	21	43	12	21	42	11	21
	中位数	2.2	1.2	45	12	20	44	12	20	42	11	20	41	10	20
	下五分位数	1.6	1.0	43	12	19	43	11	19	42	11	19	40	10	19
	下限	0.5	0.5	39	13	15	41	10	17	41	10	17	39	9	17
35: DA41B400 A_s: 1.53 ΔZ: 1875 N: 1006	平均值	2.4	1.4	45	11	22	44	11	21	42	10	21	40	9	21
	上限	4.7	2.5	52	13	27	47	10	24	45	9	23	42	11	22
	上五分位数	2.8	1.7	47	12	23	45	11	22	43	10	22	41	10	21
	中位数	2.0	1.3	45	11	21	44	11	21	42	10	21	40	9	21
	下五分位数	1.5	1.0	43	11	20	43	11	20	41	10	20	40	9	20
	下限	0.3	0.5	41	10	18	41	12	18	40	11	18	39	8	19

注：土壤水力特征

续表

分区编码	统计指标	汇流特征		土壤水力特征											
		K_m/[m³/(s·km²)]	H_p/h	θ_{s1}/%	θ_{a1}/%	θ_{w1}/%	θ_{s2}/%	θ_{a2}/%	θ_{w2}/%	θ_{s3}/%	θ_{a3}/%	θ_{w3}/%	θ_{s4}/%	θ_{a4}/%	θ_{w4}/%
36: DA41B600 A_s: 1.89 ΔZ: 1924 N: 1378	平均值	2.4	1.3	45	11	22	44	11	21	42	10	21	40	9	21
	上限	4.7	2.5	51	10	25	47	10	23	45	9	23	42	8	23
	上五分位数	2.8	1.7	47	11	23	45	11	22	43	10	22	41	9	22
	中位分位数	2.1	1.3	45	11	22	44	11	21	42	10	21	40	9	21
	下五分位数	1.6	1.0	43	11	21	43	11	21	41	10	21	40	9	21
	下限	0.8	0.5	42	12	19	42	12	20	40	11	20	39	10	20
37: DA14B400 A_s: 1.38 ΔZ: 2075 N: 940	平均值	2.4	1.3	46	12	21	45	12	20	43	11	20	41	10	20
	上限	4.3	2.2	51	13	24	48	13	22	44	12	22	42	11	23
	上五分位数	2.8	1.5	48	12	22	46	12	21	43	11	21	41	10	21
	中位分位数	2.2	1.2	46	12	21	45	12	20	43	11	20	41	10	20
	下五分位数	1.7	1.0	44	11	20	44	11	20	42	10	20	40	9	19
	下限	0.3	0.5	42	11	18	42	11	19	41	10	19	39	9	18
38: DA41B200 A_s: 1.00 ΔZ: 46 N: 528	平均值	2.0	1.7	43	11	20	43	12	20	42	11	20	40	10	20
	上限	4.3	3.7	45	13	21	45	11	21	43	10	21	39	9	21
	上五分位数	2.5	2.2	44	12	20	44	12	20	42	11	20	40	10	20
	中位分位数	1.7	1.7	43	11	20	43	12	20	42	11	20	40	10	20
	下五分位数	1.2	1.2	43	11	19	43	12	19	41	11	19	40	10	19
	下限	0.4	0.5	42	10	18	42	13	18	41	12	18	41	11	18
39: DA37B200 A_s: 1.33 ΔZ: 877 N: 834	平均值	3.1	1.1	43	11	21	43	10	20	41	9	20	40	9	21
	上限	6.4	2.3	46	12	22	44	11	22	43	10	22	41	10	22
	上五分位数	4.1	1.3	44	11	21	43	11	21	42	10	21	40	9	21
	中位分位数	2.9	1.0	43	11	20	43	10	20	41	9	20	40	9	21
	下五分位数	2.1	0.7	42	10	20	42	10	20	41	9	20	40	8	20
	下限	0.5	0.5	41	9	19	41	9	19	40	8	19	39	8	20

续表

分区编码	统计指标	汇流特征		土壤水力特征											
		K_m/[m³/(s·km²)]	H_p/h	θ_{s1}/%	θ_{a1}/%	θ_{w1}/%	θ_{s2}/%	θ_{a2}/%	θ_{w2}/%	θ_{s3}/%	θ_{a3}/%	θ_{w3}/%	θ_{s4}/%	θ_{a4}/%	θ_{w4}/%
40: DD37B100 A_s: 6.73 ΔZ: 699 N: 4085	平均值	2.4	1.4	42	10	20	42	10	20	40	9	20	39	9	20
	上限	5.1	3.2	45	12	23	45	9	23	42	11	23	40	10	23
	上五分位数	3.1	1.8	43	11	21	43	10	21	41	10	21	39	9	21
	中位数	2.0	1.3	42	10	20	42	10	20	40	9	20	39	8	20
	下五分位数	1.5	0.8	41	10	19	41	10	19	40	9	19	38	8	19
	下限	0.5	0.5	39	9	17	39	11	17	39	8	17	37	7	17
41: EA41B300 A_s: 4.10 ΔZ: 998 N: 2465	平均值	2.1	1.5	45	10	23	44	10	22	41	9	22	39	8	22
	上限	4.7	3.0	46	9	24	45	11	24	43	10	24	41	9	24
	上五分位数	2.7	1.8	45	10	23	44	10	23	42	9	23	40	8	23
	中位数	1.8	1.5	45	10	23	44	10	22	41	9	22	39	8	23
	下五分位数	1.4	1.0	44	10	22	43	9	21	41	8	21	39	7	22
	下限	0.5	0.5	43	11	21	42	9	20	40	8	20	38	7	21
42: EA34C200 A_s: 1.53 ΔZ: 1307 N: 907	平均值	2.2	1.5	45	10	23	44	10	22	41	8	22	39	7	22
	上限	4.6	3.0	48	11	25	47	11	25	44	10	24	41	9	24
	上五分位数	2.7	1.8	46	10	24	45	10	23	42	9	23	40	8	23
	中位数	1.9	1.3	45	10	23	43	10	23	41	8	22	39	7	23
	下五分位数	1.4	1.0	44	9	23	43	9	21	40	8	21	39	7	21
	下限	0.4	0.5	43	9	22	42	9	20	40	7	20	38	7	20
43: EA41B400 A_s: 3.62 ΔZ: 1603 N: 2002	平均值	2.1	1.6	44	11	21	43	11	21	42	10	21	40	9	21
	上限	4.6	3.3	47	12	24	45	12	24	43	11	23	41	11	23
	上五分位数	2.6	2.0	45	11	22	44	11	22	42	10	22	40	10	22
	中位数	1.8	1.5	44	11	21	43	11	21	42	10	21	40	9	21
	下五分位数	1.3	1.0	43	10	20	43	10	20	41	9	20	39	8	20
	下限	0.2	0.5	41	9	18	42	9	18	40	8	18	38	7	18

续表

分区编码	统计指标	汇流特征		土壤水力特征											
		K_m/[m³/(s·km²)]	H_p/h	θ_{s1}/%	θ_{a1}/%	θ_{w1}/%	θ_{s2}/%	θ_{a2}/%	θ_{w2}/%	θ_{s3}/%	θ_{a3}/%	θ_{w3}/%	θ_{s4}/%	θ_{a4}/%	θ_{w4}/%
44: EA34B300 A_s: 7.45 ΔZ: 156 N: 2225	平均值	1.7	1.9	44	10	22	44	10	22	42	9	22	40	8	22
	上限	3.5	3.7	47	12	25	45	12	25	43	12	24	41	10	24
	上五分位数	2.0	2.3	45	11	23	44	11	23	42	10	23	40	9	23
	中位数	1.5	1.8	44	10	23	43	10	22	41	9	22	40	8	22
	下五分位数	1.1	1.3	43	10	21	43	10	21	41	8	21	39	8	21
	下限	0.3	0.5	41	9	19	42	9	19	40	7	19	38	7	19
45: EB37B300 A_s: 3.85 ΔZ: 365 N: 1678	平均值	1.9	1.8	43	11	21	43	11	20	41	10	20	40	9	21
	上限	4.0	4.0	44	12	22	44	12	22	43	12	23	41	11	23
	上五分位数	2.3	2.3	43	11	21	43	12	21	42	11	21	40	10	21
	中位数	1.5	1.7	43	11	20	43	11	20	41	10	20	39	9	21
	下五分位数	1.1	1.2	42	10	20	42	10	20	41	9	19	39	8	19
	下限	0.3	0.5	41	9	19	41	9	19	40	9	18	38	7	18
46: EB37B100 A_s: 1.76 ΔZ: 655 N: 1074	平均值	2.1	1.4	42	10	20	42	10	20	40	9	20	39	8	21
	上限	4.2	3.0	44	9	22	45	9	22	42	8	22	38	7	22
	上五分位数	2.6	1.8	43	10	21	43	10	21	41	9	21	39	8	21
	中位数	1.9	1.5	42	10	20	42	10	20	40	9	20	39	8	21
	下五分位数	1.5	1.0	42	10	20	41	10	20	40	9	20	39	8	20
	下限	0.4	0.5	41	11	19	39	11	19	39	10	19	40	9	19
47: EB32B300 A_s: 1.21 ΔZ: 159 N: 241	平均值	1.6	2.1	45	11	22	44	11	22	42	9	21	40	9	21
	上限	3.4	4.5	48	12	25	47	12	23	43	11	23	41	10	23
	上五分位数	1.9	2.7	46	11	23	45	11	22	42	10	22	40	9	22
	中位数	1.2	2.2	45	11	22	44	11	22	42	9	21	40	9	21
	下五分位数	1.0	1.3	44	10	21	43	10	21	41	9	21	39	8	21
	下限	0.6	0.5	42	10	20	41	9	20	40	8	20	38	7	20

续表

分区编码	统计指标	汇流特征		土壤水力特征											
		$K_m/[\mathrm{m^3/(s\cdot km^2)}]$	H_p/h	$\theta_{s1}/\%$	$\theta_{a1}/\%$	$\theta_{w1}/\%$	$\theta_{s2}/\%$	$\theta_{a2}/\%$	$\theta_{w2}/\%$	$\theta_{s3}/\%$	$\theta_{a3}/\%$	$\theta_{w3}/\%$	$\theta_{s4}/\%$	$\theta_{a4}/\%$	$\theta_{w4}/\%$
48: EC32C400 A_s: 0.63 ΔZ: 138 N: 106	平均值	1.3	2.4	46	10	23	45	10	23	42	9	23	40	8	23
	上限	2.0	4.0	49	11	25	47	12	24	45	8	24	43	10	24
	上五分位数	1.4	3.0	47	11	24	45	11	23	43	9	23	41	9	23
	中位数	1.1	2.3	46	10	23	44	10	23	42	9	22	40	8	23
	下五分位数	0.8	1.8	45	10	23	43	10	22	41	9	22	39	8	22
	下限	0.6	0.7	43	9	22	42	9	22	40	10	22	39	7	22
49: EC32C300 A_s: 2.70 ΔZ: 199 N: 487	平均值	1.3	2.5	46	11	23	45	11	22	42	10	21	41	9	21
	上限	2.3	5.0	49	10	24	48	10	23	44	9	23	42	11	23
	上五分位数	1.4	3.2	47	11	23	46	11	22	43	10	22	41	10	22
	中位数	1.1	2.5	46	11	22	45	11	21	42	10	21	41	9	21
	下五分位数	0.8	1.8	45	11	22	44	11	21	42	10	21	40	9	21
	下限	0.4	0.5	44	12	21	43	12	20	41	11	20	39	9	20
50: FA63J100 A_s: 14.23 ΔZ: 2228 N: 8230	平均值	3.3	1.0	48	13	19	47	13	19	45	12	18	43	11	18
	上限	6.4	1.8	56	14	26	55	14	24	50	11	21	47	13	23
	上五分位数	4.2	1.2	50	13	21	50	13	20	46	12	19	44	12	19
	中位数	3.1	0.8	48	13	19	47	13	19	45	12	18	43	11	18
	下五分位数	2.3	0.7	45	12	17	45	12	17	43	12	17	41	11	16
	下限	0.6	0.5	39	11	14	41	11	14	40	13	15	38	10	14
51: FA51J500 A_s: 11.85 ΔZ: 3999 N: 7393	平均值	3.0	1.0	52	12	25	51	12	23	47	11	22	44	10	20
	上限	5.1	2.0	60	15	32	57	15	28	53	14	28	47	13	28
	上五分位数	3.7	1.3	55	13	27	53	13	25	49	12	24	45	11	23
	中位数	2.8	1.0	53	12	25	52	13	23	47	12	21	44	10	19
	下五分位数	2.1	0.8	49	11	23	49	11	21	46	10	20	43	9	18
	下限	0.8	0.5	43	9	18	44	9	16	43	8	15	41	7	15

续表

分区编码	统计指标	汇流特征		土壤水力特征											
		$K_m/[\mathrm{m^3/(s\cdot km^2)}]$	H_p/h	$\theta_{s1}/\%$	$\theta_{a1}/\%$	$\theta_{w1}/\%$	$\theta_{s2}/\%$	$\theta_{a2}/\%$	$\theta_{w2}/\%$	$\theta_{s3}/\%$	$\theta_{a3}/\%$	$\theta_{w3}/\%$	$\theta_{s4}/\%$	$\theta_{a4}/\%$	$\theta_{w4}/\%$
52: FB51J500 A_s: 12.88 ΔZ: 4037 N: 7911	平均值	3.0	1.0	53	12	25	52	13	23	48	12	22	45	10	20
	上限	5.1	2.0	60	16	32	58	15	26	53	14	26	50	13	26
	上五分位数	3.6	1.3	56	14	27	54	14	24	49	13	23	46	11	23
	中位数	2.8	1.0	54	13	25	52	13	23	48	12	21	45	11	20
	下五分位数	2.1	0.8	50	11	23	50	12	22	46	11	20	43	9	19
	下限	0.7	0.5	43	8	18	45	10	20	42	9	17	40	7	15
53: FA53E400 A_s: 8.68 ΔZ: 3317 N: 5898	平均值	2.7	1.1	48	10	26	48	10	25	45	9	24	43	8	24
	上限	5.1	2.0	55	11	29	55	13	26	51	12	26	46	9	27
	上五分位数	3.3	1.3	50	10	27	50	11	25	47	10	25	44	8	25
	中位数	2.4	1.2	48	10	26	48	10	25	45	9	24	43	8	24
	下五分位数	1.9	0.8	46	9	25	46	9	24	44	8	24	42	7	23
	下限	0.6	0.5	42	8	23	43	8	23	41	7	23	40	6	21
54: FC51J400 A_s: 13.54 ΔZ: 5629 N: 8294	平均值	3.1	1.0	53	12	26	52	12	23	47	11	22	44	10	21
	上限	6.4	2.3	64	15	31	60	15	26	56	14	25	51	13	26
	上五分位数	3.9	1.3	56	14	27	55	14	24	50	12	23	46	11	22
	中位数	2.9	1.0	55	13	25	53	13	23	48	12	22	45	11	20
	下五分位数	2.1	0.7	49	11	24	47	11	22	45	10	21	42	9	19
	下限	0.3	0.5	44	9	20	43	9	20	40	8	19	38	7	16
55: FA51E300 A_s: 2.67 ΔZ: 1673 N: 1911	平均值	2.4	1.3	47	10	24	45	10	23	43	9	23	41	8	23
	上限	4.8	2.5	50	9	27	48	11	26	44	10	24	42	9	24
	上五分位数	2.9	1.7	48	10	25	46	10	24	43	9	23	41	8	23
	中位数	2.1	1.3	47	10	24	45	10	23	42	9	23	40	8	23
	下五分位数	1.6	1.0	46	10	23	44	9	22	42	8	22	40	7	22
	下限	0.7	0.5	44	11	21	43	9	20	41	8	21	39	7	21

续表

分区编码	统计指标	汇流特征		土 壤 水 力 特 征											
		K_m/[m³/(s·km²)]	H_p/h	θ_{s1}/%	θ_{a1}/%	θ_{w1}/%	θ_{s2}/%	θ_{a2}/%	θ_{w2}/%	θ_{s3}/%	θ_{a3}/%	θ_{w3}/%	θ_{s4}/%	θ_{a4}/%	θ_{w4}/%
56: FA51E600 A_s: 2.78 ΔZ: 3617 N: 1943	平均值	1.9	1.6	46	10	23	45	10	23	42	9	22	40	8	22
	上限	4.1	3.2	49	12	25	46	9	24	44	10	24	42	7	24
	上五分位数	2.4	2.0	47	11	24	45	10	23	43	9	23	41	8	23
	中位数	1.6	1.7	46	10	23	44	10	22	42	9	22	40	8	22
	下五分位数	1.2	1.2	45	10	23	44	10	22	42	8	22	40	8	22
	下限	0.4	0.5	43	9	22	43	11	21	41	8	21	39	9	21
57: FA52E200 A_s: 1.89 ΔZ: 1631 N: 1290	平均值	2.5	1.2	48	10	25	47	10	24	44	9	23	42	8	23
	上限	4.7	2.2	51	11	27	48	9	25	47	8	25	45	9	25
	上五分位数	3.0	1.5	49	11	26	47	10	24	45	9	24	43	8	24
	中位数	2.3	1.2	48	10	25	46	10	24	44	9	24	42	8	23
	下五分位数	1.8	1.0	47	10	24	46	10	23	43	9	23	41	7	22
	下限	0.8	0.5	45	9	22	45	11	22	41	10	22	39	7	21
58: FE52E200 A_s: 8.72 ΔZ: 2302 N: 6077	平均值	2.5	1.3	48	10	25	47	10	24	45	9	24	43	8	24
	上限	4.7	2.2	50	12	27	50	9	27	48	8	25	46	7	25
	上五分位数	2.9	1.5	49	11	26	48	10	25	46	9	24	44	8	24
	中位数	2.1	1.3	48	10	25	47	10	24	45	9	24	43	8	24
	下五分位数	1.7	1.0	48	10	25	46	10	23	44	9	23	42	8	23
	下限	0.3	0.5	47	9	24	44	11	22	42	10	22	40	9	22
59: FD51C100 A_s: 15.91 ΔZ: 4123 N: 10639	平均值	2.6	1.2	48	11	24	47	11	23	44	10	22	41	9	22
	上限	5.1	2.8	53	14	27	53	14	24	49	13	25	44	12	23
	上五分位数	3.4	1.7	49	12	25	48	12	23	45	11	23	42	10	22
	中位数	2.3	1.2	47	11	24	45	11	22	43	10	22	41	8	22
	下五分位数	1.6	0.8	46	10	23	44	10	22	42	9	21	40	8	21
	下限	0.4	0.5	43	9	21	43	8	21	41	7	19	38	6	20

续表

分区编码	统计指标	K_m/[m³/(s·km²)]	H_p/h	θ_{s1}/%	θ_{a1}/%	θ_{w1}/%	θ_{s2}/%	θ_{a2}/%	θ_{w2}/%	θ_{s3}/%	θ_{a3}/%	θ_{w3}/%	θ_{s4}/%	θ_{a4}/%	θ_{w4}/%
		汇流特征		土 壤 水 力 特 征											
60: FA50E200 A_s: 5.11 ΔZ: 2224 N: 3665	平均值	2.6	1.2	48	11	24	46	10	23	43	9	23	41	8	22
	上限	5.0	2.5	51	12	26	49	12	24	46	11	24	44	7	24
	上五分位数	3.3	1.5	49	11	25	47	11	23	44	10	23	42	8	23
	中位数	2.3	1.2	47	11	24	46	10	23	43	9	22	41	8	22
	下五分位数	1.7	0.8	47	10	24	45	10	22	42	9	22	40	8	22
	下限	0.2	0.5	45	9	23	43	9	21	41	8	21	39	9	21
61: FA42E100 A_s: 1.73 ΔZ: 1822 N: 1050	平均值	2.6	1.2	48	10	25	47	11	23	45	10	23	42	8	23
	上限	5.1	2.5	51	12	28	52	12	26	49	11	24	47	10	24
	上五分位数	3.1	1.5	49	11	26	49	11	24	46	10	23	44	9	23
	中位数	2.3	1.2	48	10	25	47	11	23	44	10	23	42	8	23
	下五分位数	1.7	0.8	47	10	24	46	10	22	43	9	22	41	8	22
	下限	0.2	0.5	45	10	22	42	10	21	40	8	21	39	7	21
62: FA42C500 A_s: 3.15 ΔZ: 1525 N: 1853	平均值	2.2	1.5	46	10	23	44	10	22	42	9	22	40	8	22
	上限	4.9	3.3	49	12	25	47	9	24	43	10	21	43	9	21
	上五分位数	2.8	2.0	47	11	24	45	10	23	42	9	22	41	8	22
	中位数	1.8	1.5	46	10	23	44	10	22	41	9	22	40	8	22
	下五分位数	1.3	1.0	45	10	23	43	10	22	41	8	22	39	7	22
	下限	0.4	0.5	43	9	22	41	11	21	40	8	23	38	7	23
63: FA42C400 A_s: 0.92 ΔZ: 754 N: 582	平均值	2.4	1.3	45	10	23	44	10	21	41	9	21	39	8	21
	上限	4.7	2.3	48	9	24	45	9	23	43	10	23	41	7	23
	上五分位数	2.9	1.7	46	10	23	44	10	22	42	9	22	40	8	22
	中位数	2.1	1.3	45	10	23	43	10	21	41	9	21	39	8	21
	下五分位数	1.6	1.0	44	10	22	43	10	21	41	8	21	39	8	21
	下限	0.4	0.5	43	11	21	42	11	20	40	8	20	38	9	20

续表

分区编码	统计指标	汇流特征		土壤水力特征											
		$K_m/[\text{m}^3/(\text{s}\cdot\text{km}^2)]$	H_p/h	$\theta_{s1}/\%$	$\theta_{a1}/\%$	$\theta_{w1}/\%$	$\theta_{s2}/\%$	$\theta_{a2}/\%$	$\theta_{w2}/\%$	$\theta_{s3}/\%$	$\theta_{a3}/\%$	$\theta_{w3}/\%$	$\theta_{s4}/\%$	$\theta_{a4}/\%$	$\theta_{w4}/\%$
64: FF43D100 A_s: 26.10 ΔZ: 1863 N: 17988	平均值	2.4	1.3	47	10	23	45	10	22	43	9	22	41	8	22
	上限	4.7	2.5	50	12	25	48	9	25	46	8	23	44	7	23
	上五分位数	2.8	1.7	48	11	24	46	10	23	44	9	22	42	8	22
	中位数	2.0	1.3	47	10	23	45	10	22	43	9	22	41	8	22
	下五分位数	1.6	1.0	46	10	23	44	10	21	42	9	21	40	8	21
	下限	0.1	0.5	44	9	22	42	11	20	40	10	20	38	9	20
65: FG61C100 A_s: 9.47 ΔZ: 2895 N: 6386	平均值	2.7	1.2	47	11	24	46	11	22	43	10	22	41	8	22
	上限	5.1	2.5	50	12	27	51	12	25	46	11	23	42	10	23
	上五分位数	3.2	1.5	48	11	25	47	11	23	44	10	22	41	9	22
	中位数	2.4	1.2	47	11	24	45	11	22	43	10	22	41	8	22
	下五分位数	1.8	0.8	46	10	23	44	10	21	42	9	21	40	8	21
	下限	0.3	0.5	44	9	21	42	9	19	40	8	20	39	7	20
66: FG41C100 A_s: 2.40 ΔZ: 1574 N: 1701	平均值	2.2	1.5	44	10	22	43	10	22	41	9	22	39	8	22
	上限	4.7	3.0	47	11	24	46	11	24	43	10	24	41	9	24
	上五分位数	2.7	1.8	45	10	23	44	10	23	42	9	23	40	8	23
	中位数	1.9	1.5	43	9	22	43	10	22	41	9	22	39	8	22
	下五分位数	1.4	1.0	43	9	22	42	9	21	41	8	21	39	7	21
	下限	0.4	0.5	41	9	21	41	9	19	40	8	19	38	7	19
67: FG42C100 A_s: 3.26 ΔZ: 2435 N: 2241	平均值	2.4	1.4	45	10	23	44	10	22	41	9	22	39	8	22
	上限	5.1	3.0	51	12	26	47	11	24	44	10	24	41	9	24
	上五分位数	3.0	1.8	47	11	24	45	10	23	42	9	23	40	8	23
	中位数	2.0	1.3	45	10	23	43	10	22	41	9	22	39	8	22
	下五分位数	1.4	1.0	44	10	22	43	9	22	40	8	22	39	7	22
	下限	0.5	0.5	42	9	21	41	8	21	39	7	21	38	7	21

续表

分区编码	统计指标	汇流特征		土 壤 水 力 特 征												
		K_m/[m³/(s·km²)]	H_p/h	θ_{s1}/%	θ_{a1}/%	θ_{w1}/%	θ_{s2}/%	θ_{a2}/%	θ_{w2}/%	θ_{s3}/%	θ_{a3}/%	θ_{w3}/%	θ_{s4}/%	θ_{a4}/%	θ_{w4}/%
68: FA42C200 A_s: 3.39 ΔZ: 979 N: 2426	平均值	2.4	1.3	45	10	23	43	10	22	41	9	22	39	8	22
	上限	5.1	2.5	48	9	24	45	11	23	40	10	23	38	9	23
	上五分位数	3.0	1.7	46	10	23	44	10	22	41	9	22	39	8	22
	中位数	2.0	1.3	45	10	23	43	10	22	41	9	22	39	8	22
	下五分位数	1.6	1.0	44	10	22	43	9	21	41	8	21	39	7	21
	下限	0.6	0.5	42	11	21	42	8	20	42	7	20	40	6	20
69: FA42C300 A_s: 1.28 ΔZ: 883 N: 825	平均值	2.5	1.2	46	10	23	44	10	22	42	9	22	40	8	22
	上限	5.0	2.5	47	9	25	47	9	23	43	10	23	41	7	23
	上五分位数	3.1	1.5	46	10	24	45	10	22	42	9	22	40	8	22
	中位数	2.1	1.3	46	10	23	44	10	22	41	9	22	39	8	22
	下五分位数	1.7	0.8	45	10	23	43	10	21	41	8	21	39	8	21
	下限	0.5	0.5	44	11	22	42	11	21	40	8	20	38	9	20
70: FH36D200 A_s: 16.22 ΔZ: 1661 N: 11375	平均值	2.5	1.2	46	10	23	44	10	21	42	9	21	40	8	21
	上限	4.9	2.2	51	9	24	47	9	23	45	10	23	43	7	23
	上五分位数	3.0	1.5	47	10	23	45	10	22	43	9	22	41	8	22
	中位数	2.2	1.3	46	10	22	44	10	21	42	9	21	40	8	21
	下五分位数	1.7	1.0	44	10	22	43	10	21	41	8	21	39	8	21
	下限	0.1	0.5	42	11	21	41	11	20	39	7	20	38	9	20
71: FA34C200 A_s: 4.19 ΔZ: 1248 N: 2703	平均值	2.3	1.4	45	10	23	44	10	22	41	8	22	39	8	22
	上限	5.1	2.5	48	11	25	45	11	25	44	10	25	41	9	25
	上五分位数	2.9	1.7	46	10	24	44	10	23	42	9	23	40	8	23
	中位数	2.0	1.3	45	10	23	43	10	22	41	8	22	39	8	22
	下五分位数	1.5	1.0	44	9	23	43	9	21	40	8	21	39	7	21
	下限	0.4	0.5	43	9	22	42	8	20	39	7	20	38	6	20

续表

| 分区编码 | 统计指标 | 汇流特征 | | 土 壤 水 力 特 征 | | | | | | | | | | | |
		$K_m/[m^3/(s\cdot km^2)]$	H_p/h	$\theta_{s1}/\%$	$\theta_{a1}/\%$	$\theta_{w1}/\%$	$\theta_{s2}/\%$	$\theta_{a2}/\%$	$\theta_{w2}/\%$	$\theta_{s3}/\%$	$\theta_{a3}/\%$	$\theta_{w3}/\%$	$\theta_{s4}/\%$	$\theta_{a4}/\%$	$\theta_{w4}/\%$
72: FA34C300 A_s: 4.28 ΔZ: 1216 N: 2872	平均值	2.7	1.2	46	10	23	44	10	22	42	9	22	40	8	22
	上限	5.1	2.5	49	9	25	47	9	21	45	10	23	43	9	23
	上五分位数	3.5	1.5	47	10	24	45	10	22	43	9	22	41	8	22
	中位数	2.3	1.2	46	10	23	44	10	22	42	9	22	40	8	22
	下五分位数	1.7	0.8	45	10	23	43	10	22	41	8	21	39	7	21
	下限	0.5	0.5	43	11	22	42	11	23	39	8	20	38	7	20
73: FJ33D100 A_s: 2.11 ΔZ: 934 N: 954	平均值	2.5	1.3	46	10	24	45	10	22	42	9	22	40	8	22
	上限	5.1	2.8	49	12	25	46	11	21	45	8	21	43	10	21
	上五分位数	3.3	1.7	47	11	24	45	11	22	43	9	22	41	9	22
	中位数	2.1	1.3	46	10	23	45	10	22	42	9	22	40	8	22
	下五分位数	1.5	0.8	45	10	23	44	10	22	41	9	22	39	8	22
	下限	0.2	0.5	44	9	22	43	9	23	40	10	23	38	7	23
74: FA32C300 A_s: 1.41 ΔZ: 235 N: 333	平均值	2.5	1.3	46	11	23	45	11	22	43	10	22	41	9	22
	上限	5.0	2.7	48	10	25	48	10	23	44	11	23	40	8	23
	上五分位数	3.3	1.7	47	11	24	46	11	22	43	10	22	41	9	22
	中位数	2.3	1.2	46	11	23	45	11	22	42	10	22	41	8	22
	下五分位数	1.6	0.8	46	11	23	44	11	21	42	9	21	41	8	21
	下限	0.6	0.5	45	12	22	43	12	21	41	8	20	42	10	20
75: GA34D100 A_s: 1.04 ΔZ: 901 N: 622	平均值	2.4	1.3	47	11	23	46	10	22	43	9	21	41	8	21
	上限	4.6	2.2	49	11	25	49	11	23	46	10	22	42	7	20
	上五分位数	2.8	1.5	48	11	24	47	11	22	44	10	22	41	8	21
	中位数	2.1	1.3	47	11	23	46	10	22	43	9	21	41	8	21
	下五分位数	1.7	1.0	47	10	23	45	10	21	42	9	21	40	8	21
	下限	0.3	0.5	46	10	22	43	10	20	40	9	20	39	9	22

续表

分区编码	统计指标	汇流特征		土壤水力特征											
		$K_m/[\mathrm{m^3}/(\mathrm{s\cdot km^2})]$	H_p/h	$\theta_{s1}/\%$	$\theta_{a1}/\%$	$\theta_{w1}/\%$	$\theta_{s2}/\%$	$\theta_{a2}/\%$	$\theta_{w2}/\%$	$\theta_{s3}/\%$	$\theta_{a3}/\%$	$\theta_{w3}/\%$	$\theta_{s4}/\%$	$\theta_{a4}/\%$	$\theta_{w4}/\%$
76: GA33D200 A_s: 4.25 ΔZ: 1193 N: 2993	平均值	2.5	1.2	47	10	23	45	10	22	42	9	21	40	8	21
	上限	5.1	2.2	49	12	25	48	9	23	45	8	23	43	7	23
	上五分位数	3.0	1.5	47	11	24	46	10	22	43	9	22	41	8	22
	中位数	2.2	1.2	47	10	23	45	10	22	42	9	21	40	8	21
	下五分位数	1.7	1.0	45	10	23	44	10	21	41	9	21	39	8	21
	下限	0.6	0.5	43	9	22	42	11	20	39	10	20	38	9	20
77: GB33D200 A_s: 3.93 ΔZ: 1435 N: 2859	平均值	2.7	1.2	47	10	23	45	10	22	43	9	22	40	8	22
	上限	5.1	2.5	50	12	25	48	9	23	44	8	23	42	7	23
	上五分位数	3.2	1.5	48	11	24	46	10	22	43	9	22	41	8	22
	中位数	2.3	1.2	47	10	23	45	10	22	42	9	22	40	8	21
	下五分位数	1.8	0.8	46	10	23	44	10	21	42	9	21	40	8	21
	下限	0.5	0.5	44	9	22	42	11	20	41	10	20	39	9	20
78: GC35D200 A_s: 5.25 ΔZ: 1382 N: 3771	平均值	2.6	1.2	47	10	22	45	10	21	43	9	21	41	8	21
	上限	4.7	1.7	48	9	24	48	9	23	46	8	23	42	9	22
	上五分位数	3.0	1.3	47	10	23	46	10	22	44	9	22	41	8	21
	中位数	2.3	1.2	46	10	22	45	10	21	43	9	21	41	8	21
	下五分位数	1.9	1.0	46	10	22	44	10	21	42	9	21	40	7	20
	下限	0.8	0.7	45	11	21	42	11	20	40	10	20	39	7	20
79: GC35D300 A_s: 6.42 ΔZ: 1483 N: 4603	平均值	2.6	1.2	46	10	22	45	10	21	43	9	21	41	8	21
	上限	5.1	2.5	49	9	25	48	11	23	46	10	23	44	7	23
	上五分位数	3.2	1.5	47	10	23	46	10	22	44	9	22	42	8	22
	中位数	2.3	1.2	46	10	22	45	10	22	43	9	21	41	8	21
	下五分位数	1.8	0.8	45	10	21	44	9	21	42	8	21	40	8	21
	下限	0.3	0.5	43	11	19	42	8	20	40	7	20	38	9	20

续表

分区编码	统计指标	汇流特征		土壤水力特征											
		K_m/[m³/(s·km²)]	H_p/h	θ_{s1}/%	θ_{a1}/%	θ_{w1}/%	θ_{s2}/%	θ_{a2}/%	θ_{w2}/%	θ_{s3}/%	θ_{a3}/%	θ_{w3}/%	θ_{s4}/%	θ_{a4}/%	θ_{w4}/%
80: HA53E400 A_s: 4.95 ΔZ: 1674 N: 3376	平均值	2.4	1.3	47	9	25	47	9	25	45	8	25	43	7	25
	上限	4.7	2.5	50	8	28	50	11	28	48	10	26	46	9	26
	上五分位数	2.8	1.7	48	9	26	48	10	26	46	9	25	44	8	25
	中位数	2.1	1.3	47	9	25	47	9	25	45	8	25	43	7	25
	下五分位数	1.6	1.0	46	9	24	46	9	24	44	8	24	42	7	24
	下限	0.7	0.5	44	10	22	44	8	22	42	7	23	40	6	23
81: HA52E500 A_s: 5.58 ΔZ: 2047 N: 3862	平均值	2.4	1.3	48	10	25	47	10	24	44	9	24	42	8	24
	上限	4.8	2.2	51	11	28	50	11	27	47	10	27	45	9	27
	上五分位数	2.9	1.5	49	10	26	48	10	25	45	9	25	43	8	25
	中位数	2.1	1.3	48	10	25	47	10	24	44	9	24	42	8	24
	下五分位数	1.6	1.0	47	9	24	46	9	23	43	8	23	41	7	23
	下限	0.8	0.5	45	8	23	45	9	22	42	8	22	40	7	22
82: HA45E600 A_s: 9.32 ΔZ: 1644 N: 6594	平均值	2.4	1.3	47	10	24	46	10	23	44	9	23	42	8	23
	上限	4.8	2.5	50	11	27	49	9	26	45	10	24	43	7	24
	上五分位数	2.9	1.7	48	10	25	47	10	24	44	9	23	42	8	23
	中位数	2.0	1.3	47	10	24	46	10	23	44	9	23	42	8	23
	下五分位数	1.6	1.0	46	10	23	45	10	22	43	8	22	41	8	22
	下限	0.6	0.5	44	11	21	43	11	20	42	8	21	40	9	21
83: HA45E500 A_s: 7.93 ΔZ: 1774 N: 5741	平均值	2.3	1.4	47	10	24	46	10	23	43	8	23	41	8	23
	上限	4.7	2.5	48	11	25	49	11	26	46	10	26	44	9	26
	上五分位数	2.8	1.7	47	10	24	47	10	24	44	9	24	42	8	24
	中位数	2.0	1.3	47	10	24	46	10	23	43	8	23	41	8	23
	下五分位数	1.5	1.0	46	9	23	45	9	22	42	8	22	40	7	22
	下限	0.6	0.5	45	8	22	43	8	20	40	7	20	39	6	20

续表

| 分区编码 | 统计指标 | 汇流特征 | | 土壤水力特征 | | | | | | | | | | | |
		K_m/[m³/(s·km²)]	H_p/h	θ_{s1}/%	θ_{a1}/%	θ_{w1}/%	θ_{s2}/%	θ_{a2}/%	θ_{w2}/%	θ_{s3}/%	θ_{a3}/%	θ_{w3}/%	θ_{s4}/%	θ_{a4}/%	θ_{w4}/%
84: HA45D200 A_s: 6.43 ΔZ: 1569 N: 4818	平均值	2.5	1.3	47	10	22	45	10	21	43	9	21	41	8	21
	上限	4.9	2.2	48	9	25	47	11	24	46	10	24	43	7	24
	上五分位数	3.0	1.5	47	10	23	46	10	22	44	9	22	42	8	22
	中位数	2.2	1.2	47	10	22	45	10	21	43	9	21	41	8	21
	下五分位数	1.7	1.0	46	10	21	45	9	20	42	8	20	41	8	20
	下限	0.5	0.5	45	11	19	44	8	18	40	8	18	40	9	19
85: HB44D200 A_s: 4.72 ΔZ: 1431 N: 3362	平均值	2.5	1.2	47	10	22	45	10	21	43	9	21	41	8	21
	上限	4.7	2.2	50	9	25	48	11	23	46	10	23	44	7	23
	上五分位数	2.9	1.5	48	10	23	46	10	22	44	9	22	42	8	22
	中位数	2.2	1.2	47	10	22	45	10	21	43	9	21	41	8	21
	下五分位数	1.7	1.0	46	10	21	44	9	21	42	8	21	40	8	21
	下限	0.6	0.5	44	11	19	42	9	20	40	8	20	39	9	20
86: HE44D300 A_s: 10.02 ΔZ: 1408 N: 7239	平均值	2.5	1.2	46	10	21	45	9	21	42	9	21	41	8	21
	上限	5.1	2.5	51	11	23	48	11	24	44	10	24	44	7	24
	上五分位数	3.1	1.5	47	10	22	46	10	22	43	9	22	42	8	22
	中位数	2.2	1.2	45	10	21	45	9	21	42	9	21	41	8	21
	下五分位数	1.7	0.8	44	9	21	44	9	20	42	8	20	40	8	20
	下限	0.4	0.5	41	8	20	42	8	18	41	7	18	39	9	18
87: HF44D400 A_s: 5.65 ΔZ: 1282 N: 4010	平均值	2.4	1.4	45	9	21	44	9	21	42	8	21	41	8	21
	上限	4.7	2.5	48	11	24	47	11	22	45	10	22	44	7	22
	上五分位数	2.8	1.7	46	10	22	45	10	21	43	9	21	42	8	21
	中位数	2.0	1.3	45	9	21	44	9	20	42	8	20	41	8	21
	下五分位数	1.6	1.0	44	9	20	43	9	20	41	8	20	40	8	20
	下限	0.4	0.5	42	8	18	41	8	19	39	7	19	38	9	19

续表

分区编码	统计指标	汇流特征		土壤水力特征												
		K_m/[m³/(s·km²)]	H_p/h	θ_{s1}/%	θ_{a1}/%	θ_{w1}/%	θ_{s2}/%	θ_{a2}/%	θ_{w2}/%	θ_{s3}/%	θ_{a3}/%	θ_{w3}/%	θ_{s4}/%	θ_{a4}/%	θ_{w4}/%
88：HF46D500 A_s：3.40 ΔZ：1247 N：2348	平均值	2.5	1.2	45	9	22	45	9	21	43	8	22	41	7	22
	上限	5.1	2.5	51	8	27	50	10	26	48	9	26	47	6	25
	上五分位数	3.2	1.5	47	9	23	47	9	23	44	8	23	43	7	23
	中位分位数	2.2	1.2	45	9	22	45	9	22	43	8	22	41	7	22
	下五分位数	1.7	0.8	44	9	20	43	8	20	41	7	20	40	7	21
	下限	0.5	0.5	41	10	16	41	7	16	39	6	17	38	8	19
89：JA53E400 A_s：7.66 ΔZ：2810 N：5151	平均值	2.6	1.2	48	9	25	47	9	24	45	8	24	43	7	24
	上限	5.1	2.5	53	11	28	53	11	26	48	10	26	46	9	27
	上五分位数	3.2	1.5	49	10	26	49	10	25	46	9	25	44	8	25
	中位分位数	2.3	1.2	48	9	25	47	9	24	45	8	24	43	7	24
	下五分位数	1.7	0.8	46	9	24	46	9	24	44	8	24	42	7	23
	下限	0.5	0.5	43	8	22	43	8	23	42	7	23	40	6	21
90：JB63J300 A_s：7.89 ΔZ：2802 N：4965	平均值	3.3	0.9	52	13	23	51	13	21	47	12	20	44	11	19
	上限	5.1	1.8	57	15	28	55	15	26	50	14	23	47	10	22
	上五分位数	4.0	1.2	54	14	24	53	14	23	48	13	21	45	11	20
	中位分位数	3.2	0.8	52	13	23	52	13	21	47	12	20	44	11	19
	下五分位数	2.5	0.7	50	13	21	50	13	20	46	12	19	43	11	18
	下限	1.1	0.5	45	12	17	46	12	16	44	11	17	41	12	16
91：JB53F200 A_s：8.82 ΔZ：5325 N：6088	平均值	2.7	1.2	49	10	25	49	10	24	46	9	24	43	8	24
	上限	5.1	2.5	56	11	31	56	13	26	53	12	27	49	11	25
	上五分位数	3.3	1.5	51	10	27	51	11	25	48	10	25	45	9	24
	中位分位数	2.3	1.2	48	10	25	48	10	24	45	9	24	43	8	24
	下五分位数	1.8	0.8	47	9	24	47	9	24	44	8	23	42	7	23
	下限	0.4	0.5	43	8	20	43	7	23	41	6	21	40	5	22

续表

分区编码	统计指标	汇流特征 K_m/[m³/(s·km²)]	H_p/h	土壤水力特征 θ_{s1}/%	θ_{a1}/%	θ_{w1}/%	θ_{s2}/%	θ_{a2}/%	θ_{w2}/%	θ_{s3}/%	θ_{a3}/%	θ_{w3}/%	θ_{s4}/%	θ_{a4}/%	θ_{w4}/%
92：JC54J300 A_s：11.11 ΔZ：5749 N：6883	平均值	3.6	0.9	51	13	21	50	13	20	47	12	19	44	11	17
	上限	6.4	1.5	61	14	28	57	15	25	52	11	24	45	10	20
	上五分位数	4.4	1.0	54	13	23	52	14	21	48	12	20	44	11	18
	中位数	3.4	0.8	51	13	21	51	13	20	47	12	19	44	11	17
	下五分位数	2.7	0.7	48	12	19	48	13	18	45	12	17	43	11	16
	下限	0.6	0.5	42	11	14	43	12	14	41	13	13	42	12	14
93：JC53F200 A_s：4.94 ΔZ：3790 N：3449	平均值	2.8	1.1	49	10	26	49	10	25	46	9	24	44	8	24
	上限	5.1	2.0	56	11	31	56	13	26	53	12	27	51	11	27
	上五分位数	3.4	1.3	51	10	27	51	11	25	48	10	25	46	9	25
	中位数	2.5	1.2	48	10	25	48	10	25	46	9	24	44	8	24
	下五分位数	1.9	0.8	47	9	24	47	9	24	44	8	23	42	7	23
	下限	0.9	0.5	42	8	21	42	8	23	41	7	21	40	6	21
94：JD54J700 A_s：28.78 ΔZ：7812 N：18069	平均值	3.7	0.8	47	12	19	47	12	18	45	11	17	43	11	17
	上限	6.4	1.5	65	15	38	61	15	32	54	13	28	49	12	23
	上五分位数	4.5	1.0	52	13	24	51	13	22	47	12	20	44	11	18
	中位数	3.5	0.8	46	12	18	46	12	17	44	12	16	42	11	16
	下五分位数	2.7	0.7	43	11	14	44	11	15	42	11	14	40	10	14
	下限	0.6	0.5	38	9	7	40	9	8	39	10	8	38	9	9
95：JD54J600 A_s：8.45 ΔZ：5808 N：5120	平均值	3.4	0.9	55	12	27	54	12	24	49	11	22	46	10	20
	上限	6.4	1.8	64	15	38	59	15	35	56	14	33	53	13	31
	上五分位数	4.3	1.2	58	13	30	55	13	27	51	12	25	48	11	23
	中位数	3.2	0.8	56	12	27	54	13	24	50	12	21	46	11	19
	下五分位数	2.4	0.7	53	11	24	52	11	21	47	10	19	44	9	17
	下限	0.8	0.5	46	9	17	48	9	15	42	8	13	40	7	12

续表

分区编码	统计指标	$K_m/[m^3/(s\cdot km^2)]$	H_p/h	$\theta_{s1}/\%$	$\theta_{a1}/\%$	$\theta_{w1}/\%$	$\theta_{s2}/\%$	$\theta_{a2}/\%$	$\theta_{w2}/\%$	$\theta_{s3}/\%$	$\theta_{a3}/\%$	$\theta_{w3}/\%$	$\theta_{s4}/\%$	$\theta_{a4}/\%$	$\theta_{w4}/\%$
		汇流特征		土 壤 水 力 特 征											
96：KM54J900 A_s：0.30 ΔZ：1563 N：146	平均值	4.0	0.8	43	11	16	44	12	16	43	11	15	41	11	15
	上限	6.4	1.0	46	13	23	47	11	22	44	13	21	44	12	19
	上五分位数	4.8	0.8	44	12	18	45	12	17	43	12	16	42	11	16
	中位数	3.9	0.7	43	11	15	44	12	15	42	11	15	41	11	14
	下五分位数	3.1	0.7	42	11	14	43	12	14	42	11	13	40	10	13
	下限	1.2	0.5	41	10	11	42	13	11	41	10	11	39	9	11
97：KM54J700 A_s：1.01 ΔZ：2105 N：582	平均值	3.9	0.8	45	12	17	46	13	17	45	12	17	43	11	16
	上限	6.4	1.0	51	14	20	51	14	20	48	11	20	46	13	19
	上五分位数	4.5	0.8	47	13	18	48	13	18	46	12	18	44	12	17
	中位数	3.7	0.8	45	12	17	47	13	17	45	12	17	43	11	17
	下五分位数	3.2	0.7	44	12	16	45	12	16	44	12	16	42	11	15
	下限	1.5	0.5	41	11	14	41	11	14	42	13	14	40	10	13
98：KM54K200 A_s：64.00 ΔZ：6376 N：31650	平均值	3.9	0.8	43	12	16	43	12	16	42	11	16	40	11	16
	上限	6.4	1.5	48	13	26	47	13	26	43	12	24	44	12	24
	上五分位数	4.7	1.0	45	12	20	44	12	19	43	11	19	41	11	18
	中位数	3.9	0.7	42	12	16	43	12	16	41	11	16	40	11	15
	下五分位数	2.8	0.7	41	11	13	41	11	14	41	11	14	39	10	13
	下限	0.9	0.5	37	10	8	39	10	8	40	10	8	36	9	8
99：JE54J800 A_s：5.95 ΔZ：6615 N：3868	平均值	4.4	0.7	43	11	16	43	11	16	42	11	16	40	10	15
	上限	6.4	1.0	54	13	32	50	13	27	47	12	25	43	12	26
	上五分位数	5.1	0.8	46	12	21	45	12	19	43	11	18	41	11	18
	中位数	4.2	0.7	42	11	15	42	12	15	41	11	15	39	10	14
	下五分位数	3.4	0.7	40	11	12	41	11	13	40	10	13	39	10	12
	下限	1.5	0.5	38	10	8	39	10	8	39	9	9	37	9	8

续表

分区编码	统计指标	汇流特征 K_m/[m³/(s·km²)]	H_p/h	θ_{s1}/%	θ_{a1}/%	θ_{w1}/%	θ_{s2}/%	θ_{a2}/%	θ_{w2}/%	θ_{s3}/%	θ_{a3}/%	θ_{w3}/%	θ_{s4}/%	θ_{a4}/%	θ_{w4}/%
100：JE65K200 A_s：0.64 ΔZ：6437 N：423	平均值	4.2	0.7	46	11	22	44	11	21	42	10	20	40	10	20
	上限	6.4	1.0	57	13	31	51	12	28	48	12	24	43	11	24
	上五分位数	4.8	0.8	49	12	25	46	11	23	43	11	22	41	10	21
	中位数	4.1	0.7	45	11	21	43	11	21	41	10	20	40	10	20
	下五分位数	3.3	0.7	43	11	20	42	10	19	40	10	19	39	9	18
	下限	1.7	0.5	40	10	15	39	9	15	38	9	15	38	8	15
101：JF65H400 A_s：5.84 ΔZ：4358 N：3719	平均值	3.0	1.2	50	12	25	49	12	24	46	11	22	43	10	21
	上限	6.4	2.7	62	15	35	59	13	31	55	12	28	50	11	26
	上五分位数	4.1	1.5	56	13	28	53	12	26	48	11	24	45	10	23
	中位数	2.7	1.0	50	12	25	48	11	24	45	11	23	43	10	21
	下五分位数	1.8	0.7	44	11	21	44	11	21	43	10	21	41	9	20
	下限	0.6	0.5	40	9	17	41	10	18	40	9	18	39	8	17
102：JF65H200 A_s：2.09 ΔZ：2727 N：1363	平均值	2.2	1.5	47	11	23	46	11	23	43	10	22	42	9	21
	上限	5.1	3.3	59	13	30	55	12	28	49	9	25	45	11	24
	上五分位数	2.8	2.0	51	12	25	48	11	24	45	10	23	43	10	22
	中位数	2.0	1.3	45	11	22	45	11	22	43	10	22	41	9	21
	下五分位数	1.3	1.0	43	10	21	43	10	21	42	10	21	41	9	20
	下限	0.5	0.5	40	9	18	41	9	19	40	11	19	39	8	18
103：JG65H100 A_s：5.10 ΔZ：3458 N：3079	平均值	3.2	1.0	51	12	26	49	11	24	45	10	22	43	10	21
	上限	6.4	1.8	63	13	38	60	13	35	55	12	29	50	11	27
	上五分位数	4.1	1.2	57	12	31	54	12	28	49	11	24	45	10	23
	中位数	3.0	1.0	51	12	24	48	11	23	45	10	22	42	9	21
	下五分位数	2.2	0.7	44	11	21	44	10	21	42	10	20	41	9	20
	下限	0.6	0.5	40	10	18	41	8	18	40	9	18	38	8	17

续表

分区编码	统计指标	汇流特征		土壤水力特征											
		K_m/[m³/(s·km²)]	H_p/h	θ_{s1}/%	θ_{a1}/%	θ_{w1}/%	θ_{s2}/%	θ_{a2}/%	θ_{w2}/%	θ_{s3}/%	θ_{a3}/%	θ_{w3}/%	θ_{s4}/%	θ_{a4}/%	θ_{w4}/%
104: KA23G100 A_s: 2.78 ΔZ: 287 N: 1568	平均值	2.2	1.5	53	12	27	51	11	26	49	10	25	46	9	24
	上限	5.0	3.0	59	14	33	56	13	32	52	12	28	49	11	30
	上五分位数	2.8	1.8	55	13	29	54	12	28	50	11	26	48	10	26
	中位数	1.8	1.5	55	12	28	52	11	27	49	11	25	46	10	25
	下五分位数	1.4	1.0	50	11	25	49	11	24	47	10	24	44	9	23
	下限	0.4	0.5	44	10	20	44	10	19	43	9	22	41	8	19
105: KE22G200 A_s: 3.34 ΔZ: 1143 N: 1839	平均值	2.3	1.3	44	11	20	44	11	19	43	10	19	41	10	19
	上限	4.8	2.5	51	12	27	51	12	25	48	12	24	46	11	24
	上五分位数	2.9	1.7	46	11	22	46	11	22	44	11	21	43	10	21
	中位数	2.1	1.3	43	10	20	44	11	19	42	10	19	41	10	19
	下五分位数	1.5	1.0	42	10	17	42	10	17	41	10	17	40	9	16
	下限	0.7	0.5	41	9	15	41	9	14	40	9	14	39	8	15
106: KF15G300 A_s: 18.27 ΔZ: 2039 N: 11196	平均值	2.5	1.3	43	11	19	44	11	19	43	11	19	41	10	18
	上限	5.1	2.5	53	14	25	53	13	24	48	12	24	44	9	21
	上五分位数	3.1	1.5	46	12	20	46	12	20	44	11	20	42	10	19
	中位数	2.2	1.2	42	11	18	43	11	18	42	11	18	41	10	18
	下五分位数	1.7	0.8	41	10	16	41	11	17	41	10	17	40	10	17
	下限	0.5	0.5	38	9	13	39	10	14	39	9	14	38	11	15
107: KG15G400 A_s: 1.30 ΔZ: 660 N: 804	平均值	2.3	1.3	39	11	14	40	12	15	40	11	15	39	11	15
	上限	4.6	2.5	41	13	15	42	13	16	41	10	16	38	10	17
	上五分位数	2.8	1.7	40	12	14	41	12	15	40	11	15	39	11	16
	中位数	2.1	1.3	39	11	14	40	12	14	40	11	15	39	11	15
	下五分位数	1.6	1.0	39	11	13	40	11	14	39	11	14	39	11	15
	下限	0.7	0.5	38	10	12	39	11	13	39	12	13	40	12	14

续表

分区编码	统计指标	汇流特征		土壤水力特征											
		K_m/[m³/(s·km²)]	H_p/h	θ_{s1}/%	θ_{a1}/%	θ_{w1}/%	θ_{s2}/%	θ_{a2}/%	θ_{w2}/%	θ_{s3}/%	θ_{a3}/%	θ_{w3}/%	θ_{s4}/%	θ_{a4}/%	θ_{w4}/%
108：KG15G500 A_s：0.88 ΔZ：631 N：514	平均值	2.5	1.3	40	11	14	40	12	15	40	11	15	39	11	16
	上限	4.7	2.2	41	13	16	42	13	17	39	10	17	38	10	17
	上五分位数	2.9	1.5	40	12	15	41	12	16	40	11	16	39	11	16
	中位数	2.2	1.2	40	11	14	40	12	15	40	11	15	39	11	16
	下五分位数	1.7	1.0	39	11	14	40	11	15	40	11	15	39	11	15
	下限	1.0	0.5	38	10	13	39	10	14	41	12	14	40	12	14
109：KH62HA00 A_s：8.90 ΔZ：4291 N：6038	平均值	3.8	0.8	42	11	17	42	12	17	41	11	17	40	11	17
	上限	6.4	1.5	56	15	24	54	13	23	51	13	23	48	12	20
	上五分位数	4.7	1.0	46	13	19	46	12	19	44	12	19	43	11	18
	中位数	3.7	0.8	40	11	16	41	12	17	40	11	17	39	11	17
	下五分位数	2.6	0.7	39	11	15	40	11	16	39	11	16	39	10	16
	下限	0.6	0.5	37	9	12	38	10	13	38	10	13	37	9	14
110：KH62H800 A_s：9.78 ΔZ：3952 N：6454	平均值	3.4	1.0	42	12	17	43	12	18	42	11	18	41	11	17
	上限	6.4	1.8	56	16	27	54	15	25	50	13	23	47	12	23
	上五分位数	4.3	1.2	47	13	20	47	13	20	46	12	19	43	11	19
	中位数	3.3	0.8	40	11	16	41	12	17	40	11	17	39	11	17
	下五分位数	2.2	0.7	39	10	15	40	11	16	40	11	16	39	10	16
	下限	0.5	0.5	37	9	13	39	9	14	38	10	14	38	9	13
111：KH62H900 A_s：2.34 ΔZ：3035 N：1494	平均值	2.7	1.2	44	12	18	44	12	18	43	12	18	41	11	18
	上限	5.1	2.5	57	14	27	55	14	25	50	13	23	48	10	22
	上五分位数	3.5	1.5	48	13	22	49	13	22	47	12	21	44	11	20
	中位数	2.5	1.0	42	12	17	43	12	18	42	12	18	40	11	17
	下五分位数	1.7	0.8	39	11	15	40	12	16	40	11	16	39	11	16
	下限	0.4	0.5	37	10	13	39	11	14	39	11	14	38	12	14

续表

分区编码	统计指标	汇流特征		土 壤 水 力 特 征											
		K_m/[m³/(s·km²)]	H_p/h	θ_{s1}/%	θ_{a1}/%	θ_{w1}/%	θ_{s2}/%	θ_{a2}/%	θ_{w2}/%	θ_{s3}/%	θ_{a3}/%	θ_{w3}/%	θ_{s4}/%	θ_{a4}/%	θ_{w4}/%
112：KH15I400 A_s：2.67 ΔZ：1973 N：1749	平均值	3.6	0.9	39	11	14	41	12	15	40	12	15	39	11	15
	上限	6.4	1.5	41	13	17	42	11	18	39	12	17	41	10	17
	上五分位数	4.3	1.0	40	12	15	41	12	16	40	12	16	40	11	16
	中位分位数	3.3	0.8	39	11	14	40	12	15	40	12	15	39	11	15
	下五分位数	2.6	0.7	39	11	13	40	12	14	40	11	15	39	11	15
	下限	0.9	0.5	38	10	11	39	13	12	41	11	14	38	12	14
113：KH15G400 ΔZ：292		—	—	—	—	—	—	—	—	—	—	—	—	—	—
114：KH15I800 A_s：6.22 ΔZ：2312 N：3972	平均值	3.8	0.8	39	11	15	41	11	16	40	11	16	39	11	16
	上限	6.4	1.5	41	12	20	42	13	21	39	12	19	38	12	19
	上五分位数	4.4	1.0	40	11	16	41	12	17	40	11	17	39	11	17
	中位分位数	3.6	0.8	39	11	15	40	11	16	40	11	16	39	11	16
	下五分位数	2.9	0.7	39	10	13	40	11	14	40	10	15	39	10	15
	下限	0.9	0.5	38	9	11	39	10	12	41	9	13	40	9	13
115：KH15I700 A_s：1.25 ΔZ：937 N：887	平均值	4.1	0.8	39	11	14	40	12	15	40	11	15	39	11	15
	上限	6.4	1.0	41	10	17	42	13	18	41	12	18	38	10	17
	上五分位数	4.7	0.8	40	11	15	41	12	16	40	12	16	39	11	16
	中位分位数	3.9	0.7	39	11	14	40	12	15	40	11	15	39	11	15
	下五分位数	3.1	0.7	38	11	13	40	11	14	39	11	14	39	11	15
	下限	0.9	0.5	37	12	11	39	10	12	39	10	12	40	12	14
116：KH15I500 A_s：1.79 ΔZ：1486 N：1368	平均值	4.2	0.7	39	11	16	40	11	17	40	11	17	39	11	17
	上限	6.4	1.0	41	12	17	42	12	18	39	12	20	41	12	20
	上五分位数	4.6	0.8	40	11	16	41	12	17	40	11	18	40	11	18
	中位分位数	4.1	0.7	39	11	16	40	11	17	40	11	17	39	11	17
	下五分位数	3.3	0.7	39	10	15	40	11	16	40	10	16	39	10	16
	下限	1.8	0.5	38	9	14	39	10	15	41	9	14	38	9	15

续表

分区编码	统计指标	汇流特征		土壤水力特征											
		K_m/[m³/(s·km²)]	H_p/h	θ_{s1}/%	θ_{a1}/%	θ_{w1}/%	θ_{s2}/%	θ_{a2}/%	θ_{w2}/%	θ_{s3}/%	θ_{a3}/%	θ_{w3}/%	θ_{s4}/%	θ_{a4}/%	θ_{w4}/%
117: KJ63H800 A_s: 2.97 ΔZ: 1522 N: 1444	平均值	2.7	1.1	48	13	20	49	13	20	46	12	19	44	12	19
	上限	5.1	2.0	55	15	27	54	14	25	50	14	23	47	13	22
	上五分位数	3.4	1.3	52	14	22	51	14	22	48	13	21	45	12	20
	中位数	2.5	1.2	49	13	20	49	13	20	46	12	20	44	12	19
	下五分位数	1.9	0.8	45	12	18	46	13	19	45	12	18	43	11	18
	下限	0.3	0.5	40	11	14	41	12	15	41	11	14	41	10	16
118: KJ63I700 A_s: 9.43 ΔZ: 2583 N: 6389	平均值	3.7	0.9	42	12	15	43	12	16	42	12	16	41	11	16
	上限	6.4	1.5	53	13	24	50	14	22	49	13	21	46	12	20
	上五分位数	4.5	1.0	45	12	18	45	13	18	44	12	18	42	12	17
	中位数	3.6	0.8	41	12	15	42	12	16	41	12	16	40	11	16
	下五分位数	2.6	0.7	39	11	12	41	12	13	40	11	14	39	11	13
	下限	0.7	0.5	37	10	10	38	11	11	38	10	11	38	10	10
119: KJ63H700 A_s: 12.63 ΔZ: 3361 N: 7321	平均值	3.9	0.8	46	12	18	46	13	18	44	12	18	43	11	17
	上限	6.4	1.5	55	14	25	52	14	23	49	11	22	47	13	21
	上五分位数	4.8	1.0	49	13	21	49	13	20	46	12	19	44	12	19
	中位数	3.8	0.8	46	13	19	46	13	19	45	12	18	43	11	18
	下五分位数	2.7	0.7	43	12	16	44	12	16	43	12	16	41	11	16
	下限	0.6	0.5	38	11	10	40	11	11	39	13	12	38	10	12
120: KJ63I600 A_s: 2.01 ΔZ: 2264 N: 550	平均值	3.7	0.9	42	12	14	43	12	15	42	11	15	41	11	15
	上限	6.4	1.5	47	13	21	48	13	20	47	13	20	42	10	20
	上五分位数	4.6	1.0	43	12	16	44	12	16	43	12	16	41	11	16
	中位数	3.6	0.8	41	12	14	42	12	15	41	11	15	40	11	14
	下五分位数	2.6	0.7	40	11	12	41	11	13	40	11	13	40	11	13
	下限	0.3	0.5	38	10	7	40	10	9	39	10	9	39	12	9

续表

分区编码	统计指标	汇流特征		土 壤 水 力 特 征											
		K_m/[m³/(s·km²)]	H_p/h	θ_{s1}/%	θ_{a1}/%	θ_{w1}/%	θ_{s2}/%	θ_{a2}/%	θ_{w2}/%	θ_{s3}/%	θ_{a3}/%	θ_{w3}/%	θ_{s4}/%	θ_{a4}/%	θ_{w4}/%
121: KK65I700 A_s: 6.43 ΔZ: 3355 N: 4094	平均值	3.6	0.9	44	10	21	44	10	21	42	10	21	41	9	20
	上限	6.4	1.8	53	13	27	49	12	24	48	11	24	44	11	23
	上五分位数	4.4	1.2	46	11	23	45	11	22	44	10	22	42	10	21
	中位分位数	3.4	0.8	43	10	21	43	10	21	42	10	21	41	9	20
	下五分位数	2.4	0.7	41	9	20	42	10	20	41	9	20	40	9	19
	下限	0.5	0.5	38	7	17	39	9	18	39	8	18	38	8	17
122: KK65I1100 ΔZ: 2866	平均值	—	—	—	—	—	—	—	—	—	—	—	—	—	—
123: KK65H300 A_s: 8.30 ΔZ: 4494 N: 5070	平均值	3.1	1.1	47	12	22	46	11	22	44	11	21	42	10	20
	上限	6.4	2.7	62	15	29	58	13	27	54	12	24	48	12	23
	上五分位数	4.2	1.5	52	13	24	50	12	23	47	11	22	44	11	21
	中位分位数	2.8	1.0	45	11	21	45	11	22	43	11	21	42	10	20
	下五分位数	1.8	0.7	43	11	20	43	11	20	42	10	20	41	9	19
	下限	0.4	0.5	39	9	17	40	10	17	40	9	18	39	7	17
124: KK65I800 A_s: 8.21 ΔZ: 3853 N: 4062	平均值	3.4	1.0	42	11	19	43	11	19	42	10	19	40	10	19
	上限	6.4	1.8	47	12	24	48	12	22	47	12	22	43	9	22
	上五分位数	4.4	1.2	43	11	20	44	11	20	43	11	20	41	10	20
	中位分位数	3.3	0.8	41	11	18	42	11	19	41	10	19	40	10	19
	下五分位数	2.1	0.7	40	10	17	41	10	18	40	10	18	39	10	18
	下限	0.4	0.5	38	9	14	38	9	16	38	9	16	37	11	16
125: KK65I1200 A_s: 11.32 ΔZ: 4339 N: 5710	平均值	3.6	0.9	41	11	18	42	11	18	41	10	18	40	10	18
	上限	6.4	1.8	48	14	23	49	14	25	48	13	24	43	12	24
	上五分位数	4.4	1.2	43	12	19	44	12	20	43	11	20	41	11	20
	中位分位数	3.5	0.8	40	11	17	41	11	18	40	10	18	39	10	18
	下五分位数	2.5	0.7	39	10	16	40	10	16	39	9	17	39	9	17
	下限	0.5	0.5	37	8	12	38	8	13	38	7	14	37	7	14

续表

分区编码	统计指标	汇流特征		土壤水力特征											
		K_m/[m³/(s·km²)]	H_p/h	θ_{s1}/%	θ_{a1}/%	θ_{w1}/%	θ_{s2}/%	θ_{a2}/%	θ_{w2}/%	θ_{s3}/%	θ_{a3}/%	θ_{w3}/%	θ_{s4}/%	θ_{a4}/%	θ_{w4}/%
126: KK65I300 A_s: 5.07 ΔZ: 3518 N: 2892	平均值	4.0	0.8	40	11	16	41	11	17	40	10	18	39	10	18
	上限	6.4	1.5	41	13	24	42	14	23	43	12	24	41	12	24
	上五分位数	4.8	1.0	40	11	19	41	12	19	41	11	20	40	11	20
	中位数	3.9	0.7	39	11	16	40	11	17	40	10	17	39	10	17
	下五分位数	2.9	0.7	39	9	14	40	9	15	39	9	16	39	9	16
	下限	0.5	0.5	38	8	11	39	8	12	38	7	13	38	7	13
127: KL65H300 A_s: 13.20 ΔZ: 5953 N: 8021	平均值	3.8	0.9	44	11	19	44	11	20	43	11	19	41	10	19
	上限	6.4	1.5	65	15	31	62	15	29	56	13	25	50	12	22
	上五分位数	4.6	1.0	52	13	23	50	13	22	47	12	21	44	11	20
	中位数	3.7	0.8	41	11	18	42	11	19	41	11	19	40	10	19
	下五分位数	2.7	0.7	39	10	17	40	10	17	40	10	18	39	10	18
	下限	0.4	0.5	37	8	13	38	8	14	37	8	15	37	9	16
128: KL65H500 A_s: 20.58 ΔZ: 6435 N: 13226	平均值	4.0	0.9	45	12	19	45	12	19	43	11	19	41	11	18
	上限	6.4	1.7	60	15	26	56	15	24	50	13	24	47	12	21
	上五分位数	6.4	1.0	49	13	21	48	13	20	45	12	20	43	11	19
	中位数	4.0	0.7	43	12	19	43	12	19	42	11	19	41	11	18
	下五分位数	2.7	0.5	41	11	17	42	11	17	41	11	17	40	10	17
	下限	0.5	0.5	38	9	12	39	9	13	38	10	13	37	9	15
129: KL65I700 A_s: 4.86 ΔZ: 3679 N: 2519	平均值	3.4	1.0	40	10	18	41	11	19	40	10	19	39	10	19
	上限	6.4	1.8	43	13	21	44	13	22	43	13	22	42	12	22
	上五分位数	4.3	1.2	41	11	19	42	11	20	41	11	20	40	11	20
	中位数	3.3	0.8	40	10	18	41	11	19	40	10	19	39	10	19
	下五分位数	2.3	0.7	39	9	17	40	9	18	39	9	18	38	8	18
	下限	0.5	0.5	37	8	15	39	8	16	38	7	16	37	7	16

续表

分区编码	统计指标	汇流特征		土壤水力特征											
		K_m/[m³/(s·km²)]	H_p/h	θ_{s1}/%	θ_{a1}/%	θ_{w1}/%	θ_{s2}/%	θ_{a2}/%	θ_{w2}/%	θ_{s3}/%	θ_{a3}/%	θ_{w3}/%	θ_{s4}/%	θ_{a4}/%	θ_{w4}/%
130: KL65H600 A_s: 9.54 ΔZ: 5328 N: 5946	平均值	4.6	0.7	44	12	18	44	12	18	42	11	18	41	11	18
	上限	6.4	1.2	56	14	24	52	13	20	48	14	22	45	12	22
	上五分位数	6.4	0.8	48	13	20	47	13	20	45	12	19	42	11	19
	中位数	4.3	0.7	44	12	18	43	12	18	42	11	18	40	11	18
	下五分位数	3.3	0.5	40	11	17	41	11	17	41	10	17	40	10	16
	下限	0.6	0.5	38	8	13	39	10	17	38	7	14	37	9	14
131: KL65H900 A_s: 16.58 ΔZ: 5259 N: 10471	平均值	3.8	0.8	45	12	18	44	12	18	43	11	18	41	11	18
	上限	6.4	1.5	56	15	28	54	14	25	48	13	25	47	12	23
	上五分位数	4.6	1.0	48	13	21	47	13	20	44	12	20	43	11	19
	中位数	3.7	0.8	44	12	18	44	12	18	43	12	18	41	11	18
	下五分位数	2.7	0.7	42	11	16	42	12	16	41	11	16	40	10	16
	下限	0.4	0.5	37	9	10	38	11	11	38	10	11	37	9	12
132: KL65I300 A_s: 0.59 ΔZ: 1562 N: 322	平均值	3.1	1.0	39	10	17	40	10	18	39	10	18	39	9	19
	上限	6.4	1.8	40	11	20	41	12	21	41	11	22	40	11	22
	上五分位数	4.0	1.2	39	10	18	40	11	19	40	10	20	39	10	20
	中位数	3.1	0.8	39	10	17	40	10	18	39	10	18	39	10	18
	下五分位数	2.2	0.7	38	9	16	39	9	17	39	9	17	38	9	17
	下限	0.7	0.5	37	8	14	39	8	15	38	8	15	38	8	15

注　A_s 为预报预警一级分区小流域面积，10^4km²；ΔZ 为分区相对高差，m；N 为分区内小流域总数；A 为小流域面积，km²；S 为平均坡度；S' 为加权平均坡度；L_{av} 为平均汇流路径长度，km；L 为最长汇流路径长度，km；L_{hm} 为平均最大坡长，km；L_{tm} 为溪沟平均坡长，km；L_w 为单位面积汇流路径曲率；K_a 为单位面积汇流路径比降，‰；J 为最长汇流路径弯曲率，km；L/A 为单位面积最长汇流路径长度，km/km²；J_r 为河段比降，‰；K_m 为时段径长 10min，降雨量 30mm 条件下的 10mm 净雨单位线峰模数，m³/(s·km²)；H_p 为单位线汇流时间，h；θ_{a1} 为表层土饱和含水量，%；θ_{a2} 为浅层土饱和含水量，%；θ_{a3} 为中层土饱和含水量，%；θ_{a4} 为深层土饱和含水量，%；θ_{w1} 为表层土有效含水量，%；θ_{w2} 为浅层土有效含水量，%；θ_{w3} 为中层土有效含水量，%；θ_{w4} 为深层土有效含水量，%；θ_{s1} 为表层土凋萎含水量，%；θ_{s2} 为浅层土凋萎含水量，%；θ_{s3} 为中层土凋萎含水量，%；θ_{s4} 为深层土凋萎含水量，%；表层土、浅层土、中层土和深层土相应的土深分别为 0~5cm，5~15cm，15~30cm 和 30~60cm。

附表 2.4　山洪预报预警分区小流域面积分布统计表

面积：km²，占比：%

分区序号	<10km²			10~20km²			20~30km²			30~40km²			40~50km²			≥50km²		
	个数	面积	占比	个数	面积	占比	个数	面积	占比	个数	面积	占比	个数	面积	占比	个数	面积	占比
全国	124145	473391	5.5	266186	3796171	43.7	100861	2436465	28.0	27794	946863	10.9	10501	465260	5.4	6371	568333	6.5
1	901	3493	5.8	1726	24723	40.9	760	18398	30.4	278	9368	15.5	102	4532	7.5	0	0	0.0
2	971	3703	6.4	1570	22385	38.8	744	18165	31.5	268	9147	15.9	89	3900	6.8	4	373	0.6
3	745	2986	6.9	1408	20177	46.9	517	12503	29.1	111	3768	8.8	50	2227	5.2	5	1336	3.1
4	592	2074	6.3	918	13269	40.1	416	10177	30.8	136	4624	14.0	50	2213	6.7	6	700	2.1
5	2920	11273	5.2	4581	66314	30.9	2780	68675	32.0	1227	41976	19.5	534	23652	11.0	25	2992	1.4
6	2872	10619	6.4	4959	70918	42.8	2140	51719	31.2	637	21733	13.1	198	8729	5.3	24	2044	1.2
7	510	2089	5.6	1165	16579	44.4	470	11379	30.5	128	4347	11.7	48	2090	5.6	2	823	2.2
8	1088	3965	6.7	1819	25944	43.7	730	17667	29.8	244	8356	14.1	70	3085	5.2	3	299	0.5
9	148	622	6.1	302	4367	42.6	138	3310	32.3	42	1422	13.9	12	534	5.2	0	0	0.0
10	433	1503	6.6	746	10707	46.9	294	7109	31.1	70	2423	10.6	24	1084	4.7	0	0	0.0
11	1621	6253	4.1	2727	40350	26.5	2064	51534	33.9	926	31886	21.0	416	18575	12.2	10	3463	2.3
12	2717	10334	4.7	6103	87769	39.7	2886	70612	31.9	940	32103	14.5	406	18048	8.2	30	2323	1.1
13	505	2034	5.6	1270	18273	50.0	494	11900	32.5	99	3295	9.0	20	873	2.4	2	193	0.5
14	681	2973	12.1	805	11425	46.5	265	6317	25.7	60	2049	8.3	17	749	3.0	13	1064	4.3
15	568	2185	6.7	1153	16481	50.6	397	9524	29.2	75	2556	7.8	19	849	2.6	4	1004	3.1
16	780	2887	5.2	2019	28860	52.3	678	16308	29.6	135	4562	8.3	40	1775	3.2	9	782	1.4
17	196	795	5.2	635	9157	59.5	187	4440	28.8	23	749	4.9	2	82	0.5	1	167	1.1
18	277	851	3.7	433	6380	28.1	306	7575	33.3	138	4696	20.7	64	2811	12.4	5	408	1.8
19	694	2466	5.4	1640	23725	52.2	582	13729	30.2	116	3971	8.7	24	1062	2.3	3	501	1.1
20	274	1038	4.5	887	12557	54.7	282	6742	29.4	50	1710	7.4	12	527	2.3	5	391	1.7
21	463	1992	6.1	1350	19330	59.4	375	8880	27.3	50	1699	5.2	6	259	0.8	5	363	1.1

续表

分区序号	<10km² 个数	<10km² 面积	<10km² 占比	10~20km² 个数	10~20km² 面积	10~20km² 占比	20~30km² 个数	20~30km² 面积	20~30km² 占比	30~40km² 个数	30~40km² 面积	30~40km² 占比	40~50km² 个数	40~50km² 面积	40~50km² 占比	≥50km² 个数	≥50km² 面积	≥50km² 占比
22	282	1252	6.4	849	11829	60.7	232	5401	27.7	20	671	3.4	4	171	0.9	2	165	0.8
23	150	520	5.9	309	4461	50.9	102	2498	28.5	23	780	8.9	11	505	5.8	0	0	0.0
24	489	1541	1.6	429	6434	6.7	863	22237	23.0	659	22821	23.6	421	18696	19.3	281	25004	25.8
25	1758	6579	5.0	3151	45249	34.2	1759	43301	32.7	624	21286	16.1	263	11641	8.8	18	4294	3.2
26	352	1334	5.4	806	11569	46.8	304	7315	29.6	82	2770	11.2	28	1233	5.0	4	524	2.1
27	348	1397	5.5	895	12751	49.8	314	7582	29.6	81	2746	10.7	23	1018	4.0	1	131	0.5
28	438	1617	4.9	1019	14525	44.1	438	10689	32.5	127	4282	13.0	40	1764	5.4	1	53	0.2
29	1178	4458	7.4	2496	35279	58.6	658	15596	25.9	120	4013	6.7	18	788	1.3	2	112	0.2
30	626	2403	5.9	1132	16458	40.7	475	11495	28.4	176	6022	14.9	72	3185	7.9	14	909	2.2
31	704	2513	5.0	1517	21546	42.5	623	15093	29.8	197	6677	13.2	77	3445	6.8	13	1392	2.7
32	1851	6848	5.3	5286	75588	58.3	1508	35912	27.7	224	7589	5.9	66	2931	2.3	12	747	0.6
33	676	2453	5.4	1631	23297	51.0	566	13737	30.1	124	4174	9.1	32	1409	3.1	9	575	1.3
34	1750	7032	5.2	4953	70844	52.5	1691	40777	30.2	297	10157	7.5	101	4463	3.3	25	1699	1.3
35	226	858	5.6	552	7920	51.7	193	4590	30.0	29	987	6.4	4	173	1.1	2	794	5.2
36	345	1231	6.5	783	11294	59.8	211	4952	26.2	32	1076	5.7	5	218	1.2	2	121	0.6
37	167	657	4.7	566	7967	57.6	177	4205	30.4	27	878	6.3	3	127	0.9	0	0	0.0
38	129	352	3.5	152	2337	23.3	156	3868	38.6	60	2039	20.4	30	1342	13.4	1	77	0.8
39	223	826	6.2	361	5236	39.3	173	4163	31.2	53	1807	13.6	18	778	5.8	6	519	3.9
40	1022	3819	5.7	1774	25503	37.9	842	20678	30.7	309	10582	15.7	112	4943	7.3	26	1764	2.6
41	649	2474	6.0	1120	15938	38.8	463	11125	27.1	117	3951	9.6	41	1852	4.5	75	5690	13.9
42	184	690	4.5	489	7057	46.1	169	4036	26.4	46	1595	10.4	11	477	3.1	8	1449	9.5
43	492	1523	4.2	878	12750	35.2	370	9033	25.0	113	3858	10.7	41	1794	5.0	108	7227	20.0

分区序号	<10km²			10~20km²			20~30km²			30~40km²			40~50km²			≥50km²		
	个数	面积	占比	个数	面积	占比	个数	面积	占比	个数	面积	占比	个数	面积	占比	个数	面积	占比
44	272	1066	1.4	408	6028	8.1	475	12052	16.2	352	12121	16.3	224	9961	13.4	494	33244	44.6
45	416	1063	2.8	364	5435	14.1	389	9835	25.6	270	9280	24.1	174	7764	20.2	65	5080	13.2
46	245	1024	5.8	514	7387	42.0	222	5447	31.0	70	2371	13.5	15	671	3.8	8	693	3.9
47	32	101	0.8	11	183	1.5	20	495	4.1	9	307	2.5	17	761	6.3	152	10234	84.7
48	4	11	0.2	6	91	1.4	4	103	1.6	3	104	1.6	8	360	5.7	81	5641	89.4
49	42	175	0.6	25	384	1.4	25	635	2.3	16	572	2.1	35	1586	5.9	344	23676	87.6
50	2021	7488	5.3	3613	51661	36.3	1607	39119	27.5	522	17801	12.5	240	10604	7.4	227	15673	11.0
51	1620	6816	5.8	3610	51385	43.4	1547	37605	31.7	459	15605	13.2	153	6700	5.7	4	374	0.3
52	1766	7071	5.5	3722	53040	41.2	1686	41302	32.1	529	18038	14.0	204	9046	7.0	4	305	0.2
53	1231	4802	5.5	3350	47548	54.8	1096	25941	29.9	178	6044	7.0	39	1696	2.0	4	770	0.9
54	1710	6998	5.2	4112	58719	43.4	1729	42032	31.0	549	18691	13.8	187	8170	6.0	7	784	0.6
55	411	1721	6.5	1150	16202	60.8	310	7326	27.5	30	975	3.7	9	379	1.4	1	55	0.2
56	426	1849	6.6	1144	16104	57.9	300	7075	25.4	52	1780	6.4	18	803	2.9	3	197	0.7
57	241	1015	5.4	766	10844	57.4	258	6148	32.6	21	703	3.7	4	174	0.9	0	0	0.0
58	1354	5150	5.9	3486	49743	57.0	1078	25783	29.6	132	4427	5.1	16	701	0.8	11	1389	1.6
59	2165	8904	5.6	5994	85670	53.9	2090	50022	31.4	313	10549	6.6	71	3116	2.0	6	806	0.5
60	882	3110	6.1	2086	29622	58.0	601	14221	27.8	77	2591	5.1	14	617	1.2	5	939	1.8
61	209	847	4.9	574	8083	46.7	198	4752	27.5	50	1670	9.7	15	638	3.7	4	1311	7.6
62	496	1856	5.9	740	10591	33.7	390	9461	30.1	142	4833	15.4	73	3228	10.3	12	1487	4.7
63	152	659	7.2	311	4458	48.5	84	2005	21.8	26	864	9.4	1	45	0.5	8	1166	12.7
64	4154	16076	6.2	10590	149420	57.2	2920	68677	26.3	255	8470	3.2	42	1857	0.7	27	16541	6.3
65	1344	5364	5.7	3603	51558	54.5	1267	30216	31.9	142	4730	5.0	28	1240	1.3	2	1562	1.7

续表

分区序号	<10km² 个数	面积	占比	10~20km² 个数	面积	占比	20~30km² 个数	面积	占比	30~40km² 个数	面积	占比	40~50km² 个数	面积	占比	≥50km² 个数	面积	占比
66	453	1780	7.4	894	12742	53.1	287	6806	28.4	47	1622	6.8	17	760	3.2	3	290	1.2
67	656	2650	8.1	1063	15063	46.2	361	8657	26.5	111	3797	11.6	38	1666	5.1	12	789	2.4
68	695	2824	8.3	1273	18111	53.4	365	8630	25.4	60	2039	6.0	17	762	2.2	16	1578	4.6
69	237	906	7.1	439	6310	49.4	113	2698	21.1	20	657	5.1	1	41	0.3	15	2173	17.0
70	2864	10974	6.8	6661	94380	58.2	1663	39180	24.2	146	4910	3.0	22	936	0.6	19	11834	7.3
71	751	3097	7.4	1391	19681	47.0	422	10054	24.0	71	2394	5.7	40	1794	4.3	28	4880	11.6
72	917	3711	8.7	1383	19530	45.7	403	9693	22.7	72	2429	5.7	40	1774	4.1	57	5634	13.2
73	263	908	4.3	340	4891	23.2	228	5522	26.1	78	2704	12.8	41	1831	8.7	4	5268	24.9
74	56	257	1.8	52	791	5.6	40	995	7.0	34	1191	8.4	40	1785	12.6	111	9123	64.5
75	120	561	5.4	373	5370	51.6	125	2931	28.1	3	102	1.0	0	0	0.0	1	1452	13.9
76	736	2816	6.6	1673	23890	56.3	471	11200	26.4	80	2688	6.3	23	1006	2.4	10	868	2.0
77	742	2970	7.6	1572	22228	56.5	479	11308	28.7	50	1702	4.3	11	505	1.3	5	617	1.6
78	774	3119	5.9	2373	33626	64.1	575	13682	26.1	41	1382	2.6	4	175	0.3	4	501	1.0
79	1095	3955	6.2	2633	37386	58.2	750	17578	27.4	80	2653	4.1	23	1038	1.6	22	1604	2.5
80	787	3105	6.3	1849	26212	53.0	599	14334	29.0	108	3634	7.3	23	1014	2.1	10	1166	2.4
81	856	3557	6.4	2202	31655	56.7	688	16306	29.2	97	3271	5.9	18	796	1.4	1	204	0.4
82	1528	6084	6.5	3742	53192	57.1	1130	26745	28.7	157	5232	5.6	35	1517	1.6	2	445	0.5
83	1443	5444	6.9	3228	45797	57.8	905	21525	27.1	136	4546	5.7	20	890	1.1	9	1093	1.4
84	1210	4658	7.2	2797	39387	61.2	729	17187	26.7	67	2253	3.5	9	394	0.6	6	469	0.7
85	768	3079	6.5	1941	27583	58.5	589	14054	29.8	54	1797	3.8	7	318	0.7	3	357	0.8
86	1907	7538	7.5	4015	56949	56.9	1115	26380	26.3	139	4734	4.7	29	1285	1.3	34	3267	3.3
87	1060	4321	7.6	2210	31228	55.3	573	13603	24.1	111	3736	6.6	34	1487	2.6	22	2143	3.8

分区序号	<10km²			10~20km²			20~30km²			30~40km²			40~50km²			≥50km²		
	个数	面积	占比	个数	面积	占比	个数	面积	占比	个数	面积	占比	个数	面积	占比	个数	面积	占比
88	608	2536	7.5	1231	17444	51.3	418	9966	29.3	62	2106	6.2	23	994	2.9	6	949	2.8
89	1163	4650	6.1	2765	39462	51.5	950	22629	29.6	217	7377	9.6	55	2394	3.1	1	53	0.1
90	1040	4356	5.5	2550	36655	46.5	1000	24141	30.6	280	9529	12.1	94	4146	5.3	1	58	0.1
91	1437	5525	6.3	3316	47142	53.5	1067	25406	28.8	215	7315	8.3	50	2151	2.4	3	660	0.7
92	1472	5871	5.3	3334	47216	42.5	1484	36118	32.5	450	15282	13.8	141	6248	5.6	2	385	0.3
93	910	3376	6.8	1768	25157	51.0	574	13706	27.8	156	5294	10.7	38	1660	3.4	3	162	0.3
94	4252	16337	5.7	8509	121375	42.2	3627	88177	30.6	1243	42264	14.7	425	18732	6.5	13	921	0.3
95	1065	4384	5.2	2491	35623	42.2	1055	25567	30.3	367	12597	14.9	141	6216	7.4	1	91	0.1
96	36	141	4.7	59	877	29.6	35	848	28.6	9	311	10.5	5	214	7.2	2	572	19.3
97	143	604	6.0	298	4220	41.7	112	2725	27.0	17	590	5.8	8	354	3.5	4	1617	16.0
98	7240	26174	4.1	13647	195044	30.4	5757	140327	21.9	2027	69209	10.8	896	39848	6.2	2083	171043	26.7
99	881	3468	5.8	1963	27982	47.0	753	18147	30.5	208	7030	11.8	59	2639	4.4	4	267	0.4
100	93	405	6.3	222	3204	49.8	83	1977	30.7	22	716	11.1	3	133	2.1	0	0	0.0
101	816	3130	5.4	1912	27388	46.9	703	17047	29.2	209	7077	12.1	77	3461	5.9	2	297	0.5
102	334	1267	6.1	677	9584	45.8	242	5846	28.0	71	2440	11.7	36	1589	7.6	3	190	0.9
103	707	2938	5.8	1405	20078	39.4	646	15775	31.0	223	7625	15.0	92	4078	8.0	6	459	0.9
104	425	1360	4.9	540	7945	28.5	387	9528	34.2	137	4672	16.8	73	3256	11.7	6	1079	3.9
105	391	1600	4.8	773	11154	33.4	414	10248	30.7	191	6574	19.7	63	2773	8.3	7	1011	3.0
106	2522	9640	5.3	5255	75282	41.2	2350	57125	31.3	780	26552	14.5	272	12009	6.6	17	2134	1.2
107	190	691	5.3	383	5563	42.7	153	3723	28.6	54	1823	14.0	19	848	6.5	5	390	3.0
108	113	457	5.2	223	3225	36.6	123	3043	34.5	40	1375	15.6	13	582	6.6	2	128	1.5
109	1557	5231	5.9	3010	42738	48.0	1050	25234	28.4	302	10270	11.5	105	4628	5.2	14	860	1.0

续表

分区序号	<10km²			10~20km²			20~30km²			30~40km²			40~50km²			≥50km²		
	个数	面积	占比	个数	面积	占比	个数	面积	占比	个数	面积	占比	个数	面积	占比	个数	面积	占比
110	1653	6018	6.2	3126	44592	45.6	1212	29353	30.0	318	10828	11.1	141	6282	6.4	4	698	0.7
111	330	1230	5.3	768	10992	47.0	270	6490	27.7	87	2920	12.5	35	1553	6.6	4	209	0.9
112	433	1321	5.0	855	12110	45.4	327	7844	29.4	94	3194	12.0	31	1368	5.1	9	825	3.1
114	944	3676	5.9	1939	27765	44.7	774	18630	30.0	210	7144	11.5	94	4217	6.8	11	726	1.2
115	239	795	6.4	452	6393	51.1	145	3467	27.7	37	1247	10.0	14	608	4.9	0	0	0.0
116	333	1128	6.3	813	11310	63.0	192	4473	24.9	28	941	5.2	2	94	0.5	0	0	0.0
117	322	1289	4.3	646	9337	31.5	336	8148	27.5	94	3198	10.8	44	1948	6.6	2	5748	19.4
118	1588	5525	5.9	3464	48313	51.3	960	23115	24.5	229	7814	8.3	123	5415	5.7	25	4071	4.3
119	1627	6029	4.8	4110	56619	44.8	879	20868	16.5	214	7333	5.8	96	4304	3.4	395	31134	24.7
120	122	434	2.2	161	2352	11.7	93	2322	11.6	36	1222	6.1	11	511	2.5	127	13253	66.0
121	1007	3596	5.6	2018	28810	44.8	734	17668	27.5	236	8103	12.6	91	4065	6.3	8	2057	3.2
123	1118	4070	4.9	2510	35529	42.8	978	23654	28.5	318	10817	13.0	117	5163	6.2	29	3719	4.5
124	907	3232	3.9	1591	23114	28.1	811	19968	24.3	358	12326	15.0	157	7008	8.5	238	16469	20.1
125	1284	4879	4.3	2467	35428	31.3	983	23718	20.9	388	13295	11.7	171	7656	6.8	417	28265	25.0
126	718	2494	4.9	1341	19173	37.8	510	12227	24.1	157	5363	10.6	60	2658	5.2	106	8823	17.4
127	1799	6459	4.9	3878	55242	41.8	1579	38095	28.9	536	18351	13.9	211	9357	7.1	18	4504	3.4
128	2950	11528	5.6	6746	95956	46.6	2567	62001	30.1	716	24407	11.9	236	10454	5.1	11	1440	0.7
129	520	2065	4.2	888	12892	26.5	662	16487	33.9	293	10079	20.7	152	6775	13.9	4	338	0.7
130	1226	4723	4.9	2964	42317	43.9	1246	30219	31.4	363	12411	12.9	139	6157	6.4	8	489	0.5
131	2485	8821	5.3	5306	75497	45.5	1843	44235	26.6	525	17779	10.7	171	7601	4.6	141	12085	7.3
132	39	145	2.4	165	2389	40.3	79	1912	32.3	25	863	14.6	14	617	10.4	0	0	0.0

注:"占比"为小流域面积占比;第113分区(KH15G400)和第122分区(KK65I100)无小流域数据。

附表 2.5　山洪预报预警分区小流域平均坡度统计表

面积: km²，占比: %

分区序号	0°~2°			2°~6°			6°~25°			25°~45°			≥45°		
	个数	面积	占比	个数	面积	占比	个数	面积	占比	个数	面积	占比	个数	面积	占比
全国	110053	1850263	21.3	79580	1320687	15.2	244522	3877693	44.6	100836	1626552	18.7	867	11488	0.1
1	246	1901	3.1	1558	24367	40.3	1963	34245	56.6	0	0	0.0	0	0	0.0
2	1448	20088	34.8	1533	27063	46.9	665	10522	18.2	0	0	0.0	0	0	0.0
3	194	1832	4.3	772	10741	25.0	1869	30402	70.7	1	21	0.0	0	0	0.0
4	1250	19483	58.9	398	6064	18.3	470	7509	22.7	0	0	0.0	0	0	0.0
5	3635	62193	28.9	3697	64392	30.0	4735	88297	41.1	0	0	0.0	0	0	0.0
6	5564	81304	49.0	2096	32058	19.3	3167	52364	31.6	3	37	0.0	0	0	0.0
7	162	1361	3.6	389	5456	14.6	1772	30490	81.7	0	0	0.0	0	0	0.0
8	2147	31171	52.6	618	9001	15.2	1189	19145	32.3	0	0	0.0	0	0	0.0
9	7	8	0.1	64	767	7.5	571	9480	92.4	0	0	0.0	0	0	0.0
10	87	255	1.1	125	1318	5.8	1345	21219	93.0	10	34	0.1	0	0	0.0
11	2540	47524	31.3	2059	38498	25.3	3165	66039	43.4	0	0	0.0	0	0	0.0
12	5595	100277	45.3	2482	39673	17.9	4968	80653	36.5	37	586	0.3	0	0	0.0
13	319	3955	10.8	515	7414	20.3	1533	24743	67.7	23	455	1.2	0	0	0.0
14	285	2481	10.1	490	6708	27.3	1029	14991	61.0	37	398	1.6	0	0	0.0
15	39	179	0.5	109	1393	4.3	1900	28519	87.5	168	2508	7.7	0	0	0.0
16	609	9293	16.8	514	7974	14.5	2139	31658	57.4	399	6250	11.3	0	0	0.0
17	11	2	0.0	29	365	2.4	857	12645	82.2	147	2378	15.5	0	0	0.0
18	507	10720	47.2	125	2104	9.3	563	9461	41.6	28	436	1.9	0	0	0.0
19	614	6483	14.3	506	7821	17.2	1811	29069	63.9	128	2083	4.6	0	0	0.0
20	154	2857	12.4	109	1651	7.2	796	11587	50.5	451	6870	29.9	0	0	0.0
21	243	2950	9.1	226	2930	9.0	1240	18267	56.2	540	8377	25.8	0	0	0.0

续表

分区序号	0°~2°			2°~6°			6°~25°			25°~45°			≥45°		
	个数	面积	占比	个数	面积	占比	个数	面积	占比	个数	面积	占比	个数	面积	占比
22	64	868	4.5	101	1187	6.1	976	13594	69.7	248	3840	19.7	0	0	0.0
23	268	3542	40.4	29	543	6.2	131	2215	25.3	167	2463	28.1	0	0	0.0
24	3112	96201	99.4	22	391	0.4	8	141	0.1	0	0	0.0	0	0	0.0
25	753	9480	7.2	1648	29864	22.6	4687	84818	64.1	485	8187	6.2	0	0	0.0
26	14	12	0.0	61	554	2.2	1081	17565	71.0	420	6614	26.7	0	0	0.0
27	13	14	0.1	56	595	2.3	1103	17042	66.5	489	7957	31.1	1	17	0.1
28	88	422	1.3	179	2561	7.8	1318	21843	66.3	478	8105	24.6	0	0	0.0
29	341	2963	4.9	484	5759	9.6	3366	47310	78.5	280	4200	7.0	1	15	0.0
30	1377	23150	57.2	654	10515	26.0	386	5612	13.9	78	1196	3.0	0	0	0.0
31	1256	21593	42.6	821	12700	25.1	971	14886	29.4	83	1487	2.9	0	0	0.0
32	770	12614	9.7	980	13739	10.6	5025	69846	53.9	2172	33417	25.8	0	0	0.0
33	552	7773	17.0	284	3907	8.6	1969	30327	66.4	233	3639	8.0	0	0	0.0
34	573	10979	8.1	278	4455	3.3	5951	88723	65.7	2011	30766	22.8	4	50	0.0
35	119	1359	8.9	93	1189	7.8	512	8350	54.5	282	4425	28.9	0	0	0.0
36	128	847	4.5	151	2020	10.7	614	8537	45.2	485	7487	39.6	0	0	0.0
37	74	1072	7.7	29	374	2.7	754	11159	80.7	83	1229	8.9	0	0	0.0
38	528	10014	100.0	0	0	0.0	0	0	0.0	0	0	0.0	0	0	0.0
39	314	4848	36.4	172	3063	23.0	339	5268	39.5	9	150	1.1	0	0	0.0
40	1931	34241	50.9	969	14702	21.8	1155	17825	26.5	30	524	0.8	0	0	0.0
41	1308	23449	57.2	379	5373	13.1	740	11618	28.3	38	590	1.4	0	0	0.0
42	519	9303	60.8	94	1498	9.8	229	3472	22.7	65	1031	6.7	0	0	0.0
43	1301	25333	70.0	188	3052	8.4	391	5897	16.3	122	1904	5.3	0	0	0.0

分区序号	0~2°			2~6°			6~25°			25°~45°			≥45°		
	个数	面积	占比	个数	面积	占比	个数	面积	占比	个数	面积	占比	个数	面积	占比
44	2005	70256	94.3	161	3161	4.2	59	1055	1.4	0	0	0.0	0	0	0.0
45	1329	32364	84.2	207	3760	9.8	142	2332	6.1	0	0	0.0	0	0	0.0
46	410	6923	39.3	227	3448	19.6	435	7203	40.9	2	19	0.1	0	0	0.0
47	237	11846	98.1	3	185	1.5	1	50	0.4	0	0	0.0	0	0	0.0
48	101	5989	94.9	4	260	4.1	1	60	1.0	0	0	0.0	0	0	0.0
49	487	27029	100.0	0	0	0.0	0	0	0.0	0	0	0.0	0	0	0.0
50	1465	15583	10.9	2416	43086	30.3	3945	76136	53.5	404	7542	5.3	0	0	0.0
51	60	155	0.1	81	864	0.7	2858	46045	38.9	4363	71093	60.0	31	327	0.3
52	151	393	0.3	354	4854	3.8	3618	60672	47.1	3753	62502	48.5	35	381	0.3
53	57	359	0.4	119	1405	1.6	3382	49287	56.8	2333	35686	41.1	7	66	0.1
54	188	3270	2.4	247	3125	2.3	2786	42281	31.2	5017	86038	63.5	56	680	0.5
55	8	3	0.0	47	240	0.9	1508	21140	79.3	348	5275	19.8	0	0	0.0
56	141	3247	11.7	150	1661	6.0	1558	21268	76.5	82	1397	5.0	12	235	0.8
57	1	0	0.0	2	2	0.0	718	10557	55.9	557	8147	43.1	12	179	0.9
58	21	2	0.0	42	220	0.3	4366	63777	73.1	1646	23193	26.6	2	2	0.0
59	52	301	0.2	288	2855	1.8	5417	77957	49.0	4868	77839	48.9	14	114	0.1
60	18	7	0.0	75	302	0.6	2187	29573	57.9	1371	21083	41.3	14	136	0.3
61	11	46	0.3	12	82	0.5	600	10480	60.6	425	6694	38.7	2	1	0.0
62	939	18098	57.5	189	2503	8.0	544	8048	25.6	181	2807	8.9	0	0	0.0
63	103	1835	19.9	151	2065	22.5	292	4723	51.4	36	575	6.2	0	0	0.0
64	803	19057	7.3	1687	17168	6.6	11633	163660	62.7	3863	61155	23.4	2	0	0.0
65	94	442	0.5	74	559	0.6	1502	19933	21.1	4714	73726	77.9	2	11	0.0

续表

分区序号	0°~2°			2°~6°			6°~25°			25°~45°			≥45°		
	个数	面积	占比	个数	面积	占比	个数	面积	占比	个数	面积	占比	个数	面积	占比
66	876	12033	50.1	268	3808	15.9	424	6084	25.4	133	2074	8.6	0	0	0.0
67	711	10540	32.3	435	5790	17.7	755	10788	33.1	340	5503	16.9	0	0	0.0
68	521	6116	18.0	497	6552	19.3	1380	20810	61.3	28	468	1.4	0	0	0.0
69	138	2102	16.4	168	2820	22.1	454	6862	53.7	65	1001	7.8	0	0	0.0
70	967	17042	10.5	1511	17216	10.6	7428	104942	64.7	1469	23014	14.2	0	0	0.0
71	1295	20538	49.0	621	9400	22.4	701	10686	25.5	86	1276	3.0	0	0	0.0
72	964	15508	36.3	548	7825	18.3	896	12513	29.3	464	6925	16.2	0	0	0.0
73	531	14764	69.9	80	1124	5.3	309	4720	22.3	34	515	2.4	0	0	0.0
74	324	13985	98.9	9	158	1.1	0	0	0.0	0	0	0.0	0	0	0.0
75	8	28	0.3	17	157	1.5	195	3992	38.3	402	6238	59.9	0	0	0.0
76	510	6619	15.6	269	3332	7.8	1385	19430	45.8	829	13087	30.8	0	0	0.0
77	277	2650	6.7	149	1850	4.7	1386	19067	48.5	1047	15764	40.1	0	0	0.0
78	18	5	0.0	32	26	0.0	2860	38778	73.9	861	13675	26.1	0	0	0.0
79	319	2057	3.2	349	4793	7.5	3123	45456	70.8	812	11908	18.5	0	0	0.0
80	127	764	1.5	243	3436	6.9	2590	39223	79.3	414	6039	12.2	2	3	0.0
81	26	28	0.1	44	285	0.5	2198	31530	56.5	1594	23946	42.9	0	0	0.0
82	150	981	1.1	344	3081	3.3	3438	47045	50.5	2661	42107	45.2	1	0	0.0
83	310	1976	2.5	472	5182	6.5	3604	50971	64.3	1355	21165	26.7	0	0	0.0
84	209	986	1.5	262	2244	3.5	3533	48626	75.6	813	12490	19.4	1	3	0.0
85	120	655	1.4	211	1840	3.9	2513	36483	77.3	518	8209	17.4	0	0	0.0
86	950	10567	10.6	724	9480	9.5	5217	74958	74.8	348	5146	5.1	0	0	0.0
87	858	11554	20.4	762	9982	17.7	2292	33438	59.2	98	1544	2.7	0	0	0.0

续表

分区序号	0°~2°			2°~6°			6°~25°			25°~45°			≥45°		
	个数	面积	占比	个数	面积	占比	个数	面积	占比	个数	面积	占比	个数	面积	占比
88	582	7885	23.2	605	8551	25.2	1121	16975	49.9	40	584	1.7	0	0	0.0
89	45	100	0.1	53	406	0.5	2300	33065	43.2	2753	42994	56.2	0	0	0.0
90	30	33	0.0	120	1226	1.6	2681	42840	54.3	2129	34761	44.1	5	26	0.0
91	61	99	0.1	67	278	0.3	3617	52282	59.3	2343	35539	40.3	0	0	0.0
92	148	905	0.8	555	8498	7.6	2740	44235	39.8	3424	57362	51.6	16	119	0.1
93	105	281	0.6	82	478	1.0	2127	30243	61.3	1134	18345	37.2	1	9	0.0
94	692	3117	1.1	836	8857	3.1	9280	150756	52.4	7162	123456	42.9	99	1620	0.6
95	24	19	0.0	32	105	0.1	488	5410	6.4	4380	75794	89.7	196	3150	3.7
96	27	198	6.7	29	432	14.6	80	2136	72.1	10	197	6.6	0	0	0.0
97	33	169	1.7	45	1712	16.9	475	7797	77.1	29	432	4.3	0	0	0.0
98	5674	84175	13.1	9020	213587	33.3	16398	334006	52.1	552	9815	1.5	6	63	0.0
99	131	562	0.9	218	2184	3.7	2789	44671	75.0	729	12101	20.3	1	15	0.0
100	1	0	0.0	1	0	0.0	268	3938	61.2	153	2497	38.8	0	0	0.0
101	669	8460	14.5	298	4399	7.5	1469	23606	40.4	1279	21860	37.4	4	74	0.1
102	458	6747	32.3	189	2618	12.5	615	9857	47.1	101	1693	8.1	0	0	0.0
103	564	8910	17.5	472	7697	15.1	1679	28185	55.3	364	6160	12.1	0	0	0.0
104	1424	25431	91.4	144	2408	8.6	0	0	0.0	0	0	0.0	0	0	0.0
105	1229	23388	70.1	151	1798	5.4	459	8174	24.5	0	0	0.0	0	0	0.0
106	5010	75125	41.1	5021	87382	47.8	1165	20235	11.1	0	0	0.0	0	0	0.0
107	587	9187	70.5	172	3114	23.9	45	738	5.7	0	0	0.0	0	0	0.0
108	440	7630	86.6	70	1113	12.6	4	67	0.8	0	0	0.0	0	0	0.0
109	2240	30067	33.8	1465	21065	23.7	1833	29647	33.3	500	8181	9.2	0	0	0.0

续表

分区序号	0°~2°			2°~6°			6°~25°			25°~45°			≥45°		
	个数	面积	占比	个数	面积	占比	个数	面积	占比	个数	面积	占比	个数	面积	占比
110	2759	40406	41.3	1389	20689	21.2	1406	22283	22.8	896	14341	14.7	4	51	0.1
111	400	5811	24.8	212	3313	14.2	665	10432	44.6	217	3838	16.4	0	0	0.0
112	948	13585	51.0	489	8122	30.5	291	4647	17.4	21	307	1.2	0	0	0.0
114	2318	35028	56.4	1326	22031	35.4	290	4486	7.2	38	614	1.0	0	0	0.0
115	412	4811	38.5	398	6502	52.0	77	1196	9.6	0	0	0.0	0	0	0.0
116	455	4519	25.2	740	10753	59.9	173	2674	14.9	0	0	0.0	0	0	0.0
117	146	7007	23.6	252	3899	13.1	1033	18591	62.7	13	170	0.6	0	0	0.0
118	1751	23968	25.4	1458	21353	22.7	2891	44714	47.4	289	4218	4.5	0	0	0.0
119	2090	27558	21.8	1048	17196	13.6	3360	68620	54.3	823	12913	10.2	0	0	0.0
120	132	5017	25.0	75	5895	29.3	333	8852	44.1	10	330	1.6	0	0	0.0
121	1570	24942	38.8	1152	17601	27.4	1322	21135	32.9	50	622	1.0	0	0	0.0
123	1382	25943	31.3	564	8544	10.3	1715	25484	30.7	1384	22708	27.4	25	273	0.3
124	1483	27580	33.6	1168	27180	33.1	1160	22749	27.7	251	4608	5.6	0	0	0.0
125	1660	34423	30.4	2009	43655	38.6	1426	25065	22.1	614	10086	8.9	1	11	0.0
126	1038	17916	35.3	1105	20547	40.5	568	9120	18.0	178	3100	6.1	3	55	0.1
127	2334	36895	27.9	1760	31093	23.6	2256	36646	27.8	1651	27197	20.6	20	178	0.1
128	3597	57618	28.0	896	12536	6.1	3717	54286	26.4	4841	79161	38.5	175	2185	1.1
129	2115	41383	85.1	210	4195	8.6	147	2174	4.5	47	884	1.8	0	0	0.0
130	1236	21144	22.0	486	7376	7.7	1817	28503	29.6	2299	37877	39.3	108	1416	1.5
131	1933	23856	14.4	2410	39661	23.9	4556	77181	46.5	1568	25298	15.2	4	21	0.0
132	171	3269	55.2	151	2657	44.8	0	0	0.0	0	0	0.0	0	0	0.0

注："占比"为小流域面积占比；第113分区（KH15G400）和第122分区（KK65I100）无小流域数据。

附表 2.6

各水文区主要河流流径流年内分配特征值

水文地区	水文区	河流	测站	集水面积/km²	统计年数	多年平均流量/(m³/s)	季径流量占年径流量的百分比/% 春(3—5月)	夏(6—8月)	秋(9—11月)	冬(12月至次年2月)	最大水月径流量 月份	占年径流量的百分比/%	最小水月径流量 月份	占年径流量的百分比/%	4—5月径流量占年径流量的百分比/%	6—9月径流量占年径流量的百分比/%	连续最大4个月径流量 月份	占年径流量的百分比/%	不均匀系数 C_L
东北寒温带、中温带多水、水平地区(I)	1. 大兴安岭北部水文区(I₁)	额木尔河	二十五	15405	20	77.8	29.5	47.8	22.4	0.3	5	26.4	2,3	0.02	29.5	61.7	5—8	74.2	0.46
		牛尔河	牛尔河	3222	20	23.3	14.4	64	21.4	0.2	7	28.7	2,3	0.01	14.4	79.7	6—9	79.7	0.51
		塔河	塔河	6270	18	46.1	17.5	58.1	24	0.4	7	26.1	3	0.07	17.4	72.8	5—8	74.1	0.35
	2. 大兴安岭中部水文区(I₂)	海拉尔河	牙克石	15567	22	58.5	20.7	50.8	27.6	0.9	7	19.2	2	0.1	20.5	67.2	6—9	67.2	0.4
		雅鲁河	碾子山	13620	25	56.7	6.5	61.8	30.2	1.5	8	28.9	2	0.2	6	79.4	7—10	79.5	0.46
		诺敏河	鄂伦春	16896	25	100	14.7	51.5	31.7	2.1	8	20.6	2	0.4	14.2	71.7	6—9	71.7	0.4
	3. 小兴安岭水文区(I₃)	科洛河	科后	7196	23	25.8	19.7	51.7	28.3	0.3	8	22.1	2	0	19.6	69.7	6—9	69.7	0.37
		汤旺河	五营	4160	22	34.1	17.7	56.3	25.2	0.8	8	24	2,3	0.1	17.6	70.4	6—9	70.4	0.42
		逊毕拉河	吴家堡	5050	23	28.2	20.7	50.1	28.5	0.7	8	20.8	1,2,3	0.1	20.6	68.5	6—9	68.5	0.39
	4. 长白山丘陵水文区(I₄)	倭肯河	倭肯	4164	25	16.2	19.5	50.3	29.8	0.4	8	29	2	0.01	19.2	66.7	6—9	66.7	0.38
		蚂蚁河	莲花	10425	23	65.2	22.8	49.4	25.6	2.2	8	26.8	2	0.4	21.8	63.5	6—9	63.5	0.35
		辉发河	辉发城	8915	21	50.1	16.2	58	23.6	2.2	8	29.3	2	0.4	12.9	72.2	6—9	72.2	0.39
	5. 长白山东侧水文区(I₅)	穆棱河	梨树镇	6600	19	28.1	23.8	52.2	22.9	1.1	8	20.6	2	0.1	22.5	63.9	5—8	64.2	0.37
		布尔哈通河	磨盘山	6469	24	32.8	15.3	56.7	26	2	8	26.1	2	0.3	13.2	72.6	6—9	72.6	0.39
		嘎牙河	梨树沟	5629	22	95	8.6	70.5	17.1	3.8	8	35.3	2	0.8	6.7	79.3	6—9	79.3	0.48
	6. 三江平原水文区(I₆)	毕拉雅河	毕拉吽	4340	23	12.2	26.4	28.8	41.6	3.2	9	16.7	2	0.5	25.8	45.5	8—11	52.7	0.31
华北暖温带平原水、少水温带水文地区(II)	1. 辽东半岛与山东半岛水文区(II₁)	大洋河	沙里寨	4810	22	66.7	7.3	71.7	17.8	3.2	8	38.6	1,2	0.8	5.3	80.5	7—10	82	0.52
		东五龙河	团旺	2445	22	18.7	6.1	65.9	24	4	8	33.2	2	1.1	4.5	83.8	6—9	83.8	0.54
		沂河	角沂	3366	22	26.2	4.8	71.6	18.7	4.9	7	35	3	1	3.8	83.3	6—9	83.3	0.54

续表

水文地区	水文区	河流	测站	集水面积/km²	统计年数	多年平均流量/(m³/s)	季径流量占年径流量的百分比/%				最大水月径流量		最小水月径流量		4—5月径流量占年径流量的百分比/%	6—9月径流量占年径流量的百分比/%	连续最大4个月径流量		不均匀系数 C_L
							春(3—5月)	夏(6—8月)	秋(9—11月)	冬(12月至次年2月)	月份	占年径流量的百分比/%	月份	占年径流量的百分比/%			月份	占年径流量的百分比/%	
华北暖温带水少水多地区（Ⅱ）	2. 辽河下游平原与海河平原水文区（Ⅱ₂）	徒骇河	四河头	2915	27	4.7	2.6	66.9	27.3	3.2	8	41.1	3	0.5	2.1	84.6	7—10	88.7	0.57
		马颊河	南乐	1166	22	1.5	1.2	59.3	37.5	2	8	40.9	5	0.3	0.7	81.9	7—10	91.7	0.6
	3. 淮北平原水文区（Ⅱ₃）	涡河	亳县	10575	29	28.8	14.4	56.7	24	4.9	8	26.8	2	1.5	11.7	71.5	6—9	71.5	0.4
		西肥河	王市集	1340	13	8.96	16.4	60.8	16	6.8	7	34.1	1	1.8	12.1	69.6	6—9	69.6	0.36
		北汝河	紫罗山	1800	24	16.7	14.2	55.4	26.5	3.9	8	21.6	1	1.1	12	69.1	7—10	72.7	0.31
	4. 冀晋山地水文区（Ⅱ₄）	青龙河	桃林口	5250	23	27.5	6	68.9	19	6.1	8	38.4	5	1.5	3.5	79.1	7—10	81.1	0.51
		潮河	辛庄	5730	15	10.8	7.1	56.7	25.6	10.6	8	35.8	5	0.9	3.3	70.9	7—10	74.2	0.43
		拒马河	紫荆关	1760	29	11.5	12.5	48.6	24.5	14.4	8	31.5	5	3.6	7.8	59.6	7—10	61.9	0.29
		冶河	平山	6420	29	21.4	12.9	43.2	26.9	17	8	28.6	5	4	8.1	55.1	7—10	58.5	0.25
	5. 黄土高原水文区（Ⅱ₅）	窟野河	神木	6887	24	17.9	22.8	44.2	23.8	9.2	8	26.2	1	2.2	10.2	54.6	7—10	58.6	0.21
		延水	甘谷驿	5891	27	7.18	15.6	55.9	21.3	7.2	8	25.3	1	1.3	8.1	62.4	7—10	67.7	0.37
		蒲河	巴家嘴	3522	23	3.66	17.6	49.8	21	11.6	8	22.8	1	3.6	11.3	60.4	6—9	60.4	0.29
秦巴、大别北亚热带水多地区（Ⅲ）	1. 秦岭、大巴水文区（Ⅲ₁）	大通江	碧溪	2124	24	49	17.5	39.2	40	3.3	9	24.1	2	0.8	15.2	63.3	7—10	68.1	0.35
		堵河	竹山	9074	21	166	27.8	35.5	30.3	6.4	7	15.4	1	1.8	22.8	50	7—10	50.4	0.25
		老灌河	西峡	3418	31	30	17.6	49.9	26.8	5.7	7	24.9	2	1.6	14.1	59.4	7—10	63.8	0.3
	2. 桐柏、大别水文区（Ⅲ₂）	环水	花园	2601	23	30.4	27.8	53.3	13.2	5.7	7	26.7	12	1.3	24.1	59.4	5—8	68.6	0.36
		巴水	马家潭	2979	50	56.3	30.1	51.9	10.2	7.8	7	25.3	12	1.7	25	56.2	4—7	67.3	0.35
		滠川	滠川	2050	28	33	30.9	45.2	14.5	9.4	7	19.8	12	2.1	24.6	51.1	5—8	59.1	0.28
	3. 长江中、下游平原水文区（Ⅲ₃）	陆水	崇阳	2170	23	89.4	40.7	34.7	14.1	10.5	6	19	1	2.7	32.2	41	4—7	61	0.28
		西苕溪	范家村	1940	23	44.1	30.6	28.9	26.1	14.4	9	15	12	3.4	22.9	43.9	6—9	43.9	0.17
		水阳江	宣城	3410	32	78	37.5	34.4	14.3	13.8	5	15.2	12	2.6	27.5	42.2	4—7	52.7	0.22

415

续表

水文地区	水文区	河流	测站	集水面积/km²	统计年数	多年平均流量/(m³/s)	春(3—5月)	夏(6—8月)	秋(9—11月)	冬(12月至次年2月)	最大水月径流量 月份	最大水月径流量 占年径流量的百分比/%	最小水月径流量 月份	最小水月径流量 占年径流量的百分比/%	4—5月径流量占年径流量的百分比/%	6—9月径流量占年径流量的百分比/%	连续最大4个月径流量 月份	连续最大4个月径流量 占年径流量的百分比/%	不均匀系数 C_L
东南亚热带丰水地区(IV)	1. 湘、赣、浙西水文区(IV₁)	湘江	全州	5830	22	188.3	45.8	32.6	11	10.6	5	21.5	1	2.9	38.7	36.6	4—7	64.6	0.31
		锦江	贾村	5752	26	162.1	42.9	35.7	10.2	11.2	5	20.7	12	2.8	35.4	39.5	4—7	65.6	0.33
	2. 武夷、南岭山地水文区(IV₂)	新安江	屯溪	2670	29	94.6	41.8	39.1	8.7	10.4	6	20.4	12	1.9	32.6	42.8	4—7	67.1	0.35
		江山港	双塔底	1561	23	52.9	47.9	33.7	6.5	11.9	6	21.7	11	1.8	37.4	36.4	4—7	69.6	0.36
		汀江	上杭	5888	29	180.2	35.6	39.8	16	8.6	6	23	12	2.4	29.1	49.3	4—7	61.4	0.32
	3. 浙、闽、粤沿海水文区(IV₃)	恭城河	恭城	2620	24	79.6	36.5	37	19.4	7.1	6	21.5	12	2.1	31.3	43.1	4—7	61.1	0.42
		永安江	柏枝岙	2498	23	72.6	31.4	38.8	19.8	10	6	19.1	11	2	24.5	51.4	5—8	53.1	0.26
		大樟溪	永泰	4034	29	126.6	29.8	46	17.4	6.8	6	21.4	12	2	23.8	56.3	5—8	61.4	0.28
	4. 钦州、雷州半岛水文区(IV₄)	漠阳江	双捷	4345	27	189.8	21	48.6	23.7	6.7	6	16.9	2	1.9	19.1	60.8	5—8	61.5	0.32
		南流江	博白	2800	25	69.7	26.8	44.7	21.5	7	6	19	12	2.2	23.7	54.4	5—8	57.7	0.28
	5. 海南岛水文区(IV₅)	南渡江	龙塘	6841	25	186.7	9.2	32.8	49.6	8.4	9	20.2	3	1.7	7.3	53	8—11	62.5	0.32
		安定河	加报	1149	23	58.1	9.6	22.8	54.2	13.4	10	22	4	2.4	6.4	41.7	8—11	63	0.27
	6. 台湾水文区(IV₆)	北势溪	大粗坑	315	1	23.5	21.8	32.1	16.8	29.3	6	16.7	7	3.9	12.4	36.3	3—6	38.5	0.29
		浊水溪	集集	2310		145	18.4	46.7	25.7	9.2	6	17.9	2	2.6	14.9	61.9	6—9	61.9	0.25
西南亚热带、热带多水地区(V)	1. 湘、鄂西山地水文区(V₁)	清江	恩施	2928	21	85	29	38.1	26	6.9	7	17.9	3	2.4	23.7	49.8	4—7	63.1	0.25
		澧水	大甫	4627	21	154.9	32.9	41.9	18.5	6.7	6	17.7	1	1.9	27.5	48.8	4—7	60	0.28
		锦江	铜仁	3324	18	92.7	33	40	19.2	7.8	5	17.1	1	2.2	28.7	46	4—7	58.3	0.27
	2. 川东、黔北水文区(V₂)	蒙江	五岔	5566	28	97.3	25.2	43.4	23.6	7.8	6	19.6	2	2	22.5	52.3	5—8	59.2	0.27
		三岔河	牛吃水	2520	22	40.9	10.1	50.4	31.3	8.2	7	18.2	3	1.8	8.3	64.9	6—9	64.9	0.43
		郁江	保家楼	4282	17	127	30.1	43	20.8	6.1	6	20.4	1	1.6	26.2	49.2	4—7	63.1	0.19

续表

水文地区	水文区	河流	测站	集水面积/km²	统计年数	多年平均流量/(m³/s)	季径流量占年径流量的百分比/% 春(3—5月)	夏(6—8月)	秋(9—11月)	冬(12月至次年2月)	最大水月径流量 月份	占年径流量的百分比/%	最小水月径流量 月份	占年径流量的百分比/%	4—5月径流量占年径流量的百分比/%	6—9月径流量占年径流量的百分比/%	连续最大4个月径流量 月份	占年径流量的百分比/%	不均匀系数 C_L
西南亚热带、藏东南水多地区（V）	3. 四川盆地水文区（V₃）	安居河	柏梓	3151	7	25.81	8	63.4	24	4.6	7	31.7	2	1.1	6.6	75.4	6—9	75.4	0.42
		流江河	静边	2740	19	29.9	13.2	42.1	40.4	4.3	7	20.3	2	0.9	11.8	61.8	6—9	61.8	0.37
		濑溪	玉滩	865	20	10.5	9.7	59.4	25.3	5.6	8	23	2	0.9	8.5	75.1	6—9	75.1	0.42
	4. 滇东、滇中高原水文文区（V₄）	马边河	清水溪	3330	23	128	17.6	46.1	27.4	8.9	8	19.7	1	2.5	13.1	58.7	6—9	58.7	0.26
		龙川江	小黄瓜园	5560	26	27.8	4.5	52.3	38.3	4.9	8	30.5	2	0.9	3.6	77.1	6—9	77.1	0.44
		牛栏江	七星桥	2549	21	28.4	3.3	52.9	36.7	7.1	8	22.9	4	0.6	2.5	67.9	7—10	70.2	0.41
	5. 黔南、桂西水文区（V₅）	乌都河	草坪头	1085	20	21.8	7.5	54.1	31.4	7	7	20.4	3	1.5	6	69.2	6—9	69.2	0.39
		都柳江	把本	1439	22	33	24.9	53.1	16.6	5.4	8	19.6	3	1.5	22.4	59.2	5—8	68.5	0.35
		灵奇河	灵龙	1686	21	25.5	12.1	59.4	21	7.5	8	21.9	3	1.8	10.3	69.8	6—9	69.8	0.34
滇西、藏东南亚热带水丰地区（VI）	1. 藏东南西北水文区（VI₁）	永春河	塘上	202	20	3.04	22.4	34.3	31.2	12.1	8	19	4	3.6	15.2	49.3	7—10	55.8	0.17
	2. 滇西南水文区（VI₂）	龙川江	腾龙桥	3487	19	152	7.1	50.7	32.5	9.7	7	20	5	2	4.8	65.3	6—9	65.3	0.35
		黑惠江	羊庄坪	1330	24	66.54	6.2	42.5	40	11.3	8	24.5	4	1.8	3.8	61.3	7—10	69.9	0.37
		南碧河	勐省	1766	19	51.4	4.3	48.9	36.5	10.3	8	23.7	4	1.2	2.9	64.7	7—10	70.4	0.37
		布固江	忠爱桥	3562	23	83.6	3.6	56.9	30.9	8.6	8	30.7	3,4	1	2.5	68.9	7—10	73.7	0.4
内蒙古中温带少水地区（VII）	1. 松辽平原水文区（VII₁）	老莱河	老莱	1306	14	1.86	22.4	50.2	27.3	0.1	8	23.6	1,2	0	22.2	68.1	6—9	68.1	0.35
		乌裕尔河	依安	7423	23	20.4	12.4	61.1	26.4	0.1	7	28.3	1,2	0	12.4	77.5	7—10	79.5	0.49
		教来河	下洼	2083	19	3.98	13.1	66.3	15	5.6	7	31.5	1	1.7	7.4	73.8	6—9	73.8	0.41
	2. 大兴安岭南部山地水文区（VII₂）	霍林河	白云胡硕	10355	23	9	24.6	39.3	33.6	2.5	8	18.5	1,2	0.6	21.5	55.2	7—10	58.7	0.31
		查干木伦河	大板	8217	22	7.95	21.3	56.9	20	1.8	8	24.1	1,2	0.4	17	67.8	6—9	67.8	0.34
		黑林河	吉力庙	5254	11	4.88	29.5	39.1	29.5	1.9	8	17.1	2	0.4	25.6	52.6	7—10	56.6	0.32

续表

水文地区	水文区	河流	测站	集水面积/km²	统计年数	多年平均流量/(m³/s)	季径流量占年流量的百分比/% 春(3—5月)	夏(6—8月)	秋(9—11月)	冬(12月至次年2月)	最大水月径流量 月份	占年径流量的百分比/%	最小水月径流量 月份	占年径流量的流量百分比/%	4—5月径流量占年径流量的百分比/%	6—9月径流量占年流量的百分比/%	连续最大4个月径流量 月份	占年径流量的流量百分比/%	不均匀系数 C_L
内蒙古中温带、少水带地区（Ⅶ）	3. 内蒙古高原水文区（Ⅶ₃）	乌拉盖尔	奶奶庙	7427	21	3.21	22	48.6	29.3	0.1	8	21.2	2	0	22	65.2	6—9	65.2	0.35
		锡林河	锡林浩特	3852	21	0.62	49.4	31.3	19.3	0	4	34.4	1、2、12	0	47.8	38.4	4—7	66.8	0.38
		艾木盖	百灵庙	5415	15	0.44	13.3	77.2	9	0.5	7	43.7	1	0.01	8.1	81.6	7—10	82.2	0.59
	4. 阴山、鄂尔多斯高原水文区（Ⅶ₄）	西柳沟	龙头拐	1145	17	1.04	17.7	54.3	21.8	6.2	8	33.4	12、1	1.9	7.7	67.2	7—10	68.4	0.38
		昆都仑	塔尔湾	2282	23	1.01	18.1	46.5	19	16.4	8	29.2	1	4	10.7	53.4	7—10	55.3	0.26
		红河	放牛沟	5461	22	7.66	30.3	43	22.1	4.6	8	21.6	1	1.1	15	52.3	6—9	55.9	0.36
		大黑河	旗下营	2914	27	3.36	21.7	50.9	19.7	7.7	8	28.9	2	2.1	11.4	59.8	6—9	59.8	0.33
西北山地中温带、亚寒带、寒带、平水、少水地区（Ⅷ）	1. 阿尔泰山水文区（Ⅷ₁）	青格里河	大黑里河	1702	18	12.7	27.1	60.5	9.2	3.2	6	36.2	2	0.9	26	64.9	5—8	82.7	0.49
		克兰河	阿勒泰	1655	21	19.6	33.8	51.4	10.4	4.4	6	33.2	2	1.3	32.4	56.1	5—8	78.7	0.47
		哈巴河	克功他什	6111	23	69.1	27.4	52.3	14.1	6.2	6	26.2	2	1.8	25.4	58.8	5—8	71.6	0.38
	2. 准噶尔西部山地水文区（Ⅷ₂）	卡浪古尔河	卡浪古尔苏	349	22	3.8	45.7	32.7	13.7	7.9	5	30	2	2.2	42.7	37.6	4—7	68.8	0.35
		沙尔依依勒河	乌什水	994	20	2.43	49.9	25.9	14.3	9.9	5	26.6	2	3	44.9	30.3	4—7	65.9	0.34
	3. 天山水文区（Ⅷ₃）	玛拉斯河	红山咀	5156	24	40.5	9.4	66.8	17.2	6.6	7	27	2	2	7.3	76.4	6—9	76.4	0.43
		大黑沟	大黑沟	779	8	0.76	12.8	70.4	11.3	5.5	7	28.8	2	1.5	11.3	76.2	5—8	79.7	0.46
		木扎提河	阿合布隆	2859	23	46.1	10.7	66.7	18.4	4.8	7	29.2	3	1.3	8.8	78.8	6—9	78.8	0.45
		库车河	兰干	3118	22	10.3	12.6	70.4	12.9	4.1	8	40.5	1	1.1	11.2	77.5	5—8	77.8	0.45
	4. 伊犁水文区（Ⅷ₄）	巩乃斯河	则克台	4123	19	45.6	28.8	32.2	23.9	15.1	5	12.6	1	4.6	22.5	40.6	4—7	45.2	0.13
		库克苏河	库克苏	5379	12	73.1	16.1	61.9	16.4	5.6	7	22.9	2、3	1.7	14.4	71.3	5—8	72.4	0.4

续表

水文地区	水文区	河流	测站	集水面积/km²	统计年数	多年平均流量/(m³/s)	春(3—5月)	夏(6—8月)	秋(9—11月)	冬(12月至次年2月)	最大水月径流量占年径流量百分比/%	月份	最小水月径流量占年径流量的百分比/%	月份	4—5月径流量占年径流量的百分比/%	6—9月径流量占年径流量的百分比/%	连续最大4个月径流量占年径流量百分比/%	月份	不均匀系数 C_L
西北山地中温带、寒带，少水水文地区 (VII)	5. 帕米尔东高原水文区 (VII₅)	盖孜河	克勒克	9753	21	31.2	14.2	60.6	18.8	6.4	23.9	8	2	1	10.8	71.1	71.1	6—9	0.38
		库山河	沙曼	2169	23	20.2	9.4	66.4	18.1	6.1	24.2	7	1.8	2	7.7	77.3	77.3	6—9	0.44
		克孜河	卡拉贝利	13700	22	63.9	18.9	55.2	17.9	8	19.7	7	2.5	2	15.8	64.4	64.5	5—8	0.32
	6. 昆仑山西部水文区 (VII₆)	喀拉喀什河	乌鲁瓦提	19983	22	69.6	9.3	73.5	13.8	3.4	29.5	7	1	1	7.8	82.7	82.7	6—9	0.49
		提兹那甫河	提兰干	7358	20	22.1	11.6	66.6	14.7	7.1	27.3	7	2.3	1	9	74.4	74.4	6—9	0.42
	7. 昆仑山东部水文区 (VII₇)	卡墙河	卡墙	26822	18	16.3	28.6	46.9	16	8.5	19.3	7	1.9	1	22.1	52.7	57.2	5—8	0.27
		诺木洪河	诺木洪	1773	24	4.82	30.1	36	24.6	9.3	11.2	7	7.2	2	15.9	39.1	39.1	6—9	0.06
		蔡汗乌苏河	蔡汗乌苏	4434	24	3.68	43.5	36	15.6	4.9	22.9	4	1.4	1	34.6	44.1	44.1	4—7	0.3
		乌图美仁河	乌图美仁	6218	4	2.67	32.5	21.6	22.2	23.7	23.7	6	6.1	8	27.6	27.9	41.5	3—6	0.08
	8. 祁连山水文区 (VII₈)	杂仁河	杂仁	851	27	7.98	17	55.5	23.6	3.9	20.4	8	0.9	2	15.7	69.6	69.6	6—9	0.39
		昌马河	昌马堡	10961	26	26.3	14.2	59.2	18.8	7.8	29.7	7	0.5	1	8.3	82.8	82.8	6—9	0.49
		梨园河	梨园堡	2240	27	6.64	9	70.8	18.2	2	18.2	7	2.6	1	7.6	69.4	69.4	6—9	0.36
		巴音河	巴音布鲁克	5544	24	9.19	14.2	59.1	19.9	6	23.5	8	1.8	2	12.9	71	71	6—9	0.3
青藏高原温带平水和南部高温多水平水区 (X)	1. 长江河源水文区 (X₁)	拜渡河	拜渡	4538	20	23.8	7.8	59.1	27.3	5.8	28.6	8	0.9	2	5.7	77.5	77.5	6—9	0.43
		楚玛尔河	楚玛尔	15924	19	25.8	7.7	75.6	16.2	0.5	36.4	8	0.1	2	7.6	84.5	84.5	6—9	0.35
		沱沱河	沱沱河沿	9388	21	7.78	5	41.9	50.2	2.9	28.9	9	0	3	5	70.8	82.2	7—10	0.47
	2. 黄河上游水文区 (X₂)	黄河	黄河沿	20930	18	19.6	14.2	42.7	26.7	16.4	16.7	7	4.5	3	9.7	43.4	48	7—10	0.23
		洮河	迭当	7311	15	56.3	19.5	32.4	36.8	11.3	17.8	7	3.4	3	17.8	50.2	54.9	7—10	0.2
	3. 三江上游水文区 (X₃)	澜沧江	香达	17909	20	134.3	12.6	49.9	30	7.5	18.1	6—9	2.1	2	18.1	66	66	6—9	0.31
		雅砻江	甘孜	32925	21	271	13	48.7	31.7	6.6	20	7	1.8	2	10.7	64.7	64.7	6—9	0.34

图2 中国主要河流（区）径流资料汇总表

续表

水文地区	水文区	河流	测站	集水面积/km²	统计年数	多年平均流量/(m³/s)	季径流量占年径流量的百分比/% 春(3—5月)	夏(6—8月)	秋(9—11月)	冬(12月至次年2月)	最大水月径流量 月份	最大水月径流量 占年径流量的百分比/%	最小水月径流量 月份	最小水月径流量 占年径流量的百分比/%	4—5月径流量占年径流量的百分比/%	6—9月径流量占年径流量的百分比/%	连续最大4个月径流量 月份	连续最大4个月径流量 占年径流量的百分比/%	不均匀系数 C_u
青藏高原东部和西部、川西 (X)	4. 川西东部边缘山地水文区 (X₄)	杂谷脑河	杂谷脑	2404	21	63.8	10.7	49.7	29.6	10	6	18.1	3	2.5	8.2	63.8	6—9	63.8	0.3
		梭磨河	马尔康	2536	21	48	17.4	45.8	28.7	8.1	6	18.5	2	2.2	14.9	58.9	6—9	58.9	0.27
	5. 藏东、川西西部水文区 (X₅)	核磨河	桃园子	3180	15	52.3	11.5	47.4	30.3	10.8	7	17.9	3	2.9	8.6	62.3	6—9	62.3	0.28
		巴楚河	理塘	3104	19	41.6	12.5	48.1	30.3	9.1	7	19.1	2	2.9	9.4	63.7	6—9	63.7	0.29
亚热带南部温暖平水地区 (X)	6. 念青唐古拉山脉南翼水文区 (X₆)	易贡藏布	易贡	13307	5	280.8	9.2	63	23.3	4.5	7	25.8	2	1.2	7.9	77.7	6—9	77.7	0.44
	7. 雅鲁藏布江中游水文区 (X₇)	年楚河	江孜	6200	13	23.1	6.7	50.9	31.5	10.9	8	27	5	1.6	3.4	69.9	7—10	71.8	0.39
		拉萨河	拉萨	27482	19	284.2	6.5	58.5	29.6	5.4	8	27.7	3	1.4	5.1	76.8	6—9	76.8	0.44
	8. 印度河上游与雅鲁藏布江上游水文区 (X₈)	森格藏布	狮泉河	15200	3	9.36	19.8	44.3	21.8	14.1	8	31.8	12	4.4	13.8	54.7	7—10	56.6	

注　资料源自《中国水文区划》中国各水文区主要河流径流年内分配特征值。

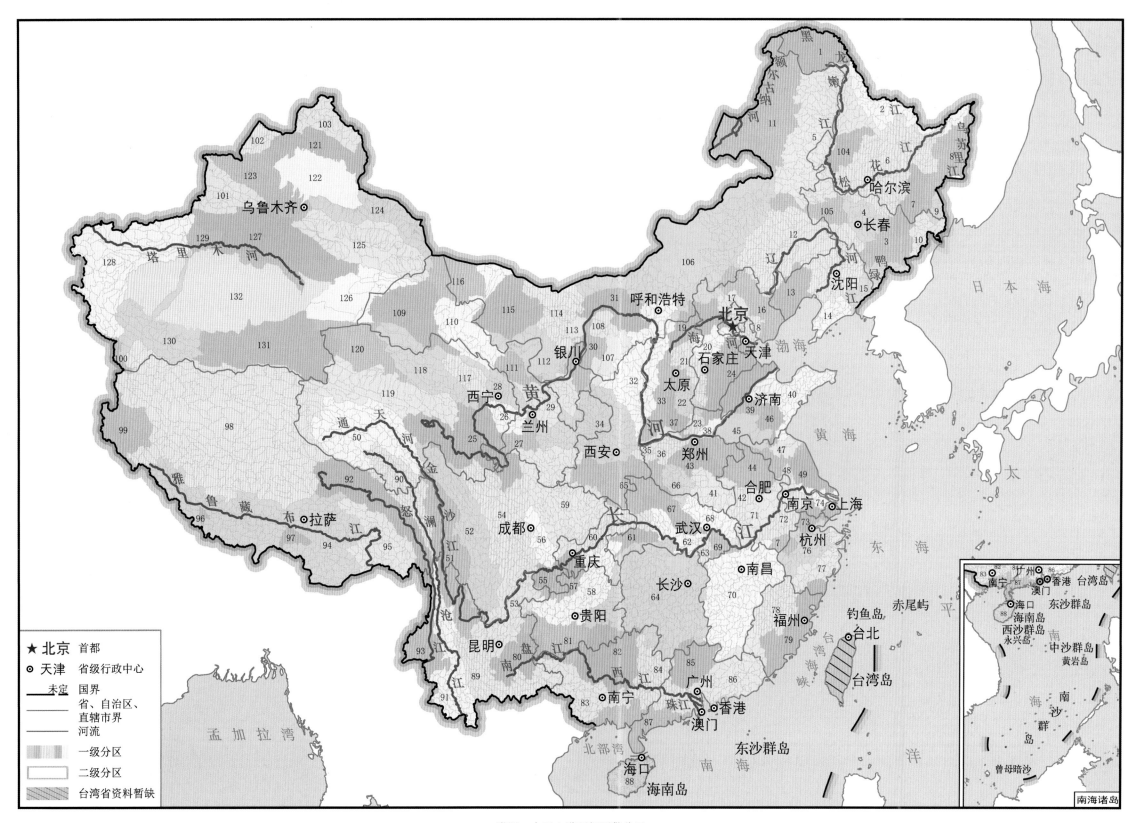

附图　中国山洪预报预警分区